香与诗

XIANG YU SHI

陈才智　著

河北出版传媒集团

河北人民出版社

石家庄

图书在版编目（CIP）数据

香与诗 / 陈才智著. -- 石家庄 ：河北人民出版社，
2023.12
ISBN 978-7-202-16316-0

Ⅰ．①香… Ⅱ．①陈… Ⅲ．①香料－文化－中国－通
俗读物②古典诗歌－诗歌欣赏－中国 Ⅳ．①TQ65-49
②I207.2

中国国家版本馆CIP数据核字(2023)第033234号

书　　名	香与诗	
	XIANG YU SHI	
著　　者	陈才智	
责任编辑	王　静　王　岚	
美术编辑	李　欣	
封面题字	徐金超	
责任校对	余尚敏	
出版发行	河北出版传媒集团　河北人民出版社	
	（石家庄市友谊北大街 330 号）	
印　　刷	河北新华第一印刷有限责任公司	
开　　本	787 毫米×1092 毫米　1/16	
印　　张	28.25	
字　　数	412 000	
版　　次	2023 年 12 月第 1 版　　2023 年 12 月第 1 次印刷	
书　　号	ISBN 978-7-202-16316-0	
定　　价	96.00 元	

香与诗

目录

图表目录

从《花非花》说起

香与诗之缘

　　花非花，雾非雾。夜半来，天明去。
　　来如春梦几多时，去似朝云无觅处。

　　白香山的诗，一向以浅近直白著称，相传老妪能解，然而，这首《花非花》却句式奇特，其节奏令人联想到李贺的《苏小小墓》；其手法则是通篇取譬，十分含蓄，甚至迷离，最终也没有点明诗中一连串比喻的谜底，不仅草蛇灰线般开启后来李商隐的无题诗，更堪称中国最早的朦胧诗——是花么？不是花；是雾吗？也不是雾。夜深之时它悄悄到来，天刚亮又在晨曦中飘然离去。来的时候，像一场春梦令人陶醉，可是又能停留多少时辰？去了以后，如早晨飘散的云彩，一转眼便无处寻觅，不知飘散到了哪里。鲜花芳香，夜雾缥缈，春梦甜美，朝云绚烂，一切都是那么美好，但是，却都是短暂的，容易消逝的，好花不常开，如雾难常在，好梦容易醒来，朝云很快散开，雾中花，梦里云，迷离而恍惚，轻柔而缥缈，若有若无，忽远忽近，令人怅怀，令人伤感。

　　这首朦胧诗，也有人称为白居易自度之曲，或归入词体，不但文体未定，意旨更留给我们一个谜。谜底见仁见智。明代智慧型才子杨慎说："白乐天之词……予独爱其《花非花》一首，……盖其自度之曲，因情生文也。'花非花，雾非雾'，虽高唐、洛神，奇丽不及也。张子野衍为《御街行》，亦有出蓝之色。"❶所云张子野，即张先（990—1078），其《御街行》依照《花非花》之意敷衍成词，词云："夭非花艳轻非雾。来夜半、天明去。来如春梦不多时，去似朝云何处。远鸡栖燕，落星沈月，纮纮城头鼓。　　参差渐辨西池树。珠阁斜开户。绿苔深径少人行，苔上屐痕无数。馀香遗粉，剩衾闲枕，天把多情付。"❷同样取意于白居易这首《花非花》的，还有晏殊（991—1055）《玉楼春》词："燕鸿过后莺归去。细算浮生千万绪。长于春梦几多时，散似秋云无觅处。　　闻琴解佩神仙

❶ [明] 杨慎《词品》卷一，《词话丛编》，中华书局，1986 年版，第一册，第 427 页。
❷ 见《全宋词》，中华书局，1965 年版，第 80 页。又作欧阳修词，见《全宋词》第 140 页。

侣。挽断罗衣留不住。劝君莫作独醒人，烂醉花间应有数。"[1] 或因白乐天之词中有"春梦""朝云"之句，杨慎于是将其与《高唐赋》楚襄王梦遇巫山神女，暮为行雨，朝为行云，及《洛神赋》曹子建邂逅洛水女神联系起来，以为谜底是写一女子，大概追忆和这位美丽女子邂逅欢会的情景。欲言又止，却又止不住说出真情：春梦无多，令人回味无穷；朝云遽散，不免惋惜惆怅。

不过，这里还可有另一种领会。诗外可含本事，或有寄托，而诗中若切合所咏之物，极似一物，即香。其谜底，可理解为咏香。"花非花"，形似花朵，气似花香；"雾非雾"，轻盈缥缈；"夜半来，天明去"，存在于夜间；"来如春梦不多时"，美好短暂；"去似朝云无觅处"，一去如云散，再不可寻。综合诗意，岂非咏香？香有日用、夜用之分。夜用之香又称夜香，有熏香安息和计时之功用。《花非花》所咏应为夜香。李颀《寄司勋卢员外》有"侍女新添五夜香"之诗；蒋捷《浪淘沙》有"印了夜香无事也""心字夜香烧"之句；苏轼《西江月》云："夜香知与阿谁烧。"夜香夜晚燃，自然是"夜半来，天明去"。赵长卿《鹧鸪天》"夜香烧尽更山远"，即为夜香烧尽时，五更更声渐远，天色渐亮。纳兰容若《酒泉子》"篆香消，犹未睡，早鸦啼"，也是写香尽天明。元稹是白居易的至交，二人"死生契阔者三十载，歌诗唱和者九百章"[2]，元稹《梦游春七十韵》有"不辨花貌人，空惊香若雾"之诗句，是以花比貌，以雾喻香，白居易《花非花》则是以香拟花，状美人之飘逸，颇富仙韵。难怪有人评述："'花非花'一首，尤缠绵无尽。"[3]

在《白氏长庆集》中，《花非花》编在卷十二，在《真娘墓》《长恨歌》《琵琶行》《简简吟》之后，归入感伤类，其主题基调都是感伤。《长恨歌》《琵琶行》自不必说，《真娘墓》《简简吟》二诗，均为悼亡之作，抒发的

---

[1] 见《全宋词》，第95页。

[2] 白居易《祭微之文》，《白居易集笺校》，上海古籍出版社，1988年版，第6册，第3721页。

[3] 花庵词客（黄昇）语，清王奕清等《历代词话》卷二引，《词话丛编》第二册，第1103页；文渊阁四库全书本《历代诗馀》卷一一二。又见清冯金伯《词苑萃编》卷三·品藻一，《词话丛编》第二册，第1811页。沈雄《古今词话·词评》上卷（《词话丛编》第一册，第969页），"尤"作"又"。

都是往事虽美，却如梦如云、不复可得之叹。如《真娘墓》诗："脂肤荑
手不坚固，世间尤物难留连。"《简简吟》："大都好物不坚牢，彩云易散
琉璃碎。"《花非花》一诗紧编在《简简吟》之后，可以约略看出此诗归
趣的消息。如果理解为以香为喻，正是对之前多位诗作女主人公命运最恰
切的归纳，堪称是一篇美丽、轻盈、神秘、缥缈、虚幻、匆匆的生命之挽
歌。宋无名氏《侍香金童》词："宝台蒙绣，瑞兽高三尺。玉殿无风烟自
直。迤逦传杯盈绮席。苒苒菲菲，断处凝碧。　是龙涎凤髓，恼人情意
极。想韩寿、风流应暗识。去似彩云无处觅。惟有多情，袖中留得。"❶其
中"去似彩云无处觅"，即化自白诗，意同"去似朝云无觅处"，巧的是
亦为咏香佳作。美好的人、事、物所显现出的光环往往转瞬即逝，不能不
使人对美仅能存留一点朦胧的感觉。其实，美的要义就在于短暂，在于朦
胧，在于无法真正把握，难得长期拥有。这不正如香之缥缈、花之凋败、
雾之易逝吗？

　　香山的《花非花》，以上释读，因香悟诗，以诗喻香，作为绪论，意
在引出和昭示——中华香道文化与古典诗词之间存在着不解之缘。正所
谓：风流岂落香山后，风雅满卷话当年。袖中乾坤逸兴多，无香令人意
阙然。

　　中国香道文化源远流长，肇始于远古，萌发于先秦，初成于秦汉，成
长于六朝，完备于隋唐，鼎盛于宋元，广行于明清。不妨一同跨入历史
长河，品味源远流长的华夏香文化。中国很早就发掘了香在日常生活中的
价值，自古就有利用天然香料的习惯。古人为了驱逐蚊虫，去除生活环境
中的浊气，便将带有特殊气味和芳香气味的植物放在火焰中焚烧，烟熏火
燎，这就是最初的焚香习俗的起源。

　　传说神农氏曾尝百草，教人利用植物驱虫治病，并祀神敬天。从考
古发现看，最晚在良渚文化时期，人们已经开始使用香炉，上海青浦福泉
山遗址出土有灰陶竹节纹熏炉，山东章丘城子崖龙山文化遗址出土有黑陶
弦纹罐，二者皆可谓早期的熏炉，但这时香炉主要还是作为宗庙祭器来

❶《全宋词》，第3652页。

使用。❶ 在文献中，《尚书·周书·君陈》已有用香的记载："至治馨香，感于神明，黍稷非馨，明德惟馨。"❷ 周成王引述周公遗训，阐明修德的重要。最高明的政治所散发出的清香，能使神明感动。神明感动的程度，并非依照祭品多寡来决定，而是根据德性的高低。《尚书·周书·酒诰》载成王言："我闻亦惟曰：'弗惟德馨香，祀登闻于天。诞惟民怨，庶群自酒，腥闻在上。故天降丧于殷，罔爱于殷，惟逸。天非虐，惟民自速辜。'"《尚书·周书·吕刑》又载穆王言："罔有馨香德，刑发闻惟腥。皇帝哀矜庶戮之不辜，报虐以威，遏绝苗民，无世在下。"❸ 古代社会，祭神祀祖是神圣的大事，丰收离不开祖先天神的护佑，因此应首先献给神灵，感谢上苍，同时祈求继续赐福。以馨香作为通于神明以求得美好声誉的代称，可见世人对馨香的重视。神明感应，将上达于天，不单靠精美的食物礼品，还要求德行彰著，此即"明德惟馨"之意。《左传·宣公三年》载："以兰有国香，人服媚之如是。"❹ 据《礼记·郊特牲》载："周人尚臭……灌用鬯臭，郁合鬯，臭阴达于渊泉……萧合黍稷，臭阳达于墙屋。故既奠，然后爇萧合膻芗。"❺ 周人崇尚燔香祭天，偏香敬长，祭天时，酹酒用郁金酿制的鬯酒，柴祭燃烧萧艾、黍、粟，并加羊油，以求"交于神明者"。

燃香不仅用于祭天敬神，还作为生活礼仪存在于人们的生活中。《周礼·秋官·司寇下》载："剪氏掌除蠹物，以攻禜攻之，以莽草熏之，凡庶蛊之事。"❻ 所熏之莽草，又称水莽草，据郑玄注，乃药物杀虫者，以莽草熏之则死。《山海经·中山经》："又东北一百五十里，曰朝歌之山……

---

❶ 正如南宋赵希鹄《洞天清禄集·古钟鼎彝器辨》所云："古以萧艾达神明而不焚香，故无香炉。今所谓香炉，皆以古人宗庙祭器为之。"

❷ [宋]蔡沈撰，朱熹授旨《书集传》，见《十三经注疏（清嘉庆刊本）》，中华书局，2009年版，第503—504页；朱杰人等主编《朱子全书外编》，华东师范大学出版社，2010年版，第236页。

❸ [清]孙星衍《尚书今古文注疏》，陈抗、盛冬铃点校，中华书局，1986年版，第381页、第523页。

❹ [清]洪亮吉《春秋左传诂》，李解民点校，中华书局，1987年版，第402页。

❺ [清]孙希旦《礼记集解》，沈啸寰、王星贤点校，中华书局，1989年版，第713页。

❻ [清]孙诒让《周礼正义》，王文锦、陈玉霞点校，中华书局，1987年版，第2932—2933页。

有草焉，名曰莽草，可以毒鱼。"❶《礼记·内则》载："男女未冠笄者，鸡初鸣，咸盥漱……皆佩容臭，昧爽而朝，问'何食饮矣'。"❷未婚男女要在鸡叫头遍，起床洗漱，佩戴香囊（容臭），问父母准备何种饮食。而佩兰、江蓠（芎䓖）、辟芷（白芷）等为常见佩戴香物。

　　春秋战国时期，生活用香伴随着祭祀用香并行发展起来，佩戴香囊、插戴香草、沐浴香汤等逐渐普及，行香、用香、熏香风气开始流行。铜熏炉最早即出现于战国时期，陕西凤翔县姚家岗秦雍城宫殿遗址出土有覆斗座球形凤鸟衔环青铜熏炉。这时，以香养性的观念也逐渐形成。在民间信仰层面上，香不仅可以通神驱鬼，可以避邪、祛魅、逐疫，还有返魂、净秽、保健等多方面作用。尤以通神与避邪为最，二者分别相关于香烟与香气这两大要素。香烟袅袅直上升天，可以通达神明；香气荡漾，自可辟御邪恶。随着宗教信仰与养生思想的介入，礼佛敬神、熏衣除秽之外，香熏更在精神层面上带来深远影响。这影响，虽貌似不重大，实际却很顽强，甚至不仅关乎心灵，有时还关乎生死，堪比可视之音乐，可闻之舞蹈。

　　香席（品香之道）和点茶（含斗茶烹茶）、插花（含山石盆景）、挂画（文物陈设品鉴）四者结合，在北宋晚期融合为士人生活品位上的四大标配，缺一不美。宋人吴自牧在南渡后，为怀念北宋汴梁京师盛况而作的《梦粱录》中，称之为"四般闲事"。明代陈继儒（1558—1639）所著《太平清话》罗列高雅文士的各种高情雅致，焚香是其中的第一款，以下依次为试茶、洗砚、鼓琴、校书、候月、听雨、浇花、高卧、勘方、经行、负暄、钓鱼、对画、漱泉、支杖、礼佛、尝酒、晏坐、翻经、看山、临帖、刻竹、喂鹤，诸种闲情雅趣，不但可以令人身心愉悦，还可以获得独特的审美体验，所谓"香令人幽，酒令人远，石令人隽，琴令人寂，茶令人爽，竹令人冷，月令人孤，棋令人闲，杖令人轻，水令人空，雪令人旷，剑令人悲，蒲团令人枯，美人令人怜，僧令人淡，花令人韵，金石彝鼎令人古"❸。

---

❶ 袁珂《山海经校注》，上海古籍出版社，1980 年版，第 164 页。

❷ 孙希旦《礼记集解》，第 730 页。

❸《丛书集成初编》，据《宝颜堂秘笈》排印本，文学类，第 2931 册。又见陈继儒《岩栖幽事》，明宝颜堂秘笈本。

末尾提到金石，与金石对历史的挽留不同，香是一种关于消逝的隐喻。人们不仅讲究享受芬芳的香气，藉芬芳养鼻，也强调香对身心的滋养，以香养性。这种以香养性以至养生的观念，源自"香药同源"的传统，与中医、与佛道等关系密切，对后世香文化的发展产生深远影响，成就了中国特有的香文化内涵和核心理念，可以说是散逸于空中的一脉哲学，既是时尚的享受，也是一种高尚的天禄。

用香文化在中华大地上历史悠久，是华夏文明的重要象征之一。从石器时代开始，历经青铜时代、铁器时代，蒸汽机时代、电气时代、原子时代、信息时代，积淀为悠久的香文化史。最晚至魏晋，伴随着精致的器物、庄重的仪式，熏香已成为人们日常生活的组成部分。唐宋以来，随着外来香料的大量输入，逐渐形成以文人为主导的用香文化。熏燃之香，悬佩之香，涂傅之香，医用之香，相承相继得到发展，各种香具、香料、香谱、香仪日趋完善，进一步推动了制香的发展，各种香制品随之产生，并留下众多关于香事的诗词歌赋。燃香木，观炉烟，嗅清香，亦宗教、亦高雅、亦抒情，可谓三位一体。时至元明清，随着社会经济的不断发展，文人香事更是得到极大支持，出现众多香文化研究的重要典籍。

追溯典籍中的源流，汉字中的"香"，是个会意字。甲骨文"香"，形如一个容器中盛禾黍，指的是禾黍的美好气味。篆文"香"变作从黍从甘，隶书才省略写作"香"字。《说文解字》说："香，芳也，从黍，从甘"，芳指草香，表明"香"与芳一样，指植物发出的甘味，"黍"表示谷物，"甘"表示甜美，可见香源于谷物熟后散发的甜美气味。如《诗·大雅·生民》所云："卬盛于豆，于豆于登，其香始升，上帝居歆。"《诗·周颂·载芟》所云："有飶其香，邦家之光。"

后来，"香"字构成的意涵逐渐变得多维，可以是存在于花草树木等飘散在空中的香气，沉香、檀香、丁香、麝香等香料，盘香、棒香、签香、线香等制成品，香囊、香笼、香炉、香球等衍生品所散发的香气，如曹操《内诫令》："昔天下初定，吾便禁家内不得香熏"，"今复禁不得烧香，其以香藏衣着身亦不得。"陈亮《乙巳秋与朱元晦书》："千里之远，不能捧一觞为千百之寿，小词一阕，香两片，川笔十支……薄致区区赞祝之意。"有时还指供香、上香、熏香的行为，如陶穀《清异录·释族》："汴州封禅寺有铁香炉……炉边锁一木柜，窍其顶，游者香毕，以白水真人（指钱）投柜窍。"

香，又引申为一切好闻的气味，芳香或甘美，例如酒、食物等，像欧阳修的《醉翁亭记》所云："酿泉为酒，泉香而酒洌。"在美学层面上，又泛化为对美好事物的一种美称，如李白《采莲曲》"月照新妆水底明，风飘香袂空中举"，王维《少年行》之二"孰知不向边庭苦，纵死犹闻侠骨香"，苏舜钦《舟中感怀寄馆中诸君》"功勋入丹青，名迹万世香"，文天祥《沁园春·题潮阳张许二公庙》"留取声名万古香"；还发展为形容人品好及梦香、感觉器官上的舒适等非实物的美好。香甚至与传宗接代、延续生命的人生大事相结合，香烟、香火于是成为子嗣的代称，如《醒世恒言》二十所言："你想我辛勤半世，却又不曾生得个儿子，传授与他，接绍香烟。"[1]"不孝有三，无后为大"，儒家传统的影响，浓缩在短短八字之中，成为世人普遍信奉的观念，接绍香烟，有嗣祭拜，成为辛勤一生的最大安慰。

香，渗透在人们生活的各个方面，被作为圣洁的象征，作为美的化身，世间许多美好事物往往被冠以香字。以香与美结合最多而常见者，是各种有关美女之称谓。李渔《闲情偶记》卷三《声容部·熏陶》曰："名花美女，气味相同，有国色必有天香。天香结自胞胎，非由熏染，佳人身上实实有此一种，非饰美之词也。此种香气，亦有姿貌不甚姣艳，而能偶擅其奇者。总之一有此种，即是夭折摧残之兆，红颜薄命未有捷于此者。"[2]自屈原将香草美人归为同类后，以香代指美女者，在古典诗词中绵延不绝。美女之面谓之香腮，如欧阳修《夜行船》："轻捧香腮低枕，眼波媚，向人相浸。"美女之颈谓之香颈，如韩偓《席上有赠》："鬓垂香颈云遮藕，粉著兰胸雪压梅。"美女之鬓谓之香云，如周权《采莲曲》："越溪女郎十五六，翠缩香云双凤凰。"美女身体谓之香体，如韩偓《昼寝》："扑粉更添香体滑，解衣唯见下裳红。"美女卧室谓之香闺，如李珣《虞美

---

❶［明］冯梦龙编著，杨桐注《醒世恒言》注释本，崇文书局，2015年版，第232页。
❷《李渔全集》第3卷《闲情偶寄》，浙江古籍出版社，1991年版，第123页。

人》："却回娇步入香闺，倚屏无语拈云篦，翠眉低。"香闺亦可改称兰闺，意义相同。闺中之灯谓之香灯，所谓"红楼别夜堪惆怅，香灯半卷流苏帐"（韦庄《菩萨蛮》）。闺中镜匣谓之香奁，所谓"玉笥犹残药，香奁已染尘"（李煜《挽辞》）。

甚至于美女脚下的尘土也叫作香尘，李白《感兴》诗即曰："香尘动罗袜，渌水不沾衣。"而女子身边的烟霭可唤作香雾，如杜甫《月夜》："香雾云鬟湿，清辉玉臂寒。"女子饰物有香缨，女子发油称香泽，美女队伍叫香阵，美女魂魄为香魂，美女夭亡叫作香消玉殒，有关女性之诗都可被称为香艳之作，还有香肌、香波，等等，不胜枚举。在其他事物中，代以香名者同样为数众多。如香雪指鲜花，香国指花园，香粳指美黍，香蚁指美酒，香茗称好茶，香片代花茶，香罗指丝绸，香笺指女子题诗所用之精美纸张，香车喻车驾的华饰，香径指香花满地的小径。在道教中，香为五供之一，与花、灯、水、果并列，在各种道教仪式献祭于神坛。在佛教中，有菩萨曰香象，佛塔为香殿，佛资为香资，佛国为香国，佛寺为香界（香刹），佛堂为香室（香房、香堂），佛供为香火等。正因为香在世人心中具有如此美的属性，如此美妙高雅，所以清人阮元编修《经籍籑诂》将美列为香字的第一释义："香，美也。"❶

儒家讲究"养德尽性"，道家讲究"修真炼性"，佛家讲究"明心见性"，都与香道有着千丝万缕的密切联系。尽性，炼性，见性，均须从修养身心入手，身心不修养则难得气之清，则云遮雾障，义理难明，难臻尽性之境。存在于瞬间万变的空气中，"香"不仅是一种气味，更是一种让人愉悦却难以捕捉的美好，可以让诗人从各种纷乱的情绪中暂时解脱，放松疲倦，颐养身心，陶冶情志。薄暮或晨曦，焚香一束，于幽室之中，置香炉之上；青烟数折，迂回蹉跎，忽隐忽现，如一尾神龙，化作飘渺，直达苍穹。作为生活的良伴，香"不徒为熏洁也，五脏惟脾喜香，以养鼻通神观，而去尤疾焉"❷，还可以是咏物或寄情的依托，欣享香之气味的嗅觉过程，也是生命的净化与修行。月白风清之夜，燃清香一炉，一寸丹心幸

---

❶ ［清］阮元《经籍籑诂》卷二二下平声，清嘉庆阮氏琅嬛仙馆刻本。
❷ 见《颜氏香史序》，［明］周嘉胄《香乘》卷二十八，文渊阁四库全书本。

无愧，庭空月白夜焚香，淡淡的，袅袅的，盈盈的，从一炷舒徐而上，逐渐弥散，乍聚还分，以至消失于无形，炉香静逐，游丝轻转，意念中，上通天府，更代表人间，白日里的喧嚣淡去，涌入夜色的，是心底的种种情愫——寂静、孤单、哀怨、缠绵、悲凉、思念、慵倦……

　　这香，幽闲者熏之可清心悦神，恬雅者焚之可畅怀舒啸，温润者燃之可辟睡魔，佳丽者可熏衣美容，蕴藉者可醉筵醒客，而对于身心欠安者，还可以祛邪辟秽。香的礼节，具有精神文化层面上的多重内涵，堪比君子之风范，例如三浴三熏、心香虔诚便是最好的证明。"敬神"如是，"敬人"亦如是。读书时以香为友，独处时以香为伴，读书会友，香可增其儒雅；参玄论道，香可助其灵慧。如同茶道、书道、花道一样，历代诗人长久未断地关注着香道，不仅熏陶在香芬中，更将品香上升为纯粹的审美活动，就像吟赏戏乐、品玩书画一般，从内涵到形式都达到艺的境界、诗的境界。正如宋代文人李纲《与李泰发端明书》所写："自旦至夕，烧一炷香，看一卷经，读数板书，打一觉睡，或宴坐少顷，无非自己分上事，以此差觉自适。"❶

　　　　一炷香
　　　　在香炉里
　　　　袅袅地升起
　　　　没有风
　　　　却为什么
　　　　会洇漫如此

　　　　二炷香
　　　　翠烟浮空
　　　　结久而未散
　　　　一剪断分烟缕
　　　　所以然者

---

❶《李纲全集》，岳麓书社，2004年版，中册，第1164页。

蟹气之馀烈也

天地氤氲生奇香

一香一世界，香道文化是理解中国诗歌的一扇别致之窗，不仅反映着香在诗人生活中的特殊地位和文化功用，体现着诗人的情性修养、志趣爱好、审美观念，也在多方面与诗风诗境诗理诗句产生千丝万缕密切而微妙的互动。接受香道文化启迪及熏陶的历代骚人墨客，从不同侧面不同角度，将香文化倾注在诗行词句里，以诗咏香，赞香，在香的世界里，寻求创作的灵感，在香气缭绕的氛围中，捕捉诗篇的隽美灵魂，由香入道，香韵与诗情交相点逗，促进着香文化的发展，也酿就了香文化与诗生活的共生关系，尤其是其中独成一脉的咏香诗词，更是别具艺术品位的精神产物。诚可谓——

香草美人，云山乃词客兴寄；思妇飞蓬，馨芳助诗人讴吟。

我们的诗香之旅，将沿着时光隧道顺航，第一站是先唐。

第一章

金蟾啮锁烧香入

先唐诗之香芳

第一节

有飶其香，邦家之光:《诗》之香

　　"香之为用，从上古矣，所以奉神明，所以达蠲洁。"这是宋人丁谓《天香传》的开篇，也是书中对香史叙述的起点。人类使用天然香料的历史确实极其久远。距今 6000 多年之前，也就是新石器时代晚期，人类已经开始用燃烧柴木和其他祭品的方法，来祭祀天地诸神和祖先。祭祀的目的，自然是要让天地诸神和祖先在天之灵了解自己，通过燃烧柴木散发的香气香味，无疑就是最好的办法之一。3000 多年前的殷商，在甲骨文里，已有"紫（柴）"字，指"手持燃木的祭礼"，可以说是祭祀用香的形象注释[1]。《尚书·舜典》记载:

> 正月上日，受终于文祖。在璇玑玉衡，以齐七政。肆类于上帝，禋于六宗，望于山川，遍于群神。辑五端。既月乃日，觐四岳群牧，班瑞于群后。岁二月，东巡守，至于岱宗，柴，望秩于山川，肆觐东后。[2]

这是 4100 年前，舜接受尧禅让的帝位时，在祭祀中积柴，加牲其上而燔之，告祭天地，被视为用香祭祀的最早记录。当然，这些祭祀中，只是对天地诸神的崇拜，对香本身还没有充分的认识，而且这种祭祀活动只限于天子或氏族部落首领这样有特殊身份的人。

　　至春秋战国时期，尽管由于地域所限，中土气候温凉，不太适宜香料植物的生长，香木香草的种类还不多，但正如丁谓《天香传》所云"百家

---

[1] 参见肖军《中国香文化起源刍议》，《长江大学学报》(社会科学版) 2011 年第 9 期。
[2] 孙星衍《尚书今古文注疏》，第 39—42 页。

传记萃众芳之美，而萧艿郁邑不尊焉"。萧（艾蒿）、艿（紫苏）、郁（郁金）、邑（邑草）之类的草本香草，已经得到广泛使用。此外还有兰（泽兰）、蕙（蕙兰）、椒（椒树）、桂（桂树）、芷（白芷）、茅（香茅）等。《左传·僖公四年》"一薰一莸，十年犹有臭"，杜预注："薰，香草。"古代被称为香草的植物很多，如：《诗·溱洧》陆机疏："兰，香草也"，《诗·江汉》毛传："邑，香草也。"用在薰香方面，则为蕙草，如《广雅·释草》："薰草，蕙草也"。《名医别录》："薰草，一名蕙草，生地下湿地"，后来汉诗咏熏炉亦有"香风难久居，空令蕙草残"句❶，都说明以蕙草为香。早期用香使用草本一类植物，主要取其熏烧之后产生的特殊香味。后来，人们对香木香草的使用方法逐渐丰富，不仅有熏炙（莽草）、焚烧（艾蒿）、佩带（兰），还有煮汤（兰、蕙）、熬膏（兰膏），并以香料（郁金）入酒。

先民不仅对这些香木香草取之用之，而且歌之咏之，托之寓之。这些歌咏，见于两周时代的《诗三百》。作为中国诗歌的第一个源头，也是中国历史上第一部诗歌总集，因为存诗 305 篇，取其所收诗篇的整数，故称《诗三百》或《三百篇》。至西汉独尊儒术时，因其被视为儒家经典，才冠以"经"，称为《诗经》。其中《王风·采葛》一篇讲到萧和艾，歌曰：

> 彼采葛兮，一日不见，如三月兮！彼采萧兮，一日不见，如三秋兮！彼采艾兮，一日不见，如三岁兮！

这首古歌表达男子想念爱人的心情。歌中说，男子爱慕的姑娘去采葛、采萧、采艾，一日不见，像是三月、三秋、三年那么长。其中的葛，就是用以织布的葛蔓，而萧和艾，则指用来祭祀的香蒿和用来疗疾的香艾，正如《毛传》云："萧所以共祭祀"，"艾所以疗疾"。❷

香在古代仪式中的角色，《诗经》中有一段描述，见于《大雅·生民》，中云：

---

❶《古诗五首》其二，《玉台新咏》卷一，《艺文类聚》卷七十，《初学记》卷二五引作《古诗咏香炉诗》。《合璧事类外集》卷四一作古乐府。
❷《十三经注疏》，中华书局影印本 1979 年版，上册，第 65 页。

> 诞我祀如何？或舂或揄，或簸或蹂。释之叟叟，烝之浮浮。载
> 谋载惟，取萧祭脂，取羝以軷。载燔载烈，以兴嗣岁。印盛于豆，于
> 豆于登。其香始升，上帝居歆。胡臭亶时，后稷肇祀。庶无罪悔，以
> 迄于今。

《生民》叙述周人女性祖先姜嫄及其子后稷的故事，对后稷的描写充满超
验的想象。姜嫄原本无夫，因踩到上帝的脚印，怀孕生下后稷。后稷生下
来时便被弃置，却得到牛羊（甚至鸟）的庇护而生存下来。通过种种奇迹
塑造后稷的超验形象，也就是那种天赋圣德，其实是为了建构周王先祖血
统的神圣性。语言古奥及诗中浓厚的神话色彩，表明起源很早，是一首通
过司掌祭祀的神职人员之口保存下来的原始祭歌。周人立国后，以后稷配
天的祭祀活动，就是因《生民》的传说而来。但正式写定，应该是在西周
中期礼乐制度走向成熟、繁复的周穆王之世。"其香始升"一句的"其"
字被用为代词，也是西周中期以后才发生的语言新质。

以上引录的是关于后稷祭祀的一段描写。字面意思是说：祭祀怎么
样呢？或舂捣或舀取，所簸糠秕，或踩或蹂。抛弃的反复搜寻，众多的
籽实呈现涌现。开始谋想，取农闲时以牲畜祭祠，取公羊以祭路神。开
始焚烧萧艾，开始焰火庆贺，以兴盛来年。萧又称茵陈，俗谚："二月茵
陈五月蒿。"二三月采之谓茵陈，可入药、食用，到四月以后就变成青蒿
了。青蒿除了有享神之用，也有燃烧照明、驱蚊虫、沤田粪之用。取名于
"呦呦鹿鸣，食野之蒿"的屠呦呦，从葛洪《肘后方》记载的青蒿的抗疟
作用获得启发，发明了青蒿素并获得诺贝尔奖，堪称传统中医药草学与现
代科技的完美结合。蒿容纳于豆器中，有的在木豆，有的在瓦豆。由于祭
祀所供奉的食物香气十足，谷香孕育变化正得其时，在大地之上，馨香之
气升扬，因此，神灵安然歆享，十分欢欣，庇佑人们幸福安康。此后，庄
稼开始奉祠，后稷始创周人的祭祀制度，直到今日，没有获罪于天、遗恨
于心。

"其香始升，上帝居歆"的这段描写，将食物的馨香之气，与神祇上
联，可谓香道文化与宗教仪式最早的结盟。结盟的基础，是美好的馨香

气味。

全篇共31句的《载芟》，是《周颂》最长之篇，其中也有关于香的描述：

> 载芟载柞，其耕泽泽。千耦其耘，徂隰徂畛。侯主侯伯，侯亚侯旅，侯强侯以。有嗿其馌，思媚其妇，有依其士，有略其耜。俶载南亩，播厥百谷，实函斯活。驿驿其达，有厌其杰。厌厌其苗，绵绵其麃。载获济济，有实其积，万亿及秭。为酒为醴，烝畀祖妣，以洽百礼。有飶其香，邦家之光。有椒其馨，胡考之宁？匪且有且，匪今斯今，振古如兹。

诗意是：开始斩草除木，接着耕田松土。千对农夫锄草，走向低田小路。家主带领长男，跟着其他子弟，个个强壮得力。田头饭声嘈杂，妇人柔美可爱，男子身壮力足。犁锹锋利轻快，开始耕种南亩，播下各类禾谷。种子内含生机，幼苗纷纷出上，上等苗特茂美，一般苗整整齐。耘草频繁细密，果实收获济济，众多粮食堆积，多达千亿万亿。用来酿制酒醴，奉祭先祖先妣，合乎各种祭礼。酒食四溢芳香，邦家光大盛昌。酒香伴着椒香，老人长寿安康。丰收喜出望外，今日不曾料想，自古就是这样。这是《诗经》中优秀的农事诗。本意大概是祭神求福，但主要描写农事活动。从开垦、整田、播种、锄草以及收割等，全面叙述一年间农业生产的过程。自开端至"绵绵其麃"共18句，预言农夫力田和禾苗生长情形；接下来四句预言丰收景象；又七句写祈神赐福；最后三句表示对神的感谢。《毛诗序》认为此系周天子于春耕之际，祭祀社（土神）稷（谷神）以求福的乐章："春藉田而祈社稷也。"但也有人认为，此诗并无祈神之意，只是写农家尽力农事。丰收后，祀祖先，宴宾客，敬耆老。方玉润《诗经原始》即评此诗说："一家叔伯以及佣工妇子，共力合作，描写尽致，是一幅田家乐图。"此诗主要采用白描手法，刻画农事场景，铺叙农事情节，均极有次序；又善于渲染、夸张，借以表达愿望，抒发感情。语势通畅，在呆板典重的《周颂》中，是别具一格的。

"有飶其香，邦家之光"，意思是说，以芬香的酒醴来飨燕宾客，多得宾客之欢心，这样对邦国家族亦有荣光。馨者，芬香也。馨又作苾。苾是本字，从草字头，其义本为草香，《白氏六帖》引《诗》即作"有苾其香"。馨是后起的俗字。后人因其言酒醴，变而从食字旁。馨其香，即香如馨也。椒其馨，即馨如椒也。均以草木之馨香，来比喻酒醴之馨香。"有椒其馨，胡考之宁？"提倡和颂赞的，正是华夏民族尊老敬祖的传统。结尾"匪且有且，匪今斯今，振古如兹"与此呼应，将"振古"与"斯今"对举，显示现在所行之礼是承续着渊源古老的传统。有人据"胡考"一词判断，此诗之作在西周中期的恭王之世❶。但"胡考"固然是对高寿而亡的先父的称谓，却不一定专指周穆王而言。而且"匪且有且，匪今斯今，振古如兹"与"以似以续，续古之人"所表现出来的法古意识，与周礼至周穆王而趋于成熟，至周恭王而趋于稳定的发展态势不合，相反却与周宣王继位之后敬天法祖、重修礼乐的形势无不相合❷。因此，这缕馨香，应当反映的是周宣王时代重修礼乐的境况。

以上两则《诗经》中关于香的描述，均见于雅颂，与祭祀都有或多或少的关联。宋代学者王应麟（1223—1296）《困学纪闻》卷三分析说："'取萧祭脂'，曰'其香始升'；'为酒为醴'，曰'有馨其香'。古所谓香者如此。韦彤《五礼精义》云：'祭祀用香，今古之礼，并无其文。'《隋志》曰：'梁天监初，何佟之议郁鬯萧光，所以达神，与其用香，其义一也。'考之殊无依据，开元、开宝礼不用。"这段议论亦有所本，史载，神宗元丰四年（1081）十月己未，详定礼文局上奏：

> 宗庙之有裸鬯蒸萧，则与祭天燔柴、祭地瘗血同意，盖先王以为通德馨于神明。近代有上香之制，颇为不经。按韦彤《五礼精义》曰：'祭祀用香，今古之礼，并无其文。'《隋志》（指《隋书·礼仪志》）云：'梁天监初，何佟之议郁鬯萧光，所以达神，与其用香，其义一也。上古礼朴，未有此制，今请南郊明堂用沈香，气自然至天，示恭合质阳之气；北郊请用上和香，地道亲近，杂芳可也。'臣等考

❶ 见李山《诗经的文化精神》，东方出版社，1997年版，第51—52页。
❷ 见马银琴《两周诗史》，社会科学文献出版社，2006年版，第212页。

之，殊无依据。今且崇事郊庙明堂，器服牲币，一用古典。至于上香，乃袭佟之议。如曰上香亦祼鬯焫萧之比，则今既上香，而又祼焫，求之古义已重复，况开元、开宝礼亦不用乎。❶

雅、颂是《诗经》内容和乐曲的分类，一般认为，雅乐是朝廷典礼的乐曲，颂乐是宗庙祭祀的乐曲，因雅颂音乐中正平和，歌词典雅纯正，并能发扬圣王的德行，后来被视为盛世之乐的象征。《礼记·乐记》云："故听其雅颂之声，志意得广焉。"《汉书·董仲舒传》谓："教化之情不得，雅颂之乐不成。"从一定意义上讲，在《诗经》时代，诗与香道文化的渊源，正是链接于最能体现两周时代礼乐文明的雅颂之乐。

❶ [宋] 李焘《续资治通鉴长编》卷三一七，中华书局，1990 年版，第 22 册，第 7663 页。又见宋杨仲良《宋通鉴长编纪事本末》卷七八神宗皇帝，清嘉庆宛委别藏本。

香草美人，以媲忠洁：《骚》之香

中国地理有南北之别。北方山水硬朗清旷，南方风光烟雾缭绕。南北长远的空间距离，造就社会风俗以至文化面貌上的南北差异。中原为礼乐之邦，江汉则浸溺于淫祀；北方哲学的主流，是孔孟的入世务实；南方哲学的趋向，则是老庄的出世蹈虚。如果说，《诗经》焕发出来的礼乐精神，是北方理性务实精神的体现，那么南方虚灵精神在诗歌上的代表，则是楚辞。

"楚辞"之名，始见于西汉武帝之时，这时"楚辞"已经成为一种专门的学问，与"六经"并列。至汉成帝时，刘向整理古籍，把屈原、宋玉等人的作品编辑成书，定名为《楚辞》，从此以后，"楚辞"就成为一部总集的名称，专指以楚国大诗人屈原的创作为代表的新诗体。所谓"不有屈原，岂见《离骚》？惊才风逸，壮志烟高"❶。楚辞的本义，泛指楚地的歌辞，因为"屈宋诸骚，皆书楚语，作楚声，纪楚地，名楚物，故可谓之楚辞"❷。也就是说，"楚辞"是指以具有楚国地方特色的乐调、语言、名物而创作的诗赋，在形式上与北方诗歌有明显的区别。

当然，楚辞给人的印象，远不止于其语、其声、其地、其物，还有形象之诡谲，形式之漫衍，结构之变幻，以及腾云驾雾的浪漫之思。楚辞这些特点的形成，除了作为词汇和物象出现的楚语和楚地风物等因素外，还源自楚地的巫祀文化。班固《汉书·地理志下》认为，楚国文化是"信巫鬼，重淫祀"。巫文化对楚国审美风气的影响明显。楚地的艺术多与祭

❶ 刘勰《文心雕龙》卷一"辨骚第五"，四部丛刊景明嘉靖刊本。

❷ [宋]黄伯思《校定楚词序》，宋刻本《东观馀论》卷下。又见陈振孙《直斋书录解题》卷十五《楚辞类》引黄伯思《翼骚序》。

神有关，充满奇异的浪漫色彩。庙堂壁画，凤夔人物帛画，以及刻画在器物帛画上的楚舞造型，出土的编钟等，都富有飘逸、艳丽、深邃等美学特点。屈原正是在这飘逸、艳丽、深邃的美学环境中，创造了名垂千古的诗歌巨制。

屈原（前343？—前278？），名平，字原，又自名正则，号灵均。生活于"横则秦帝，纵则楚王"的战乱时期，楚国王族之后，颇有才能。司马迁《史记·屈原贾生列传》说，屈原曾任楚怀王左徒（在当时是仅次于宰相的职务），"博闻强志，明于治乱，娴于辞令"，"入则与王图议国事，以出号令；出则接遇宾客，应对诸侯。王甚任之"。可见屈原在内政外交方面都颇为能干，深得楚怀王的信任。但后来受到诬陷，怀王"怒而疏屈平"。怀王死后，屈原又因顷襄王听信谗言而被流放，最终投汨罗江而死。

在屈原诗行里，弥漫着中国香文化的气息。他的《离骚》等作品，在充满着愤世嫉俗的情绪之外，格外留意对各类香卉植物的描写。尤其对于那些象征高洁美好的香草，有时甚至像是排比列举，数量繁多，且不厌其烦。

《楚辞》有一个继承《诗经》的特点，就是以植物来寄托感情，托物比兴。这反映出早期的风俗民情和古人对植物的崇拜心理。《楚辞》中既有对自然的感情，也有对人情世态的情怀。屈原不着痕迹地将其人性的光辉，融入自然的描写。而香的品位，香的芳馨，也随之升华在一种自然美的境界里。这个特点，可以归纳为一个诗学概念，即"香草美人"，又称"美人香草"。它出自东汉王逸的《离骚经序》：

> 《离骚》之文，依《诗》取兴，引类譬喻。故善鸟香草，以配忠贞；恶禽臭物，以比谗佞；灵修美人，以媲于君；宓妃佚女，以譬贤臣；虬龙鸾凤，以托君子；飘风云霓，以为小人。其词温而雅，其义皎而朗，凡百君子，莫不慕其清高，嘉其文采，哀其不遇，而愍其志焉。❶

❶ [宋] 洪兴祖《楚辞补注》，中华书局，1983年版，第2—3页。

在这里，王逸对屈原《离骚》的创作艺术加以形象地概括，并与《诗经》相比较，认为"香草""美人"等艺术手法，论其渊源，继承了《诗经》。与《诗经》的讽谏比兴精神相通，所以说是"依《诗》取兴，引类譬喻"。但需要甄别的是，屈原的"香草美人"，已经不仅是一种艺术修辞手段，而且铺叙故事，渲染人物。屈原以其绚丽的神话，来编织其艺术神殿，抒发其强烈的感情，表现忠君爱国的激情，所以又是其积极浪漫主义创作艺术中的重要组成部分。旧题唐人贾岛所撰《二南密旨·论风骚之所由》说："骚者，愁也，始乎屈原。为君昏暗时，宠乎谗佞之臣。含忠抱素，进于逆耳之谏，君暗不纳，放之湘南，遂为《离骚经》。以香草比君子，以美人喻其君，乃变风而入其骚刺之旨，正其风而归于化也。"❶

《楚辞》大量采用"香草美人"的象征手法，这是屈原的伟大创举。宋人陈正敏《遁斋闲览》介绍说："《楚辞》所咏香草，曰兰，曰荪，曰茝，曰药，曰蕙，曰芷，曰荃，曰蕙，曰蘼芜，曰江蓠，曰杜若，曰杜蘅，曰藕车，曰菖蒲，其类不一，不能尽识其名状，识者但一谓之香草而已。其间亦有一物而备数名，亦有举今人所呼不同者。如兰一物，《传》谓其有国香，而诸家之说，但各以己见，自相非毁，莫辨其真。或以为都梁，或以为泽兰，或以为兰草，今当以泽兰为正。"❷品类繁多，引发辨识之议。直至今日，亦有聚讼纷纭，难以论定者。

《楚辞》中"兰"凡四十二见，计有五种，即佩兰、泽兰、木兰（黄兰）、马兰（马莲）及兰花。其中主要是佩兰和泽兰。《离骚》"余既滋兰之九畹"的"兰"，指的是佩兰，即兰草，生水旁或野地，根青黄，茎圆，节长，叶光润且多呈三裂状，花淡紫色，状如鸡苏花，花期五六月，香气浓。医用可生血调气，有醒脾、化湿与清暑、辟浊之功能。

深圳一石《香草美人志》对《楚辞》里的植物进行了诗意的解析❸。书中列举江蓠、芷若、泽兰、木兰、玉兰、菊花、扶桑、木槿、蕙、杜

---

❶ 见张伯伟编《全唐五代诗格汇考》，江苏古籍出版社，2002年版，第373页。
❷ 周嘉胄《香乘》卷十三。
❸ 深圳一石《香草美人志——楚辞里的植物》，天津教育出版社，2009年版。

蘅、菱、椒、茱萸、荔草、桂花、千里香、薜荔、蓬花、辛夷、松萝、石兰、灵芝、松萌、柏慧、浮萍、荻花、瑞香、卷施、莲花等，其中即不乏各种芳香之气。仅在《离骚》中就多达十八种香草依次出现，如：

> 扈江离与辟芷兮，纫秋兰以为佩。
> 昔三后之纯粹兮，固众芳之所在。
> 兰芷变而不芳兮，荃蕙化而为茅。
> 余既滋兰之九畹兮，又树蕙之百亩。
> 杂申椒与菌桂兮，岂惟纫夫蕙茝。
> 何昔日之芳草兮，今直为此萧艾也。
> 畦留夷与揭车兮，杂杜蘅与芳芷。
> 朝饮木兰之坠露兮，夕餐秋菊之落英。
> 委厥美以从俗兮，苟得列乎众芳。
> 户服艾以盈要兮，谓幽兰其不可佩。
> 苏粪壤以充祎兮，谓申椒其不芳。
> 余以兰为可恃兮，羌无实而容长。
> 椒专佞以慢慆兮，樧又欲充夫佩帏。
> 既干进而务入兮，又何芳之能祇。
> 芳菲菲而难亏兮，芬至今犹未沫。

《离骚》天地里的十八种香草，最早将香所具有的美好高洁气质引入诗歌殿堂，奠定了以香草来代表修能与品质的诗歌传统。此外，《九章·涉江》提到"露申辛夷"，辛夷即木笔，露申或即申椒，二者都是芳香的植物 [1]。《九歌》等也有很多香的描写，比如"浴兰汤兮沐芳，华采衣兮若英"（《云中君》），把兰草与水同煮，形成香气扑鼻的兰汤，用兰汤洗浴，既可以香身，又能祛除不祥，即《大戴礼记·夏小正》所云"五月蓄兰，为沐浴也"。又如《湘夫人》"筑室兮水中，葺之兮荷盖。荪壁兮紫坛，播芳椒兮成堂"，《山鬼》"被石兰兮带杜衡，折芳馨兮遗所思"，等等。诗人

---

[1] 参看戴震《屈原赋注》，中华书局，1999 年版，第 93 页。

将自己沐浴在香草带来的美好气味当中，用带有芬芳气味的香草筑起美丽的华室，将芬芳的香草送给自己思念的人。这些凝聚不散的香气，同样也是屈原笔下执着热烈的政治理想的象征。

香草，含有香味的草，可以编织后用以穿着，如"制芰荷以为衣兮，集芙蓉以为裳"；还可以当成餐饮以疗饥，如"朝饮木兰之坠露兮，夕餐秋菊之落英"。至魏晋六朝，又用来象征洁身自好，比喻忠贞之士。到宋代，还引申为寄情深远的诗篇。如苏轼《再次韵曾仲锡荔支》诗"莫遣诗人说功过，且随香草附骚经"，苏舜钦《依韵和王景章见寄》诗"楚客留情著香草，启期传意入鸣琴"。与香草相对的，是恶草，用来象征小人："椒专佞以慢慆兮，樧又欲充夫佩帏。""美人"的指代性更丰富，既可用来对君王的称呼，如"恐美人之迟暮"；也可用来自比，如"曰黄昏以为期，羌中道而改路。初既与余成言兮，后悔遁而有他。余既不难夫离别兮，伤灵修之数化"。象征手法的使用，丰富了诗歌的内涵。更重要的是，把内容诗意化，朦胧化，变得更富有弹性、延展性和想象空间。

后人把楚辞之类的作品，称为"香草美人"之辞。"香草美人"之说，对后世影响甚巨。后世诗歌创作，多蒙受其沾溉。许多诗人自觉地将其作为一种艺术创作手法而普遍运用，自屈原始，不断发展，逐渐开拓出新的诗歌境界。讽谏之旨，寄托之辞，沿流溯源，均可见屈原《离骚》的痕影。如清代常州词派，就多取"香草美人""浮云飘风"以言"寄托"，以寻觅作品中的微言大义。于是，"香草美人"这一诗学范畴，逐渐从艺术创作原则，延伸到文学批评和审美鉴赏的领域，开拓和深化了传统诗学的境界。

为什么在屈原看来，有的草是香草，有的草是贱草呢？朱熹《离骚辩证》说："大抵古之所谓香草，必其花叶皆香，而燥湿不变，故可刈而为佩。若今之所谓兰蕙，则其花虽香，而叶乃无气，其香虽美，而质弱易萎，皆非可刈而佩者也。"[1] 其说以花叶俱香、燥湿不变为香草。然而，考察《离骚》中提到的香草，像薜荔、椒，并不以花香闻名，而桂，则花香

---

[1] 朱熹《楚辞集注·楚辞辩证上》，李庆甲标点，上海古籍出版社，1979年版，第175—176页。

叶不香。

对此，宋人吴仁杰《离骚草木疏》提出他的看法："按《王度记》曰：'大夫鬯酒以兰，庶人以艾。盖兰艾之分尚矣。'《尔雅》'艾，一名冰台'，郭璞注：即今艾蒿也。逸以为艾为白蒿。按艾蒿与白蒿不同，艾蒿，《诗》所谓蘩也。《诗》有采蘩，有采艾，《本草》有白蒿条，有艾叶条。《嘉祐图经》云：'艾，初春布地生苗，茎类蒿而叶背白。'又云：'白蒿叶上有白毛，从初生至枯白于众蒿，类似细艾。'按蒿与白蒿相似耳，便以艾为白蒿则误矣。"❶最后的重点意在区分艾与白蒿（蘩）的不同。至于把兰归为香草，把艾归为贱草，则依据《王度记》。遗憾的是，《王度记》已佚，且作者不明❷。但唐人注疏上留有踪迹，如《周礼注疏》卷十九："凡祭祀宾客之祼事，和郁鬯以实，彝而陈之。"唐人贾公彦疏引《王度记》："案《王度记》云：天子以鬯，诸侯以薰，大夫以兰芝，士以萧，庶人以艾。此等皆以和酒。"❸鬯的原料，是用秬（黑黍）酿成，又以郁金香草捣烂煮汁渗合，其味分香，谓之郁鬯。这是鬯酒以不同的花草来区分等级的最早记载。《王度记》属古之逸礼，其对礼之等级性的把握，应沿自周礼❹。

从《离骚》对萧艾的叙述看，显然屈原把萧艾作为兰的对立面。"民好恶其不同兮，惟此党人其独异。户服艾以盈要兮，谓幽兰其不可佩。"但《离骚》中同样作为恶草者，如蒺（蒺藜），恐怕不能与有入药之用和降神之用的萧艾同类。如果楚国在鬯酒礼制上，确如《王度记》所言，屈原把萧艾作为兰的对立面（是恶草而非贱草）这一构思，也不应来自这一礼制差别。因为礼制差别，并不是为了排斥士庶阶层，也不是把士庶阶层作为贵族阶层的对立面，而是让各阶层各安本分，最终实现社会和谐。正如《论语·学而》中，有子所云："礼之用，和为贵，先王之道，斯为美。

---

❶ 吴仁杰《离骚草木疏》，《古逸丛书》三编之二十九，中华书局，1986 年影印版。
❷ 一说《王度记》为战国时齐国淳于髡所作，难以据信。
❸《十三经注疏》，中华书局影印本 1979 版，上册，第 770 页。
❹ 逸礼来自鲁恭王坏孔宅壁所得古文书，其中《古礼》56 篇，有 17 篇与汉初经生所传《礼》（即今之《仪礼》）相同，其他 39 篇后亡佚，故后世称为"逸礼"。今文经学多不承认，其可靠性至今仍聚讼纷纭。

小大由之，有所不行。知和而和，不以礼节之，亦不可行也。"❶作为体现礼制差别的郁金香、薰、兰、萧、艾，都是香草，这和《离骚》把萧艾作为兰的对立面这一构思殊为不类。

　　再来看明人周拱辰的解释，其《离骚草木史·离骚拾细》云："萧艾虽非恶草，要之庶人之所服，又用于祭鬼，比之兰蕙则已贱矣。"其所言"庶人之所服"的根据，同样来自《王度记》。游国恩批评周拱辰"泥于格物"❷，即过分拘泥香草贱草区分的原因。这一批评可谓当矣。潘富俊《楚辞植物图鉴》也同样囿于香草恶草的区分，这位美国夏威夷大学农艺及土壤博士认为，《楚辞》中的"艾"并非中医上用的艾，而是艾属（Artenisia）中到处蔓生、形成杂草的野艾，但又认为野艾也可入药，"萧"不一定是作为祭神之用且植株具有香气的牛尾蒿，而是不特定种的艾属植物❸。这同样是"泥于格物"。

　　在香草研究上，有学者结合《九歌》，论证香草的巫术功能，诸如迎神、送神，男女互相吸引，都要用到香草，香草代表着纯洁和神圣❹。但是，《楚辞》中所载香草基本都可入药，且有的香草也可用来降神驱邪，如蕙，"古者烧香草以降神，故曰薰曰蕙。薰者，熏也；蕙者，和也。"❺屈原笔下的萧，在先秦也可以降神。可见，区分香草恶草的原因，不在于是否能用于降神。《楚辞》中的香草基本都可入药，先民对其药用价值或者说实用价值的认识应该是首要的，虽然其祭祀功能同样也是一种实用价值，但绝非神圣而纯洁的宗教崇拜物。比如萧，二月时可采之入药，也可食用，五月份长成青蒿，则可驱除蚊虫、沤粪肥田，也可用来祭天享神。另外，降神之法有多种，不止燃萧艾，还有灌鬯、燔柴升烟、荐血腥、演奏乐舞等。而荐血腥等降神法更为古老，《礼记·郊特牲》："有虞氏之祭也，尚用气。血、腥、焰祭，用气也。"❻看重的反倒是血腥的臭气。

❶ 朱熹《四书章句集注》，中华书局，2011年版，第53页。
❷ 游国恩编《离骚纂义》，中华书局，1980年版，第419页。
❸ 潘富俊《楚辞植物图鉴》，上海书店出版社，2003年版，第64、71页。
❹ 何炜《香草：一种意指解读》，《福州大学学报》（哲学社会科学版）2000年第3期。
❺ 周嘉胄《香乘》卷四。
❻《十三经注疏》，下册，第1444页。

其实，在《离骚》写作的时代，屈原用萧艾等与兰椒等对立，主要是出自诗人的主观创作。用某些花草象征君子、君王、美德等，用某些花草象征小人、恶劣品质等，多半是作者个性化的象征取向，而并非当时社会的普遍认可。因为在先秦的其他古籍中未见有类似的区分。从情理而言，植物、动物本身亦并无善恶品质之分。把它们按香草恶草来分类，当然是人为的建构。屈原的伟大，或者说创造性，正是大胆借用《诗》之比兴，来建构香草美人的新传统。这一建构与屈原"二元对立"的思维方式有密切关系。在屈原的世界里，善与恶、是与非、黑与白、忠与奸，呈现出两两相对、水火两立的镜像。在他眼中，整个世界划为白黑分明的两块，人与人之间，物与物之间，品质与品质之间，皆互相对立，不容转圜。所以《离骚》"户服艾以盈要兮，谓幽兰其不可佩"，"苏粪壤以充帏兮，谓申椒其不芳"，分别以艾与幽兰、粪壤与申椒相对待；"兰芷变而不芳兮，荃蕙化而为茅。何昔日之芳草兮，今直为此萧艾也？"更是叹息痛恨于兰芷、荃蕙等芳草，化而为茅卉和萧艾，两两之间，也互相对立。又如《思美人》"揽大薄之芳茝兮，搴长洲之宿莽。惜吾不及古人兮，吾谁与玩此芳草？解萹薄与杂菜兮，备以为交佩"，萹薄和杂菜"皆非芳草，此言解去萹菜而备芳茝、宿莽以为交佩也"❶，两两相对，不言而喻。《惜往日》"君无度而弗察兮，使芳草为薮幽"，《悲回风》"故荼荠不同亩兮，兰茝幽而独芳"，也是以芳草和薮幽、荼和荠互相对待。

当然，屈原之所以如此热衷描写这些香草，与香草散发的香气是分不开的。香气是美好的，也是惹人喜爱的。屈原用自己的一生建立一个美好的香草世界，并不停地为之努力追逐。《离骚》里，"纷吾既有此内美兮，又重之以修能"，与"扈江离与辟芷兮，纫秋兰以为佩"相互辉映。在诗人的眼里，一个"内美"与"修能"兼举的人，他的精神世界必定充满芝兰芬芳。屈原不仅"畦留夷与揭车兮，杂杜蘅与芳芷。冀枝叶之峻茂兮，愿俟时乎吾将刈。虽萎绝其亦何伤兮，哀众芳之芜秽"，即使在被疏远、被流放的日子里，他依然穿着"芰荷""芙蓉"做成的衣服，佩戴着秋兰

---

❶ 洪兴祖《楚辞补注》，第148页。

做成的饰物，"朝饮木兰之坠露"，"夕餐秋菊之落英"。在《楚辞》的世界里，这些香草为我们构建起宝贵而美好的香气世界。在屈原笔下，凝聚不散的香气世界丰富而多情，不仅是一种执着、热烈、缠绵的爱情的象征，一种代表自身修养与品质的反映，也是一种理想的寄托。甚至可以说，对于屈原而言，香草伴随着芳香气味，已经不仅仅是他的理想与追求，更多的是一种灵魂的救赎与心灵的归宿。

第三节

感格鬼神，绝除尘俗：两汉诗歌中的香氛

秦汉时期，是香文化历史发展的初步成熟阶段。唐人杜牧《阿房宫赋》对秦代焚椒兰之香有这样的华丽描述——"烟斜雾横，焚椒兰也"❶。但时过不久，自然的椒兰之香，便逐渐被外域入贡的香品所取代。正如叶廷珪《叶氏香录序》所云："古者无香，燔柴炳萧，尚气臭而已。故香之字虽载于经，而非今之所谓香也。至汉以来，外域入贡，香之名，始见于百家传记。"❷随着国家统一，疆域扩展，南方湿热地区出产的香料逐渐进入中土。陆上和海上丝绸之路的活跃，使南亚及欧洲的许多异国香料亦传入中国，丰富了华夏民族的文化物产与精神生活。新疆为当时沟通东西方的桥梁，无数香料曾经在这里汇聚，当地人对气味迷恋，就连大漠黄沙也染上了芳香。

沉香、檀香、鸡舌香、丁香、安息香、乳香、龙涎、龙脑、甲香、苏合香等，在汉代已成为高官贵族喜爱的炉中佳品。据宋人程大昌《演繁露·香》考证：

> 秦汉以前，二广未通中国，中国无今沉、脑等香也。宗庙燔萧灌献尚郁金，食品贵椒，皆非今香也。至荀卿氏方言椒兰，汉虽已得南粤，其尚臭之极者，曰椒房椒风。郎官以鸡舌奏事而已。较之沉、脑，其等级甚下，不类也。惟《西京杂记》载长安巧工丁缓作被下香炉，颇疑已有今香。然刘向铭博山炉，亦止曰："中有兰绮，青

---

❶《樊川文集》卷一，吴在庆《杜牧集系年校注》，中华书局，2013 年版，第 9 页。
❷ 周嘉胄《香乘》卷二八。

火朱烟。"《玉台新咏》古诗说博山炉，亦曰："朱火燃其中，青烟扬其间。……香风难久居，空令蕙草残。"二文所赋皆焚蕙兰，而非沉、脑。是汉虽通南粤，亦未见粤香也。《汉武内传》载西王母降蒸婴香等，品多名异，然疑后人为之。汉武奉仙，穷极宫室、帷帐、器用之丽，《史》《汉》备记不遗，若曾创有古来未有之香，安得不记沉香？梁武帝方施之祭神。❶

由于价格不菲，南粤以及异国名香是一般百姓买不起的舶来品，唯有上层皇室与王公贵族才能享有。班固写给他的弟弟班超的书信中，曾提到："今赍白素三匹，欲以市月氏马、苏合香、阘登。"❷可见在当时，苏合香是与月氏马、阘登（即氍毹，细毛地毯）相提并论的西域特产。

鞮芬这种西域香名，在汉代已进入诗人的笔下。汉代文豪张衡有《同声歌》：

> 邂逅承际会，得充君后房。情好新交接，恐栗若探汤。不才勉自竭，贱妾职所当。绸缪主中馈，奉礼助蒸尝。思为莞蒻席，在下蔽匡床；愿为罗衾帱，在上卫风霜。洒扫清枕席，鞮芬以狄香。重户结金扃，高下华灯光。衣解巾粉御，列图陈枕张。素女为我师，仪态盈万方。众夫所稀见，天老教轩皇。乐莫斯夜乐，没齿焉可忘。❸

这首诗假借一名女子之口，表达洞房花烛之夜的经历及复杂的感受——既有对姻缘的庆幸，也有对不确定的未来的恐惧。可以理解为借男女情爱的表达抒发君臣之情义，但即使没有考虑到这一层，仍然可以被女主人公"思为莞蒻席，在下蔽匡床。愿为罗衾帱，在上卫风霜"的赤诚与单纯所

❶［宋］程大昌《演繁露》卷十三，清学津讨原本，《丛书集成初编》中华书局1991年排印本，第148—149页。

❷［唐］欧阳询《艺文类聚》卷八五百谷部布帛部，汪绍楹校本，上海古籍出版社，1965年版，第1456页；《宋本艺文类聚》，上海古籍出版社，2013年版，下册，第2174页。宋李昉《太平御览》卷八一四"布帛部一"："固与弟书云：今赍白素三百匹，欲以市月支焉。"同书卷九八二："班固与弟超书曰：窦侍中令载杂彩七百匹，市月氏苏合香。"（四部丛刊三编景宋本）

❸《玉台新咏》卷一；《乐府诗集》卷七六；《广文选》卷十三；《古诗纪》卷三。

感动。其中"洒扫清枕席，鞮芬以狄香"，起着烘托氛围的作用，也可见鞮芬这一西域名香在诗歌中的体现。《拜经楼诗话》卷三引张诚之《虫获轩笔记》云："《王制》：'西方曰狄鞮。'古诗中所谓迷迭、兜纳诸香，大都出于西域，故曰'鞮芬、狄香'。鞮芬，即狄香，重言之者，古人常有此文法。……窃意诗盖谓鞮之芬，由狄之香。即昔人芝焚蕙叹、松茂柏悦之意，与'同声'义亦协，而'之'字方有着。"❶《礼记·王制》"西方曰狄鞮"，郑玄注："鞮之言知也。今冀部有言狄鞮者。"孔颖达疏曰："其通传西方语官谓之狄鞮者，鞮，知也，谓通传夷狄之语，与中国相知。"是"狄鞮"乃翻译之意，引申为外国所入。鞮芬、狄香，即域外之香。

因丝绸之路的发展，进入中国的其他西域名香，又见于古辞《乐府》：

行胡从何方？列国持何来？氍毹毾㲪，五木香，迷迭艾纳及都梁。❷

其中的迷迭，是一种常绿小灌木，有香气，佩之可以香衣，燃之可以驱蚊蚋、避邪气，茎、叶和花都可提取芳香油。据明李时珍《本草纲目·草三·迷迭香》，原产南欧，后传入我国。三国魏曹丕《迷迭香赋》序："余种迷迭于中庭，嘉其扬条吐香，馥有令芳。"❸清王开沃《虞美人》词："绿杨枝外沉沉漏，迷迭消金兽。"❹艾纳、都梁，也都是香名。

秦始皇三十三年（前214），略定杨越，置桂林、南海、象郡。其中象郡郡治在今广西崇左，辖地包括今广西西部及广东雷州半岛、越南北部和中部。此区域是土沉香、粗壮沉香的原产地。热带地区原产的沉香从此开始输入中原地区。公元前204年至公元前111年间，这一区域为南越国所控制，原有输入通道，此期间也被阻断。汉武帝前期，南越王慑于汉朝的强盛，进贡土产异物以显示和平诚意，其中就有沉香。从汉武帝开始的对华南和越南中北部地区的稳定统治，保证了沉香能够长期稳定地输入中原地区。

---

❶ [清] 吴骞《拜经楼诗话》卷三，《丛书集成初编》，中华书局，1985年版，第33页。
❷ 《乐府诗集》卷七七；《古诗纪》卷七；《太平御览》卷九八二；《艺文类聚》卷八一引香、良二韵。
❸ 《艺文类聚》卷八一；《太平御览》卷九八二。
❹ [清] 王昶《国朝词综》卷四五，清嘉庆七年王氏三泖渔庄刻增修本。

⊙图表 1　都梁香

中土文献提到沉香，以东汉杨孚最早。其《交州异物志》曰："蜜香，欲取先断其根，经年，外皮烂，中心及节坚黑者，置水中则沉，是谓沉香，次有置水中不沉与水面平者，名栈香。其最小粗者，名曰篓香。"稍后于此，三国吴人万震《南州异物志》提到"木香"。称出自日南，与上述大抵相同，惟"最小粗者"，作"最小粗白者"。日南即今越南广治省东河市，辖今衡山以南、巴江以北地区。西汉时，日南已经形成香市供商人交易诸香。所谓蜜香与木香，均指瑞香科的沉香，当时只产于今东南亚热带地区。经年老树受到伤害后，某种真菌侵入感染后，于是薄壁组织细胞内贮存的淀粉等物质发生一系列化学变化，最后结成暗色香脂，便成为外皮朽烂而心部富含芳香树脂之材。沉香输入中原、用作燃香的时间最晚是在汉武帝初期。

考古资料佐证，西汉早期，在汉武帝之前，香薰就已在贵族阶层广泛流行起来。香薰有三种主要方式：第一种是点燃香料，熏室或熏物。例如《汉书·龚胜传》有"薰以香自烧，膏以明自销"的描述。第二种是在香炉中置一隔火片，借着炭火，微熏香丸或香球，香气缓缓散发，这种熏香，香不及火，舒缓而无烟燥气。第三种是不燃香料，放于薰球，依香料自然挥发其芬芳。前两者多使用香鼎、香炉等器物，后者则多用香球，或称香囊，这是汉代才开始出现的新品种。

在1987年陕西扶风法门寺地宫唐代文物被抢救性发掘之前，世人甚至包括考古界人士，都认为香囊乃由织物制成。直到考古人员根据埋藏文物的清单查对时，方知香囊乃金属制作。有些香囊直接放在衣物中熏香，称"熏笼"，有些香囊是盖在被子里的"被中香炉"，即"熏球"。《西京杂记》载，汉代长安著名工艺家丁缓，能制作九层博山香炉，镂以奇禽怪兽及灵异神物，皆可自然运动，"又作卧褥香炉，一名被中香炉。本出防风，其法后绝，至（丁）缓始更为之，为机环转运四周，而炉体常平，可置之被褥，故以为名"❶。这种可置于被褥中的袖珍香薰球，当时称为"被中香炉"或"卧褥香炉"。熏球外壳雕花镂空，内安一能转动之金属碗，

---

❶《西京杂记》卷一，四部丛刊景明嘉靖本。参见宋高承《事物纪原》卷八"香球"。

其中有两个同心圆持平环，和一个半圆形焚香盂，无论球身如何转动，由
于重心的作用，金属碗口和香盂面始终朝上，焚香于其中，香烟由镂空处
溢出，香灰或火星不会外逸，置于被褥中十分安全，其原理同现代陀螺仪
如出一辙。唐代元稹《香毬》一诗后来将其比喻为一种处世方式："顺俗
唯团转，居中莫动摇。爱君心不侧，犹讶火长烧。"❶

先秦时期吟咏自然香草的传统，也在汉代诗歌中得到继承。例如汉无
名氏《古乐府》写道："兰草自然香，生于大道旁。要镰八九月，俱在束
薪中。"《古诗三首》其三则云："新树兰蕙葩，杂用杜蘅草。终朝采其华，
日暮不盈抱。采之欲遗谁，所思在远道。馨香易销歇，繁华会枯槁。怅望
欲何言，临风送怀抱。"❷但西汉时期涉及熏香的作品很少，主要是当时的
文人较少使用，用香主要流行于官僚上层社会。东汉中期以前，文人多具
宫廷御用色彩，他们的作品大都歌功颂德，或宣扬经学道理，很少涉及文
人的自身生活，这一时期还没有形成真正意义上的文人阶层。东汉中期以
后，文人开始关注个体生活和人生的体验，例如锺嵘《诗品》称之为"文
温以丽，意悲而远"的《古诗十九首》，反映的就是文人日常的生活情感，
其真挚、朴素、清新，将汉代文学推向一个高峰，也为后来魏晋文学的自
觉做好了准备。《古诗十九首》其九写思妇想念游子，出现咏香的描写：

> 庭中有奇树，绿叶发华滋。攀条折其荣，将以遗所思。馨香盈怀
> 袖，路远莫致之。此物何足贵，但感别经时。❸

从庭树的叶绿花繁写起，庭中奇树不断生长变化，与之朝夕相伴的女主人
公，潜藏着她的怀人之哀苦，心有所思，日受煎熬；她攀条遗远，却又路
远莫致。"馨香盈怀袖"，写出她的怀恋痴迷而又无可奈何之状。语言平浅，
却情深意曲，宛转而蕴藉。

---

❶《元氏长庆集》卷十五，四部丛刊景明嘉靖本。按，恻同侧。清朱骏声《说文通训定
声·颐部》："侧，段借为恻。"《字汇·人部》："侧，不正也。"
❷《古诗类苑》卷七七；《古诗纪》卷十。又《艺文类聚》卷八一、《太平御览》九九四并引
草、抱、道三韵。
❸《文选》卷二九；《艺文类聚》卷二九；《文章正宗》卷二九；《事文类聚》别集卷二五；《合
璧事类续集》卷四六；《古诗纪》卷十。《玉台新咏》卷一作枚乘诗。

东汉桓帝时，诗人秦嘉与妻子徐淑感情深挚。秦嘉出任郡上计掾，后赴洛阳。徐淑因病回母家居养，未获面别。秦嘉思妻心切，遣车往迎，徐淑因故未至，秦嘉于是写下《重报妻书》："间得此镜，既明且好，形观文彩，世所希有。意甚爱之，故以相与。并宝钗一双，好香四种。素琴一张，常所自弹也。明镜可以鉴形，宝钗可以耀首，芳香可以馥身，素琴可以娱耳。"❶ 情意绵绵，也要有宝钗和好香传递。妻子徐淑回信说："素琴之作，当须君归；明镜之鉴，当待君还。未奉光仪，则宝钗不设也；未侍帷帐，则芳香不发也。"可见好香乃是传递夫妻情爱的重要媒介。

汉末诗人繁钦《定情诗》云："何以致叩叩？香囊系肘后。"何以表达我款款悦媚之深情？把我随身所佩的香囊解下来，送给你，系在肘后，以结绸缪之志，当你行于路上，有风吹来，便会闻到香的味道，想起送香的我。繁钦机辩而有文才，他笔下这定情之景致，正启发了宋人秦观《满庭芳》一词的"销魂当此际，香囊暗解，罗带轻分。……襟袖上，空惹啼痕。伤情处，高城望断，灯火已黄昏。"

著名的《孔雀东南飞·古诗为焦仲卿妻作》是一篇长诗，写忠于爱情的刘兰芝、焦仲卿夫妇，因家人极力反对而双双殉情的爱情悲剧，其中也提到香囊：

> 妾有绣腰襦，葳蕤自生光。红罗复斗帐，四角垂香囊。箱帘六七十，绿碧青丝绳。物物各自异，种种在其中。❷

在汉朝宫廷，《汉官仪》规定："尚书郎含鸡舌香伏奏事，黄门郎对揖跪受，故称尚书郎怀香握兰，趋走丹墀。"❸ 这一规定有其缘由。史载东汉时，侍中刁存，年老口臭，桓帝赐给他一个状如钉子的东西，令他含到嘴里。刁存不知何物，惶恐中只好遵命，入口后又觉味辛刺口，便以为是

---

❶《艺文类聚》卷三二引。

❷《古诗纪》卷七；《乐府诗集》卷七七；《太平御览》卷九八二。

❸［唐］徐坚辑《初学记》卷十一（清光绪孔氏三十三万卷堂本）引。唐虞世南《北堂书钞》卷六十（文渊阁四库全书本）云："尚书郎握兰含香，趋走丹墀。"孙星衍辑本应劭《汉官仪》卷上："尚书郎……握兰含香，趋走丹墀奏事，黄门郎与对揖。"《宋书·百官志》："《汉官》云……尚书郎口含鸡舌香，以其奏事答对，欲使气息芬芳也。"

皇帝赐死的毒药。没敢立即咽下，急忙回家与家人诀别。此时，恰好有一位好友来访，感觉这事有些奇怪，想到，以刁存之恭谨忠厚，深得皇上嘉许，怎会突然赐死与他呢？便让刁存把"毒药"吐出来看看。刁存吐出后，却闻到一股浓郁的香气。朋友察看后，认出那不是什么毒药，而是一枚上等名贵的鸡舌香，是皇上特别恩赐的进口香药。虚惊一场，遂成笑谈。也许正是刁存口臭的提醒，口含鸡舌香奏事，逐渐演变成为宫廷礼仪，《通典·职官典·尚书上·历代郎官》谓："尚书郎，口含鸡舌香，以其实事答对，致使气息芬芳也。"尚书省被称作"含香署"。形如钉子的"鸡舌香"，还被认为是今天口香糖的老祖宗。

《汉官旧仪》还规定："尚书郎伯二人，女侍史二人，皆选端正者从直。伯送至止车门还，女侍史执香炉烧熏，从入台护衣。"❶《汉官典职》亦云："尚书郎给事，端正侍女史二人。洁衣服，执香炉，烧熏，从入台中，给使护衣服。"❷均可见汉代宫廷对香熏的重视，已经制度化。晋王嘉《拾遗记》卷六又载，东汉灵帝在西园建裸游馆，盛夏与宫人游此，"宫人年二七已上、三六已下，皆靓妆，解其上衣，惟着内服。或共裸浴，西域所献茵墀香，煮以为汤，宫人以之浴浣毕，使以馀汁入渠，名曰流香渠"。

不仅上朝要佩香，日常生活中，香熏也被当作保养姿容、增加仪态风度的有效方法，据《洞冥记》载，"金日磾既入侍，欲衣服香洁，以自变其气，特合此香，帝果悦之。日磾尝以自熏，宫人见者，以增其媚。"❸汉代宫殿还专门有披香殿之名，《三辅黄图·未央宫》云："武帝时，后宫八区，有昭阳、飞翔、增城、合欢、兰林、披香、凤凰、鸳鸯等殿。"班固《西都赋》载："后宫则有掖庭、椒房，后妃之室。合欢、增城、安处、常宁、茝若、椒风、披香、发越、兰林、蕙草、鸳鸾、飞翔之列。"李善注云："汉宫阙名。长安有合欢殿、披香殿。"南朝沈约（441—513）《昭君

❶《汉官旧仪》卷上，武英殿聚珍版丛书本。参见清孙星衍等辑《汉官六种》，周天游点校，中华书局，1990年版。

❷［唐］虞世南《北堂书钞》卷一三五。参见唐徐坚辑《初学记》卷二五香炉第八，清光绪孔氏三十三万卷堂本。

❸周嘉胄《香乘》卷八引。

辞》云："朝发披香殿，夕济汾阴河。"❶北周庾信（513—581）《春赋》曾写道："宜春苑中春已归，披香殿里作春衣。"❷披香殿又名披香宫。梁简文帝萧纲（503—551）《明君词》曰："一去葡萄观，长别披香宫。"❸直到唐代，白居易的《新乐府·红线毯》也提到："染为红线红于蓝，织作披香殿上毯。披香殿广十丈馀，红线织成可殿铺。"❹

嫔妃们为保持自身在帝王面前的吸引力，多使用香料，彼此攀比，追逐香的馥郁度和持久性。汉成帝永始元年（前16），立赵飞燕为皇后，其妹赵合德为昭仪。姊妹两人以"沉水香"为礼互赠。《西京杂记》载"其女弟在昭阳殿，遗飞燕书……中有五层金博山香炉、回风扇、椰叶席、同心梅、含枝李、青木香、沉水香……"❺可见沉香至迟在公元前一世纪已经用作宫廷燃香。此外，有百蕴香之称。据《赵飞燕外传》载："后浴五蕴七香汤，踞通香沉水坐，燎降神百蕴香。婕妤浴豆蔻汤，敷露华百英粉。帝尝私语樊懿曰：'后虽有异香，不若婕妤体自香也。'"❻赵飞燕妹婕妤"每沐以九回香，膏发其薄眉，号远山黛。施小朱，号慵来妆"❼。婕妤还另有绿熊席，"其中杂薰诸香，一坐此席，馀香百日不歇"❽。

西汉代表性的文体是气势壮美的大赋，这些大赋经常描写到香草香木。如汉赋第一大家司马相如，其《美人赋》写他赴梁国途中，朝发溱洧，暮宿上宫，"上宫闲馆，寂寞云虚，门阁昼掩，暧若神居。臣排其户而造其堂，芳香芬烈，黼帐高张，有女独处，婉然在床"，"时日西夕……闲房寂谧，不闻人声。于是寝具既设，服玩珍奇；金鉔薰香，黼帐低垂"。司马相如还有《子虚赋》，描绘"云梦泽"胜景时，也涉及其中的香草香

---

❶《玉台新咏》卷七;《艺文类聚》卷四二;《古诗纪》卷七二。《文苑英华》卷二〇四作昭君怨。《乐府诗集》卷二十九作明君词。

❷庾信《庾子山集》卷一,《四部丛刊》景明屠隆本。

❸《乐府诗集》卷二十九;《古诗纪》卷六七。《文苑英华》卷二〇四作昭君怨。

❹白居易《红线毯》,《白居易集笺校》卷四"讽谕",上海古籍出版社,2020年版,第234页。

❺[晋]葛洪《西京杂记》卷一,四部丛刊景明嘉靖本。

❻[汉]伶玄《赵飞燕外传》,明顾氏文房小说本。

❼[宋]叶廷珪《海录碎事》卷六,文渊阁四库全书本;中华书局2002年版,第245页。

❽葛洪《西京杂记》卷一。

木，其中说道："云梦者，方九百里……其东则有蕙圃，衡兰芷若，芎䓖菖蒲，江蓠蘪芜，诸柘巴苴；其南则有平原广泽，登降陁靡，案衍坛曼，缘以大江，限以巫山，其高燥则生葳菥苞荔，薛莎青薠，其埤湿则生藏莨蒹葭，东蔷雕胡，莲藕菰卢，菴闾轩于，众物居之，不可胜图；其西则有涌泉清池，激水推移，外发芙蓉菱华，内隐巨石白沙，其中则有神龟蛟鼍，瑇瑁鳖鼋，其北则有阴林，其树楩楠豫章，桂椒木兰，檗离朱杨，樝梨楟栗，橘柚芬芳。"❶《上林赋》亦有大同小异的相似描写，也用华美的辞采，描绘遍地芬芳的香草世界，令人神往。

汉文帝前元十四年（前166），长沙马王堆一号汉墓轪侯利苍夫人辛追墓葬出土木楬上有书："葸（蕙）一笥"，该墓同时出土植物性香料十馀种，分别为花椒、佩兰、茅香、辛夷、杜蘅、藁本、桂皮、高良姜、姜等。香具四种，分别为香奁、香枕、香囊、熏炉（配有竹熏罩），基本代表了西汉初期贵族熏香习俗的实物样貌。汉代人对香料的使用，既有着美味饮食、宗教祭祀、香身、保健、防腐等实际用途，更有对香料蕴含的精神气象的迷恋❷。长沙马王堆二、三号汉墓也有陶制的熏炉和香茅出土❸，均为亚热带原产香料类型，未见沉香、龙脑香等热带香料。熏香在南方两广地区尤为盛行，甚至还传到东南亚，在印尼苏门答腊就曾发现了刻着西汉"初元四年"字样的陶熏炉。

香文化在汉代得以成熟，与汉武帝有很大关系。武帝在位期间，大规模开边，遣使通西域，使战国时期初步形成的丝绸之路真正畅通起来，在促进东西方交流的同时，也便利了西域香料的传入。"汉武好道，遐邦慕德，贡献多珍，奇香叠至。乃有辟瘟回生之异，香云起处，百里资灵。"❹由于有了西域的香料，汉武帝时的香事格外繁盛起来。据西晋张华《博物

---

❶ 司马迁《史记》列传卷一一七司马相如列传第五七，中华书局点校本，第3004页。参校《文选》卷八。
❷ 参见陈东杰、李芽《从马王堆一号汉墓出土香料与香具探析汉代用香习俗》，《南都学坛》2009年第1期。
❸ 湖南省博物馆、中国科学院考古研究所《长沙马王堆二、三号汉墓发掘简报》，《文物》1974年第7期，第39—48，63，95—111页。
❹ 周嘉胄《香乘》卷六。

志》卷二记载："汉武帝时，弱水西国有人乘毛车以渡弱水来献香者，帝谓是常香，非中国之所乏，不礼其使。留久之，帝幸上林苑，西使千乘舆闻，并奏其香。帝取之看，大如鸾卵，三枚，与枣相似。帝不悦，以付外库。后长安中大疫，宫中皆疫病。帝不举乐，西使乞见，请烧所贡香一枚，以辟疫气。帝不得已，听之，宫中病者登日并瘥。长安中百里咸闻香气，芳积九十馀日，香犹不歇。帝乃厚礼发遣钱送。一说汉制：献香不满斤不得受，西使临去，乃发香气如大豆者，拭著宫门，香气闻长安数十里，经数月乃歇。"❶

外邦献香，还屡见于《述异记》等其他文献。汉武帝本人爱香成癖，各地官吏、邻邦诸国则竞相进贡异香，极大带动了汉朝人用香的风习。汉武帝期望"香可返魂"的故事更是情动千古。武帝宠妃李夫人早亡，他深为悲恸，以皇后之礼葬之，命人绘其像挂于甘泉宫。前秦王嘉《拾遗记》卷五载，汉武帝痴迷香薰，一日在延凉室休憩，竟然"卧梦李夫人授帝蘅芜之香。帝惊起，而香气犹著衣枕，历月不歇"❷。

这一故事成为后世咏香诗一则连绵未绝的题材。例如白居易的乐府诗《李夫人》中描述说："夫人病时不肯别，死后留得生前恩"，"丹青画出竟何益？不言不笑愁杀人。又令方士合灵药，玉釜煎链金炉焚。九华帐深夜悄悄，反魂香降夫人魂。夫人之魂在何许？香烟引到焚香处"，"魂之不来君心苦，魂之来兮君亦悲"，"伤心不独汉武帝，自古及今皆若斯"，"人非木石皆有情，不如不遇倾城色"。韩偓《过茂陵》诗云："不悲霜露但伤春，孝理何因感兆民。景帝龙髯消息断，异香空见李夫人。"元人宋褧《遗芳蔓》诗序曰："武帝思李夫人，卧延凉殿。梦夫人遗帝蘅芜之香，觉而衣枕香三月不歇，帝因制曲名《遗芳蔓》，又赋《落叶哀蝉曲》。"《遗芳蔓》诗云："龟屏象簟尘凝辉，桂枝落尽秋气凄。琼瑶台上魂是非，孤鸾照影心含悲。离宫别馆春茫茫，延凉殿上空情伤。却凭钟火一

---

❶［晋］张华等撰《博物志（外七种）》，王根林等校点，上海古籍出版社，2012年版，第15页。

❷［前秦］王嘉等撰《拾遗记（外三种）》，王根林等校点，上海古籍出版社，2012年版，第36页。

茎草，换得蘅芜三月香。兰风蕙露怨娇□，落叶哀蝉□鸣嘶。嘤嘤呹语谁得知？再取玉篸搔素丝。"在诗人笔下，这些亦真亦幻的故事，使各类异香在充满神秘色彩的同时，似乎也更贴近了人世生活，由此推动了香文化的发展。

汉武帝元鼎六年（前111），起扶荔宫，中植蜜香（即土沉香）百本。元封间（前110至前105），汉武帝"起方山像，招诸灵异，召东方朔言其秘奥，乃烧天下异香，有沉光香、精祇香、明庭香、金碑香、涂魂香"，所燃香料即有沉香。西汉前期使用沉香作为燃香的习俗，可能源自华南的古南越国，燃香和燃熏的香料经海上丝绸之路进入中国南方沿海地区，进而传入中原。公元前204年至公元前203年，赵佗建立南越国，考古发掘资料说明南越已有从海外输入香料和燃香的习俗。广州象岗山南越王赵眜（前137至前122）墓1983年出土的铜熏炉内有炭粒状香料残存，广西罗泊湾二号汉文帝时期的南越国墓出土铜熏炉内有白色椭圆形粉末块，推测为龙脑或沉香之类的香料残留。燃熏的香料主要产于东南亚地区，这就透露出南越国与海外方国早有贸易往来的信息。汉武帝平南越之后，汉朝与东南亚、南亚地区有了直接交往。海外香料通过南方沿海地区转输中原地区。

汉代人已经知道古代印度是香料产地，天竺诸香先是经西域传入中国，《后汉书·西域传》载，天竺国"有细布、好毦、诸香、石蜜、胡椒、姜、黑盐。和帝时，数遣使贡献，后西域反畔，乃数遗恂奴婢、宛马、金银、香、罽之属，一无所受。"《后汉书·李恂传》有同样记载。李贤注《后汉书》卷四十九王充传引《袁山松书》亦曰："西域出诸香、石蜜。"后西域因战乱造成陆上丝绸之路交通的阻碍，才转由海路输入。汉代时内地至交趾（今越南一带）任职的官员往往贪赃纳贿获得南海的珍奇香料，携之以归。他们又用这种域外珍品贿赂权贵，以求升迁。《后汉书·贾琮传》记载："旧交趾土多珍产，明玑、翠羽、犀、象、瑇瑁、异香、美木之属，莫不自出。前后刺史率多无清行，上承权贵，下积私赂，财计盈给，辄复求见迁代。"其中的"异香"，即来自海外的香料。

香料的传入，带动香事的繁盛，各类香具也应运而生。汉武帝前期已经出现专用的燃香器具，从考古材料看，最早的博山炉实物集中于汉武帝时期。宋人吕大临《考古图》云："《汉朝故事》：'诸王出阁，则赐博山香炉。'晋《东宫旧事》曰：'太子服用，则有博山香炉。'象海中博山，下有盘贮汤，使润气蒸香，以象海之回环。此器世多有之，形制大小不一。"❶

这里略考"博山炉"之源流。宋人陈敬《陈氏香谱》卷四"博山香炉"一则，曾引《事物纪原》云："《武帝内传》有博山炉，盖西王母遗帝者。"（清文渊阁四库全书本）按，《事物纪原》为宋人高承所撰。其原文是：

> 《黄帝内传》有博山炉，盖王母遗帝者。盖其名起于此尔。汉晋以来盛用于此。❷

《黄帝内传》一卷，所记主要为黄帝时政迹及其神话传说，为秦汉间方士伪托❸，"筬铿（一作钱铿）得之于衡山石室中，后至汉刘向于东观校书见之，遂传于世"❹。《汉武帝内传》，相传为汉班固所撰，检明《正统道藏》本，未见有关博山炉或博山之记载。可见《陈氏香谱》所云，为张冠李戴之误传。

博山香炉之实物，最晚在汉代已经出现，但一般统称熏炉或香炉。如西汉刘向《熏炉铭》："嘉此正气，崪岩若山。上贯太华，承以铜盘。中有兰绮，朱火青烟。……雕镂万兽，离娄相加。"❺刘向所言熏炉，依其描述，可知为博山炉。这里的熏炉以山峦形制为主要特征，刘向将这个熏炉上端（也就是炉盖部分）比喻为"太华"山。熏炉中间是炉身，正点燃香草，发出红色的火光并飘散出袅袅青烟，熏炉下面也配有铜盘。样式明显是后来所说的"博山炉"，而刘向称之为"熏炉"，可见直到西汉后期还没有将"博山炉"作为这种样式熏炉的通称。"博山"式熏炉一开始并不直接

---

❶［宋］吕大临《考古图》卷十，文渊阁四库全书本。
❷［宋］高承《事物纪原》卷八，明弘治十八年魏氏仁实堂重刻正统本。
❸［明］胡应麟《四部正讹》，北京书局，1933 年版，第 53 页。
❹［宋］晁公武《郡斋读书志》卷二下，四部丛刊三编景宋淳祐本。
❺［唐］欧阳询《艺文类聚·服饰部下·香炉》，上海古籍出版社，1982 年版，第 1223 页。

称为"博山炉"的结论不仅在文献中如此表现，在出土的器物上也能够得到证实。陕西咸阳茂陵东侧从葬坑出土的"鎏金银竹节高柄铜博山炉"的炉盖和底座上都刻有铭文，注明了熏炉的名称、制造机构等信息，铭文称此器物名为"金黄涂竹节熏炉"，可见在汉武帝时，这种式样的熏炉还未以"博山炉"命名。

汉代《古歌》这样描绘博山炉："上金殿，著玉樽。延贵客，入金门。入金门，上金堂。东厨具肴膳，椎牛烹猪羊。主人前进酒，弹瑟为清商。投壶对弹棋，博奕并复行。朱火扬烟雾，博山吐微香。清樽发朱颜，四坐乐且康。今日乐相乐，延年寿千霜。"❶诗中讲述主人宴请宾客并请宾客游戏的热闹场面，最后祝宾客长寿。其中出现"博山"一词。但唐初编选的《艺文类聚》卷七十四引这首诗时，只引了樽、门、堂、羊、商、行六韵，并无"博山吐微香"及以下诗句，因此这里的"博山"有可能是后人接续成篇，真伪值得怀疑，还不能够作为确据。

汉代《古诗五首》其二，也有关于博山炉的描绘："请说铜炉器，崔嵬象南山。上枝似松柏，下根据铜盘。雕文各异类，离娄自相联。谁能为此器，公输与鲁班。朱火然其中，青烟扬其间。"❷这一博山炉的炉盖，如同南山一样崔嵬，而"上枝似松柏，下根据铜盘"一句颇值得推敲。出土的博山炉，基本由炉盖、炉身、炉柄、炉座组成，有的还附有铜盘。炉盖体现了博山炉的主体特征，凸出成山峦形状。上端是松柏枝托着炉身，下端做成树根的形状，直接安放在铜盘之中。可以说，这首汉代古诗已经比较具体地描绘出博山炉的样式，但是此时还没有将这种式样的"铜炉器"称之为"博山炉"。

如果忽略秦汉间方士伪托之《黄帝内传》，博山炉较早见于文献记载者，是传为晋葛洪（284—364）所作《西京杂记》，中云："长安巧工丁缓者……又作九层博（博）山香炉，镂为奇禽怪兽，穷诸灵异，皆自然运

---

❶《古诗类苑》卷四五;《古诗纪》卷七。
❷《玉台新咏》卷一;《艺文类聚》卷七十。《初学记》卷二五引作《古诗咏香炉诗》。《合璧事类外集》卷四一作古乐府。

动。"● 书中还有汉元帝皇后赵飞燕的妹妹送其"五层金博（博）山炉"的记载。《西京杂记》的作者存在争议，其中记载的虽然是西汉时的事情，但到底是作者依据传闻撰写，还是根据当时流传的汉代文献编辑，现在并不能确定，所以，这里的"九层博山香炉"的名称，是出自汉代人之手还是出于后代人追述，不可确考。但不管这个名称是否出自对汉代文献的直接承袭，都可以看出"博山"一词在这里是形容词，用来修饰其后的"香炉"一词，突出"香炉"有"九层"之多的"博山"特征。就这一点看来，《西京杂记》的记载，表现出"博山"式熏炉名称转变的轨迹，表明"博山"是这种熏炉的一个突出特征，而"博山炉"自然只是当时诸多种熏炉的一种样式。

在晋葛洪《西京杂记》前后，东晋张敞撰《东宫故事》云："皇太子初拜，有铜博山香炉。"● 值得注意的是，"博山"一词，并非对博山炉山形装饰的特有描述，它并不仅仅用在熏炉上，当时也还有不少这种"博山"样式的其他器物。晋陆翙《邺中记》曰："织锦署在中尚方，锦有大登高、小登高、大明光、小明光、大博山、小博山，大茱萸、小茱萸、大交龙、小交龙、蒲桃纹锦、斑文锦、凤凰朱雀锦、韬文锦、桃核文锦，或青绨、或白绨、或黄绨、或绿绨、或紫绨、或蜀绨，工巧百数，不可尽名也。"这里的大小博山，是织锦署所织锦的两种纹样。《水经注》曰："东城上，石氏立东明观，观上加金博山，谓之'铄天'。"文中"金博山"是加在宫观上的一种装饰物。陆翙是西晋末东晋初人，为东晋国子助教。《水经注》所指"石氏"，当为与东晋相峙的北方后赵政权。可见，"博山"在东晋

● 葛洪《西京杂记》卷一，《四部丛刊初编》本，上海商务印书馆，第4页。[宋]陈敬《陈氏香谱》卷四"博山香炉"一则引《西京杂记》作："丁缓作九层博山香炉，镂琢奇禽怪兽，皆自然能动。"《西京杂记》，轶事小说集，《隋书·经籍志》入史部旧事类，二卷，不著撰人。《郡斋读书志》杂史类著录，云："江左人或以为吴均依托为之。"《四库全书》入小说家杂事类，六卷，题汉刘歆撰，一题晋葛洪撰。该书书末有葛洪跋，称汉刘歆作。但《旧唐书·经籍志》和《新唐书·艺文志》并题晋葛洪撰。后人也有据《酉阳杂俎·语资》，以为是梁吴均所作，故此书作者历来有刘歆、葛洪、吴均三说，一般多取葛洪之说。

● 陈敬《陈氏香谱》卷四"博山香炉"一则引。《初学记》引《晋东宫旧事》作："太子初拜，有铜博山香炉一枚。"

之时，是一种比较常见的样式，既可以用来指香炉的形制，也可以用来指织锦上的纹样、宫观上的金属装饰物等。成书于唐初的《晋书·舆服志》亦载："通天冠，本秦制。……前有展筒，冠前加金博山述，乘舆所常服也。"❶ 由此可见，晋朝以迄唐初，凡山形凸起状装饰都可称之为"博山"。

南北朝时，文献中常见"博山"或"博山香炉"。如刘绘《咏博山香炉诗》："蔽野千种树，出没万重山。上镂秦王子，驾鹤乘紫烟。下刻蟠龙势，矫首半衔莲。傍为伊水丽，芝盖出岩间。复有汉游女，拾羽弄馀妍。"❷

唐代，"博山炉"作为普及性称呼，出现在众多诗歌作品中。如李白《杨叛儿》："博山炉中沉香火，双烟一气凌紫霞"❸，韦应物《横吹曲辞·长安道》："博山吐香五云散"❹，薛逢《题春台观》："垂露额题精思院，博山炉袅降真香"❺。

北宋吕大临《考古图》卷十收录博山香炉一件，云："右得于投子山，重一斤七两，中间荐叶，有文曰：天兴子孙。又曰：富贵昌宜。"对其用途和寓意，吕大临描述云："按《汉朝故事》：诸王出阁，则赐博山香炉。《晋东宫旧事》曰：太子服用，则有博山香炉。一云，炉象海中博山，下有药贮汤，使润气蒸香，以像海之回环。此器世多有之，形制大小不一。"❻ 今天看来，无论是"诸王出阁"，还是"太子服用"，都不能准确表述博山炉的真正用途。但将炉体比山、底盘比海的猜测，大抵不错。宋人徐兢《宣和奉使高丽图经》亦云："博山炉，本汉器也。海中有山，名博山，形如莲花，故香炉取象。下有一盆，作山海波涛，鱼龙出没之状，以备贮汤熏衣之用。盖欲其湿气相著，烟不散耳。今丽人所作，其上顶虽象形，其

---

❶ 房玄龄等《晋书·舆服志》，中华书局，1974 年版，第 766 页。

❷ 欧阳询《艺文类聚·服饰部下·香炉》，第 1222 页。

❸ [唐]李白《杨叛儿》，《分类补注李太白诗》，上海商务印书馆，第 90 页。

❹ [唐]韦应物《横吹曲辞·长安道》，《全唐诗》卷一九四。

❺ [唐]薛逢《题春台观》，《全唐诗》卷五四八。

❻ [宋]吕大临、赵九成《考古图·续考古图·考古图释文》，中华书局，1987 年版，第 80—81 页。宋陈敬《陈氏香谱》卷四"博山香炉"一则引《考古图》作："其炉象海中博山，下盘贮汤，使润气蒸香，以象海之四环。"

下为三足，殊失元制，但工巧可取。"❶

　　由上，可以看到，汉代人制造出博山炉，但并未给予其区别于普通熏炉的特殊名称。到了两晋南北朝时，玄学盛行，形成魏晋风度，求仙思想在士大夫和贵族中流行开来。博山炉因其独特的求仙寓意和熏香功用，得到士人喜爱和推崇，"博山炉"的名称便开始出现并流行。

　　对于博山炉名称的来源，林小娟《博山炉考》❷从三个方面进行探究，提出考镜博山炉之"博"，有三个主要义项或文化隐喻：一是"博望山"。在这个层面上可理解为实体山的原型——安徽博望山，又可进一步引申为对仙山的观望甚至祭祀。二，"博山"可能指的就是泰山。三，可能是"博弈"之博。极目远观之博望、泰山和博弈。此三者均与仙人、仙山或仙家世界相联系，是汉代作为登天、致仙或成仙的象征。这三种论证都有依据，但都略显牵强。

　　如同齐国刀币"博山刀"因首次出土于山东博山而得名一样，博山炉会不会也是因与地名博山有关而得名呢？现在的山东省淄博市有博山县，但据其县志，乃雍正年间所设，看来不会有关系。

　　汉时其版图上曾短暂出现过"博山"。据《汉书·地理志》，"博山，侯国，哀帝置，故顺阳"❸。该博山在今河南内乡县。哀帝时已是西汉末期，博山炉业已出现，自然不可能是因首先造于博山而得名。而到东汉时，这一博山便改回了顺阳。之后，至清以前再也没有"博山"出现。前面说过，博山炉这一称谓大概是晋朝才有，因此，博山炉与地名博山也毫无关系。

　　那么，"博山"的本义究竟来源何处呢？先从字面意思来看，"博"为何意。据《说文解字》："博，大、通也。"❹《淮南子·泛论训》"岂必褒衣博带"，高诱注云"博带，大带"；王延寿《鲁灵光殿赋》"丰丽博敞"，张载注云"博，广也"。可见，"博"在汉晋之时是宽广之义。由此，"博

❶［宋］徐兢《宣和奉使高丽图经》卷三十一，清知不足斋丛书本。
❷ 林小娟《博山炉考》，《四川文物》2008 年第 3 期。
❸［汉］班固《汉书·地理志》，中华书局，1975 年版，第 1564 页。
❹［汉］许慎《说文解字》，四部丛刊初编，上海商务印书馆，第 20 页。

山"可以理解为大山或广阔的山。博山炉最显著的特征，就是其炉顶覆盖的山形，的确像是一座山甚至是重峦叠嶂。上引《西京杂记》称"九层博山香炉"的"博"，也是为了突出香炉上山峦众多，表现山峦极为宽广乃有九层之多。那么，为了突出器物的主要特征，表现其上山峦的宽广，将这种山峦形制名为"博山"，是比较合理的。同时，还可以引申理解为将整个山的景色尽收眼底。

那么，博山会不会特指某个山呢？首先文献中并没有某个"博山"。《汉书·地理志》载当时在泰山附近倒有个博县。此地有泰山庙，是每年十月祭祀泰山的地方。汉代帝王热衷到泰山封禅，博县也就有了与祭祀和求仙有关的特殊色彩。且不说魏晋人会不会将汉代祭祀泰山之地命名用于祭祀的熏炉，汉人为何不直接称之"泰山炉"或"博炉"，却偏称"博山炉"呢？至于其他如博望山等，与炉本身基本毫无关系。

诸多古诗文对"博山炉"的模拟对象多有描写，如上引汉代古诗云"请说铜炉器，崔嵬象南山"，南朝陈傅縡《博山香炉赋》云"器象南山，香传西国"，都指出熏炉的模拟对象是"南山"；刘向《熏炉铭》云"上贯太华，承以铜盘"，又将之比喻为"太华"山；南朝梁萧统《铜博山香炉赋》云"写嵩山之巃嵸，象邓林之芊眠"，则认为博山炉上的山峰，摹写的是"嵩山"。可见从汉代直到南朝陈，诗人对博山炉的模拟对象，有各种各样的联想。

宋人吕大临《考古图》谓："一云香炉象海中博山。"博者，多也，古人的概念中，三即为多，所以有人又进一步解释"海中博山"就是海中三神山。海中三神山这一古老的传说，《山海经》已有相关记载。《史记·秦始皇本纪》云："齐人徐市等上书，言海中有三神山，名曰蓬莱、方丈、瀛洲，仙人居之。"《史记·封禅书》云："此三神山者，其传在渤海中，……诸仙人及不死之药皆在焉，其物禽兽尽白，而黄金银为宫阙。"传说中，海中三神山是神仙的宫阙，由黄金白银建筑而成，山上不仅出产不死之药，就连山上的动物都有着特异之处，它们都是白色的。汉武帝曾派遣方士入海寻找蓬莱山上的仙人安期生，并建造太液池，池中"有蓬莱、方丈、瀛洲、壶梁，像海中神山龟鱼之属。"造太液池即模拟海上神山处于海上的地理特征。

博山炉正是诞生于汉人对仙山的遐思，通常与铜灯、漆案并置于帐中，构成当时奢华贵族生活的重要日常器用。袅袅青烟从精雕细镂的山形炉盖中缓缓飘出，使整座香炉既似烟波浩渺的海中仙山，又似云雾缭绕的西方昆仑，让人不禁联想到汉武帝一生对长生不老的执迷追求。因此，很有可能的是，武帝专门遣人根据道家关于东海仙境博山的传说制作了"博山炉"，从考古材料看，最早的博山炉实物集中于汉武帝时期。博山炉的制作极为考究。其炉盖一般铸成参差错落、重叠起伏的山峦状，其间饰以珍禽、异兽、仙人和云气纹样。为了熏烧树脂类的香料，炉身要做得深些，以便在炉下部放置炭火。同时，为防止炭火太旺，炉身下部的进气孔缩成很窄的缝隙，同时将炉盖增高，轮廓多呈圆锥形，上边再装饰山峦等雕饰，这就是中国香炉的始祖博山炉。

为了使博山炉具有这种地理特征，吕大临解释香炉下铜盘的作用，他认为燃香时在铜盘中加入热水，那么上升的热气，配合着袅袅升起的香烟，就如同海水环绕着仙山。这种云雾缭绕的山峦设计，与南朝诗人沈约的描写恰好可以互相印证。沈约《和刘雍州绘博山香炉诗》云："百和清夜吐，兰烟四面充。如彼崇朝气，触石绕华嵩。"熏炉燃烧时香烟缭绕，使诗人联想起充溢在陆上山峦中的朦胧云气。

还有人认为"博"可能指汉代流行的六博游戏 ❶。汉代从宫廷到民间普遍流行六博游戏。汉景帝潜邸之时甚至还因游戏纠纷一怒用博盘打死吴王刘濞的世子，为以后吴楚七国之乱的发生埋下伏笔。考古发掘出土的汉画像石中也有很多仙人对博的画面。文献中也有仙人对博于仙山的记载。有人据此也推测"博山"即是"仙人对博于此"的华山。博戏确实和仙山联系在一起，但博山炉上并无任何表明仙人对博特征之处，无论是汉人还是魏晋人据此将带仙山形盖的熏炉命名为博山炉都未免令人费解。

虽然博山炉最初出现在文献中是"熏炉""香炉"等，但并不是所有的熏炉都是博山炉。有学者直接将博山炉说成熏炉，甚至认为"熏炉又称

---

❶ 惠夕平硕士论文《两汉博山炉研究》，山东大学考古学及博物馆学专业 2008 年，第 42—43 页。

博山炉"❶，显然并不准确。从考古发掘来看，汉代熏炉盖多种多样，有几何形浮雕盖、草叶形镂雕花纹盖、山形盖和镂刻云纹或水波纹盖等。山形盖最初并不占有绝对优势，而在整体造型上，各种熏炉在同一时期同一区域也基本一致。博山炉上的器盖，应为山形或刻画有山形纹等的写意山形。有的器盖上有一博山形钮，这类也应为博山炉。后来，由山形纹发展而来的各种形式，如莲花状、乳尖状、火焰状，或其他变体凸形纹，仍可称之为博山炉。而其他炉盖无法体现山形且无山状凸起的熏炉则不应称之为博山炉。由此可见，最初"博山炉"只是熏炉中极为普通的一类，与其他熏炉被统称为"熏"。只是最晚至魏晋时期（也可能早到东汉），随着士人的推崇和佛道逐渐流行，博山炉才变得特殊，并有了独特的名字——"博山炉"。

在目前发现的博山炉中，主要有两种类型：

一类炉柄较短，通高 30 厘米左右，适宜于当时席地而坐时置于席边床前或帏帐之中，是最为多见的一种。如河北满城西汉中山王刘胜墓出土的错金铜博山炉，造型别致，"通高 26 厘米，炉座透雕蟠龙纹，炉身的上部和炉盖铸出高低起伏的山峦多层，其间配置猎人和奔跑的野兽，通体用黄金错出流畅生动的纹饰"，显得极为富丽堂皇❷。南昌西汉海昏侯墓主椁室出土的青铜博山炉，使用鎏金错银工艺，形制与之相似。

另一类则炉柄较长，可达半米，主要适用于宴会等场合。如陕西兴平茂陵附近出土的鎏金铜制竹节博山熏炉，现藏于陕西茂陵博物馆，就是这一类型的代表。

自从有了以博山炉为始祖的香炉，咏香文学便生发出拥炉、围炉、就炉、守炉、依炉、试炉、拨炉、添炉等一系列新的意象，而"红拥夜深炉""晴霭裹金炉""芋糁羹香拥地炉""云绕佛香炉""团圞共拥炉""竹影徐移拂茗炉""诗联未稳画寒炉""日烘荀令炷香炉""金合开香泻御炉""闲看青灯照香炉"等各种诗歌意境，也相继而来。在专门吟咏香炉的诗歌中，汉代的《古歌》这样描绘博山炉：

---

❶ 见汤惠生《考古三峡》，广西师范大学出版社，2005 年版，第 153 页。
❷ 满城发掘队《满城汉墓发掘纪要》，《考古》1972 年第 1 期。

⊙ 图表 2　西汉中山靖王刘胜墓出土错金铜博山炉

⊙ 图表 3　西汉海昏侯墓出土青铜鎏金博山炉

> 　　上金殿，著玉樽。延贵客，入金门。入金门，上金堂。东厨具肴
> 膳，椎牛烹猪羊。主人前进酒，弹瑟为清商。投壶对弹棋，博奕并复
> 行。朱火飏烟雾，博山吐微香。清樽发朱颜，四坐乐且康。今日乐相
> 乐，延年寿千霜。❶

诗中讲述主人宴请宾客并请宾客游戏的热闹场面，最后祝宾客长寿。再来
看《古诗五首》其二关于博山炉的描绘：

> 　　四坐且莫喧，愿听歌一言。请说铜炉器，崔嵬象南山。上枝似松
> 柏，下根据铜盘。雕文各异类，离娄自相联。谁能为此器，公输与鲁
> 班。朱火然其中，青烟扬其间。从风入君怀，四坐莫不叹。香风难久
> 居，空令蕙草残。❷

这是一首咏物寄兴的古诗。采用迂回曲折、托物言志的手法，感叹人生，
抒发愤世嫉俗之情。既写香炉精美、香烟缭绕和香味令人心旷神怡，进而
又写到香烟这种美景不长，味消烟散，只落得草残灰烬。开篇先写良辰佳
宴，高朋满座，此刻诗人却一扫众人之兴，"四坐且莫喧，愿听歌一言"。
轻言慢语，信手一指眼前物，由"铜炉器"大加着墨说开。香炉"崔嵬"，
巍峨让人联想到终南山；如松似柏的上端和稳坐大铜盘的底部的描写，为
显其高大又添更浓一笔。更重要的是它精美，令人叹服，镌刻其上的图案
繁花似锦不相同，镂雕的花纹巧妙衔接，可谓匠心经营，奇妙无比。前面
极力夸张香炉完美绝伦，是欲张先弛，意在抖出下句"谁能为此器，公输
与鲁班"。说香炉出自最有名的巧匠之手，未必是真，只是以此更进一层
衬托出它的无与伦比，继前面实写外观之后，作者又虚着一笔，为的是轻
轻点出它非同寻常。对香炉的高大、精美雕饰和出自名匠之手的层层描
写，使读者宛然觉之在目前，但是这些毕竟又是为后面的叙述蓄势——勾

---

❶《古诗类苑》卷四五；《古诗纪》卷七。又《艺文类聚》卷七四引樽、门、堂、羊、商、行
　　六韵。
❷《玉台新咏》卷一；《艺文类聚》卷七十。《初学记》卷二五引作《古诗咏香炉诗》。《合璧
　　事类外集》卷四十一作古乐府。

勒香烟产生的环境。红光朱火燃燃，浓香青烟袅袅，美味香风飘飘。"入"字，表现出香味不仅能沁人心脾，而且回肠荡气，让人陶醉、朦胧入梦、遐想无边。诗人极写青烟美，自有一番心意，与其说是写烟，更不如说是写人。世人为得一官半职，极力钻营；为邀宠取媚，使尽伎俩，这与青烟有什么两样！可惜"香风难久居，空令蕙草残"。诗句最后戛然一转，香味随风顷刻即逝，剩下的只是一把残灰。"人生一世，草木一秋"，世人为了追求浮名，博得一时称羡，耗尽毕生精力，最后也逃脱不了一命呜呼化为尘烟的命运，"繁花事散逐香尘"。诗到此处如画龙点睛，托喻深微，抖出全篇的中心，作者的"歌一言"也就此结束。

西汉刘向、东汉李尤二人有同题《熏炉铭》之作。前者刘向《熏炉铭》云："嘉此正器，崭岩若山。上贯太华，承以铜盘。中有兰麝，朱火青烟。蔚术四塞，上连青天。……雕镂万兽，离娄相加。"❶后者李尤《熏炉铭》："上似蓬莱，吐气委蛇。芳烟布写，化白为香。"❷所咏很可能也是博山炉。博山炉的仙岛人物造型，深腹高盖设计，与沉香的文化涵义和香烟特点相匹配。这种造型雄奇独特的香炉影响久远，此后历朝历代都有仿制。

道家思想在汉代的盛行及佛教传入中国，也在一定程度上推动了香文化的发展。梁朝刘孝标《世说新语注》引《汉武故事》："昆邪王杀休屠王，以其众来降，得其金人之神，置之甘泉宫。金人皆长丈馀，其祭不用牛羊，唯烧香礼拜。上使依其国俗祀之。"刘孝标称："此神全类于佛。"可见烧香礼拜，早已为佛家所用。宋赵彦卫《云麓漫钞》卷八云：

《尚书》："至于岱宗，柴。"又："柴望，大告武成。"柴虽祭名，考之礼，焚柴泰坛。《周礼》："升烟燔牲首。"则是祭前焚柴升烟，皆求神之义，因为祭名。后世转文，不焚柴而烧香，当于迎神之前用炉炭蒸之。近人多崇释氏，盖西方出香，释氏动辄烧香，取其清净，故

❶[清]严可均《全上古三代秦汉三国六朝文》，《全汉文》卷三八，民国十九年景清光绪二十年黄冈王氏刻本。
❷[清]严可均《全上古三代秦汉三国六朝文》，《全后汉文》卷五十。严可均案：铭末有误，陈禹谟改作"芳烟布绕，遥冲紫微"，张溥《百三家集》用之，未详所据。

作法事，则焚香诵咒，道家亦烧香解秽，与吾教极不同。今人祀夫
子，祭社稷，于迎神之后，奠币之前，三上香，礼家无之，郡邑或用
之。❶

追溯烧香之由来，《尚书》《周礼》所载，为祭前焚柴升烟，皆求神之义。
而释氏烧香，取其清净；道家烧香，取其解秽。于儒家而言，祭孔与祭社
稷时，服膺礼学的儒士并无"三上香"之仪，指地方官府或是民间行祭仪
时，则或有行上香之仪。可见，东汉以来，传入中土的佛教及由道家思想
为核心逐渐发展起来的道教，对汉代香文化的发展有重要推动作用。

随着汉代香料品种的增多，人们不仅可以选择自己喜爱的香品，而且
已开始研究各种香料的作用和特点，并利用多种香料的配伍调和，制造出
特有的香气。于是，在汉代第一次出现了"香方"的概念。"香"的含义
也随之发生衍变，不再像过去那样，仅指单一香料，而主要是指由多种香
料依香方调和而成的香品，也就是后来所称的"合香"。香药百种，和合
千香，千种格调，可谓绰约多姿。

从单品香料演进到多种香料的复合使用，这是一个重要的发展。东汉
时期《汉建宁宫中香》的香方就显示出汉代的这一用香特点：

> 黄熟香四觔　香附子二觔　丁香皮五两　藿香叶四两　零陵香四
> 两　檀香四两　白芷四两　茅香二觔　茴香二觔　甘松半觔　乳香一
> 两另研　生结香四两　枣半觔焙干　又方入苏合油一两
> 　右为细末，炼蜜和匀，窨月馀作丸，或饼爇之。❷

可以看出，东汉时期，不仅香料的品种已非常丰富，而且香的配方也十分
考究。此外，宫廷的术士开始根据阴阳五行和经络学说，运用多种香药来
调配香方，与中药的配制有异曲同工之妙。加之香薰活动的频繁展开，香
薰器具的广泛使用，使得香文化在汉代一步步走向成熟。

---

❶［宋］赵彦卫《云麓漫钞》卷八，清咸丰涉闻梓旧本。
❷ 周嘉胄《香乘》卷十四。

第四节

讵如藿香，微馥微盼：六朝诗歌中的香事

　　史称东吴、东晋与南朝宋、齐、梁、陈为六朝，这里我们用来指称魏晋南北朝，以便上承两汉，下启隋唐。这一历史时期，是政治最混乱、百姓最苦痛的时代，然而却是华夏文明极为灿烂的时代，也是精神上极自由，思想上极解放，富于智慧，浓于热情的时代❶。这一时代的基本风格，可以用一个"韵"字来概括，展开来说，可谓——自然天成，洒脱俊逸。六朝文上，冲破两汉经学的束缚，以一种新的思维、新的世界观和人生观来观察社会，探讨人生哲理。人文精神得以发育，思想和学术得以开放，儒学、道教、佛教相互渗透，彼此影响，酿就思想大解放的局面，比春秋战国百家争鸣范围更广，层次更深——玄学诞生。书法鸿钧独运，确立了在中华文化舞台上的独特地位，飘然进入辉煌时期；山水审美大兴，带动山水画的兴起，顾恺之的人物画也放射出奇光异彩，画家的地位发生变化，由之前的以无名画工为主，一变而为士人主导，绘画的审美价值开始受到瞩目。

　　绘画擅境于空间展开，音乐擅境于时间之流，而文学则兼备时空，堪称最富想象力的艺术形式，六朝曾被称为文学的自觉时代，而诗歌更以追求美和新变的姿态，发生重大演变。五言古体在汉代成熟以后，经过建安诗人（尤其是曹植）和阮籍等人的创作，产生新的发展，增强了诗人的个性，表现手段更加丰富多样。七言古诗在汉代不仅数量少，质量也不高，到了曹丕《燕歌行》，可以看到显著的进步。之后又演化出两大分支：一

---

❶ 参见宗白华《论〈世说新语〉和晋人的美》，收入其《美学散步》，上海人民出版社，1981 年版，第 177 页。

种以七言句为主，而参以其他句式，长短不齐，富于变化，适宜表现激烈动荡的感情，这出于著名诗人鲍照的创造；另一种是齐言的，即每句都是七字，篇幅较长，按一定规律换韵（大都四句一转），具有流荡的音乐感，适宜于铺写，这主要是在梁代形成。与此同时，律体也开始形成。齐永明年间沈约等人提出"四声八病"说（即调谐平、上、去、入四声，防止声律方面的八种毛病），产生"永明体"，成为中国律诗的开端。到了南北朝后期，五律已大体成型。在南北朝民歌中广泛运用的五言短诗，经过文人改造，又演变为五言绝句体。七律和七绝在六朝也有了雏形。可以说，六朝之词藻，上承两汉，下开唐宋，凡诗之体格，无不备于此，在中国古代诗歌几种基本形式的发展过程中，六朝是一个关键时期。

六朝时期，同时也是香文化历史发展的关键时期。这一时期，香文化迅速成长壮大。在宫廷，用香以奢华唯尚。比如南朝齐东昏侯，曾"凿金为莲华以帖地，令潘妃行其上，曰：'此步步生莲华也。'涂壁皆以麝香，锦幔珠帘，穷极绮丽"❶。六朝香文化的壮大，有一个重要的标志，即出现了多部香方专书，比如范晔（398—445）的《和香方》一卷，《杂香膏方》一卷，还有宋明帝刘彧（439—472）的《香方》一卷，《龙树菩萨和香法》二卷，《杂香方》五卷，均著录于《隋书·艺文志》。遗憾的是，这些典籍早已轶失。不过南朝梁沈约所撰《宋书》卷六十九《范晔传》载有范晔《和香方序》：

> 麝本多忌，过分必害；沈实易和，盈斤无伤。零藿虚燥，詹唐黏湿。甘松、苏合、安息、郁金，柰多、和罗之属，并被珍于外国，无取于中土。又枣膏昏钝，甲煎浅俗，非唯无助于馨烈，乃当弥增于尤疾也。❷

这段短文评说各类香料的性能，全面详实。所云"珍于外国"的香品，据陈寿《三国志》卷三十引魏晋时鱼豢《魏略·西戎传》记载大秦物产，

❶《南史·齐本纪下·废帝东昏侯纪》，中华书局点校本，第 154 页。
❷《宋书·范晔传》，中华书局点校本，第 1829 页。严可均据以收入《全上古三代秦汉三国六朝文》全宋文卷十六。

有"一微木、二苏合、狄鞮、迷迭、兜纳、白附子、熏陆、郁金、芸胶、熏草木十二种香"。大秦是古代中国人对罗马帝国的称呼。范晔《和香方序》因收入《宋书》而有幸留存至今，沈约认为，此序所言，悉以比类朝士。比如"麝本多忌，比庾炳之；零藿虚燥，比何尚之；詹唐黏湿，比沈演之；枣膏昏钝，比羊玄保；甲煎浅俗，比徐湛之；甘松苏合，比慧林道人；沈实易和，以自比也。"以香拟人，品评性格，这一理解很有意思。

另一桩有意思的香事，是晋代韩寿偷香，颇为后人津津乐道。《晋书·贾充传》载，韩寿是三国时魏司徒韩暨的曾孙，家世既好，年少风流，才如曹子建，貌似郑子都，走在街衢，妇女多暗暗瞩目。贾充聘他来做属官，每次会集宾客，他女儿贾午都就从窗格子中张望，一见倾心，并在咏唱中表露出来。后来她的婢女到韩寿家里去，代为致意，并说贾午都艳丽夺目。韩寿意动神摇，就托婢女暗中传递音信。到了约定的日期，韩寿逾墙与之私通，贾家没有人知道。后来，贾充发觉女儿越发用心修饰打扮，心情欢畅，不同平常。一次贾充会见下属时，闻到韩寿身上有一股异香。这是国外贡品，此香着体，数月不散。贾充思量着晋武帝只把这种香赏赐给自己和陈骞，其馀人家没有，就怀疑韩寿和女儿私通。但是围墙重叠严密，门户严紧高大，韩寿从哪里进来的呢？于是借口有小偷，派人修理围墙。派去的人回来说："其他地方没有什么两样，只有东北角好像有人跨过的痕迹，可是围墙很高，不是一般人能跨过的。"贾充就把女儿身边的婢女叫来审查讯问，婢女把情况说了出来。贾充秘而不宣，把女儿嫁给了韩寿[1]。贾女偷香的风流韵事，后成为男女私会的代名词。如北齐卢询祖（？—566）《中妇织流黄》："然香望韩寿，磨镜待秦嘉。"元周文质《蝶恋花·悟迷》词："朱门深闭贾充香。"古称"相如窃玉、韩寿偷香、张敞画眉、沈约瘦腰"为风流四事。每每人称"韩寿偷香"，其实偷香的是贾女，"贾女偷香"称为"韩寿偷香"多是男性文人以风流自况的方便说法。唐李端《妾薄命》诗称："折步教人学，偷香与客熏。"宋吴曾《能改斋漫录·乐府一》亦云："开封富民杨氏子，馆客颇豪俊。有女未

---

[1]《晋书》卷四十，中华书局1974年版，第1172页。参见《世说新语·惑溺》。

笄，私窃慕之，遂有偷香之说，密约登第结姻。"韩寿与贾午都的自由恋
爱，以外域进贡的异香为信物，也可见"香"作为奢侈消费品，很早就进
入文学的视野，与许多著名典故相联系，沉淀着深厚的香文化内涵。

除了香学典籍与故事，六朝香文化的迅速发展，还体现在香料的种类
和数量显著增加。葛洪（284—364）《抱朴子内篇·辨问》提到："人鼻
无不乐香，故流黄郁金，芝兰苏合，玄胆素胶，江离揭车，春蕙秋兰，价
同琼瑶，而海上之女，逐酷臭之夫，随之不止。"正是东晋时期用香盛况
之写照。合香得到普遍使用，沉香已经开始入药，成书于此际的《雷公炮
炙论》说："沉香，凡使须要不枯者，如觜角硬重沉于水下为上也；半沉
者次也。夫入丸散中用，须候众药出，即入拌和用之。"❶作为香料，沉香
也被这时候的合香家引入香方。上引范晔《和香方序》所举便有沉香，所
谓"沈（沉）实易和，盈斤无伤"。不过这时候合香所用，仍以藿香、零
陵香、甘松、郁金、艾纳、苏合、安息、麝香为多，即如《和香方序》所
举。其中藿香为多年生草本植物。茎和叶有香味，可以入药，有清凉解
热、健胃止吐作用，嫩叶供食用，多作调味剂，又可作香料用。左思《吴
都赋》提到："草则藿蒳豆蔻"，刘逵注引汉杨孚《异物志》云："藿香，交
趾有之。"明李时珍《本草纲目·草三·藿香》云："藿香方茎有节，中
虚，叶微似茄叶。"曹植（192—232）《妾薄命行》"中有霍纳、都梁，鸡
舌、五味杂香"，所云"鸡舌香"，饮酒者，嚼之则量广，浸半天，回则
不醉❷，曾被曹操当作礼物送给蜀相诸葛亮，并云："今奉鸡舌香五斤，以
表微意。"霍纳，就是"藿香"与"艾纳"合称的省略。江淹（444—505）
有《藿香颂》："桂以过烈，麝以太芬。摧阻夭寿，扶抑人文。讵如藿香，
微馥微芬。摄灵百仞，养气青云。"❸

香料之美容用途在六朝时期得到扩展。除此前的香汤沐浴，还出现
香料制作的美容用品。如美发的香油、敷面的香粉，都是由多种香料配制
而成。《傅芳略记》云："周光禄诸妓，掠鬓用郁金油，傅面用龙消粉，染

❶ [宋]唐慎微《重修政和经史证类备用本草》卷十二，四部丛刊景金泰和晦明轩本。
❷ 冯贽《云仙杂记》卷三引《酒中玄》，四部丛刊续编景明本。
❸ 江淹《江文通集注》卷五，明万历二十六年刻本。

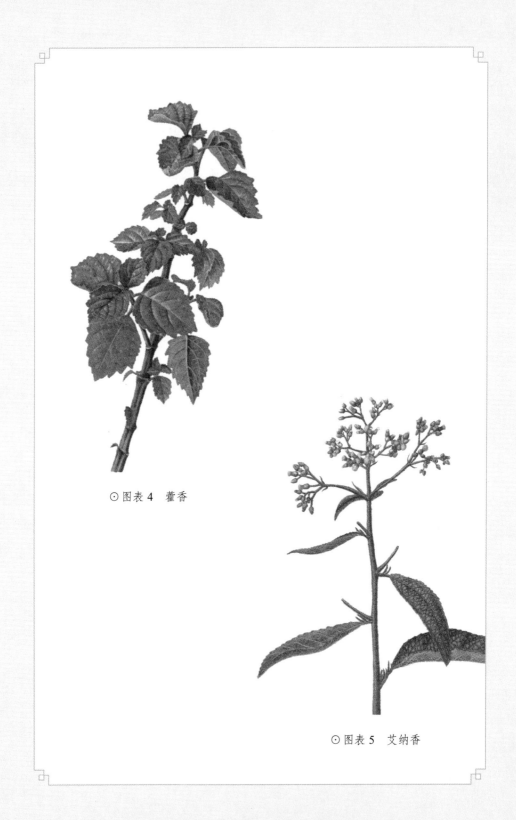

⊙图表 4　藿香

⊙图表 5　艾纳香

衣以沉香水。月终，人赏金凤凰一双。"❶东晋葛洪《肘后备急方》记载一
例美发方："头不光泽，腊泽饰发方：青木香、白芷、零陵香、甘松香、泽
兰各一分，用绵裹。酒渍再宿，内油里煎，再宿。加腊泽，斟量硬软，即
火急煎，着少许胡粉胭脂讫，又缓火煎令粘极，去滓作梃，以饰发，神
良。"❷

由各种香料配置而成的百和香，屡被诗人咏及。《汉武帝内传》曰：
"至七月七日，乃修除宫掖之内，设坐大殿，以紫罗荐地，燔百和之香，
张云锦之帏，然九光之灯。……帝乃盛服立于阶下。"❸晋葛洪《神仙传》
卷四《刘安》："八公皆变为童子。……王闻之，足不履，跣而迎，发思
仙之台，张锦帐象床，烧百和之香。"《事物异名录》卷十九据以载录云：
"《神仙传》'淮南王为八公燔百和之香'，谓合诸香以成者。"百和香亦称
"百杂香"，以多种香料杂和而成，故名，如晋王嘉《拾遗记·晋时事》
即曰："〔石虎〕为四时浴室……夏则引渠水为池，池中皆以纱縠为囊，盛
百杂香，渍于水中。"《拾遗记·吴》又载："（孙亮）为四人合四气香，殊
方异国所出，凡经践蹋宴息之处，香气沾衣，历年弥盛，百浣不歇，因名
百濯香。"

诗人所咏百和香，如陈后主叔宝（553—604）《乌栖曲三首》其三：
"合欢襦薰百和香，床中被织两鸳鸯。乌啼汉没天应曙，只持怀抱送郎
去。"❹百和香以苏合、郁金、都梁为要，吴均（469—520）《行路难》"博
山炉中百和香，郁金苏合及都梁"，即为其证。《行路难》全诗云：

> 君不见上林苑中客，冰罗雾縠象牙席。尽是得意忘言者，探肠见
> 胆无所惜。白酒甜盐甘如乳，绿觞皎镜华如碧。少年持名不肯尝，安
> 知白驹应过隙。博山炉中百和香，郁金苏合及都梁。逶迤好气佳容
> 貌，经过青琐历紫房。已入中山冯后帐，复上皇帝班姬床。班姬失宠
> 颜不开，奉帚供养长信台。日暮耿耿不能寐，秋风切切四面来。玉

❶ 见《古今图书集成·草木典》卷三一七"香部·香部纪事一"，中华书局，1986年版。
❷ 葛洪《肘后备急方》卷六，明正统道藏本。
❸ 据明正统道藏本引，又见《五朝小说大观·魏晋小说》，《太平广记》卷三。
❹《文苑英华》卷二〇八；《乐府诗集》卷二四；《古诗纪》卷九八。

阶行路生细草，金炉香炭变成灰。得意失意须臾顷，非君方寸遽所裁。❶

苏合即主产于西亚（一说中亚）的苏合香树的树脂，属金缕梅科，其外皮一旦被创，树脂便会慢慢渗出到表面，历经三五个月，割下树皮，榨取浸润其中的树脂，即成苏合香，陶隐居说它"不复入药，惟供合好香尔"❷。苏合香虽然东汉即已传入中土，但它自西而来，路途遥遥，总不免带着远方的神秘与新鲜，其时便常常成为诗作中的绝好字眼。傅玄（217—278）《拟四愁诗四首》其三"佳人贻我苏合香，何以要之翠鸳鸯"❸，"我所思"的这一位佳人，便是远在经悬度过弱水的昆山。刘琨（276—318）《艳歌行》"被之用丹漆，薰用苏合香"❹，吴均（469—520）《拟古四首》其二"玉检枲荑匣，金泥苏合香。初芳薰复帐，馀辉耀玉床。"梁简文帝萧纲（503—551）《药名诗》"烛映合欢被，帷飘苏合香"❺，梁元帝萧绎（508—555）《香炉铭》"苏合氤氲，飞烟若云。时浓更薄，乍聚还分。火微难尽，风长易闻。孰云道力，慈悲所熏"❻，均可见一斑。

作于三国两晋间的《异物志》说到"出日南国"的沉香，也说到"木蜜香"。"木蜜香，名曰香树，生千岁，根本甚大。先伐僵之，四五岁乃往看，岁月久，树材恶者腐败，唯中节坚贞，芬香独在耳。"与出自日南国的沉香对举，这里的木蜜香，应指土沉香，宋、齐间人沈怀远作《南越志》，曰："盆元县利山，上多香林。"盆元，乃盆允之误。盆允县，东晋置，在今广东新会。这里说的也是土沉香，也称白木香，以出于海南者最为有名，所以又称为海南沉。

---

❶《玉台新咏》卷九；《文苑英华》卷二百；《乐府诗集》卷七十；《古诗纪》卷八一。逯钦立《先秦汉魏晋南北朝诗》，中华书局，1983年版，下册，第1729页。

❷《证类本草》卷十二"苏合香"条。

❸《玉台新咏》卷九；《古诗纪》卷二二；《太平御览》卷四七八引香、鸳二韵。逯钦立《先秦汉魏晋南北朝诗》，上册，第574页。

❹ 收入《乐府诗集》相和歌辞·瑟调曲，据逯钦立《先秦汉魏晋南北朝诗》考证，是刘琨所作。

❺ 逯钦立《先秦汉魏晋南北朝诗》，中华书局，1983年版，下册，第1950页。

❻《艺文类聚》卷七十。

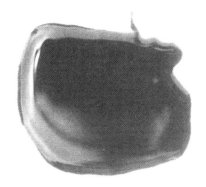

⊙图表 6　苏合香

⊙图表 7　白木香

咏及沉香的名篇是收入《乐府诗集》清商曲辞《读曲歌》89 首中的第 76 首：

暂出白门前，杨柳可藏乌。欢作沉水香，侬作博山炉。 ❶

白门是南朝刘宋都城建康（今江苏南京）的城门。这句说两人一起出城去郊游，走出白门城，来到郊外茂密的杨柳林踏青赏春。"可藏乌"中的"乌"，既可戏指藏在杨柳林中的乌，又可称头戴乌帽的他。《读曲歌》中有"白门前，乌帽白帽来。白帽郎，是侬良。不知乌帽郎是谁"的歌句。不管运用比拟法还是借代法，都指女子的情郎。"杨柳藏乌"蓄势之后，用"欢作沉水香，侬作博山炉"的比喻，从深层揭示爱情的内涵。点燃沉水香，放进博山炉，缕缕烟香，熏弥兰房。沉水香离开博山炉，则无所依托；博山炉没有沉水香，也便成为空虚。只有两物和谐相匹，才会散发生活的郁香。以"沉水香"和"博山炉"喻指男女爱情，女人化作美丽的"博山炉"，在她的胸膛里燃烧并散发着由男人作成的香气。一个是基础，一个是精华；一个似根叶，一个为丽花，贴切而精辟。既指呈男女关系中的亲密性，又揭开二者各自不同的地位和作用，比"鸳鸯鸟""并蒂莲""连理枝"更加新颖。此诗又见《杨叛儿八曲》其二。后两句一作"郎作沉水香，侬作博山炉"。后来李白用其意，衍为《杨叛儿》，歌曰："君歌杨叛儿，妾劝新丰酒。何许最关情，乌啼白门柳。乌啼隐杨花，君醉留妾家。博山炉中沉香火，双烟一气凌紫霞"，声调更为畅达。

受到关注的，还有出于西蜀的迷迭香。迷迭为常绿小灌木，属藤科植物，植株低矮，其枝叶都有香气，开花结籽，以种子繁殖。其生处土如渥丹，耐寒。遇严冬，花始盛开，开即谢，入土结成珠，颗颗如火齐。佩之可以香衣，燃之可以驱蚊蚋、避邪气，茎、叶和花都可提取芳香油。佩之香浸入肌体，闻之者迷恋，不能去，故曰迷迭香。曹操（155—220）西征，许多奇珍异宝送入邺都，迷迭香也传入中原。曹丕（187—226）曾在宫中引种迷迭香，邀曹植（192—232）、王粲（177—217）、陈琳（？—

---

❶《乐府诗集》卷四六清商曲辞三。

217）、应玚（？—217）等同赏，并以《迷迭香》为题，即席作赋，相互唱和。

曹丕《迷迭赋》序云："余种迷迭于中庭，嘉其扬条吐香，馥有令芳，乃为之赋。"赋曰："坐中堂以游观兮，览芳草之树庭。重妙叶于纤枝兮，扬修干而结茎。承灵露以润根兮，嘉日月而敷荣。随回风以摇动兮，吐芳气之穆清。薄六夷之秽俗兮，越万里而来征。岂众卉之足方兮？信希世而特生。"[1]序中描写迷迭的秀美和芬芳，表现对美好自然事物的热爱。"随回风以摇动兮，吐芳气之穆清"，对迷迭加以动态的描绘，生动而形象。以"岂众卉之足方兮？信希世而特生"结尾，避免了平淡，颇有灵动之气。全赋韵脚保持不变，有很强的韵律美。

曹植《迷迭香赋》云："播西都之丽草兮，应青春而发晖。流翠叶于纤柯兮，结微根于丹墀。信繁华之速实兮，弗见凋于严霜。芳暮秋之幽兰兮，丽昆仑之芝英。既经时而收采兮，遂幽杀以增芳。去枝叶而特御兮，入绡縠之雾裳。附玉体以行止兮，顺微风而舒光。"[2]先从迷迭香的播种着笔。春天到了，把采自西蜀的丽草播下，很快它便发出幼苗，承受着春天的阳光雨露，长得繁茂鲜活，光彩熠熠。"丽草"一词，已把迷迭同一般的花木区别开来，接着以白描手法，做客观的摹写，历述迷迭生长、开花、结实的经过，将丽草仙株活画于纸面，文笔纤丽娟秀，随物赋形，纯任自然，笔致纤巧，别有一种风雅清丽的格调。中间写收采、存放和使用。结尾宕开笔势，把这奇葩的芳香的花籽，佩于玉人之身，随其坐卧，伴其行止，随着微风的吹拂，这芳草散发出阵阵幽香，可谓锦上添花。

王粲《迷迭赋》别有笔致，中云："惟遐方之珍草兮，产昆仑之极幽。受中和之正气兮，承阴阳之灵休。扬丰馨于西裔兮，布和种于中州。去原野之侧陋兮，植高宇之外庭。布萋萋之茂叶兮，挺苒苒之柔茎。色光润而采发兮，以孔翠之扬精。"[3]前六句对迷迭草概括说明。先写产地，次写资禀，然后写气味及种子的传播。后六句是具体性的吟咏。先写生存环境的

---

[1]《艺文类聚》卷八一；《太平御览》卷九八二。

[2]《艺文类聚》卷八一。

[3]《艺文类聚》卷八一。

改变，使眼前的迷迭草在性质上与一般迷迭草有所不同：被种植在周围有华丽建筑物的庭院，脱离了在原野中生长时的荒僻与简陋。接下来描绘迷迭草的细部特征：叶子繁盛茂密而舒展，枝条柔软摇曳而挺拔，色泽滋润光彩焕发，整体看犹如孔雀和翠鸟开屏展翅。全面揭示特征，完整表达作者旨意。有虚写，也有实写。如说迷迭"产昆仑之极幽"，即为虚指。写具体状貌时也是虚实结合，"茂叶""柔茎"之前加"萋萋""苒苒"两个叠音词，准确而有文采。

此外，陈琳《迷迭赋》云："立碧茎之娜婀，铺彩条之蜿蟺。下扶疏以布濩，上绮错而交纷。匪荀方之可乐，实来仪之丽闲。动容饰而发微，穆斐斐以承颜。"[1]应玚《迷迭赋》云："列中堂之严宇，跨阶序而骈罗。建茂茎以竦立，擢修干而成阿。烛白日之炎阴，承翠碧之繁柯。朝敷条以诞节，夕结秀而垂华。振纤枝之翠粲，动采叶之莓莓。舒芳香之酷烈，乘清风以徘徊。"[2]这两篇赋在描写上，亦各有特色。

香熏从两汉主要用于宫廷，开始进入六朝文人生活，道教和佛教也普遍使用熏香，形成宫廷用香、文人用香与佛道用香三个并行发展的线路。佛教《楞严经》描写香严童子因闻香气而悟道，证得罗汉果位，经曰：

> 香严童子即从座起，顶礼佛足而白佛言：我闻如来，教我谛观。诸有为相，我时辞佛。宴晦清斋，见诸比丘。烧沈水香，香气寂然，来入鼻中。我观此气，非木非空，非烟非火，去无所著，来无所从。由是意销，发明无漏。如来印我，得香严号。尘气倏灭，妙香密圆。我从香严，得阿罗汉。[3]

《无量寿经》描写西方净土，也是香意盎然："八功德水，湛然盈满，清净香洁，味如甘露。……其池岸上，有梅檀树，华叶垂布，香气普熏。天优钵罗华、钵昙摩华、拘牟头华、分陀利华，杂色光茂，弥覆水

---

[1] 《艺文类聚》卷八一；《太平御览》卷九八二。
[2] 《艺文类聚》卷八一；《太平御览》卷九八二。
[3] 《大佛顶如来密因修证了义诸菩萨万行首楞严经》卷五，大正新修大藏经本。参见洪刍《香谱》卷下及祝穆《事文类聚》续集卷十二"香严童子"一则。

上。……自然德风，徐起微动……吹诸罗网及众宝树，演发无量微妙法音，流布万种温雅德香。其有闻者，尘劳垢习，自然不起。……风吹散华，遍满佛土，随色次第，而不杂乱，柔软光泽，馨香芬烈。"❶与佛教结缘后，香之妙用从此更上一层，闻香成为参禅悟道的一个门径。晋沙门道安更制定了"行香定座法"的诵经行香仪轨。行香礼佛，香花供佛，有助修行、安清净、持功德等诸功能。至今以香礼佛之仪仍盛行于佛教仪轨，且凡有佛寺之处必香烟萦绕，居士之家也必设香案宝鼎。佛教认为，香与人的智能、德性有着特殊的关系，妙香与圆满的智慧相同相契，修行有成的贤圣，甚至能散发特殊的香气。佛教还把香引为修持的法门，借香来讲述心法和佛理。拈香供佛，是借香熏染自性清净，贴近佛菩萨本怀。在清爽芬芳的氛围中，尘世的纷扰、纠葛逐渐褪去，取而代之的，是身心的轻逸、持稳；凝神静观袅袅香烟，借此，人天的距离被拉近了，诸佛菩萨如现眼前，怀慰着众生的疾苦。香，可谓是凡界与圣者间的信使。行香，本即礼佛的一种仪式，即行道烧香，始于南北朝。其事初每以燃香熏手，或以香末散行，唐以后，则斋主持香炉巡行道场，或仪导以出街，谓之行香。《南史·王僧达传》载："先是，何尚之致仕，复膺朝命，于宅设八关斋，大集朝士，自行香。"❷

　　文人阶层是六朝时期开始形成的特殊群体，主要以门阀世族为代表。正如陈寅恪《金明馆丛稿初编·崔浩与寇谦之》所指出："东汉以后学术文化，其中心不在政治中心之首都，而分散于各地之名都大邑。是以地方大族盛门乃为学术文化之所寄托。"其《唐代政治史述论稿》中篇《政治革命与党派分野》又指出："士族之特点既在其门风之优美，不同于凡庶，而优美之门风，实基于学业之因袭，故士族家世相传之学业乃于当时之政治社会有极重要之影响。"当魏晋南北朝之乱世，学术文化既为世族所掌握，世族又以之为优美门风的基础，文化传统受世族之重视❸。六朝近四百年，政治昏暗，皇权堕落，基本处于分裂状态，是中国历史上突出的

❶ [三国]康僧铠译《大无量寿经》卷上，大正新修大藏经本。
❷《南史·王僧达传》，中华书局点校本，第574页。
❸ 参见钱穆《略论魏晋南北朝学术文化与当时门第之关系》，《新亚学报》第5卷第2期。

多国多君时代。社会动荡，战争频仍，南北民族大迁徙，又促成国内各民族、各种社会制度和生产方式的大交融。由于政治多元，权力分散，思想禁锢已不复存在，文人学士的思想获得空前的自由，日益发展的地主庄园为世族提供了优裕的物质条件。

香道在六朝的成长和壮大，与世族文士的重视密不可分。香薰与服散一样，都是六朝世族文士燕居养生的必修课，甚至逐渐被纳入世族的文化传统，普遍为世族所留意，成为香道兴盛的重要因素。思想领域兴起的玄学，跟香道相当自然地结合起来。徜徉山水的玄学活动，不仅提供了香道发展的思想土壤，而且直接影响了有关香道描写的六朝诗歌。这一时期的六朝文士，大多注重自己的内心情感表达与审美追求，不再强调训勉功能，这正是文学进入自觉时代的标志，由此而形成诗歌史上重大的转折。迥别于汉魏诗之浑朴古雅，六朝诗风以绮丽著称。这始于三曹和建安七子等人，发展于太康中的三张（张载、张协、张亢）、二陆（陆机、陆云）、两潘（潘岳、潘尼）、一左（左思），成就于元嘉三大家（鲍照、颜延之、谢灵运），登峰于以萧纲、徐摛和庾肩吾为代表的宫体诗，愈来愈甚，且影响深远，当然也兼收藻丽秾纤、澹远韶秀等。从建安风骨到正始之音，从玄言诗风到山水清音，从太康诗风到齐梁诗坛，在艺术上，追求修辞的华美，是六朝诗歌的普遍风气。藻饰、骈偶、声律、用典，逐渐成为普遍使用的手段。这种努力虽然也带来某些弊病，以至于成为盛唐诗风改革的主要对象，李白即高呼"自从建安来，绮丽不足珍"（《古风》之一），但从诗史上考量，总的说来，却增强了文学作品的艺术性，使语言更富于表现力，是六朝诗歌繁荣的重要指标。

"香"不仅走进文人士大夫的生活，同时也自然而然地出现在他们的诗歌创作中。六朝诗歌繁荣的另一个重要指标，是抒情诗、山水诗、田园诗等，各种品类层出不穷。其中咏香诗也是重要的一个品类。与东汉相比，六朝的咏香诗作显著增加，而且内容相当丰富。有的写熏香的情致，有的写各种香具，还有的写植物所散发的香气。字里行间透露着对香的喜爱，更有作品用香来托物言志，寄托自己高雅的志趣情思，这些作品都有很高的艺术水准。例如刘孝威（？—548）的《赋得香出衣诗杂言》：

> 香出衣，步近气逾飞。博山登高用邺锦，含情动扇比洛妃。香缨
> 麝带缝金缕，琼花玉胜缀珠徽。苏合故年微恨歇，都梁路远恐非新。
> 犹贤汉君芳千里，尚笑荀令止三句。❶

刘孝威与庾肩吾、徐摛等十人并为太子萧纲"高斋学士"，诗作主要也是
"宫体"一流。这是一首赋得体，是文人聚会的场合现场比试诗才之作。
咏物是齐梁时期很时兴的诗体，也是文士聚会时经常开展的一种写作形
式。到了梁代，有了以眼前物作为赋题的诗。此诗从衣服的角度来吟咏女
性，近距离、全方位描写女性穿衣的布料，含羞带情的面容，身上系的饰
物，头上的发饰，身上所染香料的香味，表现了当时欣赏女性的一种社会
心理。

梁武帝萧衍之弟南平王萧伟最小的儿子萧祇，有《香茅诗》：

> 鹈鸠芳不歇，霜繁绿更滋。擢本同三脊，流芳有四时。粗根缩酒
> 易，结解舞蚕迟。终当入楚贡，岂羡咏陈诗。❷

香茅是多年生草本植物，茎和叶子可用作香水的原料。杜鹃已经鸣叫，
但是香茅的芬芳仍未停止，霜露频繁而更增绿意。此句用典见于《后汉
书·张衡传》："恃己知而华予兮，鹈鸠鸣而不芳。"❸本意是说，如果杜鹃
在秋分前鸣叫，那么草木都要凋亡。此诗反用其典，表现香茅顽强的生命
力，不畏严酷寒霜，绿意盎然。"芳"和"绿"两个名词不仅准确表达了
作为事物的含义，同时在词性上转化为动词，具有了流动感和生命感。香
茅高耸的样子，如同有三条脊骨的灵茅，四季不休散发着香气。接着再写
香茅的种种功效：粗壮的根茎可在祭祀时用于滤酒去渣，谓之缩酒；打结
的茎叶可用于舞蚕之用。香茅最终的命运将进献为贡物，怎么会羡慕采集
呈献的民间诗歌？此处暗含诗人期望眷侍皇上的心态。"楚贡"，典出《左
传·僖公四年》："四年春，齐侯以诸侯之师侵蔡，蔡溃，遂伐楚。楚子

❶《艺文类聚》卷六七；《古诗纪》卷八八。
❷《艺文类聚》卷八二；《古诗纪》卷一二〇。
❸《后汉书》卷五九，中华书局，1965年版，第1916页。

使与言曰：'君处北海，寡人处南海，惟是风马牛不相及也，不虞君之涉吾地也，何故？'管仲对曰：'昔召康公命我先君大公曰五侯九伯，汝实征之，以夹辅周室。赐我先君履，东至于海，西至于河，南至于穆陵，北至于无棣。尔贡包茅不入，王祭不共，无以缩酒，寡人是徵。'"❶后因以"楚贡"称菁茅，亦泛指贡物。此诗风格平易自然，是六朝咏物诗中难得的质朴之作。全篇押韵，结构完整，逐次描写香茅的香气特征、体态状貌、功效以及最后命运，写作时并未停留在事物的表面，而是切合所咏之物的特点，再融入自己的感受，曲尽其妙，表达自己独特的情感。

王融（466—493）的《奉和代徐诗二首》其二：

> 自君之出矣，金炉香不燃。思君如明烛，中宵空自煎。❷

诗写离别，借用乐府民歌的语言及表达方式，用形象的比喻寄托友朋分别的痛苦，可谓风格独具。诗意是说，自从相知相爱的人离别远去，无尽的思念如影随形，时刻相伴。金炉中的熏香再也不曾燃起，相思的心如燃烧的蜡烛，在漫漫长夜中煎熬着自己。王融，字元长，临沂（今属山东）人，"竟陵八友"之一，东晋宰相王导的六世孙，王僧达之孙，王道琰之子，王俭（王僧绰之子）从侄，自幼聪慧过人，博涉古籍，富有文才。年少时即举秀才，入竟陵王萧子良幕，极受赏识。累迁太子舍人。萧子良和郁林王萧昭业争夺帝位失败，王融因依附子良而下狱，被孔稚圭奏劾，赐死。年仅27岁。

再来看傅玄（217—278）的《西长安行》：

> 所思兮何在，乃在西长安。何用存问妾，香橙双珠环。何用重存问，羽爵翠琅玕。今我兮闻君，更有兮思心。香亦不可烧，环亦不可沈。香烧日有歇，环沈日自深。❸

❶ 杜预等注《春秋三传》，上海古籍出版社，1987 年版，第 155 页。
❷《乐府诗集》卷六九；《文选》补遗卷三四；《古诗纪》卷五七。《玉台新咏》卷十作代徐幹，《古文苑》卷九不署作者。
❸《玉台新咏》卷二；《广文选》卷十三；《古诗纪》卷二二。

诗写女主人公在闻知爱人变心后的心理活动。首句直陈所思的心上人，用西长安暗喻对方远在天涯。下面两句笔锋一转，回忆起她所思念的人往昔对自己的恩爱之情。他赠给她香襻和珠环以示欢爱；和她一起饮酒，又将翠绿而美丽的宝石戴在她的头上。襻是毛织的带子，其上有贮香料的地方或附件则为"香襻"，近似于荷包一类的东西。以香饰襻，喻其美好香洁。与香襻相联的还有"双珠环"；珠环圆而成双，暗寓女子期望和"所思"之人成双作对、结伴联姻的美好希冀。过去的一幕幕浮现在眼前，已逝的缠绵为后来的哀楚做了铺垫。接着转折，对方变心的消息，一下把主人公从甜蜜的梦幻拉入苦涩的现实。香襻、珠环仍在，赠予此物的人却依稀遥远；殷勤慰问的情景在心中如旧，共饮共嬉过的人如今却变化莫测。最后两句，极写女主人公在知道对方变心后矛盾犹豫的心情。香襻可以在火中烧毁，珠环可以在水中沉没，然而烧毁、沉没之后便再不可得。她想与他彻底决裂，但又存有一丝幻想，希望对方能有回心转意之时，总下不了断绝的决心。这两句用焚香襻、沉珠环作比，真实而含蓄地写出女主人公优柔难决的心情状态，及由幸福的回忆转入对未来命运难以把握的痛苦的心灵历程。《西长安行》以汉乐府铙歌十八曲中的《有所思》为模仿对象，但能别出机杼。后者感情热烈奔放，前者则是缠绵哀怨；后者女主人公听到情人不忠的消息时，态度愤然决然，诗脉一气直下，前者女主人公面对同样的命运时，态度缠绵悱恻，诗意一波三折；后者语言激烈直露、活动性很强，前者则委婉含蓄，以静态的心理刻画为主。《有所思》直接来自民间，民歌风味十分浓厚，而《西长安行》出自文人手笔，稍带结构经营的痕迹。

最后以咏博山香炉之诗为例。六朝对博山香炉的赞美蔚为风尚。如前引刘孝威《赋得香出衣诗》："博山登高用邺锦，含情动靥比洛妃"，及南朝宋鲍照古诗《拟行路难》云："洛阳名工铸为金博山，千斫万镂，上刻秦女携手仙。承君清夜之欢娱，列置帏里明烛前。外发龙鳞之丹彩，内含兰芬之紫烟。如今君心一朝异，对此长叹终百年。"南朝齐刘绘（458—520）《咏博山香炉诗》云：

参差郁佳丽，合沓纷可怜。蔽亏千种树，出没万重山。上镂秦王子，驾鹤乘紫烟。下刻蟠龙势，矫首半衔莲。旁为伊水丽，芝盖出岩间。复有汉游女，拾翠弄馀妍。荣色何杂糅，缛绣更相鲜。麇麚或腾倚，林薄草芊绵。掩华如不发，舍熏未肯然。风生玉阶树，露湛曲池莲。寒虫悲夜室，秋云没晓天。❶

《古诗五首》其二"四坐且莫喧"也有关于博山炉的描绘，与之相比，此诗虽并无兴寄可言，却描写细腻，状物生动，刻划淋漓，笔力酣畅，与满城西汉中山王刘胜墓出土的错金铜博山炉对照，形制颇为近似。同样用铺叙的手法描绘炉上雕刻的山水人物的，还有南朝沈约（441—513）《和刘雍州绘博山香炉诗》，诗中咏道：

范金诚可则，擒思必良工。凝芳自朱燎，先铸首山铜。瑰姿信岩崿，奇态实玲珑。峰嶝互相拒，岩岫杳无穷。赤松游其上，敛足御轻鸿。蛟螭盘其下，骧首盼层穹。岭侧多奇树，或孤或复丛。岩间有佚女，垂袂似含风。翚飞若未已，虎视郁馀雄。登山起重障，左右引丝桐。百和清夜吐，兰烟四面充。如彼崇朝气，触石绕华嵩。❷

南朝梁昭明太子萧统（501—531）《铜博山香炉赋》云：

禀至精之纯质，产灵岳之幽深；经班倕之妙旨，运公输之巧心。有薰带而岩隐，亦霓裳而升仙。写嵩山之巃嵸，象邓林之芊眠。方夏鼎之瑰异，类山经之傲诡。制一器而备众质，谅兹物之为侈。于时青女司寒，红光翳景。吐圆舒于东岳，匿丹曦于西岭。翠帷已低，兰膏未屏。爨松柏之火，焚兰麝之芳。荧荧内曜，芬芬外扬。似庆云之呈色，如景星之舒光。齐姬合欢而流盼，燕女巧笑而蛾扬。超公闻之见锡，粤女薏之留香。信名嘉而器美，永服玩于华堂。❸

---

❶《初学记》卷二五；《古诗纪》卷六二；又《艺文类聚》卷七十所引缺怜一韵。
❷《初学记》卷二五；《锦绣万花谷》续卷七；《古诗纪》卷七三。
❸《艺文类聚》卷七十；《初学记》卷二五；《太平御览》卷七〇三。

南朝陈傅縡《博山香炉赋》云：

> 器象南山，香传西国。下谖巧铸，兼资匠刻。麝火埋朱，兰烟毁黑。结构危峰，横罗杂树。寒夜含暖，清宵吐雾。制作巧妙独称珍，淑气氤氲长似春。随风本胜千酿酒，散馥还如一硕人。❶

梁元帝萧绎（508—555）《香炉铭》云：

> 苏合氤氲，飞烟若云。时浓更薄，乍聚还分。火微难尽，风长易闻。孰云道力，慈悲所熏。❷

由此可见博山炉在六朝文人心中的独特地位和魅力。除博山炉之外，咏香诗中还有一种香具——竹火笼，也频频见于六朝诗歌。其中南朝谢朓《咏竹火笼》以辞藻华丽、刻画精细而最为知名，诗云：

> 庭雪乱如花，井冰粲成玉。因炎入貂袖，怀温奉芳褥。体密用宜通，文邪性非曲。本自江南墟，媫娟修且绿。暂承君玉指，请谢阳春旭。❸

这首诗是谢朓 27 岁，永明八年（490）冬季所作。全诗用拟人之笔，描摹细致，可看作竹火笼的自述。先写由于天寒引起需要，乃感主人之恩宠，得入芬芳之被褥。竹笼之体织得细密，作用却宜于通暖气。"文邪性非曲"，"邪"同"斜"，是说织成花纹斜行，而竹性本来不曲。她本来自江南村墟，苗条的体态长而且绿。末二句，谓暂时承君玉指相捧，请为我辞谢阳春旭日东升。因春回大地，天气转暖，竹火笼便失其用。竹火笼亦有"秋扇见捐"之感，应该是全篇寓意所在。

可知玲珑细巧的竹火笼，是寒冬里的尤物，以它的微温可入衣袖暖手，又以它的含香可入卧具兼温被。冬日里它处处布下香暖，竟把春阳也

---

❶《初学记》卷二五。
❷《艺文类聚》卷七十。
❸ 逯钦立《先秦汉魏晋南北朝诗》，下册，第 1454 页。《古诗纪》卷六一。又《艺文类聚》卷七十引玉、蓐、曲、旭四韵。《太平御览》卷七一一引玉、蓐、曲三韵。

比得不如❶。其时沈约也有同题之作，赞颂的意思大致相同。其《咏竹火笼诗》云：

> 结根终南下，防露复披云。虽为九华扇，聊可涤炎氛。安能偶狐白，鹤卵织成文。覆持鸳鸯被，百和吐氛氲。忽为纤手用，岁暮待罗裙。❷

萧正德《咏竹火笼诗》云：

> 桢干屈曲尽，兰麝氛氲消。欲知怀炭日，正是履霜朝。❸

萧正德（？—549），字公和，临川王萧宏第三子，梁武帝萧衍侄，少而凶慝，招聚亡命，破冢屠牛，兼好弋猎。初为萧衍养子，后生昭明太子萧统，萧正德封西丰县侯，于是心常怏怏，形于言色，以至投奔东魏。奔魏时，他作诗一首，放在火笼中。《南史·萧正德传》载："天监初，（萧正德）封西丰县侯，累迁吴郡太守。正德自谓应居储嫡，心常怏怏，每形于言，普通三年，以黄门侍郎为轻车将军，置佐史。顷之奔魏。初去之始，为诗一绝，内（纳）火笼中，即《咏竹火笼》……至魏，称是被废太子。"❹

沈满愿《咏五彩竹火笼诗》云：

> 可怜润霜质，纤剖复毫分。织作回风苣，制为萦绮文。含芳出珠被，耀彩接缃裙。徒嗟今丽饰，岂念昔凌云。❺

---

❶ 扬之水《宋代花瓶》，人民美术出版社，2014年版，第171页。

❷ 逯钦立《先秦汉魏晋南北朝诗》，下册，第1642页。《谢宣城诗集》卷五。《文选》补遗卷三六。

❸ 逯钦立《先秦汉魏晋南北朝诗》，下册，第2061页。《南史·临川静惠王》附本传。《太平御览》卷七一一；《古诗纪》卷七一。

❹《南史·梁宗室传上·萧正德传》，中华书局点校本，第1463页。

❺ 逯钦立《先秦汉魏晋南北朝诗》，下册，第2135页。《玉台新咏》卷五；《艺文类聚》卷七十；《太平御览》卷七一一；《古诗纪》卷九十四。《古诗纪》云:《诗话补遗》与此小异："剖出楚山筠，织成湘水纹。寒销九微火，香传百和薰。氛氲拥翠被，出入随缃裙。徒悲今丽质，岂念昔凌云。"

沈满愿，沈约女孙，征西记室范靖之妻。竹火笼者，也称熏笼，竹编熏香笼。内置熏炉，以供燃香，多置衣被中，故又称熏衣竹笼，或熏被竹笼。庾丹《秋闺有望诗》有"罗襦晓长襞，翠被夜徒薰"，刘遵《繁华应令》诗有"金屏障翠翡，篮柶覆薰笼"，亦描写熏笼熏衣也。梁简文帝有《谢敕赍织竹火笼启》。以其为竹编而成，故亦美称作"筠笼"。北周庾信《对烛赋》："莲帐寒檠窗拂晓，筠笼熏火香盈絮。"直到唐代，零陵人史青，为人聪明敏捷，记忆力颇强。开元初年，玄宗李隆基以除夕、上元、竹火笼等诗题考试，他应口而出，得到玄宗的赏识，授左监门卫将军[1]。清代，还有诗人吟咏竹火笼。如胡延《竹火笼》云："缭缭成文色正黄，轻圆不似女儿箱。凰鞋双踏红帮瘦，兽炭徐添白屑香。翠袜斜开劳稳抱，绣衾高矗得深藏。雪猧恋暖驱还至，莫漫提携过别房。"[2]

六朝时期，还出现一种特殊的带有刻度的香烛，用来计时。《南史·王僧孺传》载："竟陵王子良尝夜集学士，刻烛为诗。四韵者则刻一寸，以此为率。文琰曰：'顿烧一寸烛，而成四韵诗，何难之有？'乃与令楷、江洪等共打铜钵立韵，响灭则诗成，皆可观览。"[3]而唐人孟浩然《寒夜张明府宅宴》"到宴邀酒伴，刻烛限诗成"之句，亦其例也。这种香烛最初很可能是僧人在夜祷时用来计时的，可以称之为"香钟"。庾肩吾的《奉和春夜应令诗》的两句诗就是明证：

> 烧香知夜漏，刻烛验更筹。[4]

庾肩吾是萧纲的老师兼臣僚，他们都是宫体诗的代表人物。这是君臣唱和之作。诗风老练，是典型的宫体题材作品，写景状物并未过分流于绮艳，没有那么浓厚的脂粉气。这两句承开篇"春膴对芳洲，珠帘新上钩"，由"春"转至"夜"，暗透时光的流逝：侍儿燃起炉中檀香，丽人这才从

---

[1] 见《全唐诗》卷一一五。
[2] 《晚晴簃诗汇》卷一七五。胡延，字长木，号砚孙，成都人。光绪乙酉优贡，历官江安粮储道。有《兰福堂诗集》。
[3] 《南史·王僧孺传》，中华书局点校本，第1279页。
[4] 《文苑英华》卷一七九；《古诗纪》卷八十。

久久凝目中回过神来——漏壶的浮针，告诉她已是夜分。夜渐渐深了，随着一阵阵打更的竹签的敲击声，闺房中蜡烛身上刻的印痕，一节节熔去。这二句对仗工整，香烛氤氲，体现出轻曼格调。"知""验"二字，暗点出丽人深心。漏声滴滴、更声阵阵，渲染出清夜的气氛。虽非全诗的重心，但亦可见诗人的功力。清人沈德潜《古诗源》称赞此诗"写景娟秀"，实非过当。

总之，以上六朝诗歌中的香事，呈现出一幅幅充满香馨与诗意的画卷。在微馥微酚与诗情画意融合的氛围下，这些多姿多彩的咏香诗作，为香道文化走向盛唐的繁荣，铺下一层浪漫的流香吐馥的底色。

第二章

情满诗坛香满路 | 唐人诗之香艺

第一节

香绕五云宫里梦：唐代香文化发展概览

承隋之后，大唐天下一统，国泰民安，经济繁荣，社会富庶，国家空前强盛，对外政策宽容友好，国内南北交通和对外文化交流迅速发展。在这种环境下，唐代的香文化在各个方面都获得长足发展，逐步走向完备时代，形成成熟的体系。此前，贵族与上层社会对香已推崇备至，但由于大多数香料（特别是高级香料）并不产于内地，多为边疆、邻国的供品，所以可用的香料总量有限，在很大程度上制约了香文化的发展。随着唐王朝成为一个空前富强的帝国，国内外贸易空前繁荣起来。通过横跨亚洲腹地的丝绸之路，西域的大批香料源源不断运抵中国，外来的香料基本上都已传入，并为唐人所认识。虽然安史之乱后，北方的陆上丝绸之路被阻塞，但随着造船和航海技术的提高，唐中期以后，南方的海上丝绸之路开始兴盛起来，又有大量的香料经两广、福建进入北方。香料贸易的繁荣，使唐朝还出现许多专门经营香材香料的商家。社会的富庶和香料总量的增长，为香文化的全面发展创造了有利的条件。

唐代的许多皇帝，如唐高宗、唐玄宗、武后对香料都十分钟爱。依仗国力之雄厚，唐帝室在用香的品级和数量上都远远超过前朝。唐玄宗曾在华清宫中，置长汤屋数十间，供嫔妃沐浴嬉戏，"环回叠以文石，为银镂漆船，及白香木船置于其中，至于楫櫂，皆饰以珠玉。又于汤中垒瑟瑟及丁香为山，以状瀛洲方丈"[1]。陆龟蒙诗云："暖殿流汤数十间，玉渠香细浪回环。上皇初解云衣浴，珠棹时敲瑟瑟山。"[2] 有关"珠棹"与"瑟瑟山"

❶ [唐] 郑处诲《明皇杂录》卷下，清守山阁丛书本；《南部新书》卷己。
❷《开元杂题》七首之"汤泉"，《全唐诗》卷六二九。

的描写，与唐人笔记中的记载是一致的。据段成式《酉阳杂俎》，杨贵妃经常在身上佩带一种奇香——蝉蚕形瑞龙脑香，这是唐玄宗所赐，为交趾国所进贡，十几步之外，都能闻到香气。唐玄宗在闲暇时与亲王弈棋，贵妃立于一旁观阵，乐工贺怀智在侧弹琵琶。杨贵妃眼看玄宗将输，就放出小狗扰乱棋局，甚得玄宗欢心。这时贵妃领巾被风吹到贺怀智幞头上，怀智归家，觉满身香气异常，遂将这顶被熏染得香气非常的幞头收藏在锦囊中，一直珍藏到安史之乱后，幞头仍然香气蓬勃，玄宗回到长安，再次闻到这香气，哭泣说："此瑞龙脑香也。"[1]瑞龙脑香，联系着当年奢华的盛唐宫闱生活，象征着玉碎而香未殒，寄托着唐玄宗对杨贵妃此恨绵绵的思念，韵味深蕴，成为悠然诗情的最好表达。

皇室公主用香之盛也令人惊叹。咸通九年（868），同昌公主（？—870）的七宝步辇上，四面缀五色香囊。囊中贮放着辟寒香、辟邪香、瑞麟香、金凤香等高贵香料，多为异国所献，杂以龙脑金屑。刻镂水精、马脑、辟尘犀为龙凤花，其上络以珍珠玳瑁，又金丝为流苏，雕轻玉为浮动。同昌公主每一出游，则芬馥满路，晶莹照灼，观者眩惑其目。当时，唐懿宗宠幸的近臣中贵人正在广化旗亭买酒，忽然闻到满街香气，于是打听：这是哪里来的香气，难道是龙脑香？有知情者回答，这是同昌公主的马夫正在以锦衣换酒。也算是见过世面的中贵人不免叹服。一日，公主在广化里大会韦氏之族，玉馔俱列，暑气将甚，遂命人取澄水帛，以水蘸之，挂于南轩，澄水帛长八九尺，似布而细，明薄可鉴，其中有龙涎香，所以能消暑毒。同昌公主使用一种"香蜡烛"，兼具照明与熏香两种功能，点燃以后，能产生特异的香味。"其烛方二寸，上被五色文，卷而爇之，竟夕不尽，郁烈之气，可闻于百步，馀烟出其上，即成楼阁台殿之状。或

---

[1] ［唐］段成式《酉阳杂俎》前集卷一"忠志"："天宝末，交趾贡龙脑，如蝉蚕形。波斯言老龙脑树节方有，禁中呼为瑞龙脑。上唯赐贵妃十枚，香气彻十馀步。上夏日尝与亲王棋，令贺怀智独弹琵琶，贵妃立于局前观之。上数枰子将输，贵妃放康国猧子于坐侧，猧子乃上局，局子乱，上大悦。时风吹贵妃领巾于贺怀智巾上，良久，回身方落。贺怀智归，觉满身香气非常，乃卸幞头，贮于锦囊中。及上皇复宫阙，追思贵妃不已。怀智乃进所贮幞头，具奏他日事。上皇发囊，泣曰：'此瑞龙脑香也。'"（方南生点校，中华书局，1981年版，第2—3页）

云，蜡中有蠹脂故也。"❶同昌公主去世之后，唐宣宗将一种"仙音烛"赐予安国寺，为公主追冥福。"其状如高层露台，杂宝为之。花鸟皆玲珑。台上安烛。既燃点，则玲珑者皆动。丁当清妙。烛尽绝响。莫测其理。"❷

以沉香为代表的树脂类香料，尤为李唐皇家之奢侈品。沉香号称诸香之王，可谓一香盖百香。隋炀帝当年曾焚上等珍贵沉香二百馀车，甲香二百石，香闻数十里。开贞观盛世的唐太宗，"口刺其奢而心服其盛"❸。入水能沉的沉水香，在唐代备受注目。《新唐书·李白传》载，唐玄宗在皇宫内专门建造沉香亭之雅舍，与杨贵妃纳凉避暑，共赏牡丹，其栏杆所用木材，以沉香木为主。伴美人，对名花，惟所歌唱者仍是旧曲，不免略感难以尽兴，于是，急召谪仙人填新词，"帝坐沈香子亭，意有所感，欲得（李）白为乐章，召入，而白已醉，左右以水颒面，稍解，授笔成文，婉丽精切，无留思"❹。《清平调》词由此面世，词曰：

> 名花倾国两相欢，长得君王带笑看。解释春风无限恨，沉香亭北倚栏杆。

梨园弟子抚丝竹，李龟年歌唱新词，杨贵妃"持玻璃七宝杯，酌西凉州蒲萄酒，笑领歌，意甚厚"❺。唐玄宗宠爱杨贵妃，不事朝政，安禄山"因进助情花香百粒，大小如粳米而色红。每当寝处之际，则含香一粒，助情发兴，筋力不倦"❻。

唐玄宗的哥哥宁王李宪以生活奢侈著称，他"每与宾客议论，先含嚼沉、麝，方启口发谈，香气喷于席上"❼。所谓"沉、麝"，指沉香、麝香。香料直接含入口中不大可能，宁王所含应该是一种以沉、麝为主要原料的香剂。当时确有各种专门含在口中防止"口气臭秽"的"口香丸"。如

❶［唐］苏鹗《杜阳杂编》卷下，文渊阁四库全书本。
❷《清异录》卷三"仙音烛"。
❸［宋］李昉《太平广记》卷二三六奢侈一，民国景明嘉靖谈恺刻本。
❹《新唐书·李白传》，中华书局点校本，1975年版，第5763页。
❺汪国垣辑注《唐人小说》，古典文学出版社，1955年版，第153页。
❻《开元天宝遗事》卷上"助情花"。
❼《开元天宝遗事》卷下"嚼麝之谈"。

"五香丸"，就是以豆蔻、丁香、藿香、零陵香、青木香、白芷、桂心、香附子、甘松香、当归、槟榔等十一种成分研磨成末，合成蜜丸，"常含一丸如大豆，咽汁。日三夜一，亦可常含咽汁。五日口香，十日体香，二七日衣被香，三七日下风人闻香，四七日洗手水落地香，五七日把他手亦香"。此外，还有一些非常奇异的令口香的方法。如"常以月旦日未出时，从东壁取步，七步回，面垣立，含水噀壁七遍，口即香美"。而用"井花水漱口，吐厕中"，也可以达到口气香美的目的。❶

上有所好，下必甚焉。唐代不仅皇室用香量极大，宰臣贵族、高官富户平时用香量亦是惊人。玄宗时，宰相杨国忠府内，设有"四香阁"，用沉香为阁，檀香为栏，以麝香、乳香筛土和为泥饰壁，备极奢华，还经常在春时木芍药盛开之际，聚宾友于四香阁上赏花，比皇宫中的沉香亭更加讲究，"禁中沈香之亭，远不侔此壮丽也"❷。而唐懿宗咸通年间，崔安潜至宰相杨收家中，见客厅台盘前置一香炉，烟出成台阁之状，但是别有一种香气，"似非烟炉及珠翠所有者"，崔安潜四下顾望，不明所以。原来气味是由厅东间阁子金案上"漆毬子"内罽宾国香发出，放在案上就能散发浓郁的香气，香气之郁烈可见一斑❸。

中宗朝，宗楚客、宗晋卿、纪处讷、武三思、韦温、韦巨源等权臣外戚当权，他们经常相聚，组织雅会，定期举行所谓的"斗香会"活动，各携名香，比试优劣，结果"惟韦温挟椒涂所赐常获魁"。因为韦温是韦皇后的堂兄，韦皇后常常将后宫使用的奇香赏赐给他，韦温带着这些香来比试，自然经常获胜❹。吴越外戚孙承佑奢华无度，曾用龙脑香煎酥，制成方丈大小的"小样骊山"，"山水、屋室、人畜、林木、桥道，纤悉备具"❺。

还有一种更为奢侈的用法，是用沉香这种珍贵的香木使建筑物散发出

---

❶ 以上诸条见《备急千金要方》卷六"口病·香附"。
❷ 五代王仁裕《开元天宝遗事》卷下"四香阁"，明顾氏文房小说本。
❸《太平广记》卷二三七"杨收"。
❹ [宋]陶穀《清异录》卷四"斗香"，民国景明宝颜堂秘笈本。参见周嘉胄《香乘》卷十一。
❺ 陶穀《清异录》卷三"龙酥方丈小骊山"。

香味。具体做法是将沉香研成碎末，然后涂抹在欲使建筑物散发香味的部位。以宗楚客（？—710）为例，据《朝野佥载》记载："宗楚客造一宅新成，皆是文柏为梁，沉香和红粉以泥壁，开门则香气蓬勃。"太平公主在参观完这所香宅后，叹曰："看他行坐处，我等虚生浪死。"❶ 无独有偶，也是据《朝野佥载》记载，武则天的男宠张易之（？—705）曾建造一座宅第的中堂，规模壮丽无比，"红粉泥壁，文柏帖柱，琉璃、沉香为饰"，计用钱数百万。元载在私宅建造"芸辉堂"时，也奢侈到登峰造极的地步。芸辉是出自于阗的香草，香气浓郁，且洁白如玉，入土不朽烂。元载将芸辉舂为碎屑，抹在墙壁上，所以称"芸辉堂"。芸辉涂壁还不算，"更构沉檀为梁栋，饰金银为户牖，内设悬黎屏风、紫绡帐"，极一时之盛❷。

而天宝年间，长安巨豪王元宝，好宾客，务于华侈，器玩服用，僭于王公。他以金银叠为屋，以沉香和檀香木为杆槛，人呼为王家富窟。睡觉时常于寝帐前放两个雕刻的小童子，手捧七宝博山炉，彻夜焚香，天明方止❸。其娇贵如此，真可谓财大气粗。但是与"百宝香炉"相比，七宝香炉则相形逊色。百宝香炉是安乐公主送给洛阳佛寺的礼物，造价昂贵，"用钱三万，库藏之物，尽于是矣"❹。其高四尺，开四门，饰以珍珠、光玉髓、琥珀、珊瑚和各种各样的珍贵宝石，香炉上雕刻着飞禽走兽、神鬼、诸天妓乐以及各种想象的形象。由于贵族对香料的热衷，香药商多因此发家致富。长安香药商宋清，即以买卖香药而暴富。他经常以自配香剂送给朝廷中的大臣。香的包装上写的是"三匀煎"，焚之，据说有富贵清妙之效。其配方为"龙脑，麝香末，精选的上等沉香，三味合成"，即便今日来看，价值亦是惊人。

各地之香作为土贡，已列入制度。太府寺下设右藏署，掌邦国宝货之事，其中"杂物州土"，包括永州之零陵香，广府之沉香、霍香、薰陆、鸡舌等香❺。天宝元年（742），韦坚于长安城东望春楼下，穿广运潭，以

---

❶ 张鷟《朝野佥载》卷六，清畿辅丛书本。
❷《杜阳杂编》卷上。
❸ [五代] 王仁裕《开元天宝遗事》卷下，明顾氏文房小说本。
❹《朝野佥载》卷三。
❺《唐六典》卷二十"右藏署"。

通舟楫，取小斛底船三二百只，置于潭侧，外郡进土物，其船则署牌表之，若南海郡船，便表以玳瑁、真珠、象牙、沉香❶。香料或香材也是属国向唐朝进贡的重要物品，天竺、乌长、罽陀洹、伽毗、林邑、诃陵都曾进贡香料，涉及种类主要有郁金香、龙脑香、婆律膏、沉香、黑沉香等等。有时将国外所贡香料径称作"异香"，即在唐朝境内稀见的香料，可见当时对外来香料很重视❷。

唐朝对香料香材的需求量巨大，而本土出产有限，所以除了接受进贡，还需要依赖海外进口贸易。举其大要而言，沉香出天竺诸国；没香出波斯国及拂林（古罗马）；丁香生东海及昆仑国；紫真檀出昆仑盘盘国；降真香生于南海山中及大秦国；薰陆香出天竺者色白，出单于者绿色；没药是波斯松脂；安息香生南海波斯国；苏合香来自西域及昆仑；龙脑香出婆律国❸。外来香料在唐朝香料市场上占据重要地位。武后永昌元年（689），洛阳南市"香行社"供养碑上，刻有社官、录事及社人等25人姓名。其中安僧达、史玄策、康惠登、何难迪、康静智等人的姓氏，都是粟特胡姓，均为来自中亚地区、专门从事香料贸易的胡商❹。胡商经营的胡香价格不菲，温庭筠《马嵬佛寺》曾云："一炷胡香抵万金"❺，绝非夸张。

据载，番禺牙侩徐审与"舶主何吉罗"相善。临别时，何吉罗赠以三枚鹰嘴香，并云可避时疫。后番禺大疫，徐审全家果然焚香得免。后来，

❶《旧唐书》卷一〇五《韦坚传》。白木香和沉香，当时区分尚不十分清楚，即便是本草书。苏敬《唐本草》注："沉香、青桂、鸡骨、马蹄、煎香等同是一树，叶似橘叶，花白，子似槟榔，大如桑椹，紫色而味辛，树皮青色，木似榉柳。"陈藏器《本草拾遗》："沉香，枝叶并似椿，苏云如橘，恐未是也。其枝节不朽，最紧实者为沉香，浮者为煎香，以次形如鸡骨者为鸡骨香，如马蹄者为马蹄香，细枝未烂紧实者为青桂香。其马蹄、鸡骨，只是煎香。"这里意见的分歧，在于二人见到的香木本来不同，苏敬所谓"叶似橘"者，乃沉香，陈藏器疑其非，而曰"枝叶并似椿"，实为白木香。
❷ 以上参见《册府元龟》卷九七〇《外臣部·贡献》。
❸ 参见《本草纲目》卷三四各条引苏恭《唐本草》、陈藏器《本草拾遗》、李珣《海药本草》。
❹《北市香行社社人等造像记》，收入《龙门石窟碑刻题记汇录》，中国大百科全书出版社，1998年版，下册，第424页。
❺《全唐诗》卷五八三。

这种香就被称为"吉罗香"❶。何吉罗也是从事香料贸易的胡商。吉罗香的性能，显然被大大地夸张了。唐朝还进口了许多用于建筑的香材。长庆四年（824）九月，波斯经营香料贸易的大商人李苏沙，向唐敬宗进献沉香亭子用的香材，大臣李汉谏称："沉香为亭子，不异瑶台琼室。"❷穆宗没有对李汉治罪，但最终接受了李苏沙的香材。西域海外之香料输入中国，同时香料又经中国输往其他国家。

唐代用香之盛，源自国家财力富足，源自丝绸之路畅通，源自与西域诸国大量的贸易往来。据《吐鲁番出土文物》载，丝绸之路中西交汇的代表地区之一吐鲁番，其卖药人的香药中，记录有乳香、安息香、冰片、苏合香、降真香等，一次出售达2963斤，并由这里转向内地。唐高宗永徽二年（651），阿拉伯国家与唐通使，至唐太宗李世民时，设"关市"。扬州、洪昌等地，都有商贾足迹。朝廷接纳的朝贡也在增加。公元647—762年间，波斯遣来使就有28次之多。外来输入香药，有乳香、没药、沉香、木香、砂仁、诃黎勒、芦荟、琥珀、荜拨、苏合香等。南方的越南输入中原的，有白老滕、庵摩勒、黎勒、丁香、詹糖香、诃黎勒、白茅香、桐木、白花、沉香、琥珀、真珠、槟榔等。贞观十六年（642）接纳印度所贡火珠、郁金香、菩提树、龙脑香。随交往中将已传入中国的佛教经书等前后翻译十一部，其中包括《龙树菩萨和香法》二卷。

长安是当时世界香文化的中心，东瀛贵族学习唐文化，香学是其中一个重要内容。他们经常举行"香会"或称"赛香"的薰香鉴赏会，成为日本香道的前河。日本奈良时代文学家真人元开所著《唐大和上东征传》载，天宝二年（743），鉴真第二次东渡日本弘法时，在扬州采购，准备携带的香药，包括麝香、甘脐、沉香、甲香、甘松香、龙脑香、胆唐香、安息香、栈香、零陵香、青木香、薰陆香，都有六百馀斤，又有荜芨、诃黎勒、胡椒、阿魏、石蜜、蔗糖等五百馀斤，蜂蜜十斛，甘蔗八十束。❸至今日本的各香道流派，均认为唐代鉴真为日本香道的鼻祖。日本天平

---

❶《清异录》卷下"鹰嘴香"。

❷ 见《旧唐书》卷一七上《敬宗纪》上。

❸ [日] 真人元开《唐大和上东征传》，汪向荣校注，中华书局，2000年版，第47，68页。

胜宝八年（756），光明皇太后于圣武天皇 77 岁诞辰之际，下令将 60 种中国药材装入漆柜 21 箱，纳藏于奈良东大寺的正仓院皇家御库。在正仓院御物出入账中，记有"药种二十一柜献物账"。其中 60 种古代药物中，便有鉴真自中国传入日本的桂心、沉香、青木、晕钵、诃黎勒等香药。未记入账的药物，还有丁香、木香、香附等十几种。这些香药由扬州贩运至日，目前仍存藏在正仓院，成为中国药材输日的见证。❶

文献所载唐人用香之奢令人吃惊，而出土的唐代香具更使人信服记载之不虚。1987 年清理陕西扶风法门寺地宫时，发现唐代咸通十五年（874）的"随真身衣物帐"碑石中刻有：

> 乳头香山二枚，重三斤；檀香山二枚，重五斤二两；丁香山二枚，重一斤二两；沉香山二枚，重四斤二两。❷

而法门寺地宫后室器物的第一、第二层，则出土了相对应的"沉香山子"，作山峰状，形态优美天成，正面、侧面、背面均有筋纹状贴金。虽经历千年岁月，但上品特有的形貌和肌理，仍透露着尊者的不凡，属唐代皇室供佛指舍利的奉纳品。地宫中还出土有鎏金卧龟莲花纹五足朵带银香炉一件，重三百八十两（今秤 6408 克）；鎏金双凤纹五足朵带银香炉一件，重 8970 克；鎏金鸿雁纹壶门座五环银香炉一件，重 1305 克；壶门高圈足座银香炉一件，重 3920 克；素面银香炉并碗盏一件，重 925 克；鎏金人物画香宝子二件，重 901.5 克；鎏金伎乐纹香宝子二件，重 149.5 克；如意柄银手炉一件，重 415.5 克；象首金刚铜香炉一件，重 8470 克；调香用具，鎏金金毯路纹调达子一件，重 222 克；鎏金摩羯纹调达子一件，重 148 克；素面银香匙一件，重 42.25 克；鎏金雀鸟纹银香囊一件，重 92.2 克；鎏金双蜂团花纹镂空银香囊一件，重 547 克。

香囊中，除最大一件直径 12.8 厘米外，其馀几件直径大多在 5 厘米左右，均系钣金成型。通体呈圆球状，上半球为盖，盖顶部铆接有环钮，上置有长链，可用于悬挂，下半球体为身，其内有平衡环及焚香盂。上下

---

❶ 唐廷猷《中国药业史》，中国医药科技出版社，2013 年 7 月第 3 版，第 265 页。
❷ 法门寺考古队《扶风法门寺塔唐代地宫发掘简报》，《文物》1988 年第 10 期。

⊙图表 8 法门寺宝子

⊙图表 9 法门寺地宫出土高圈足座银香炉

⊙图表 10　法门寺地宫出土鎏金银香炉

⊙图表 11　法门寺塔地宫出土佛指舍利八重宝函之一纹饰

两半球以铰链相连，子母口扣合。通体镂空，纹饰多为上下半球对称。其雕纹异类，离镂相连，蜂蝶团飞，彩鸳偕恋，奇葩蔽地，芝草出岩，涂金妍鲜，精巧非凡。不但是熏香器中的上品，更是唐代金银器中的瑰宝。最奇妙处则在于，无论怎样转动香囊，其内的焚香盂，始终保持水平状态，不致使火星或香灰外逸。香囊能够放置于被褥中，或系于衣袖内的原因，也尽在于此。唐代银香囊内的持平环装置，完全符合陀螺仪的原理。这一原理在欧美，是近代才发明并广泛应用于航空航海领域的，而中国，在1200年前的唐朝，就已掌握并将之运用于日常生活，足以证明当时中国在科学技术以及工艺制造方面取得的高度成就。

法门寺出土的香料香具，只是唐代宫廷宗教用香的极小部分实物，但已经引起考古界、佛教界、香学界的轰动，为现今研究唐代香学的重要实物资料。《杜阳杂编》载："上崇奉释氏，每春百品香，和银粉以涂佛室。遇新罗国献万佛山，可高一丈。万佛山则用雕沉檀、珠玉以成之。"[1]可见唐时宫中所置香山，比之法门寺所出土的香山更为惊人。

唐人爱好焚香的程度之深，前代无法相比。朝堂宫殿、居室帷帐之处，休闲独处、娱乐宴会之时，香雾蔼蔼，是常见的景致。上至官僚贵族，下至百姓歌妓，都离不开香的陪伴。普通百姓一般都有条件焚烧简单的芳草香料，但对于上层社会而言，异国名香不再是部分贵族才享受得起的罕见之物，更有甚者，处处搜寻名品异香，大肆挥霍。焚香风气的盛行，也推动了焚香方式和香具、香品的改进，为唐代焚香增添了几分雅致的艺术气息。唐代的香具，一方面造型更趋轻型化，以便适于日常使用，另一方面，也多有制作精良的高档香具，出现大量的金器、银器和玉器。

汉晋时期出现的传统博山炉仍在使用，依旧盛行，更为广泛。见于描写者，如孙光宪《虞美人》词所云"博山香炷旋抽条"，毛熙震《更漏子》词所云"博山香炷融"，李白《杨叛儿》诗所云"博山炉中沉香火"。除了继续前朝博山炉的创作，唐代也有新兴的式样，品种多达十二类[2]。即使模仿前朝博山炉的制式，外观也会有所变化，趋势是更加华美。例如

---

[1]［唐］苏鹗《杜阳杂编》卷上，文渊阁四库全书本。
[2] 参见冉万里《略论隋唐时期的香炉》，《西部考古》第9辑，科学出版社，2016年1月。

不带承盘的多足金属香炉，浙江临安水邱式墓出土有三足银香炉，西安何家村出土有五足三层银香炉 ❶，法门寺地宫出土有鎏金卧龟莲花朵带五足银香炉 ❷。受佛教在唐代发展兴盛的影响，这一时期还出现了佛塔式香炉，如镇江丁卯桥出土有塔形门银香炉。法门寺地宫出土的熏香器，则有鎏金鸿雁纹壶门座五环银香炉、壶门高圈足座银香炉、象首金刚铜熏炉 ❸。这些出土香炉等香具，为我们了解熏香在唐代皇室贵族生活中的地位和作用，提供了极其珍贵的实物资料。

唐代香炉造型趋向多元化发展，流行的样式通常是飞禽走兽的形象，或真实，或想象。常见的有狮形、象形、凫鸭形、麒麟形等，一般称为香兽。香兽"以涂金为狻猊、麒麟、凫鸭之状，空中以燃香，使烟自口出，以为玩好，复有雕木诞土为之者" ❹。鸭形香炉为唐代最为常见，徐夤有《香鸭》专咏之，诗云："不假陶熔妙，谁教羽翼全。五金池畔质，百和口中烟。觜钝鱼难啄，心空火自燃。御炉如有阙，须进圣君前。"它如"翠帏金鸭灶香平"（顾夐《浣溪沙》），"香烬暗销金鸭冷"（顾夐《临江仙》），"金鸭无香罗帐冷"（魏承班《满宫花》），"金鸭香消欲断魂"（戴叔伦《春怨》），"睡鸭香炉换夕熏"（李商隐《促漏》），"银鸭无香旋旋添"（秦韬玉《咏手》），"沉水香消金鸭冷"（李珣《定风波》），这些诗句或词句也咏及鸭形香炉。

狻猊（狮子）状香炉，如李白《连理枝》诗所云"喷宝猊香烬、麝烟浓，馥红绡翠被"，秦韬玉《豪家》诗所云"地衣镇角香狮子"，写豪门之家用狮子状香炉作地毯镇角。和凝《宫词》"狻猊镇角舞筵张，鸾凤花分十六行"，狻猊香炉，作为舞筵的地衣，是由狮子造型的香兽，压在四角，舞伎在这样的舞席上表演大型的群舞，时时变化复杂的阵形。狻猊造型的香炉，近年考古发掘中屡有出土，多采用底座式足，如 1995 年在西安唐代曹氏墓出土的一件滑石狮子香炉即是。白色，光洁细腻，纯净微透

---

❶ 参见韩伟编《海内外唐代金银器萃编》，三秦出版社，1989 年版。
❷ 参见张廷皓主编《法门寺》，陕西旅游出版社，1990 年版。
❸ 参见王竞香《从法门寺地宫出土的熏香器看唐代香文化的形成和发展》，收入法门寺博物馆编《法门寺博物馆论丛》第一辑，三秦出版社，2008 年版，第 232 页。
❹ 陈敬《陈氏香谱》卷四；周嘉胄《香乘》卷十。

⊙图表 12　北宋元祐二年墓（安徽宿松出土）绿釉狻猊出香

明，温润如玉❶。无论采用单支足还是多支足，一般香炉都将支足做得细行纤巧，这样可以让香炉显得造型轻盈。但是，狮子香炉却往往把支足做成重坠的底座，缘由是用作舞筵地衣的镇角，必须下盘沉重，不宜倾翻。曹氏墓出土的滑石狮子香炉，通高只有 12.8 厘米，底边长 7 厘米，非常小巧，摆起来不占地方，置于几案上、床帐中，固然都很合适；用来做地衣镇角，也一样可以胜任。

还有龟状香炉，如秦韬玉《贵公子行》诗所云"银龟喷香挽不断"；象征辟邪的蟾蜍形状的香炉，如李商隐《无题四首》其二所云"金蟾啮锁烧香入，玉虎牵丝汲井回"。袅袅香烟，就是从这些狻猊、麒麟、凫鸭、大象、仙鹤等动物造型的口里飘出，别富情趣。

炫夺世人心目的香具，以精美的纹饰，为华丽的唐代艺术增添了新的篇章。唐人既浪漫又奢侈，能够大胆地想象和应用沉香，使沉香在诸多领域被广泛利用，并上升到精神文化享受的层面。唐人将沉香做成精美绝伦的画箱、毛笔、刀柄或玉磬之柄。宋释文莹《玉壶清话》卷十载，南唐宰相李建勋，"尝蓄一玉磬，尺馀，以沉香节安柄，叩之，声极清越。客有谈及猥俗之语者，则击玉磬数声于耳。客或问之，对曰：'聊代洗耳。'一轩，榜曰'四友轩'。以琴为峄阳友，以磬为泗滨友，《南华经》为心友，湘竹簟为梦友。"诚可谓"万倍馨香胜玉蕊"❷。今天在日本奈良的正仓院，仍可看到这类沉香制品。

六朝以来，焚香常要借助炭火助燃香品，唐代亦然。孟浩然《寒夜张明府宅宴》"香炭金炉暖"，《除夜有怀》"炉中香气尽成灰"，李贺《画角东城》"灰暖残香炷"，都提到燃香用炭。这种焚香方式，往往会产生很大的烟，如李白《连理枝》所云"斗压阑干，香心淡薄，梅梢轻倚。喷宝猊香烬、麝烟浓，馥红绡翠被"，王琚《美女篇》所云"金炉沉烟酷烈芳"。更为雅致的焚香方法，是隔火熏香。不直接点燃香品，而用炭火作为热源，在炭火与香品之间用一层传热的薄片相隔，这种薄片"银钱云母

---

❶ 参见王自力《西安唐代曹氏墓及出土的狮形香熏》，《文物》2002 年第 12 期，第 68—71 页。
❷ 李建勋《蔷薇二首》其二，宋刊本《李丞相诗集》卷下。

片玉片砂片俱可"。李商隐《烧香曲》中有"兽焰微红隔云母"。隔火熏香是靠炭火慢熏，可以减少烟气。明人朱权《焚香七要》提到隔火熏香的好处："烧香取味，不在取烟，香烟若烈，则香味漫然，顷刻而灭。取味则味幽，香馥可久不散，须用隔火。"❶

大批文人、药师、医师及佛家、道家人士的参与，推动了唐代香文化发展，令香道更趋于精细化、系统化。唐人对各种香料的产地、性能、炮制、作用、配伍等都有专门的研究，制作合香的配方更是层出不穷。如《千金要方》所载，仅熏衣香方、裹衣香方就多达六种，举其一为例：

> 零陵香、丁香、青桂皮、青木香、鸡骨煎香、郁金香、枫香，各三两，熏陆香、苏合香、甘松香、甲香，各二两，沈水香五两，雀头香、白檀香、安息香、艾纳香、藿香，各一两，麝香半两。
>
> 右十八味为末。蜜二升半，煮肥枣四十枚，令烂熟，以手痛搦，令烂如粥。以生布绞去滓，用和香，干湿如捻抄，捣五百杵成丸，封七日乃用之，以微火烧之，以盆水内笼，下以杀火气。不尔，必有焦气也。❷

这是唐代蔚为风气的以名香熏衣习俗的反映。唐人王焘《外台秘要》也记录有五种"熏衣湿香方"和五种"裹衣干香方"。所谓"湿香"，主要特点是以蜜和合成丸剂使用，而干香则是袋装粉剂。如一种熏衣湿方，是将沉香、白檀香、麝香、丁香、苏合香、甲香、薰陆香、甘松香等八种成分，"蜜和，用瓶盛埋地底二十日，出丸以薰衣"。而南平公主所传裹衣干香，则是以藿香、零陵香、甘松香各一两，丁香二两，"细锉如米粒，微捣，以绢袋盛衣箱中"。两种方法都能达到使衣物芳香的效果。❸

传至后来的《唐开元宫中香》云："沉香：二两，细锉，以绢袋盛，悬于铫子，当中，勿令着底，蜜水浸，慢火煮一日。檀香：二两，清茶浸一

---

❶《古今图书集成·草木典》卷三一五"香部·香部汇考"（中华书局，1986年版，第67821页），作者题为明人瞿仙（朱权号瞿仙）。又见明高濂《遵生八笺》卷十五燕闲清赏笺中卷《燕闲清赏笺》，巴蜀书社，1985年版，第622页。
❷［唐］孙思邈《千金要方》卷十八，文渊阁四库全书本。
❸《外台秘要》卷三二，人民卫生出版社，1987年版。

宿，炒令无檀香气味。龙脑：二钱，另研。麝香：二钱。甲香：一钱。马牙硝：一钱。右为细末，炼蜜和匀，窨月馀，取出，旋入脑麝丸之。爇如常法。"❶ 对香品的用途也有细致的分类：会客用香，卧室用香，办公用香，修炼用香等等，各不相同；佛家有佛家香，道家有道家香，不同的修炼法门又有不同的香……可以说，在唐代已经是专香专用。

佛教在唐代的兴盛，对香文化走向完备有着重要的推动作用。佛教典籍充满有关香的比拟，梵文 "gandha"（香的），常常直接指 "与佛相关"。寺庙可以称作 "gandhakutī"（香殿）；焚化佛陀的薪堆称为 "香塔"；"香王""香象" 都是菩萨的称号；而在 "gandhagandhamādana"（香山）上，则居住着乾闼婆——香神和乐神。佛教将鼻根所嗅的一切，都统称为香，对香的定义可谓最为广泛。《佛说戒德香经》中，佛陀以香来比喻持戒之香，不受顺、逆风的影响，能普熏十方。在《六祖坛经》中，以香来比喻圣者的五分法身，即戒、定、慧、解脱、解脱知见。可见，佛经已经将人类生活中这种美好的经验，重新诠释，使香超越了原始的意义，用来象征修行者持戒清净的戒德之香，乃至圣者具足解脱、智慧的五分法身，可以说是解脱者心灵的芬芳。由于美好的特质，香成为供养佛菩萨重要的供品，同时以香为说法譬喻，修持方法，让信众依此而悟入圣道。

不妨以晚唐衡岳南台的守安禅师的一首咏香诗来作入话。其诗云：

> 南台静坐一炉香，终日凝然万虑亡。不是息心除妄想，都缘无事可思量。❷

守安禅师嗣漳州桂琛禅师，初住江州悟空院，后住衡岳南台，经常以充满机锋的法语、诗偈接引学徒，以达到令弟子去除妄念、明心见性的目的。当时曾有僧问："人人尽有长安路，如何得到？"师曰："即今在什么处？"问："寂寂无依时如何？"师曰："寂寂底聻！"守安禅师便根据师徒之间的问对作了这首诗偈。南台静坐参禅，常常会点上一炉香，即诗中所谓 "南台静坐一炉香"，然后凝心一处，观照自心，使各种妄想执着都在观心静

---

❶ 周嘉胄《香乘》卷十四。
❷ 见《五灯会元》卷八及《景德传灯录》卷二十四，《全唐诗补编》据以收录。

⊙图表 13　北京故宫博物院藏赵孟𫖯书

坐中得到消除。"终日凝然万虑亡",亡,一作忘,万事忘,是说没有念头,终日无所挂怀,心无所住,一切东西都不再萦怀于心,心禅达到凝然的状态,万虑自然皆忘。无论是与非、有与无,还是菩提与烦恼、生死与涅槃,所有的念头都已不起。没有分别执著,又了了分明。不是息心除妄想,不是强制消除妄想,将烦动的心静下来。这是彻悟世界万象,不过自心显现,故无心可操,无事可思。这是觉悟者的话,正如《圆觉经》所云:"善男子,但诸菩萨及末世众生,居一切时,不起妄念;于诸妄心亦不启、灭,住妄想境,不加了知;于无了知,不辨真实。""不是息心除妄想",是讲这种万虑皆忘的境地,并不是禅者硬把心息下去,故意不起妄想。因为有心息妄亦是妄,妄想本来无所从来,亦无所去,若一定要息、灭妄想,则反成妄念,这不是禅者的境界。"都缘无事可思量",此处正显无心境界。本来就了无一事,何饶妄想?更何来息灭?这正是禅者的心路历程。

结尾所云"无事可商量"之"无事",若溯其源,是马祖道一门下洪州禅之话头。《祖堂集》卷三懒瓒《乐道歌》:"心是无事心,面是娘生面。劫石可移动,个中难改变。无事本无事,何须读文字。"《景德传灯录》卷二八大珠慧海:"越州大珠慧海和尚上堂曰:诸人幸自好个无事人,苦死造作,要担枷落狱作么?每日至夜奔波,道我参禅学道解会佛法,如此转无交涉也。"又卷七盘山宝积:"心若无事,万象不生。意绝玄机,纤尘何立。……故导师云:法本不相碍,三际亦复然。无为无事人,犹是金锁难。"又卷十四丹霞天然:"元和三年,师于天津桥横卧,会留守郑公出,呵之不起。吏问其故,师徐而对曰:'无事僧。'"白居易对洪州禅"无事"话头之境,体会颇为深切。长庆四年(824),他在洛阳所作《远师》云:"东宫白庶子,南寺远禅师。何处遥相见,心无一事时。"远师,乃庐山东林寺僧。白居易《问远师》诗云:"荤膻停夜食,吟咏散秋怀。笑问东林老,诗应不破斋。"白居易又有《自远禅师》,题注:"远以无事为佛事。"诗云:"自出家来长自在,缘身一衲一绳床。令人见即心无事,每一相逢是道场。""心无事",一作"思无事"。这一首七绝《自远禅师》,是说与自远禅师相见,每一相逢便会令人遁入无事之道场,前一首五绝《远师》,

是说当时身为东宫庶子的白居易，只要心无一事，遁入无事之道场，便可与南寺远禅师遥遥相见。不知这位自远禅师，是否即庐山东林寺僧远师？无论是或否，但诗与香的结缘，与佛家实在是密切相关的。

　　佛教为吸引众生进入佛国，称佛国为"香国"，形容佛国世界香气缭绕，而且其香气的怡人程度为天下第一。《维摩诘经·香积佛品》描述："有国名众香，佛号香积。其国香气，比于十方诸佛世界人天之香，最为第一。其界一切，皆以香作楼阁。经行香地，苑园皆香。其食香气，周流十方无量世界，时彼佛与诸菩萨方共食。有诸天子，皆号香严，供养彼佛及诸菩萨。维摩诘化作菩萨，到众香界。礼彼佛足，愿得世尊所食之馀。于是香积如来，以众香钵，盛满香饭，与化菩萨。须臾之间，至维摩诘舍，饭香普熏毗耶离城，及三千大千世界。"这里，佛国叫"众香国"，堪称香道之理想国，这个理想国距离我们所住的"婆娑世界"，有四十二恒河沙之遥。众香国里的如来，佛号"香积"，也叫"香积如来"，天子叫"香严"，住的是"香阁"，行的是"香地"，吃的是"香饭"，连盛饭用的碗也是"香钵"。

　　"于是钵饭，悉饱众会，犹故不赐。其诸菩萨声闻天人，食此饭者，身安快乐，譬如一切乐庄严国诸菩萨也。又诸毛孔皆出妙香，亦如众香国土诸树之香。……尔时维摩诘问众香菩萨：'香积如来以何说法？'彼菩萨曰：'我土如来，无文字说，但以众香，令诸天人得入律行。菩萨各各坐香树下，闻斯妙香，即获一切德藏三昧。得是三昧者，菩萨所有功德，皆悉具足。……'时化菩萨，以满钵香饭与维摩诘，饭香普熏毗耶离城，及三千大千世界。时毗耶离婆罗门居士等，闻是香气，身意快然，叹未曾有。"❶在这片佛土上，亭台楼阁充满香气，土地是香的，花草园林也都会产生香气，佛菩萨们所吃的是香气，毛孔当然也散发着妙香。这是一个完全笼罩着香气的清净乐土，所以，其国香气，"比于十方诸佛世界人天之香，最为第一"。如此可爱的香道理想国，令人向往。

　　佛家教理与经书对香薰极为推崇，几乎所有佛事活动都要用香。不仅

---

❶ 鸠摩罗什《维摩诘所说经》卷下香积佛品第十，大正新修大藏经本。

敬佛供佛时要上香，而且在高僧登台说法之前也要焚香；在当时广为流行的浴佛法会上，要以上等香汤浴佛；佛殿、法坛等场所，还要泼洒香水。佛教认为，香为佛使，唐释道世《法苑珠林》引《增一阿含经》云："若有设供者，手执香炉而唱时，至佛言：香为佛使，故须烧香，遍请十方。"并云："既知烧香本拟请佛，为凡夫心隔，目睹，不知佛令烧香遍请十方一切凡圣，表呈福事，腾空普赴。正行香作呗时，一切道俗依华严经，各说一偈云：戒香定香解脱香，光明云台遍世界。供养十方无量佛，见闻普熏证寂灭。"❶上香是佛事必有的内容，香也是佛殊胜的供养。《法华经·法师品》列"十种供养"：花、香、璎珞、末香、涂香、烧香、缯盖、幢幡、衣服、伎乐，其中四种都是香品。佛家认为，香对人身心有直接的影响。好香不仅芬芳，使人心生欢喜，而且能助人达到沉静、空静、灵动的境界，于心旷神怡之中，达于正定，证得自性如来。好香的气息，对人有潜移默化的熏陶，可培扶人的身心根性，向正与善的方向发展。如香需正气，若能亲近多闻，则大为受益。所以，佛家把香看作是修道的助缘。唐代皇帝大多崇奉释氏，皇室参加佛事活动甚为频繁，其用香量之大可想而知。例如唐代宗，"每春百品香，和银粉以涂佛室"，建造万佛山，雕沉、檀、珠玉以成之。"其佛之形，大者或逾寸，小者七八分。其佛之首，有如黍米者，有如半菽者。其眉目口耳螺髻毫相无不悉具。"❷

行香，即行道烧香，源于佛教，本是礼佛的一种仪式，始于南北朝。《南史·王僧达传》载："先是，何尚之致仕，复膺朝命，于宅设八关斋，大集朝士，自行香。"❸其事，每以燃香熏手，或以香末散行，唐以后，则斋主持香炉巡行道场，或仪导以出街，谓之行香。帝王行香则自乘辇绕行

---

❶ 释道世《法苑珠林》卷五十五"受请篇第三十九食法部"，四部丛刊景明万历本；周叔迦、苏晋仁《法苑珠林校注》卷四十二"受请篇第三十九食法部第六"，中华书局，2003年版，第1309页。行香说偈文，又见张锡厚主编《全敦煌诗》第三编"偈赞十四"，作家出版社，2006年版，第6554页。

❷ [唐]苏鹗《杜阳杂编》卷上，文渊阁四库全书本。

❸《南史·王僧达传》，中华书局点校本，第574页。

佛坛，令他人执香炉随后❶。行亦有周行分送之意。行香过程中，香炉可以固定放置，也可手持行走使用，称"行炉"。唐人张南本有《高丽王行香图》❷。甘肃安西榆林窟，有五代时壁画曹义金行香图，描绘当时敦煌归义军节度使曹义金的形象。敦煌莫高窟第130窟甬道南壁有乐庭瑰夫人行香图，乃唐代供养像中规模最大的一幅，高344厘米、宽315厘米，壁画榜题为"都督夫人太原王氏一心供养"，故又称"都督夫人太原王氏行香图"。天宝五年（746），乐庭瑰出任晋昌郡（即瓜州，治所在今甘肃安西东南）都督。官衔全称"朝议大夫使持节都督晋昌郡诸军事守晋昌郡太守兼墨离军使赐紫金鱼袋上柱国"。此窟营建时间当在天宝五年至乾元元年（746—758）间，是典型的盛唐石窟❸。

行香之事，反映出儒与道、佛的融合已从思想深入到社会习俗的层面。后来词体中专门有"行香子"这一词牌，即本于此。双调，六十六字，上片五平韵，下片三平韵。另有六十四字、六十八字、六十九字诸体，均为变体。张先著名的词句"奈心中事，眼中泪，意中人"，即出自其《行香子》（舞雪歌云）一词❹。元曲沿承之，属北曲双调。字数定格为四、四、七、四、四、三、三、三（八句），用作小令❺。

唐代皇室、官员多在降诞、国忌等特殊日子入寺行香，有时名僧忌日

❶［宋］姚宽（1105—1162）《西溪丛语》卷下："行香，起于后魏及江左齐、梁间，每燃香熏手，或以香末散行，谓之行香。唐初因之。文宗朝，崔蠡奏：设斋行香，事无经据，乃罢。宣宗复释教，行其仪。朱梁开国，大明节，百官行香祝寿。石晋天福中，窦正固奏：国忌行香，宰臣跪炉，百官立班，仍饭僧百人，即为规式。国朝至今因之。"（明嘉靖俞宪昆鸣馆刻本）宋程大昌（1123—1195）《演繁露》卷七载，行香"即释教之谓行道烧香也。行道者，主斋之人亲自周行道场之中；烧香者，爇之于炉也。"（清学津讨原本）清顾张思《土风录》卷二："僧道法事有行香。姚宽《西溪丛语》谓起于后魏及江左齐梁间，初以香末散行为行香。唐以后则斋主持香炉巡行坛中及街市，至今皆然。案释氏《贤愚经》：'为蛇施金设斋，令人行香僧手中。'此看末散行之行香也。《唐会要》：'开成五年四月，中书门下奏天下州府每年常设降诞斋，行香后令以素食宴乐。'此持炉巡行之行香也。"（清顾雪亭编《土风录》上册，广陵书社，2003年版，第125—126页）
❷见黄休复《益州名画录》，《四库全书》卷上。
❸参见杨树云《〈乐庭瓌夫人行香图〉初探》，收入郑学檬、冷敏述《唐文化研究论文集》，上海人民出版社，1994年版。
❹《全宋词》第81页。
❺参见何宝民主编《中国诗词曲赋辞典》，大象出版社，1997年版，第1578页。

也举行行香仪式。《入唐求法巡礼行记》载，开成五年（840）六月十一日，"今上（唐文宗）德阳日，敕于五台诸寺设降诞斋。诸寺一时鸣钟。最上座老宿五六人起座行香。闻：敕使在金阁寺行香，归京。"❶国忌行香是唐代佛寺行香的一大特点，并成为朝廷的法定仪式。前朝皇帝与皇后去世的日子，称国忌日。在这一天，禁止饮酒取乐，全国各机构都要停止办公，称为"废务"。京城和地方各州，要选择大型佛寺和道观设斋，京城五品以上的文武官员，七品以上的清官，要集合起来行香，州、县官员则在各州设斋行香❷。贞观二年（628）敕"每至先朝忌日，常令设斋行香，仍永为恒式"❸，即在国忌日集僧道设斋、诵经、祈祷之制。国忌行香不是简单的焚香，其程序、礼节繁多。行香的内容和程序，大致先燃香熏手，再以香末散行，然后斋主持香炉巡行道场，或仪导以出街。

行香从佛教的一种仪式转化为社会上下普遍行为，说明佛教与中国传统文化结合的所谓三教合一，不仅仅在于思想观念上，而且还落实于政治制度、社会生活诸多细枝末节。而所谓中华传统文化，自然也吸纳包含着各种外来的成分，行香礼仪即是其例。行香礼仪在整个唐代已沿袭成为制度，仅有的风波，是文宗开成四年（839）十月，户部侍郎崔蠡上疏，认为"国忌日设僧斋，百官行香，事无经据"，谏议取消行香之制，此谏被采纳❹。但崔蠡上请禁止设斋行香之事，时间仅局限在国忌日，而且文宗

---

❶ [日] 圆仁撰《入唐求法巡礼行记》卷三，顾承甫、何泉达点校，上海古籍出版社，1986年版，第 125 页。

❷ [唐] 李林甫《唐六典》卷四"尚书礼部·祠部郎中"云："凡国忌日，两京定大观、寺各二散斋，诸道士、女道士及僧、尼，皆集于斋所。京文武五品以上与清官七品已上皆集，行香以退。若外州，亦各定一观、一寺以散斋，州、县官行香。应设斋者，盖八十有一州焉。"（陈仲夫点校，中华书局，1992 年版，第 127 页）《旧唐书》卷四三《职官志二》亦云："凡国忌日，两京大寺各二，以散斋僧尼。文武五品已上，清官七品已上皆集，行香而退。"（中华书局，1975 年版，第 1831 页）参见梁子《唐人国忌行香述略》（《佛学研究》2005 年卷）。

❸《唐会要》卷四九。

❹ 见《旧唐书》卷一一七《崔宁传附崔蠡传》。参看《全唐文》卷七一八《请停国忌行香奏》。参见严耀中《从行香看礼制演变——兼析唐开成年间废行香风波》（收入《论史传经》，上海古籍出版社，2004 年版；《晋唐文史论稿》，上海人民出版社，2013 年版）；张文昌《论唐宋礼典中的佛教与民俗因素及其影响》（收入杜文玉主编《唐史论丛》第十辑，三秦出版社，2008 年版）。

崩于开成五年（840）正月初四，继位的唐武宗马上恢复了行香之仪。值
得玩味的是，武宗在进行大规模崇道毁佛之举时，行香之仪仍继续存在
着。证据就是，开成五年（840）三月，入唐日本僧人圆仁亲眼所见，其
所撰《入唐求法巡礼行记》卷二所载，开成五年（840）三月，"四日，国
忌。使君、判官、录事、县司等总入开元寺行香"❶。圆仁时在登州蓬莱县
开元寺。同书卷三载，开成五年（840），"十二月八日，准敕：诸寺行香
设斋。当寺李德裕宰相及敕使行香。是大历玄宗皇帝忌日也。"❷圆仁时在
资政寺。同书卷一又载同一年，即开成五年（840）在扬州开元寺，国忌
之日的行香过程：

> ［十二月］八日，国忌之日。从舍五十贯钱于此开元寺设斋，供
> 五百僧……有一僧打磬，唱"一切恭敬，敬礼常住三宝"毕，即相
> 公、将军起立取香器，州官皆随后，取香盏，分配东西各行。相公东
> 向去，持花幡僧等引前，同声作梵，"如来妙色声"等二行颂也。始
> 一老宿随，军亦随卫，在廊檐下去。尽僧行香毕，还从其途，指堂回
> 来，作梵不息。将军向西行香，亦与东仪式同……其唱礼，一师不
> 动独立，行打磬，梵休即亦云："敬礼常住三宝。"相公、将军共坐本
> 座，擎行香时受香之香炉，双坐。❸

今存敦煌藏经洞出土之《国忌行香文》有 S.5637、P.2815、P.2854、
P.2854v、P.3545v 等卷号，每件内容颇为完整，篇幅也比较长。从写作时
代来看，均属晚唐张氏归义军时期，是节度使张议潮、张淮深为唐朝先圣
皇帝、皇后忌日举办行香纪念活动的发愿文。以 P.2854 张议潮《国忌行
香文》为例：

❶［日］释圆仁撰《入唐求法巡礼行记》卷二，顾承甫、何泉达点校，上海古籍出版社，
1986 年版，第 86 页；《入唐求法巡礼行记校注》，［日］小野胜年校注，白化文等修订校
注，花山文艺出版社，1992 年版，第 224 页。

❷释圆仁撰《入唐求法巡礼行记》卷三，第 146 页。大历玄宗，应为宝历敬宗，参见《旧
唐书·敬宗纪》。《唐会要》卷二三记此事于开成四年十月。

❸释圆仁撰《入唐求法巡礼行记》卷一，第 23 页；《入唐求法巡礼行记校注》，第 84 页。

我释迦可久可大之业,迥超言象之先。我国家有翼善传之勤,高步羲轩之首。犹以鹤林示灭,万佛同迁相之仪;鼎湖上仙,百王留变化之迹。求诸今古,难可详焉。厥今开宝殿,辟星宫,爰集缁徒,行香建福,所陈意者,有谁施之?则我河西节度使臣张议潮,奉为先圣某皇帝远忌行香之福事也。伏惟先圣皇帝瑶图缵绪,袭贞命于三危;瑞历符休,总文明于四海。穆清天下,大造生灵。咸遵复旧之业,广辟惟新之典。遽谓乔山命驾,汾水长辞;挂弓剑于千龄,痛衣冠于万寓。惟愿以兹行香功德,回向福因,总用奉资先圣灵识;伏愿腾神妙觉,会诸佛于心源;浪咏无生,出群仙之导首。然后上通有顶,傍括十方。俱沐胜因,齐成佛果。摩诃般若,利乐无边。大众虔诚,一切普诵。❶

其中"乔山"当作"桥山",即桥陵,是唐睿宗的陵墓名。因此,可以断定,这篇《行香文》是为唐睿宗举行国忌行香活动的样本。南北朝至初唐,帝后皆有逢忌日诣寺行香、为先人祈福的做法。但将"国忌口于佛寺中设斋行香"立为全国实行的制度,则始自盛唐。宋赵彦卫(1140?—1210?)《云麓漫钞》考证说:"国忌行香,起于后魏,及江左齐、梁间,每然香熏手,或以香末散行,谓之行香。《遗教经》云:'比丘欲食,先烧香呗赞之。安法师行香定坐而讲,所以解秽流芬也,斯乃中夏行香之始。'唐高宗时,薛元超、李义府为太子设斋行香,中宗设无遮斋,诏五品以上行香,不空三藏奏,为神尧而下七圣忌辰设斋行香,至文宗朝,宰臣崔蠡奏:'国忌设斋行香,事无经据。'遂罢之。宣宗再兴释教,诏京城及外道州府国忌行香,并须精洁,以伸追荐之道。朱梁开平三年大明节,百官始行香祝寿。石晋天福中,窦正固奏:'国忌行香,宰臣跪炉,百官列坐,有失严敬。'今后宰臣跪炉,百官立班,仍饭僧百人,永为定式。至本朝淳化中,虞部员外郎李宗讷请:'国忌,宰臣以下行香,复禁食酒肉,以

---

❶ 陈尚君辑校《全唐文补编》,中华书局,2005年版,第2325—2326页,末注"参王书庆《敦煌佛学佛事篇》。参见冯培红《敦煌本〈国忌行香文〉及相关问题》,原载《出土文献研究》第7辑,上海古籍出版社,2005年版,又收入《敦煌归义军史专题研究四编》。

表精虔。’从之。”❶

玄宗开元二十七年（739），敕天下僧道遇国忌日就龙兴寺观行道散斋。《唐会要·皇后》载，高宗于忌日入寺行香："上因忌日行香，见之。武氏泣。上亦潸然。"❷《唐会要·节日》亦载，开成五年（840）四月，"中书门下奏天下州府每年常设降诞斋，行香后令以素食宴乐"❸。代宗大历五年（770），不空奏请于高祖、太宗等七圣忌日设斋行香。不空所住长安大兴善寺中有行香院，即应为国忌日行香而设，这是以往佛寺中所没有的❹。佛寺中设立行香院，反映出唐代佛寺功能与社会传统习俗相结合的世俗化倾向，同时也表明一些敕建佛寺具有帝王家寺的性质。

道教对香文化亦有重要的推动。香在唐代道教仪式中，被普遍使用。道教经典对于用香也有明确的阐述，香可辅助修道，"香者，以通感为用，隔氛去秽"❺。此外还有达言、开窍、辟邪、治病等多种功用。唐朝以老子李耳为始祖，追尊为圣祖玄元皇帝，老子之庙称为太清宫。《唐书·礼仪志》云："明皇开元二十年正月，诏两京诸州置玄元庙。天宝二年三月，以西京玄元庙为太清宫。其乐章：降仙圣奏《煌煌》，登歌、发炉奏《冲和》，上香毕奏《紫极舞》，撤醮奏《登歌》，送仙圣奏《真和》。"❻《唐会要·太常乐章》云："太清宫荐献大圣祖元元皇帝奏《混成紫极之舞》。"❼《乐府诗集·郊庙歌辞》所收《太清宫乐章》，有《香初上》《再上》《终上》三首，即为当时之写照：

> 肃肃我祖，绵绵道宗。至感潜达，灵心暗通。云軿御气，芝盖随风。四时禋祀，万国来同。

❶ [宋] 赵彦卫《云麓漫钞》卷三，清咸丰涉闻梓旧本。
❷ [宋] 王溥《唐会要》卷三，中华书局，1955 年版，第 23 页。
❸ 王溥《唐会要》卷二十九，第 548 页。
❹ [唐] 段成式撰《酉阳杂俎》续集卷五《寺塔记上》记载，大兴善寺内所设行香院，就是为了满足此类活动的。（《唐五代笔记小说大观》上册，曹中孚校点，上海古籍出版社，2000 年版，第 751 页）
❺ [宋] 蒋叔舆《无上黄箓大斋立成仪》卷一，明正统道藏本。
❻ [宋] 郭茂倩《乐府诗集》卷十一，中华书局，1979 年版，第 156 页。
❼ 王溥《唐会要》卷三三，第 601 页。

> 仙宗绩道，我李承天。庆深虚极，符光象先。俗登仁寿，化阐嬗涓。五千贻范，亿万斯年。
>
> 不宰元功，无为上圣。洪源长发，诞受天命。金奏迎真，璇宫展盛。备礼周乐，垂光储庆。

首句称颂的唐室之祖，道教之宗即为老子。一般祭祀是初献爵、亚献爵、终献爵，祭祀太清改为三次上香，其间均奏《冲和》乐曲。这种唐代道曲主要具备两种功能：一是类似于古代雅乐的祭祀仪式功能；二是类似于宫廷燕乐的宴飨仪式功能。开元、天宝之际的一批道曲，就是为太清宫的祭祀仪式而设计的。故道曲的许多曲调，名称和宫观名相同。例如道教宫观有所谓"九真观""九仙宫""洞灵宫"，与此对应，道曲中也有《九真》《九仙》《洞灵章》诸名。道教宫观制度所体现的道、君并重的原则，在道曲中也得到贯彻。例如太清宫中既供奉"玄元圣容"，又供奉"玄宗圣容"。道曲表演制度和郊庙礼乐制度趋于一致。例如唐太清宫乐章的体制，就与贞观年间所制订的唐祀圆丘乐章、唐享太庙乐章等如出一辙❶。唐代入道为数众多，有些因官场挫折，有些是年老养生的需求，也有因科场失意或入仕蹉跎，有的处士自己入道，还劝友人入道，唐末举进士不第的李咸用，收到好友吴处士所寄之香，就被劝说入道，李咸用答以《吴处士寄香兼劝入道》，诗云：

> 谢寄精专一捻香，劝予朝礼仕虚皇。须知十极皆臣妾，岂止遗生奉混茫。空挂黄衣宁续寿，曾闻玄教在知常。但居平易俟天命，便是长生不死乡。❷

看来，李咸用是拒绝入教的，他认为，脱掉俗装、换上莲袍，并不能延年益寿，追求长生的行动本身，就违背道家知常的宗旨。如果说他也有长生的愿望，那么，顺应天命便是进入长生境界。李咸用是颇得道家宗旨的，

---

❶ 见王小盾《唐代的道曲和道调》，收入吴光正等主编《想象力的世界：二十世纪道教与中国文学研究论文选》，黑龙江人民出版社，2006 年版。

❷ 四部丛刊景宋本《披沙集》卷六。捻，原作稔，据《全唐诗》卷六四六改，参见《增订注释全唐诗》第 4 册，第 762 页。

这捻香，他并不拒绝并表示感谢，但以自然无为的"但居平易俟天命，便是长生不死乡"化解了宗教的迷狂。

元稹《周先生》诗"希夷周先生，烧香调琴心"，描写的这位闭塞视听、不预外事的周先生，隐居河南济源西之玉阳山灵都宫，与元白均有交游，白居易《早冬游王屋自灵都抵阳台上方望天坛偶吟成章寄温谷周尊师中书李相公》所谓"尝闻此游者，隐客与损之"，所云"隐客"，即周先生。周隐客在元稹的笔下，将烧香和调琴皆作为修心炼道的重要手段。

唐代用香行香，已经成为礼制的重要内容。香，成为对权威崇敬的一种表达方式。唐朝皇帝出行时，有以香料铺道的习俗。"宫中每欲行幸，即先以龙脑、郁金藉地"，直到宣宗时，才取消这种常规[1]。唐朝制度还规定，凡是朝日，必须在大殿上设置黼扆、蹋席，并将放香炉用的香案置于天子的御座之前，宰相面对香案而立，殿上香烟缭绕，百官朝拜，衣衫染香，在弥漫的香气中处理国事[2]。这种做法揭示了焚香在神圣肃穆的朝廷政治生活中的重要作用。朝堂要设熏炉、香案。大中元年（847），唐宣宗即位时，想要恢复严谨合度的朝廷的礼仪，就发布诏令，规定皇帝只有在"焚香盥手"之后，才阅览大臣献进的章疏[3]。

贾至《早朝大明宫》诗云："银烛熏天紫陌长，禁城春色晓苍苍。千条弱柳垂青琐，百啭流莺绕建章。剑佩声随玉墀步，衣冠身惹御炉香。共沐恩波凤池上，朝朝染翰侍君王。"[4] 杜甫有《和贾舍人早朝》云："五夜漏声催晓箭，九重春色醉仙桃。旌旗日暖龙蛇动，宫殿风微燕雀高。朝罢香烟携满袖，诗成珠玉在挥毫。欲知世掌丝纶美，池上于今有凤毛。"[5] 王维亦有《和贾至舍人早朝大明宫之作》云："绛帻鸡人送晓筹，尚衣方进翠云裘。九天阊阖开宫殿，万国衣冠拜冕旒。日色才临仙掌动，香烟欲傍衮

---

[1]《杜阳杂编》卷下。

[2]《资治通鉴》卷二二五○，至德二年（757），"香案"下胡三省注，中华书局点校本，第3页。参见《新唐书》卷二三上，第3678页。

[3]《旧唐书》卷十八下，中华书局点校本，第3130页。

[4] 又作《早朝大明宫呈两省僚友》，见《全唐诗》卷二三五。

[5]《全唐诗》卷二二五。

龙浮。朝罢须裁五色诏，佩声归到凤池头。"❶ 说的就是朝堂设香炉熏香。御炉香之烟之氛，于三首同题诗作中可见一斑。

祭祀、政务场所、进士考场也要焚香。当"进士"候选人要进行考试时，主考人与考生要在考试殿堂前的香案前相互行礼，"礼部贡院试进士日，设香案于阶前，主司与举人拜，此唐故事也，所坐设位供张甚盛，有司具茶汤饮装"❷。这种场合虽然规格较低，但是香案在这里同样表示神与君主的恩宠。进士考场焚香的传统延续到了宋代，欧阳修有诗《礼部贡院阅进士就试》："紫案焚香暖吹轻，广庭清晓席群英。无哗战士衔枚勇，下笔春蚕食叶声。"

唐代文人阶层已经开始普遍用香，在日常生活中，处处可见香文化的影响。休闲独处，早起晚睡，读书静思，都不能缺少香的陪伴。"无事焚香坐，有时寻竹行"❸，"闭门不出自焚香，拥褐看山岁月长"❹，清闲无事，在幽室焚香一炉，可以畅啸抒怀；"闭门清昼读书罢，扫地焚香到日晡"❺，"将近道斋先衣褐，欲清诗思更焚香"❻，读书作诗之时，焚香可以静思悦神。

据记载，柳宗元收到韩愈寄来的诗后，总是要"先以蔷薇露灌手，薰以玉蕤香，然后发读"❼。无论晨起、更衣、宴饮、观舞，唐代文人经常会点香，熏香。他们以香会友、以香熏衣、以香熏被，焚香、制香、赠香、添香，种种香事成为文人生活中必不可少的内容。唐代香学也因此进入艺术境地。在日常雅玩中，有时与插花相结合，南唐韩熙载有五宜之说："对花焚香，有风味相和，其妙不可言者。木犀宜龙脑，酴醿宜沉水，兰宜四绝，含笑宜麝，蒈卜宜檀。"❽

---

❶《全唐诗》卷一二八。

❷《梦溪笔谈》卷一，四部丛刊续编景明本。

❸ 张籍《题李山人幽居》，《全唐诗》卷三八四。

❹ 司空曙《题暕上人院》，《全唐诗》卷二九二。

❺ 吕岩《绝句》，《全唐诗》卷八五八。

❻ 皮日休《寒日书斋即事三首》其一，《全唐诗》卷六一四。

❼《云仙散录》"玉蕤香"。

❽ 陶毅《清异录》卷二。

隋唐五代妇女，尤其是贵族妇女的化妆也讲究用香，当时朝廷宫妓"掠鬓用郁金油，傅面用龙消粉，染衣以沉香水"[1]，使用的化妆用品非常名贵。香文化不仅普及民间，甚至连戍守在外的军人也不例外，《杨妃外传》中"遗安禄山龙脑香"一则说：

> 贵妃以上赐龙脑香，私发明驼使，遗安禄山三枚。馀归寿邸，杨国忠闻之，入宫语妃曰：贵人妹得佳香，何独吝一韩司掾也。妃曰：兄若得相，胜此十倍。[2]

可见，安禄山这样的藩镇大员也有爱香的癖好。虽说杂书所记未必完全可靠，但中唐元和进士章孝标在其《少年行》诗中，却有"平明小猎出中军，异国名香满袖熏"[3]之句，可见武人也用香。

总之，香道文化能够在唐代走向完备时代，源自国泰民安，经济繁荣，社会富庶，源自南北交通畅达，东西丝绸之路兴盛，国内外贸易繁荣，源自"西（域）香"与"南（两广、海南）香"并盛，源自帝王推重，源自佛道二教的发展，轮番跻身于国教的至尊地位，二教尚香，"返魂飞气，出于道家；旃檀枷罗，盛于缁庐"[4]。而唐代香事的繁荣，最重要的见证，就是唐诗。

---

[1]《云仙散录》"郁金油"。
[2] 周嘉胄《香乘》卷三。
[3]《全唐诗》卷五百六。
[4]《颜氏香史序》，见周嘉胄《香乘》卷二八。

第二节

香飘合殿春风转：唐诗中的香馥与香艺

种种唐代香事中，最为雅致的，当属以诗咏香。数量众多的咏香诗作，在唐代三百馀年连绵不绝，为繁荣的唐代诗歌平添一抹绚丽的亮色。触目可即的行香、用香、佩香、熏香、烧香、斗香、分香、品香、焚香、燃香、嗜香、爱香，伴随着唐诗中比比皆是的香具，花样纷繁的印香，琳琅满目的香料，香之氛围布满整个时代。

今天阅读唐诗，可以清人编纂的《全唐诗》为取样来源。据刘良佑《唐代香文化概述》统计，《全唐诗》中涉及用香之作至少在102首以上 ❶。而据电子文本统计，带"香"字的诗句，按照"香"字的含义可以分为11个大类：宗教类的"香"，表现品德、才华和志向的"香"，花草植物的香，表现女人的香，家常宴席饭菜的香，水之香，来自典故的"香"，表示富贵的"香"，表示御用的"香"，民俗的"香"，含有"香"的地名。其中，"香"字集中出现在四个方面：文人与"熏香"、文人与"佛家香"、文人与"女人香"、文人与"酒茶香"。可以看出，文人使用"香"字，已经跳出对实物描写的局限；在佛教盛行的唐朝，已经有用"香"字表现虚幻的佛教世界的诗句；在女性地位颇高的唐代，也有用"香"字直接代指女性的诗句。按咏香诗的内容，可分为皇宫用香、寝中用香、日常用香、军旅用香、释道用香、制香原料、合香种类、香品形式、香具类型、香笼的使用等。

先来看专门描写行香之诗。山阴进士崔国辅有《奉和华清宫观行香应

---

❶ 刘良佑《唐代香文化概述》，《上海文博论丛》2005 年第 2 期。

制》，诗云：

> 天子蕊珠宫，楼台碧落通。豫游皆汗漫，斋处即崆峒。云物三光
> 里，君臣一气中。道言何所说，宝历自无穷。❶

写唐玄宗和大臣在华清宫举行的一次行香仪式，从中可以了解唐代行香仪
式的一个侧面。这一行香，是作为朝廷礼仪而举行，显然带有浓厚的纪念
或庆贺性质，所以所需由朝廷供给。主香之人执香炉绕行之后，崔国辅奉
诏应制此诗。蕊珠宫，本为神仙所居的宫名。这里借指唐玄宗驾幸华清宫
内御用的道宫。豫游，参与的意思。汗漫，本指漫无边际的空间，借喻为
飞仙，实指有道高士。崆峒，山名，有三处：一在甘肃平凉县西，又名鸡
头山；一在甘肃高台县西北；一在河南临汝县西南。三处皆与黄帝事迹有
关。这里似用第三说。据《庄子·在宥》记载，此处为黄帝问道于广成
子之所。本诗为"应制"诗，所以把唐玄宗在华清宫敬香比作黄帝在崆峒
山问道。云物，指景物。兰光，指日、月、星。宝历，指皇朝所享年代。
自无穷也就是说国祚应该永久，宝历一定绵长，这是歌颂皇朝的颂词。

郑谷有《定水寺行香》，诗云：

> 听经看画绕虚廊，风拂金炉待赐香。丞相未来春雪密，暂偷闲卧
> 老僧床。❷

据《郑谷诗集编年校注》，此诗作于唐昭宗乾宁三年（896）新春，郑谷
时年49岁，在补阙任上❸。定水寺，据《两京新记》等，在唐长安城太
平坊西门之北。隋开皇十年（590），荆州总管上明公杨纪为慧能禅师舍
宅立寺。《历代名画记》载，该寺有王羲之题额，又有名画家张僧繇、解
倩、孙尚之画。因此，诗中提到绕廊"看画"。赐香，本谓贵人向寺庙敬
香。据下句，知丞相代天子行香，故称赐。由此诗可见晚唐于寺庙行香之

---

❶ 万竞君《崔国辅诗注》，上海古籍出版社，1985年版，第9页。

❷ 严寿澂《郑谷诗集笺注》，上海古籍出版社，1991年版，第227页。

❸ 参见吴在庆、傅璇琮著《唐五代文学编年史·晚唐卷》，辽海出版社，1998年版，第
873页；陈文新主编《中国文学编年史·隋唐五代卷》下册，湖南人民出版社，2006年
版，第352页。

一斑。

此外，韩愈有《早赴街西行香赠卢李二中舍人》："天街东西异，祗命遂成游。月明御沟晓，蝉吟堤树秋。老僧情不薄，僻寺境还幽。寂寥二三子，归骑得相收。"其他行香诗句还有王建《题应圣观（观即李林甫旧宅）》"赐额御书金字贵，行香天乐羽衣新"，王建《题柱国寺》"行香天使长相续，早起离城日午还"，张籍《送令狐尚书赴东都留守》"行香暂出天桥上，巡礼常过禁殿中"，释广宣《圣恩顾问，独游月磴阁，直书其事应制》"檐前施饭来飞鸟，林下行香踏落花"。这些诗句都写到行香的情景。

行香之中，专门有试香。如赵光远《咏手二首》其二"炉面试香添麝炷，舌头轻点贴金钿"，和凝《宫词》"寝殿垂帘悄无事，试香闲立御炉前"，和凝《山花子》之二"几度试香纤手暖，一回尝酒绛唇光"，写女子三番五次地去把手放到炉面上试探火势，纤手都烤暖了。和凝另一首《宫词》又把试香赋予堂皇的宫廷气象："结金冠子学梳蝉，碾玉蜻蜓缀鬓偏。寝殿垂帘悄无事，试香闲立御炉前。"一位宫妃，戴着金丝编的头冠，鬓边坠着玉蜻蜓的步摇，打扮华贵，但在宫中却无所事事，只有借试香为名，在御香炉前打发时光。香丸一旦焚起来，须加以持护。烟若烈，则香味漫然，顷刻而灭，所以需不时以手试火气紧慢。因此添香、焚香之际，着一"试"字。焚香和品茗一样，需要静心，需要体会，所谓调和情志，净心契道。试香在旁人眼中或许不免繁琐，但于香界中人却是一种绝妙与纯粹的享受。试香、闻香、品香需要深厚的功底和品位，所以都不能交给僮仆去做，需要主人亲自为之❶。

行香之外，还专门有分香。其本意典出曹操临终顾念妻妾，分香卖履的故事❷。罗隐《邺城》诗："英雄亦到分香处，能共常人校几多？"因咏邺城，于是就曹操临死分香之事进行议论，谓英雄与常人相近。杜牧《杜秋娘诗》云："咸池升日庆，铜雀分香悲。"用曹操事，喻指唐宪宗去世，杜

❶ 正如《闲情偶记》"器玩部·炉瓶"所云："此非僮仆之事，皆必主人自为之者。"

❷ 东汉末，曹操造铜雀台，临终时吩咐诸妾："汝等时时登铜雀台，望吾西陵墓田。"又云："余香可分与诸夫人。诸舍中无为，学作履组卖也。"晋·陆机《吊魏武帝文序》："而见魏武帝《遗令》……又曰：'吾婕妤妓人，皆著铜雀台……'又云：'馀香可分与诸夫人，诸舍中无所为，学作履组卖也。'"（《文选》卷六十）后以"分香卖履"喻临死不忘妻妾。

秋娘曾有宠于宪宗，故而用"分香悲"相切。杜牧《出宫人二首》其二云："平阳拊背穿驰道，铜雀分香下璧门。"用分香喻指发放宫女。

有时分香也用其原意，指用手把香炷掰开。古代手工制香，香条多粘连在一起，干燥之后需要一支一支地分开。这事多由妇女去做。孟浩然有《美人分香》：

> 艳色本倾城，分香更有情。鬐鬟垂欲解，眉黛拂能轻。舞学平阳态，歌翻子夜声。春风狭斜道，含笑待逢迎。

诗写一位美艳倾城的女子，可以摹习《子夜》曲调之歌喉，身怀平阳公主歌舞之妙技，站在春风里，站在狭斜道上，含带笑意待逢迎，而分香令其更觉有情。看来这位以清淡闻名于世的田园诗人，也有艳丽风流的一面，难怪晚辈李白《赠孟浩然》云："吾爱孟夫子，风流天下闻。……高山安可仰，徒此揖清芬。"

唐人尤喜帐中香，这一点可以从唐诗中得到佐证。如虞世南《怨歌行》云："香销翠羽帐，弦断凤凰琴"；刘沧《代友人悼姬》云："罗帐香微冷锦裀，歌声永绝想梁尘"；韩偓《春闺二首》其二云："氤氲帐里香，薄薄睡时妆"；《有忆》云："何时斗帐浓香里，分付东风与玉儿"。帐中香是在帷帐内放置香炉或悬挂香囊，既安神助眠又增添情趣。毛文锡《赞浦子》："锦帐添香睡，金炉换夕薰"；韩翃《赠王随》："帐里炉香春梦晓，堂前烛影早更朝"；顾夐《甘州子》云："一炉龙麝锦帷傍，屏掩映，烛荧煌。禁楼刁斗喜初长，罗荐绣鸳鸯。山枕上，私语口脂香"；魏承班《满宫花》云："金鸭无香罗帐冷，羞更双莺交颈"；表现的都是帐中香的功用。

香具方面，唐代所用材料大约有金、银、铜、陶、瓷、石和锦缎等，铜和陶瓷因为价格较低，拥有更多的使用人群，但真正代表大唐气象，代表唐代工艺水平和人们对香文化无限崇尚的是金银香具。因为金银本身是贵金属，既然贵重稀有，就理应用在人们认为重要的事物身上。香料十分珍贵难得，唐代社会消费的香料大部分依赖进口，需从西域经丝绸之路辗转万里运入中国，因而贵比黄金，所以熏香之器亦需华贵。金银二色不仅纯净，而且显得华美绚丽，正符合唐朝统一强大的国势和富足与自信心理。

在具体类别中，香炉、香烛、香炷、熏笼、香印、香囊、香丸、香球、香饼、香膏、香粉之类，琳琅满目，花样纷繁。其中唐代用于焚香的香品，除了继承六朝以来的香饼、香丸外，还出现了不需要借助炭火、可以单独焚烧的印香。印香，一名香印，或云香范，指用多种香料捣末和匀制成的一种香。一说，以金属、木料或其他材料制为模具，在香上模压印格，钤成或曰雕镂制成各种款式，或相连贯的图画或篆文文字，其印纹隔成起止一贯的文字或图案，其边栏有提耳，体积可以随香炉大小取用。焚香时，先将炉灰按平实，香印放置在炉灰上，再将配好的香药粉末铲入印纹内，用香匙充填坚实平整，并将多馀香末刮净，然后用手轻轻提起香印，存香印图文于炉灰上。点燃起燃处，燃烧尽后，灰烬仍留有图文字迹。此香即称"印香"。后来宋人洪刍《香谱》中专门列有印香法。或以香炷计量时间，在香条上刻明标志，根据燃烧时间之长短测量时间。刻在香炷上的印记，即香印。如王涯《宫词》"五更初起觉风寒，香炷烧来夜已残"，柯崇《相和歌辞·宫怨》"尘满金炉不炷香，黄昏独自立重廊"，贯休《经栖白旧院二首》其一"不见中秋月，空馀一炷香"。香印计时，在诗史上还有一则"水香劝盏"的笑话：

> 扈戴畏内特甚。未仕时，欲出，则诣假于细君，细君滴水于地，指曰："不干，须前归。"若去远，则燃香印掐至某所，以为还家之验。因筵聚，方三行酒，戴色欲逃遁。朋友默晓，哗曰："扈君恐砌水隐形、香印过界耳，是当罚也。吾徒人撰新句一联，劝请酒一盏。"众以为善，乃俱起，一人捧瓯吟曰："解禀香三令，能遵水五中。"逼戴饮尽。别云："细弹防事水，短爇戒时香。"别云："战兢思水约，匍匐赴香期。"别云："出佩香三尺，归防水九章。"别云："命系逡巡水，时牵决定香。"戴连沃六七巨觥，吐呕淋漓。既上马，群噪曰："若夫人怪迟，但道被水香劝盏留住。"❶

---

❶ 陶穀《清异录》卷一。

短短五联诗句，皆一言水一言香，把惧内之态展现得淋漓尽致，极诙谐戏谑之致，想必细君亦可嗢噱。这位扈戴应该就是扈载（922—957），五代后周广顺二年（952）壬子进士科状元。幽州安次（今河北廊坊）人，字仲熙，少好学，善属文，赋颂碑赞尤其所长。曾撰《运源赋》，叙历代废兴治乱之迹甚详。及第后拜校书郎、直史馆，迁监察御史。曾游相国寺，见庭竹可爱，作《碧鲜赋》题于壁门，得周世宗赏识，称善久之，擢水部员外郎、知制诰。时从兄扈蒙为右拾遗、直史馆、知制诰，兄弟并掌内外制，时号"二扈"。世宗显德三年六月任翰林学士，时已病不能起。次年病卒，年仅三十六岁。❶

香印又称香篆、篆香，最初是用在寺院里诵经计时。计时的原理是基本匀速的燃烧活动。即用香末缭绕作称花纹，以它点燃后连绵不断的焚烧来计算时辰。按现在说法，可以称之为"香钟"。宋代洪刍《香谱》"香篆"条云："镂木以为之范，香尘为篆文。"又"百刻香"条云："近世尚奇者作香篆，其文准十二辰，分一百刻，凡燃一昼夜已。"香篆因此又有"无声漏"之名。篆香的使用，需要配备香粉、香印、装香灰的香炉或香盘，以及香塵、香压、香勺、香铲等香具。具体分为六个步骤：1.将香炉中的香灰压平；2.将香印放在香灰之上，在一个平面上刻好用以区分不同时间的字样；3.在香印的镂空处填入香粉，将香粉撒在平面上，形成精细的花格；4.取出多馀的香粉，放入香罐；5.将印香模子提出，馀下香粉成型，细长的香粉线将不同的时间标志连结起来；6.用火引子点燃，这样，随着香粉一路燃烧过去，便可以读出时间。

因为篆香使用过程的这种仪式感，以及使用之后的香灰成图成型，在诗人笔下生发出许多新的含义，蕴含着空、消失等复杂的情绪。唐代香篆已经很流行，元稹《和友封题开善寺十韵》"灯笼青焰短，香印白灰销"❷，即咏其事，不过说的仍是佛寺里的情景。无名氏《宴李家宅》"银

❶《崇文总目》著录其文集二〇卷，今不存。《全唐诗》卷八八七录其诗一首，《全唐文》卷八六〇收其文一篇。《旧五代史》卷一三一、《新五代史》卷三一有传，参《旧五代史·周世宗纪》与《宋史》卷二六九及《扈蒙传》及《登科记考》卷二六。
❷《全唐诗》，中华书局点校本，第 12 册，第 4541 页。

磕酒倾鱼尾倒，金炉灰满鸭心香"，这是烧形如篆字"心"的印香；段成式《送僧二首》其二"因行恋烧归来晚，窗下犹残一字香"[1]，这是烧形如"一"的印香。又有一种梵字香，唐诗"香字消芝印，金经发蓝函"[2]；"翻了西天偈，烧馀梵字香"[3]，所谓"香字"与"梵字"，也是香印一种，即把香作成梵文种子字，比如阿弥陀种子字之形，然后设坛焚香，于是可参佛法。

唐诗中写到香印者，有王建的《香印》，诗云：

> 闲坐烧印香，满户松柏气。火尽转分明，青苔碑上字。[4]

此诗模形范物，简洁分明，后来五代词人冯延巳所云："盘香印成灰，起坐浑无绪"，宋词人蒋捷所云"银字笙调，心字香烧"，均可从此诗取得印证。首句之印香，《万首唐人绝句》即作"香印"。末句以青苔碑上的字迹，喻指香印馀烬的字迹分明，其实与诵经礼佛皆无关，"闲坐"二字便说得很好，这该是士人最合适的焚香心境。不论回旋刻时还是缭绕作字，香模的制作总要有很多巧妙的设计，即须使它无论怎样徘徊旋转而都能够焚烧不断。香篆燃尽，其文却仍以灰存，它残留着"生"的美丽实在又已死灭，对此作冷看作热看、作无情看作有情看，其中的感悟自然因人因事因时而异。

其他写到香印和印香的诗句还有很多，如白居易《酬梦得以予五月长斋延僧徒绝宾友见戏十韵》云："香印朝烟细，纱灯夕焰明。"李绅《忆登栖霞寺峰（效梁简文）》云："香印烟火息，法堂钟磬馀。"周贺《逢播公》云："衲衣风坏帛，香印雨沾灰。"贯休《题简禅师院》（一作方干《赠江南僧》）云："思山海月上，出定印香终。"许浑《题灵山寺行坚师院》云：

---

[1]《全唐诗》卷五八四。

[2] 张希复《游长安诸寺联句·道政坊宝应寺·僧房联句》，《全唐诗》，中华书局点校本，第 22 册，第 8921 页。

[3] 段成式《赠诸上人联句》，《唐诗纪事》卷五七；《全唐诗》卷七九二作"梵字香"（中华书局点校本，第 22 册，第 8924 页），似非。

[4]《王建诗集校注》，巴蜀书社，2006 年版，第 165—166 页。《全唐诗》，中华书局点校本，第 9 册，第 3421 页。

"经函露湿文多暗，香印风吹字半销。"陆龟蒙《同袭美游北禅院（院即故
司勋陆郎中旧宅）》云："清尊林下看香印，远岫窗中挂钵囊。"郑谷《宜
春再访芳公言公幽斋写怀叙事，因赋长言》云："入门长恐先师在，香印
纱灯似昔年。"李中《题庐山东寺远大师影堂》云："入帘轻吹催香印，落
石幽泉杂磬音。"郑遨《题病僧寮》云："佛前香印废晨烧，金锡当门照寂
寥。"段成式《游长安诸寺联句·长乐坊安国寺·题璘公院》云："龛灯
敛，印香除。"

再如熏笼，王建《宫词》写宫女为皇帝熏衣："每夜停灯熨御衣，银
熏笼底火霏霏"，又如孟浩然《寒夜》"夜久灯花落，薰笼香气微"，及白
居易《石榴树》"伞盖低垂金翡翠，薰笼乱搭绣衣裳"。唐代还有专门用于
薰被的薰笼，如白居易《秋雨夜眠》云："凉冷三秋夜，安闲一老翁。卧
迟灯灭后，睡美雨声中。灰宿温瓶火，香添暖被笼。晓晴寒未起，霜叶满
阶红。"即写添香暖被笼之情景。在寒冷的季节，终夜散发着清香的被子，
盖着暖乎乎的，不失为一幅惬意之景。为了防止被褥弄脏，熏被一般在床
上进行，因此熏被的薰笼比较小巧，正如薛昭蕴《醉公子》里描写的"床
上小薰笼，韶州新退红"。汉代出现专门用于熏被的薰球，到唐代得到广
泛使用。考古发现过唐代银薰球实物，例如1963年西安市东南郊沙坡村
唐代居住遗址出土银器十五件，其中有四件银薰球；1970年在西安南郊何
家村发掘出的两瓮唐代窖藏文物中，也有一个镂空银薰球。

香囊也是唐诗中常见的香具。据慧琳《一切经音义》，"香囊者，烧香
圆器也，巧智机关，转而不倾，令内常平"，"以铜、铁、金、银玲眬（玲
珑）圆作，内有香囊，机关巧智，虽外纵横圆转，而内常平，能使不倾。
妃后贵人之所用也"❶。唐明皇李隆基在安史之乱后的至德二年（757），
让高力士到马嵬坡寻找杨玉环尸体时，尸体已腐朽，"香囊犹在"❷。从这一
记载中，可以看出，香囊是当时后妃贵妇日常生活中的必备之物。由于其
精巧玲珑，设有提链，便于携带，除了放在被褥中熏香外，贵族妇女还喜
欢将其佩带在身上，无论狩猎、出行、游玩，均随身携带。所过之处，香

---

❶［唐］慧琳《一切经音义》卷六、卷七，日本元文三年至延亨三年狮谷莲社刻本。
❷《新唐书》卷七十六《杨贵妃传》。

气袭人。值得一提的是，在唐代，佩带香囊绝非女性的专利，男性尤其是上层贵族也有佩带香囊的习惯。章孝标《少年行》一诗中，就描写了一位"异国名香满袖熏"的年轻武士。有时连皇帝身上也佩戴着香囊，而在腊日的庆典上，更是非佩带香囊不可。唐代贵族还习惯在出行的车辇上悬挂香囊。

见于唐诗描写者，吕温《上官昭容书楼歌》云："香囊盛烟绣结络，翠羽拂案青琉璃"，元稹《友封体》云："微风暗度香囊转，胧月斜穿隔子明"，张祜《太真香囊子》云："蹙金妃子小花囊，销耗胸前结旧香。谁为君王重解得，一生遗恨系心肠"，李叔卿《江南曲》云："郗家子弟谢家郎，乌巾白袷紫香囊"，韩翃《送崔秀才赴上元兼省叔父》云："行乐远夸红布旆，风流近赌紫香囊"，白居易《青毡帐二十韵》云："闲多揭帘入，醉便拥袍眠。铁檠移灯背，银囊带火悬。深藏晓兰焰，暗贮宿香烟"，胡杲《七老会诗》云："凿落满斟判酩酊，香囊高挂任氤氲" [1]，王建《秋夜曲》云："香囊火死香气少，向帷合眼何时晓"，孙光宪《遐方怨》云："红绶带，锦香囊。为表花前意，殷勤赠玉郎"，王琚《美女篇》云："屈曲屏风绕象床，逶蕤翠帐缀香囊。玉台龙镜洞彻光，金炉沉烟酷烈芳"。

香囊中专门有一种香毬，又称"香球"，可手拿或放入袖中。内装香盂，焚香之后，转动香球，香火不熄，亦不掉出，只是香烟散出。见于唐诗描写者，元稹《香毬》云："顺俗唯团转，居中莫动摇。爱君心不惻，犹讶火长烧。"白居易《想东游五十韵》云："柘枝随画鼓，调笑从香毬"，白居易《醉后赠人》云："香毬趁拍回环匼，花盏抛巡取次飞"，张祜《陪范宣城北楼夜宴》云："亚身摧蜡烛，斜眼送香毬"，张祜《庚子岁寓游杨州赠崔荆四十韵》云："玉树当巡打，香毬带柏承"，封特卿《为湖州军倅日与同年李大谏诗酒唱酬以疾阻欢及愈作此诗》云："已负数年红画烛，更辜双带绣香毬"。

香枕。见于唐诗描写者，史凤《传香枕》云："韩寿香从何处传？枕边芳馥恋婵娟。休疑粉黛加铤刃，玉女旛檀侍佛前。"杨凝《花枕》云：

---

[1] 《全唐诗》（增订本）卷四六三，第5293页。

⊙图表 14　西安何家村唐代窖藏
　　　　中的银香毬

⊙图表 15　西安三北村唐墓
　　　　出土银香毬

⊙图表 16　景德镇市珠山出土"大明成化年制"三彩香鸭

"席上沈香枕，楼中荡子妻"，白居易《岁除夜对酒》云："醉依香枕坐，慵傍暖炉眠"，李暇《拟古东飞伯劳歌》云："谁家女儿抱香枕，开衾灭烛愿侍寝"。

香鸭。见于唐诗描写者，如徐寅《香鸭》云："不假陶熔妙，谁教羽翼全。五金池畔质，百和口中烟。觜钝鱼难啄，心空火自燃。御炉如有阙，须进圣君前。"和凝《宫词》云："香鸭烟轻爇水沈，云鬟闲坠凤犀簪。"

而唐诗中最常见的香具意象当属香炉。举车缅、郭遵、崔立之同题之作《南至日隔仗望含元殿香炉》为例，三诗分别写道：

> 抗殿疏元首，高高接上元。节当南至日，星是北辰天。宝戟罗仙仗，金炉引瑞烟。霏微双阙丽，溶曳九州连。拂曙祥光满，分晴晓色鲜。一阳今在历，生植愿陶甄。❶
>
> 冕疏亲负扆，卉服尽朝天。旸谷移初日，金炉出御烟。芬馨流远近，散漫入貂蝉。霜仗凝逾白，朱栏映转鲜。如看浮阙在，稍觉逐风迁。为沐皇家庆，来瞻羽卫前。❷
>
> 千官望长至，万国拜含元。隔仗炉光出，浮霜烟气翻。飘飘萦内殿，漠漠澹前轩。圣日开如捧，卿云近欲浑。轮囷洒宫阙，萧索散乾坤。愿倚天风便，披香奉至尊。❸

南至，即冬至。《逸周书·周月》云："惟一月既南至，昏昴毕见，日短极，基践长，微阳动于黄泉，阴降惨于万物。"朱右曾校释曰："冬至日在牵牛，出赤道南二十四度，故曰南至。"《左传·僖公五年》曰："春，王正月，辛亥，朔，日南至。"杜预注云："周正月，今十一月。冬至之日，日南极。"孔颖达疏："日南至者，冬至日也。"冬至也是皇家祈天保佑的重要日子。《史记·律书》云："气始于冬至，周而复生。"即言冬至是阴阳、日月、万物向其对立面转化的契机。皇家的重视主要表现于"冬至，祀昊

---

❶《全唐诗》卷三一九。一作王良士诗。
❷《全唐诗》卷三四七。一作裴次元诗，见《全唐诗》卷四六六。
❸《全唐诗》卷三四七。

天于圜丘"，并配"乐章八首"。从贞观二年（628）定下律令，经历高宗、武后、中宗、明皇等，有唐一代终不衰歇。含元殿是长安大明宫正殿，遗址在今西安城北含元殿村之南，与丹凤门相配合，是皇帝举行外朝大典活动之处，凡元正、冬至，多在此举行朝会。据载，这一祭祀昊天上帝的仪式由皇帝亲自主持，一般在冬至举行。在仪式上，伴随着祭典的过程，依次奏八个乐章，皇帝向昊天和配享的祖先诵读祝文，向全国发布诏书和赦文，臣子自然要加以朝贺，三人同题之作即为此而作。三诗均写望含元殿香炉，虽于盛况各有侧重，但美好期盼则小异大同。

汉代由古埃及传入的长柄香炉，唐代还在继续使用，有时被称为香斗，又称长柄手炉，是带有长长的握柄的小香炉，多用于供佛。柄头常雕饰莲花或瑞兽，香斗所烧，多为颗粒状或丸状的香品。在敦煌壁画里常能见到香斗，当然还有博山炉等其他丰富多彩的香具。香斗传到日本，奈良正仓院和唐招提寺中至今还保留着这种香炉，通常这些香炉都是由紫铜掺杂以其他一些金属（如锡、金等）铸成的。

唐诗所咏香炉，以博山炉最为常见，温庭筠有《博山》：

> 博山香重欲成云，锦段机丝妒鄂君。粉蝶团飞花转影，彩鸳双泳水生纹。青楼二月春将半，碧瓦千家日未曛。见说杨朱无限泪，岂能空为路岐分。[1]

诗借对香炉的描写，来隐喻自己与恋人和谐幸福的恋爱生活，以及不得不分手的无奈伤感。由博山炉的烟气，引出凡事不能定于一尊的议论，可谓翻空出奇。前半极写恋人居室的香气氛氲，词藻华丽，显得花团锦簇，衬出美丽姿质。恋人穿着令人妒羡的锦缎。锦缎上面，有着美丽的图案：彩色鸳鸯戏水，粉蝶团花而飞。室内博山香炉熏出缭绕的烟气，已蔚然如云一般，将恋人映衬得格外美艳动人。又极力描写香烟形成的几种形象，颇有浪漫主义色彩。"粉蝶"两句，富丽闲雅，显然别有隐喻，格调不俗。后半"青楼"两句，转笔点染环境，笔墨跳脱。末联以议论作结，写一见

[1]《全唐诗》卷五八二。

钟情，深深爱慕，感情炽烈，留恋不舍，颇见匠心。

温庭筠《台城晓朝曲》也描绘有博山炉。诗写早朝，天将亮时，司马门燃起千支火烛。再写诗人跟随太子早朝，交代太子专用之博山炉，"博山镜树香荤荤，袅袅浮航金画龙"❶，镜树、金画龙是指博山炉上的雕刻。《病中书怀呈友人》亦云："祀亲和氏璧，香近博山炉。"❷其他描写博山炉者，如韦应物《长安道》"锦铺翠被之粲烂，博山吐香五云散"，刘复《夏日》"映日纱窗深且闲，含桃红日石榴殷。银瓶缏转桐花井，沉水烟销金博山"，刘禹锡《更衣曲》"博山炯炯吐香雾，红烛引至更衣处"，《泰娘歌》"妆奁虫网厚如茧，博山炉侧倾寒灰"，《伤秦姝行》"博山炉中香自灭，镜奁尘暗同心结"，张仲素《秋思赠远》"博山沉燎绝馀香，兰烬金檠怨夜长"，薛逢《题春台观》"垂露额题精思院，博山炉袅降真香"，皮日休《奉和再招（一作文燕招润卿）》"飙御已应归杳眇，博山犹自对氛氲"，罗虬《比红儿诗》"绣帐鸳鸯对刺纹，博山微暖麝微曛"，花蕊夫人《宫词》"博山夜宿沈香火，帐外时闻暖凤笙"，鱼玄机《和人》"宝匣镜昏蝉鬓乱，博山炉暖麝烟微"，顾敻《木兰花（即玉楼春）》"博山炉冷水沉微，惆怅金闺终日闭"，张叔良《寄姜窈窕诗》"几上博山静不焚，匡床愁卧对斜曛。犀梳宝镜人何处？半枕兰香空绿云"❸。皆可见博山炉在唐代之使用情形。

更为知名的，是李商隐的《烧香曲》和罗隐的《咏香》。明代周嘉胄所著《香乘》是重要的香学论著，其中卷二十七香诗汇部分所收录的唐代香诗共有两首，就是以上这两首诗。先来看李商隐《烧香曲》：

> 钿云蟠蟠牙比鱼，孔雀翅尾蛟龙须。漳宫旧样博山炉，楚娇捧笑开芙蕖。八蚕茧绵小分炷，兽焰微红隔云母。白天月泽寒未冰，金虎含秋向东吐。玉佩呵光铜照昏，帘波日暮冲斜门。西来欲上茂陵树，柏梁已失栽桃魂。露庭月井大红气，轻衫薄细当君意。蜀殿琼人伴夜深，金銮不问残灯事。何当巧吹君怀度，襟灰为土填清露。❹

❶《全唐诗》卷五七六。
❷《全唐诗》卷五八〇。
❸《琅嬛记》卷上引《本传》，明万历刻本。
❹[清]冯浩笺注，蒋凡标点《玉谿生诗集笺注》，上海古籍出版社，1998年版，第609页。

　　李商隐诗，一向以意象幽丽凄迷、才思绵密著称。本篇虽形象略为鲜明，但与其咏香名句"春心莫共花争发，一寸相思一寸灰"和"谢郎衣袖初翻雪，荀令熏炉更换香"，风味迥别。托物联类，虽踵武李贺瑰诡之后尘，但主题仍很难把握，所以，何焯曾就此诗感叹说："长吉诗虽奇，然指趣故自分明，若义山，则徒令人循诵而莫喻其赋何事耳。"❶有人以为是咏宫人入道，有人以为是咏陵园宫女，甚至有人认为此篇只可阙疑。鄙意以为，徐德泓所释，较近其实，其《李义山诗疏序》云：

　　　　此咏香而寓失宠之思，乃宫中曲也。前四句，先言炉、螺文、鱼牙、雀尾、龙须，皆炉之镂文，而美人笑而捧之，"开芙蕖"，形容笑意也。"八蚕"四句，正焚香事。茧绵，所以燃火者，薄则易燃也。由是炭红烟暖，而秋气回春矣。"玉佩"四句，言香气之盛，直使佩暗镜昏。柏梁本香台，又武帝构造以为焚香之地，是帝实主夫香者。今冲门上树，人已不见，则香失所主矣，内已含此身无着意。"露庭"以下，言香气本重而红，而君偏爱轻而白，故自有伴夜之人，而岂复问及香事乎？安得巧度君怀，即至襟成灰土，亦当相依以入地，意谓若得承恩，愿从死耳。"红"字对针"玉""琼"字。庭井，谓远于君身，又对针"殿"字也。"襟"字，根"怀"字来，"露"字，根"土"字来。❷

　　若剔除其所寓失宠之思的揣测，只论咏香，亦可自足。首二句，写烧香所用的博山香炉之形制，镂刻之纹样，如云之蟠，如鱼之贯，如孔雀尾，如蛟龙须。三四句，说明此陵园中的香炉即是从前宫中之旧物，添香的宫嫔依然脸上堆着笑容，灿若芙蓉。

　　"八蚕"二句，写分香燃香，初烧小炷，兽焰徐红。茧绵，所以燃火者，薄则易燃。由是炭红烟暖，而秋气回春。宋人姚宽《西溪丛语》卷上解释："左太冲《吴都赋》云：'乡贡八蚕之绵。'注云：'有蚕一岁八育。'

❶［清］何焯《义门读书记》卷下，清乾隆刻本。
❷ 徐德泓《李义山诗疏序》，日本怀德堂文库珍藏本。

《云南志》云：'风土多暖，至有八蚕。'言蚕养至第八次，不中为丝，只可作绵，故云'八蚕之绵'。"也就是说，晚蚕所吐的茧，已经无法抽丝，只能做绵絮，于是被用来做引火的火捻。"八蚕茧绵小分炷"，小分炷，一作分小炷，是说用茧绵捻成的细火捻引火，点燃香煤。取火点燃香煤之后，焚香的先期程序完成，其结果就是"兽焰微红隔云母"。❶

"兽焰微红隔云母"，言以云母用作隔火，置于香与炭之间，以使香料受热不至于太猛，可得徐徐熏燃之效。"白天"二句，言烧香之候也。谓烟之暖，深秋如月光之寒凉，但尚未结冰；焚香至夜晚，悄然望见参、昂诸星出现在西方。"玉佩"二句，言烟之盛，谓天气寒凉，室中因燃起香炉而有水汽，玉佩因蒙上水汽失去本来的光泽，而有呵气之后的模糊光泽，同时室内的铜镜也因水汽而昏翳；室中的香气正浓，日暮时气流冲向角门，香气随风飘散，掀动门帘。冲斜门，又作依斜门。

"西来"二句，言烟之久，谓香气直欲出门西向，飘往故君坟茔寻其踪迹，可惜在柏梁台上咏诗，欲种蟠桃的人，其魂魄早已仙升。因思王母西来，不见武帝，良辰易逝也。"露庭"四句，烧香后事，谓皇宫内炉火通红，喜气洋溢，宫娥轻衫薄袖新承恩泽；玉人陪伴君王直到深夜，新主哪里会问及故君宫嫔在陵园独向残灯呢！❷

末二句，由咏物转向抒情，言一点心香，定不随风飘散，即生生世世愿为夫妇意，谓何时能将香气吹入君怀，用襟袖揽取香灰，填没坟上如泪珠一般的清露啊！何当，何时也❸。言外之意，乃自问何时了结此生。当此香炷大红，香烟缭绕，凉夜回春，细衫薄袖，足当君意，及时行乐，不亦可乎？"大红""微红"相承。何以琼人伴夜，不问残灯？以落寞置之也。吾愿香烟则因风吹入君怀，以动君之情绪；香灰则以襟裹之，为填清露，毋使得侵君之衣裳。

李商隐《烧香曲》，通篇只围绕烧香事，却写尽宫嫔的悲哀。姜炳璋

❶ 参见孟晖《花间十六声》，生活·读书·新知三联书店，2006 年版，第 135 页。
❷ 参见郑在瀛编著《李商隐诗全集·汇编今注简释》，崇文书局，2011 年版，第 265 页。
❸ 冯浩注："何得有人吹入君怀"，训"何当"为"何得"，非是。参见丁声树《"何当"解》，见傅杰编《20 世纪中国文史考据文录》，云南人民出版社，2001 年版，上册，第 936 页。

《选玉溪生诗补说序》评价说："通体规模长吉，而针线最密，一气蟠旋，魄力直逼少陵。"明清诗人模仿此诗者众多，留待后面再叙。

再来看罗隐《咏香》，诗云：

> 沉水良材食柏珍，博山炉暖玉楼春；怜君亦是无端物，贪作馨香忘却身。❶

诗题一作《香》，是一首咏物诗。开篇把沉香与仙人所食之柏并论，足见诗人对于本是名贵良材美器的沉水香十分看重。可是自降身价、甘作附庸的"沉水"只因"贪作馨香"，忘却自己高贵纯洁的本性，竟无端化作博山炉里的熏香，在高门显第的玉楼中去点缀富贵人家的生活。博山炉暖，一作博山烟暖。"贪作"句，化用《汉书·龚胜传》："薰以香自烧，膏以明自销。"薰，指香草❷。沉香木本是一种优质木材。由它制成的沉香香料，在华丽的楼房内，在博山炉中燃烧。这样，沉香木就不是优质木材，而是一种香料了。沉香木为了变成香料，把自己毁灭，这就是"贪作馨香忘却身"。因此，有人分析，这是诗人用沉水的堕落讽刺丧失气节、丢掉良知而攀高结贵、趋炎附势的读书人❸。这未免过于凿实。也有人分析，这是比喻急功近利、追求名声地位而改变自己美好本性者❹，较前说婉转一些。尽管在晚唐诗坛上，罗隐一向以恃才傲物、喜好讥刺而闻名，但写诗毕竟不是写《谗书》。其实仅就香道本身而言，其中的寓意也很丰富。香本身是一种高雅的享受，用沉水和松柏等珍贵的木材制成的香，要在博山炉这样名贵的香炉里点燃才好。点燃后的香，自然不复旧态，而且看起来没有固定的形态，在闻这种馨香气味时，有谁还会记得其原状。就连沉香自己，可能也忘了自身。而考虑到罗隐虽然潦倒终身，但具有很高的佛学修养，则诗中借咏香所寓之道，可能要更为广泛。

从众多的咏香诗作可以看出，唐代之爱香、用香，可以说遍及全社

---

❶ 四部丛刊景宋本《甲乙集》卷一。
❷ 陈贻焮主编《增订注释全唐诗》（第四册），文化艺术出版社，2001年版，第868页。
❸ 张国动等《中国历代讽刺诗选注》，文化艺术出版社，2012年版，第164页。
❹ 孟繁森编著《咏物诗注析》，山西教育出版社，2004年版，第130页。

会。不论是帝王将相、文人释道、仕女奴婢，不论在禁宫、军旅、寺院、宴饮、寝中，只要谈到生活的气氛，便脱离不了香。例如寺院进香的妇女，诗僧寒山描写她们香气袭人：

> 侬家暂下山，入到城隍里。逢见一群女，端正容貌美。头戴蜀样花，燕脂涂粉腻。金钏镂银朵，罗衣绯红紫。朱颜类神仙，香带氛氲气。时人皆顾盼，痴爱染心意。❶

就禁宫而言，通过对唐诗用香各类内容的解读，不但发现其中所直接指出的长安宫殿名称就有红楼院、大明宫、日高殿、华清宫、长安东南角的芙蓉苑和城东的夹城，而且宫中在除夕夜傩戏逐煞、元旦朝贺、十五灯节酪宴、妃产子以及值夜、清晨上朝等不同季节、不同情况时，也都使用不同的香。

号称诗仙的李白笔下，有"焚香入兰台，起草多芳言"（《赠宣城赵太守悦》），"床中绣被卷不寝，至今三载犹闻香。香亦竟不灭，人亦竟不来"（《长相思》），"玉帐鸳鸯喷兰麝，时落银灯香灺"（《清平乐令二首》其二），"盛气光引炉烟，素草寒生玉佩"（《清平乐三首》其三），也是一代诗仙不可或缺的重要点缀。

诗圣杜甫笔下，香更是琳琅满目，如"灯影照无睡，心清闻妙香"（《大云寺赞公房》），"焚香玉女跪，雾里仙人来"（《冬到金华山观，因得故拾遗陈公学堂遗迹》），"慈竹春阴覆，香炉晓势分"（《天宝初南曹小司寇舅于我太夫人堂下累土为山……而作是诗》），"焚香淑景殿，涨水望云亭"（《秦州见敕目薛三璩授司议郎毕四曜除监察与二……凡三十韵》），"雾雨银章涩，馨香粉署妍"（《秋日夔府咏怀奉寄郑监李宾客一百韵》），"麝香山一半，亭午未全分"（《晨雨》），"内帛擎偏重，宫衣著更香"（《送许八拾遗归江宁觐省甫昔时尝客游此县……图样志诸篇末》），"旷绝含香舍，稽留伏枕辰"（《奉赠萧二十使君》），"香飘合殿春风转，花覆千官淑景移"（《紫宸殿退朝口号》），"麒麟不动炉烟上，孔雀徐开扇影还"（《至日遣兴，

❶ 徐光大《寒山子诗校注》，陕西人民出版社，1991年版，第119页。

奉寄北省旧阁老两院故人二首》其二），"巾拂香馀捣药尘，阶除灰死烧
丹火"（《忆昔行》），"龙武新军深驻辇，芙蓉别殿谩焚香"（《曲江对雨》），
"朝罢香烟携满袖，诗成珠玉在挥毫"（《奉和贾至舍人早朝大明宫》），"欲
知趋走伤心地，正想氤氲满眼香"（《至日遣兴，奉寄北省旧阁老两院故人
二首》其一），"画省香炉违伏枕，山楼粉堞隐悲笳"（《秋兴八首》其二），
"雷声忽送千峰雨，花气浑如百和香"（《即事》），也是一代诗史的重要
写真。

　　诗佛王维，字摩诘，其名与字，取自深通大乘佛法的居士维摩诘。王
摩诘与香道之缘可谓与生俱来。《维摩诘经·香积佛品》："上方界分……
有国名众香，佛号香积。……其食香气周流十方无量世界。……于是维摩
诘……化作菩萨。"天宝元年（742）至天宝三年，王维官左补阙，早朝时
在门下省值班之际，"遥闻侍中佩，暗识令君香"（《春日直门下省早朝》），
侍中是门下省最高长官，正三品，在唐代为宰相。佩指玉佩。令君者，荀
彧也，荀令君至人家，坐处三日香❶，故萧统《博山香炉赋》曰："粤文若
之留香。"荀彧字文若，亦可证荀令君即荀彧。在王维笔下，涉香诗句，
如"百福透名香"（《奉和圣制十五夜燃灯继以酺宴应制》），"香茅结为
宇"（《文杏馆》），"翡翠香烟合"（《游感化寺》），"柏叶初齐养麝香"（《戏
题辋川别业》），在在可见。王维"晚年惟好静，万事不关心"（《酬张少
府》），在禅诵生活中，焚香描写屡见不鲜，如《蓝田山石门精舍》"暝宿
长林下，焚香卧瑶席"，《奉和杨驸马六郎秋夜即事》"少儿多送酒，小玉
更焚香"，《饭覆釜山僧》"藉草饭松屑，焚香看道书"，《春日上方即事》"北
窗桃李下，闲坐但焚香"，《过卢四员外宅看饭僧共题七韵》"跌坐檐前日，
焚香竹下烟"，《过福禅师兰若》"羽人飞奏乐，天女跪焚香"，《谒璇上人》
"夙承大导师，焚香此瞻仰。颓然居一室，覆载纷万象"。王维早年著名
的诗作《洛阳女儿行》中，才可容颜十五馀的洛阳女子，乘着华贵的七香
车，以艳丽的九华彩帐围护，貌美如花且富贵骄奢，而"妆成只是熏香
坐"。王维这些咏香诗作，萦绕于盛唐诗坛，构成盛唐气象的重要氛围和

---

❶ 见《艺文类聚》卷七十引习凿齿《襄阳记》。

背景，也是一代诗佛的重要侧影。

进入中晚唐，诗坛更加香气扑面。从杜牧的"桂席尘瑶珮，琼炉烬水沉"（《为人题赠二首》其一），到韩偓的"宝香炉上爇，金磬佛前敲"（《永明禅师房》），"笼绣香烟歇，屏山烛焰残"（《懒起》），和"浓烟隔帘香漏泄，斜灯映竹光参差"（《绕廊》），温庭筠的"香兔抱微烟，重鳞叠轻扇"（《猎骑辞》），"香作穗，蜡成泪，还似两人心意"（《更漏子》），以至陆龟蒙的"须是古坛秋霁后，静焚香炷礼寒星"（《华阳巾》），堪称琳琅满目，数不胜数。

大唐王朝到底流行哪些种类的香？一阅唐诗，可知其详。唐诗中谈到的香品，名称众多，其中涉及的成品香和制香用原料有：沉香、鸡舌香、野蜂蜜、察香、龙脑、石叶香和乳香。

先来看沉香。在唐代礼仪大典和私人生活中，沉香是非常重要的香材。如李峤《床》云："桂筵含柏馥，兰席拂沉香。愿奉罗帷夜，长乘秋月光。"李白《杨叛儿》云："博山炉中沉香火，双咽一气凌紫霞。"韩翃《别李明府》云："五侯焦石烹江笋，千户沉香染客衣。"刘禹锡《三阁词》云："沉香帖阁柱，金缕画门楣。"刘复《夏日》云："映日纱窗深且闲，含桃红日石榴殷。银瓶绠转桐花井，沉水烟销金博山。文簟象床娇倚瑟，彩奁铜镜懒拈环。明朝戏去谁相伴，年少相逢狭路间。"许浑《夏日戏题郭别驾东堂》云："微风起画鸾，金翠暗珊珊。晚树垂朱实，春篁露粉竿。散香薪簟滑，沉水越瓶寒。"李珣《定风波》云："沉水香消金鸭冷，愁永，候虫声接杵声长。"李贺诗更是格外偏爱沉香，留待后面专节介绍。

再来看鸡舌香。晋嵇含《南方草木状》卷中谓交趾有蜜香树，其果实即为鸡舌香。鸡舌香即今日之母丁香，果实类香料，与丁香同科，丁香体瘦如丁，母丁香体肥硕。丁香的较为古老的名称就叫作"鸡舌香"，所谓"鸡舌香"是指尚未完全绽开的干燥花蕾的外形来说的，它更近代的名称叫"丁香"。汉文的"丁香"最初用来称呼中国土生的几种紫丁香的花，这个名称是根据这种小花的外形命名的。唐诗中的"丁香"通常是指中国土生的"紫丁香"而言，而不是指进口的丁香。例如杜甫著名的《江头四咏·丁香》："丁香体柔弱，乱结枝犹垫。细叶带浮毛，疏花披素艳。深

栽小斋后，庶近幽人占。晚堕兰麝中，休怀粉身念。"以及钱起不那么著
名的《赋得池上双丁香树》："得地移根远，交柯绕指柔。露香浓结桂，池
影斗蟠虬。黛叶轻筠绿，金花笑菊秋。何如南海外，雨露隔炎洲。"（《全
唐诗》卷二三七）及陆龟蒙《丁香》："江上悠悠人不问，十年云外醉中
身。殷勤解却丁香结，纵放繁枝散诞春。"（《全唐诗》卷六二九）

　　唐朝的鸡舌香是从印度尼西亚进口的。鸡舌香可以用来合成焚香和香
脂。据载，鸡舌香是由雄树的花"酿制"而成的。虽然鸡舌香在唐代烹调
中的应用范围不像后来那样广泛，但是在唐代有一种"浸在丁香中的"精
制的肉片，这种肉片就是放在调入鸡舌香的汤汁中腌制而成。去除口臭是
鸡舌香一种古老的、表示敬重的用途，可以追溯到汉代，郎官在向天子奏
事时，必须在口中含少许鸡舌香。这一习俗延续至唐代。鸡舌香对于饮酒
的人还有另外一种用途，据认为"饮酒者嚼鸡舌香则量广。浸半天，回则
不醉"❶。附列唐诗中咏写鸡舌香或含鸡舌香的诗句如下表：

作者	诗题	诗句
刘商	送人之江东	含香仍佩玉，宜入镜中行。
周彻	尚书郎上直闻春漏	建礼通华省，含香直紫宸。
张少博	尚书郎上直闻春漏	建礼含香处，重城待漏臣。
李贺	酒罢张大彻索赠诗	金门石阁知卿有，豸角鸡香早晚含。
杜甫	七月一日题终明府水楼二首	翛然欲下阴山雪，不去非无汉署香。
杜甫	奉赠萧二十使君	旷绝含香舍，稽留伏枕辰。
杜甫	西阁二首	不道含香贱，其如镊白休。
钱起	夜送员外侍御入朝	含香五夜客，持赋十年兄。
钱起	送陆郎中	粉署含香别，辕门载笔过。
权德舆	太原郑尚书远寄新诗走笔酬赠因代书贺	芬芳鸡舌向南宫，伏奏丹墀迹又同。
杨巨源	同太常尉迟博士阙下待漏	此地含香从白首，冯唐何事怨明时。

❶ 冯贽《云仙杂记》卷三引《酒中玄》，四部丛刊续编景明本。

续表

作者	诗题	诗句
白居易	渭村退居寄礼部崔侍郎翰林钱舍人诗一百韵	对秉鹅毛笔，俱含鸡舌香。
刘禹锡	朗州窦员外见示与澧州元郎中郡斋赠答长句二篇因而继和	新恩共理犬牙地，昨日同含鸡舌香。
元稹	早春寻李校书	梅含鸡舌兼红气，江弄琼花散绿纹。
李商隐	行次昭应县道上送户部李郎中充昭攻讨	暂逐虎牙临故绛，远含鸡舌过新年。
姚合	寄右史李定言	才归龙尾含鸡舌，更立螭头运兔毫。
沈传师	次潭州酬唐侍御姚员外游道林岳麓寺题示	含香珥笔皆眷旧，谦抑自忘台省尊。
王涣	上裴侍郎	青衿七十榜三年，建礼含香次第迁。
鲍溶	秋暮送裴垍员外刺婺州	含香太守心清净，去与神仙日日游。
黄滔	遇罗员外衮	豸角戴时垂素发，鸡香含处隔青天。
和凝	宫词	明庭转制浑无事，朝下空馀鸡舌香。
罗隐	淮南送工部卢员外赴阙	始从豸角曳长裾，又吐鸡香奏玉除。
罗隐	寄礼部郑员外	班资冠鸡舌，人品压龙头。
郎士元	送陆员外赴潮州	含香台上客，剖竹海边州。
郑谷	府中寓止寄赵大谏	老作含香客，贫无僦舍钱。

⊙ 图表 17　唐诗咏鸡舌香

　　再来看龙脑香。古称梅片、龙脑、片脑、羯婆罗香，亦名元兹勒。系龙脑树脂经蒸馏后所得的结晶，产于中国海南、印度、印尼之苏门答腊、加里曼丹及南洋群岛。薛爱华《唐代的外来文明》第十章"香料"中认为，唐朝人对于婆罗洲龙脑香的产地还不太清楚的。究竟是"婆律"？还是"婆利"？这两个地名在汉文译名中几乎是指同一个地方。而《酉阳杂俎》载："龙脑香树，出婆利国（今印尼巴厘岛），婆利呼为固不婆律。亦出波斯国。树高八九丈，大可六七围。叶圆而背白，无花实。其树有肥有瘦，瘦者有婆律膏香，一曰瘦者出龙脑香；肥者出婆律膏也。在木心中，

断其树劈取之，膏于树端流出，斫树作坎而承之。入药用，别有法。"❶陈
藏器《本草拾遗》曰："出波斯国，状似龙脑香，乃树中脂也。味甘平无
毒。"在唐诗中，咏及龙脑香者，戴叔伦《早春曲》云："博山吹云龙脑
香，铜壶滴愁更漏长"，刘禹锡《同乐天和微之深春》云："炉添龙脑炷，
绶结虎头花"，李贺《春怀引》云："宝枕垂云选春梦，钿合碧寒龙脑
冻"，李贺《啁少年》云："青骢马肥金鞍光，龙脑入缕罗衫香"，长孙佐辅《古
宫怨》云："看笼不记熏龙脑，咏扇空曾秃鼠须"，薛能《吴姬十首》其六
云："取次衣裳尽带珠，别添龙脑裹罗襦"，段成式《戏高侍御七首》其四
云："欲熏罗荐嫌龙脑，须为寻求石叶香"，陆龟蒙《奉和袭美夏景无事因
怀章来二上人次韵》云："高杉自欲生龙脑，小弁谁能寄鹿胎"，黄滔《马
嵬二首》其二云："龙脑移香凤辇留，可能千古永悠悠。夜台若使香魂在，
应作烟花出陇头"，花蕊夫人《宫词》云："青锦地衣红绣毯，尽铺龙脑郁
金香"，王贞白《娼楼行》云："龙脑香调水，教人染退红"。

　　还有安息香。波斯与印度同为香料出产大国，但两国香料又不相同，
所以进入中国后，分别称为安息香与印度香等不同种类。安息香是输入中
国的最著名香料之一，李时珍指出："此香辟恶，安息诸邪，故名。或云
安息国名也。梵书谓之拙贝罗香。"❷后一种解释更符合原意，安息香是产
自安息国的香料，《酉阳杂俎》中说："安息香树，出波斯国，波斯呼为辟
邪。树长三丈，皮色黄黑，叶有四角，经寒不凋。二月开花，黄色，花心
微碧，不结实。刻其树皮，其胶如饴，名安息香。六七月坚凝，乃取之。
烧之通神明，辟众恶。"❸四世纪时，以创造奇迹著称的术士佛图澄在祈雨
仪式中使用了"安息香"，这里说的安息香是指返魂树脂。这是在中国最
早提到安息香的记载。五、六世纪时，安息香来自突厥斯坦的佛教诸国，
其中尤其与犍陀罗国关系密切。犍陀罗不仅是佛教教义的主要来源地，也
是香料的主要供给国，而犍陀罗（Gandhra）这个名字，其意译正是"香

---

❶ 段成式《酉阳杂俎》前集卷十八"广动植之三"，方南生点校，中华书局，1981年版，
　　第177页。
❷ 李时珍《本草纲目》卷三十四，文渊阁四库全书本。
❸ 段成式《酉阳杂俎》前集卷十八"广动植之三"，第177页。

⊙图表 18　龙脑香

⊙图表 19　安息香

国"❶。犍陀罗国曾经是安息国版图的一部分，所以用"安息"王朝的名称来命名这种从曾经由安息统治的犍陀罗地区传来的香料，便顺理成章。在唐代以前，安息香是指广泛用作乳香添加剂的芳香树脂，或返魂树胶脂。从九世纪起，同一名称又被用来指称爪哇香，或印度、印度尼西亚小安息香树的一种香树脂。史料中对安息香的记载，有时模棱两可，将西域和南海的香料，都称作安息香，而且二者的用途似乎又是相同的。咸通年间，赵州和尚郝从谂（？—868）《十二时歌》云："尊香不烧安息香，灰里唯闻牛粪气。"❷看来，安息香当时并未列为尊香。

安息香料也包括所谓的苏合香，是流行最广的香料之一。在汉代，苏合香就已经从安息传入中国。这种苏合香是紫赤色的，有人说苏合香就是狮子粪——一种很厉害的药物。它的地位，与没药的地位相当，但是又与没药有所不同。因为没药是外来树脂中最鲜为人知的一种。有人考据，到了唐代，那些以苏合香为名流通的香料，其实来自于南海，是一种用来制作香膏的马来西亚地区的枞胶树的产物。十世纪时，人们为它想出一个富有想象力的名称，称之为"帝膏"。就像其他香料一样，苏合香片也是带在人们身上，通常都是悬挂在腰带上，大历诗人李端在《春游曲二首》诗其一这样写道："游童苏合带，倡女蒲葵扇。"再现了当时的场景。其他写到苏合香者，还有张说《安乐郡主花烛行》云："翠幕兰堂苏合薰，珠帘挂户水波纹"，吴少微《古意》云："北林朝日镜明光，南国微风苏合香"，李白《捣衣篇》云："横垂宝幄同心结，半拂琼筵苏合香"，韦渠牟《步虚词》云："霞衣最芬馥，苏合是灵香"，韩翃《送张渚赴越州》云："白面谁家郎，青骊照地光。桃花开绶色，苏合借衣香"，韩翃《寄赠虢州张参军》云："桃花迎骏马，苏合染轻裘"，白居易《裴常侍以题蔷薇架十八韵见示因广为三十韵以和之》云："胭脂含脸笑，苏合裛衣香"，阎德隐《薛王花烛行》云："金炉半夜起氛氲，翡翠被重苏合熏"。苏合香这种香料的

---

❶ 法国汉学家伯希和认为，安息香其实是一种附名于波斯的产物，实际产地并不在安息。安息统治的犍陀罗地区也不是香料的原产地，只是作为有利可图的香料贸易中的中间人来向中国供给香料。

❷ 见《禅门诸祖师偈颂》卷上之下。

大量使用，使外来文明与中华文明有机结合，在诗中酿就为一种意境隽永的描绘。

诗人陈标的写作风格，带有强烈的"古风"。他在写《秦王卷衣》诗凭吊古秦王宫室时，想到的也是这种香树脂：

> 秦王宫阙霭春烟，珠树琼枝近碧天。御气馨香苏合启，帘光浮动水精悬。霏微罗縠随芳袖，宛转鲛鮹逐宝筵。从此咸阳一回首，暮云愁色已千年。

据唐人张为的《诗人主客图》，陈标是广大教化派白居易的及门弟子之一，后来被视为晚唐两大诗派中张籍一派的代表诗人❶。他的《秦王卷衣》是一首乐府旧题，却用七律诗体，反映了中唐前后乐府与律诗合流、古律之界淡化的趋势。"霭春烟"的霭，本指云雾遮掩，引申为遮掩。"御气馨香苏合启，帘光浮动水精悬"，用汉代才进入中国宫廷的苏合之馨香，来描绘秦王宫阙之壮美，这只能说是诗人专有的千年穿越之妙思。

还有百和香，以多种香料、香药杂和而成，故名。一说用百草之花配成的一种熏香。据说汉武帝曾"焚百和之香"迎西王母。《汉武帝内传》载："至七月七日，乃修除宫掖之内，设坐大殿，以紫罗荐地，燔百和之香，张云锦之帏，然九光之灯。……帝乃盛服立于阶下。"❷唐诗所咏，如沈佺期《七夕曝衣篇》"君不见昔日宜春太液边，披香画阁与天连，灯火灼烁九衢映，香气氛氲百和然"，徐寅《香鸭》"五金池畔质，百和口中烟"，权德舆《古乐府》"绿窗珠箔绣鸳鸯，侍婢先焚百和香"，元稹《人道短》"人能拣得丁沈兰蕙，料理百和香"，罗虬《比红儿诗》"金缕浓薰百和香，脸红眉黛入时妆"。而杜甫《即事》"雷声忽送千峰雨，花气浑

---

❶ [明]杨慎《升庵诗话》卷十一论"晚唐两诗派"："晚唐之诗，分为两派：一派学张籍，则朱庆馀、陈标、任蕃、章孝标、司空图、项斯其人也。一派学贾岛，则李洞、姚合、方干、喻凫、周贺、九僧其人也。其间虽多，不越此二派……二派见《张泊集》序项斯诗，非余之臆说也。"（《历代诗话续编》中册，第851页，参见杨文生《杨慎诗话校笺》第97页）按，二派说昉自《瀛奎律髓》。清贺裳《载酒园诗话》卷一"升庵诗话"条（《清诗话续编》第262—263页）肯定杨慎之说后，又稍作补充。

❷ 据明正统道藏本引，又见《五朝小说大观·魏晋小说》，《太平广记》卷三。

如百和香"，则以百和香比拟春花的香气，后来宋人张元幹《浣溪沙·求年例贡馀香》化用杜诗咏贡香，称："花气薰人百和香，少陵佳句是仙方，空教蜂蝶为花忙。"白居易《石榴树（一作石楠树）》"春芽细炷千灯焰，夏蕊浓焚百和香"，也同样是以"香"喻"花"。至晚清，江南名士、南浔富商周庆云（1864—1933）编有《百和香集》，仿南社诗集，辑录同人唱和诗作，以香字起韵，都为百首，可谓洋洋大观。

再看青木香。岑参《临洮龙兴寺玄上人院，同咏青木香丛》云："移根自远方，种得在僧房。六月花新吐，三春叶已长。抽茎高锡杖，引影到绳床。只为能除疾，倾心向药王。"马兜铃属或姜属植物的根茎，可以产出一种挥发性的油。这种油能够散发出一种异常浓郁的香味，故而在香料中占有重要地位。这种芳香的根茎，叫作"木香"。早在公元初年，木香就因其馥郁的香味见于文献著录，而且已经得到应用。木香最初被认为是克什米尔的出产，但是在唐代，木香是以曹国和狮子国的产品而知名。虽然在克什米尔的"贡物"名单中，没有发现木香，可是，在八世纪初年由克什米尔贡献的"蕃药"中，可能就有木香。文献中记载的木香来源，主要是西域。但是，唐代苏敬《唐本草》论木香则曰："此有二种，当以昆仑来者为佳，西胡来者不善。"姜属植物的根茎，当时在制作焚香和香脂方面所起的作用显然是比较小的。邵楚苌《题马侍中燧木香亭》诗云："春日迟迟木香阁，窈窕佳人褰绣幕。淋漓玉露滴紫蕤，绵蛮黄鸟窥朱萼。横汉碧云歌处断，满地花钿舞时落。树影参差斜入檐，风动玲珑水晶箔。"

此外，唐诗中所谈到的香品名称还有麝香，如王建《宫词》之十六"总把金鞭骑御马，绿鬓红额麝香香"，温庭筠《达摩支曲（杂言）》"捣麝成尘香不灭，拗莲作寸丝难绝"❶。但奇怪的是，地里的瓜最忌讳的就是麝香。《酉阳杂俎》曾记载一场巨大的瓜灾："瓜，恶香，香中尤忌麝。郑注太和初赴职河中，姬妾百馀尽骑，香气数里，逆于人鼻。是岁自京至河中

❶ 曾有人温冠白戴，叶矫然（1614—1711）《龙性堂诗话》初集云："元稹云：'玉碎无瓦声……镜破有半明'，白居易云：'捣麝成尘香不减，拗莲为寸丝难辨'，较李义山'蚕死丝尽，蜡灰泪干'，又进一解。"（《清诗话续编》第983页）按：元稹《思归乐》："金埋无土色，玉坠无瓦声。剑折有寸利，镜破有片明。"

所过路，瓜尽死，一蒂不获。"❶

　　薰陆香，又称乳香。它是从梵文"kunduruka"（frankincense）翻译而来，据说"薰陆香，出大秦，在海边，有大树，枝叶正如古松，生于沙中，盛夏，树胶流出沙上，方采之"❷。皮日休《太湖诗·孤园寺（梁散骑常侍吴猛宅）》诗中写道："小殿熏陆香，古经贝多纸。"❸写游览孤园寺所见，馥郁的乳香，与婆娑的棕榈，使人闻到浓浓的西域气息，仿佛可以身临其境。

　　总之，唐代的香品繁多，香具华美，香事繁复，它们聚合在一起，共同营造出一个香烟袅袅的大唐王国。而以上这些众多丰富多彩的咏香诗作，不仅呈现出帝室之奢华，宗教之情怀，文士之清雅，更可以让我们感受到浓浓的诗歌的氛围和意境。这种诗意和诗境所带来的惬意和愉悦，往往难以通过图像或实物来呈现，只能通过心灵来感受，正如那缥缈而难以捉摸的熏香之烟。这诗，这香，跨越千年，仍未飘散，仍可感知，感知那大唐文明，在强调马上战功的同时，也曾充满香的温馨，与诗的情调。

❶ 段成式《酉阳杂俎》卷十九"广动植类之四"。
❷ [晋] 嵇含《南方草木状》卷中，宋百川学海本。
❸ 陈贻焮主编《增订注释全唐诗》第四册，文化艺术出版社，2001年版，第446页。

⊙图表 20 麝香

一瓶秋水一炉香：白居易笔下的香文化

在后人眼中，白居易与香有着不解之缘。《唐才子传》中的白居易形象是："公好神仙，自制飞云履，焚香振足，如拨烟雾，冉冉生云。"[1]这一形象更早的出处是晚唐五代时《云仙散录》所引《樵人直说》，其中写道："白乐天烧丹于庐山草堂，作飞云履。玄绫为质，四面以素绡作云朵，染以四选香，振履则如烟雾。乐天著示山中道友曰：吾足下生云，计不久上升朱府矣。"[2]

白居易（772—846），字乐天。《礼记·中庸》云："君子居易以俟命。"这是名的来历。《周易·系辞上》云："乐天知命，故不忧。安土敦乎仁，故能爱。"这是字的来历。从字面上看，"乐天"就是乐于顺应天命，"居易"则是安土之意。[3]人如其名，名行相符，相对其他中国一流文人而言，总体上讲，白居易的一生，可算是乐天知命的一生。尽管远非一帆风顺，有时甚至命运多舛，但他"心不择时适，足不择地安；穷通与远

---

[1]《唐才子传》卷六，《唐才子传校笺》，中华书局，1990年版，第3册，第21页。

[2]《云仙散录》，张力伟点校，中华书局，1998年版，第1页。

[3] 二者密切相关，《礼记·哀公问》云："不能安土，不能乐天；不能乐天，不能成其身。"从反方面解释了安土与乐天的关联。郑玄注："不能乐天，不知己过而怨天也。"怨天尤人，怨恨命运，不反思己过，就会责怪别人，非君子之道也。明代王廷相《慎言·作圣篇》云："随所处而安，曰'安土'；随所事而安，曰'乐天'。"再来看《孟子·梁惠王下》："惟仁者为能以大事小，是故汤事葛，文王事昆夷……以大事小者，乐天者也。"与郑玄同时代的经学家赵岐注云："圣人乐行天道，如天无不覆也。"将乐行天道这层意思再引申一步，"乐天"还可以理解为安于处境而无忧虑，也就是陶潜《自祭文》所谓："勤靡馀劳，心有常闲。乐天委分，以至百年。"以上这些典籍均可帮助我们理解"乐天"一词的内涵。

近，一贯无两端"[1]，不计得失，随遇而安，在尽职尽责做好本职工作的同时，勤学精思，笔耕不辍，创作了大量诗歌作品，堪称高产作家。

白居易的创作，各体兼善，取材广泛，加之精励刻苦，文学活动持续时间长，所以作品数量之多，在唐代首屈一指。他的集子是唐代保存最完整的诗文集，在自己整理和编集作品的唐代诗人中，白居易也是最早、最典型的。在去世前一年（会昌五年），白居易作《白氏集后记》，自道"诗笔大小凡三千八百四十首"[2]。其中诗歌2830首[3]。赏读其诗，很少有怀才不遇的怨气，多见对国事的忧患，对百姓的关心，对山川的赞美，对生活的热爱。

唐代大诗人中，诗仙李白享年62岁，诗圣杜甫58岁辞世，文豪韩愈57岁驾鹤，而诗魔白居易享年75岁，这与其乐观豁达的生活态度密切相关。"韩退之多悲诗，三百六十首，哭泣者三十首。白乐天多乐诗，二千八百首，饮酒者九百首。"[4]唐宣宗李忱《吊白居易》所谓"浮云不系名居易，造化无为字乐天"，诚有以也。以奉儒著称之杜甫"一身愁"[5]，

---

[1] 白居易《答崔侍郎、钱舍人书问，因继以诗》，朱金城《白居易集笺校》，上海古籍出版社，1988年版，第389页。元和十二年（817），白居易46岁，任江州司马。

[2] 见那波本《白氏文集》卷七十一。马元调本《白氏长庆集》序卷题作《白氏长庆集后序》，见朱金城《白居易集笺校》第6册外下，第3916页。

[3] 据岑仲勉《论〈白氏长庆集〉源流并评东洋本〈白集〉》（收入《岑仲勉史学论文集》，中华书局，1990年版）统计，诗文共3646首。张金亮《白居易感伤诗论略》据中华书局1979年版《白居易集》统计，存诗词2905首，各类文839篇，共计3744首（篇），见《青海师范大学学报》1993年第1期，第57页。而中华书局总编室编《中华书局图书目录1949—1991》（中华书局，1993年版，第19页）则介绍说，共收诗文3637篇。朱金城《白居易集笺校·前言》称"本书笺校全部《白集》及补遗诗文共三千七百馀篇"，谢思炜《白居易诗集校注·前言》称"白居易存世诗作计二千八百馀首"（中华书局，2006年版），未指明确数，但该书为全部白诗作品统一编号，合计2962首。蹇长春《白居易评传》（南京大学出版社，2002年版，第463页）据《白居易集笺校》逐卷细检，计得诗2916首（含补遗109首），文866首（含补遗24首），诗文总计3782首。据笔者统计，今存白诗为2830首。

[4] [宋]方勺《泊宅编》卷上，许沛藻、杨立扬点校本《泊宅编》，中华书局，1983年版，第70页。

[5] [清]宋俊《柳亭诗话》卷十六，《续修四库全书》影印清康熙天茁园刻本，第1700册，第262页。

在世人心目中天生一副苦瓜脸；李白自云道教徒，号称狂放，然有人独具慧眼称为"道教徒的诗人李白及其痛苦"❶，唯有白居易悠哉悠哉，备享乐天知命之快意。白居易何以乐天知命？不妨从其笔下的香文化这个侧面一探究竟。

一　一炉香：以香入禅的写真

"人言世事何时了，我是人间事了人。"❷唐武宗会昌元年（841），白居易 70 岁那年，百日假满，罢太子少傅，以刑部尚书的名义，结束 49 年的官宦生涯，回到洛阳。无牵无挂的诗人，快意说出上面的诗句。

告老之后，白居易常到香山寺居住，自号香山居士。白居易感慨说"吾今已年七十一，眼昏须白头风眩。……死生无可无不可，达哉达哉白乐天。"❸作为退隐之地，清幽美丽的香山寺，令诗人身心自由舒展，于是生出终老于此的想法。在家里他也是白日持斋夜参禅，香火常亲宴坐时，而且早就习以为常，有时甚至一个月不食荤腥。第二年金秋时节，他开始九月长斋，半榻名花相对，一瓶秋水无尘，坐完道场，觉得心中一片空明宁静。于是，写下一首诗《道场独坐》：

> 整顿衣巾拂净床，一瓶秋水一炉香。不论烦恼先须去，直到菩提亦拟忘。朝谒久停收剑佩，宴游渐罢废壶觞。世间无用残年处，只合逍遥坐道场。❹

这是悟道之境，入禅之境，也是 71 岁老人"从心所欲不逾矩"的境界。末一联，或云："这种心境和'不论烦恼先须去，直到菩提亦拟忘'正是相一致的。后者是直白地阐述佛教义理，前者是形象地描述他的修行生活，多少有一点儿牢骚。"❺还有人解说末两联："这是牢骚，也是推卸责

---

❶ 李长之《道教徒的诗人李白及其痛苦》，天津人民出版社，2008 年版，第 1 页。
❷ 白居易《百日假满少傅官停自喜言怀》，朱金城《白居易集笺校》，第 2442 页。
❸《达哉乐天行》，朱金城《白居易集笺校》，第 2498 页。
❹ 谢思炜《白居易诗集校注》，中华书局，2006 年版，第 2796 页；朱金城《白居易集笺校》，第 2553 页。
❺ 赵晶《浅谈佛教对唐代诗歌的影响》，《大家》2012 年第 6 期。

任的最好托辞：不是我不负责任，是我无用武之地，于是，我只能自我逍遥。"❶ 这两则解说，恐为误读。

　　误读的原因之一，应该是对"只合"一词的理解有偏差。"只合"一词，其实有两种差别极为细微的解释，一种是只应，偏向被动，较为常见，如韦庄《菩萨蛮》词："人人尽说江南好，游人只合江南老。"以白居易诗为例，如"只合殷勤逐杯酒，不须疏索向交亲"❷，"不堪匡圣主，只合事空王"❸，"未堪再举摩霄汉，只合相随觅稻粱"❹，"恐是天仙谪人世，只合人间十三岁"❺，"只合一生眠白屋，何因三度拥朱轮"❻，"只合窗间卧，何由花下来"❼，"只合居岩窟，何因入府门"❽，"只合飘零随草木，谁教凌厉出风尘"❾。另一种是正应，偏向主动，较为罕见，例证较少。如薛能《游嘉州后溪》："当时诸葛成何事？只合终身作卧龙。"潘阆《酒泉子（长忆西湖）》："楼台簇簇疑蓬岛，野人只合其中老。"以白居易诗为例，如"眼前有酒心无苦，只合欢娱不合悲"❿，"徒烦人劝谏，只合自寻思"⓫，"夜长只合愁人觉，秋冷先应瘦客知"⓬，"右军殁后欲何依，只合随鸡逐鸭飞"⓭。《道场独坐》末联"只合"也是"正应该"之意。

　　误读的原因之二，应该是对白居易此诗写作时间、心态和背景尚不了了。如果此诗是白居易年轻甚或是中年所作，这种牢骚尚有可能，但对于

---

❶ 鲍鹏山《白居易与〈逍遥游〉》，《浙江社会科学》2013 年第 9 期。
❷《曲江醉后赠诸亲故》，朱金城《白居易集笺校》，第 902 页。
❸《郡斋暇日忆庐山草堂兼寄二林僧社三十韵多叙贬官已来出处之意》，朱金城《白居易集笺校》，第 1151 页。
❹《病中对病鹤》，朱金城《白居易集笺校》，第 1339 页。
❺《简简吟》，朱金城《白居易集笺校》，第 698 页。
❻《自咏》，朱金城《白居易集笺校》，第 1622 页。
❼《马坠强出赠同座》，朱金城《白居易集笺校》，第 1658 页。
❽《岁暮言怀》，朱金城《白居易集笺校》，第 1984 页。
❾《诗酒琴人例多薄命予酷好三事雅当此科而所得已多为幸斯甚偶成狂咏聊写愧怀》，朱金城《白居易集笺校》，第 2178 页。
❿《对镜吟》，朱金城《白居易集笺校》，第 1454 页。
⓫《诏授同州刺史病不赴任因咏所怀》，朱金城《白居易集笺校》，第 2227 页。
⓬《酬思黯相公晚夏雨后感秋见赠》，朱金城《白居易集笺校》，第 2354 页。
⓭《池鹤八绝句·鹤答鹅》，朱金城《白居易集笺校》，第 2532 页。

"栖心释梵，浪迹老庄"❶的香山居士而言，对于"外以儒行修其身，中以
释教治其心，旁以山水风月、歌诗琴酒乐其志"❷的醉吟先生而言，对于
主动辞官罢任的白太傅而言，对于71岁的老人而言，在洛阳发这种牢骚
完全无谓。尤其是放在道场独坐之后的语境中，用"推卸责任"这样的话
语来解说"逍遥"之意，既不符合白居易彼时的心态，也不大符合白诗的
原意。白诗的原意，实为顺势之"逍遥"，而并非抱怨，或牢骚。"世间
无用残年处"，亦非吐槽，只是客观情态的描述而已。诗语的理解，不能
仅据字面，还须置于诗歌的具体语境中，才能把握其准确涵义。

细绎其诗脉，可领会白诗本意。诗首先描写坐禅修道前，清心静虑的
身心准备。净床，也称禅床，或禅榻、僧榻。本是僧人坐禅之床，起于南
朝，后来居士文人亦用于静坐养生。老人整顿衣巾，轻轻拂拭净床，净床
边，是一瓶秋水一炉香。自古以来，养生家修炼内功，多习静以求养生。
静坐之时，精神内导，戒除心动，"修外以及内，静养和与真"❸。若只图其
表，形虽静而强抑其感，则妄动更甚。或形虽静而心神骛驰，意念游荡，
亦更足为害。心怀求生畏死之心，虽行习静，而心神不能内敛，同样徒然
无益。养生家所尚，乃习静之时，心清神悦，神明自安，阴气内守，排除
妄念，不求静而自静。静坐到觉悟之境，忘却一切烦恼。达到"水月相
忘"之境：不仅忘却烦恼，亦忘却菩提。诗中所云"不论烦恼先须去，直
到菩提亦拟忘"，典出《仁王护国般若波罗蜜多经》卷上："菩萨未成佛时
以菩提为烦恼，菩萨成佛时以烦恼为菩提。何以故？于第一义而无二故，
诸佛如来与一切法悉皆如故。"敦煌本《坛经》亦云："善知识，即烦恼是
菩提，前念迷即凡，后念悟即佛。"即佛即道，道场逍遥，庄禅合一，诗
香缥缈，在一片诗香缥缈中，秋水澄空，云烟浩浩。这里，"一瓶秋水一
炉香"，是白居易笔下蕴含丰富的香文化的最佳写照。后来，唐昭宗光化
间（898—900），一位擅长书法的诗僧亚栖，径袭此句，作为其《题英禅

❶《病中诗十五首序》，朱金城《白居易集笺校》，第2386页。
❷《醉吟先生墓志铭》，朱金城《白居易集笺校》，第3816页；谢思炜《白居易文集校注》，第2031页。
❸ 白居易《续座右铭》，朱金城《白居易集笺校》，第2625页。

师》的结尾，诗云："将知德行异寻常，每见持经在道场。欲识用心精洁处，一瓶秋水一炉香。"❶这样的称许，完全可以移用在白居易身上。值得注意的是，这位存诗仅两首的诗僧，是洛阳人。

"一炉香"，其实早已是白居易的钟爱意象。元和十四年（819），48岁，在忠州，任忠州刺史时，他说："闲吟四句偈，静对一炉香。"❷大和二年（828），57岁，在长安，任刑部侍郎时，他说："虚窗两丛竹，静室一炉香。"❸大和三年（829），58岁，在洛阳，任太子宾客分司，他又说："寂然无他念，但对一炉香。"❹后代咏香诗中，"一炉香"更频频出现，有位清代丹棱（今属四川）诗人李承煮，干脆将自己的书斋称为一炉香室，寓清静闲适之旨，并将自己的诗集称为《一炉香室诗存》。❺

作为白居易的钟爱意象，"一炉香"也是他以香入禅的最佳写真，"一瓶秋水一炉香"，则是他以诗入香的最佳象征。香、禅、诗，三位一体，在白居易身上得以完美融合。所以，在一品白居易笔下的香馥之前，有必要先了解他与佛禅之因缘。人知王维乃诗佛，其实白居易亦堪称诗佛。他不仅是史上著名的以诗悟禅的大诗人，也不仅是以禅入诗的"身不出家心出家"❻的佛门弟子，甚至还是各种佛史典籍津津乐道的、进入传灯谱系的佛门弟子。与他交往的南禅宗高僧，包括法凝、神照、清闲，及马祖的弟子惟宽、智常、神凑、如满，很多都是亦师亦友。其《醉吟先生传》特别强调"与嵩山僧如满为空门友"，他晚年居住洛阳十七年，"与香山僧

❶收入宋洪迈《万首唐人绝句》卷七十三，明嘉靖刻本。

❷《郡斋暇日忆庐山草堂兼寄二林僧社三十韵多叙贬官已来出处之意》，朱金城《白居易集笺校》，第1151页。四句偈，北本《大般涅槃经》卷十四载：世尊于过去之世作婆罗门修菩萨行，住于雪山，尔时大梵天王释提桓因自变其身，作罗刹像，形甚可畏，宣过去佛所说半偈："诸行无常，是生灭法。"婆罗门闻是半偈，心生欢喜，愿闻是偈竟，当以身奉施供养，罗刹为说其馀半偈："生灭灭已，寂灭为乐。"白居易元和五年（810）所作《重酬钱员外》"雪中重寄雪山偈，问答殷勤四句中。本立空名缘破妄，若能无妄亦无空"，亦写此事。

❸《北窗闲坐》，朱金城《白居易集笺校》，第1763页。

❹《偶作二首》其二，朱金城《白居易集笺校》，第1499页。

❺李承煮，字存希，其《一炉香室诗存》一卷，有民国十年海盐谈氏排印武原先哲遗书初编本。

❻《早服云母散》，朱金城《白居易集笺校》，第261页。

如满结香火社，每肩舆往来，白衣鸠杖，自称香山居士"❶。他临终前，遗命家人把他葬于香山如满师塔之侧。《太平广记》卷四八引《逸史》记载，浙东观察使李师稷告知白居易，说有一商客，遭风飘荡，至一大山，瑞云奇花，白鹤异树，后被引至宫内游观，玉台翠树，光彩夺目，又至一院，扃锁甚严，"众花满庭，堂有裀褥，焚香阶下"，并说"此是白乐天院，乐天在中国未来耳"❷。白居易于是写下《客有说》一诗："近有人从海上回，海山深处见楼台。中有仙龛虚一室，多传此待乐天来。"❸这些记载，有诗有文，或远或近，有虚有实，或浅或深，但足可见白居易与佛门之因缘。

二　文殊赞：迷路心回因向佛

写下《道场独坐》一诗的前一年，白居易自称"迷路心回因向佛"❹，这句诗成为一部以向佛学佛为线索的白居易传记的正标题❺。司空图说白香山"晚将心地著禅魔"❻，不免夸张；《旧唐书·白居易传》讲，"居易儒学之外，尤通释典"，确如其言。不过，与此前其他崇佛文人不同，白居易接受佛教的影响，已经从单纯的理论兴趣，转向直接的人生问题，根据佛教思想来检讨和引导自己的人生意识，同时熟练地将佛教思想与其他思想协调起来，使之自然地融入生活中。他的佛教信仰具有调和性与实践性。

对白居易影响最大的佛教宗派，是南宗禅之洪州宗。南宗禅肇源于少林寺天竺僧菩提达摩，创立于唐慧能（638—713）、神会（684—758）。禅的基本观念，是明心见性，把对于佛性、净土等外在追求转变为自性修养功夫；把对"他力救济"的信仰转变为自心觉悟的努力。慧能、神会以

❶《旧唐书》卷一六六《白居易传》，中华书局本，第4356页。

❷[宋]李昉等编《太平广记》卷四八，中华书局，1961年版，第299页。

❸朱金城《白居易集笺校》，第2538页。

❹《刑部尚书致仕》，朱金城《白居易集笺校》第2546页。

❺迷路心回因向佛——白居易与佛禅》，张弘（普慧）著，河南人民出版社，2001年9月第1版；2002年3月第2次印刷，收入方立天主编"名人与佛禅"丛书。

❻司空图《修史亭三首》其二："不似香山白居士，晚将心地著禅魔"，见《全唐诗》增订本卷六三四，第7328页。

"无念""顿悟"为理论支柱，肯定心性的绝对性、无限性，重视在感性中求超越，摒弃繁琐的清规戒律，倡导自我解脱即能顿悟成佛，即心是佛，不假外求，内外不住，来去自由，能除执心，通达无碍。倡言安心顿悟，被称为心宗。心宗适合以进士出身为主，有着自由浮华习性的唐代士大夫群体的口味，与白居易的中隐思想、学佛倾向正相契合。

洪州宗开创者是中唐的马祖道一（709—788），他在洪州（治所在今江西南昌）创立此派禅法，故名洪州宗。他提出"平常心是道"，把"清净心"和"平常心"打通，把超越的佛性与平凡的人性打通，给发扬人的"自性"开辟出广阔门径，肯定佛道即在人生日用之中，穿衣吃饭，扬眉瞬目，"触类是道而任心"，是对慧能禅的重大发展❶。道一弟子百丈怀海后，此宗势力日益强大，与荷泽宗、牛头宗形成鼎足。一面运用如来藏学说，一面显示根本空义。在此基础上，建立起更为直捷的成佛学说，更为简易的禅法实践。在洪州宗看来，真正的自觉自由即在心灵放松时的自然心态中，就像凡夫日常所行所为，处处都是禅意❷。

白居易自由适意的生活方式，正符合洪州宗的心要❸。大和八年（834），白居易有《读禅经》诗："须知诸相皆非相，若住无馀却有馀。言下忘言一时了，梦中说梦两重虚。空花岂得兼求果？阳焰如何更觅鱼？摄动是禅禅是动，不禅不动即如如。"❹宗密《禅源诸诠集都序》卷二引《金刚三昧经》云："禅即是动，不动不禅，是无生禅。"《法句经》云："若学诸三昧，是动非坐禅，心随境界流，云何名为定。"这两句讲到两种禅法：所谓"摄动"，即是指看心、净心的旧禅法、北宗禅；"禅是动"，则是指"无动无静""不修不坐"的南宗禅。白居易显然是要将二者打通、

---

❶ 参见苏树华《洪州禅》，宗教文化出版社，2005 年 7 月。

❷ 参见葛兆光《中国禅思想史：从 6 世纪到 9 世纪》，北京大学出版社，1995 年版，第 338 页。

❸ 参见孙昌武《禅思与诗情》之"白居易与禅"，中华书局，1997 年版，第 178—209 页；贾晋华《唐代集会总集与诗人群研究》之"白居易'中隐'说的提出及其与洪州禅的关系"，北京大学出版社，2001 年版，第 108—129 页。

❹《读禅经》，朱金城《白居易集笺校》，第 2173 页。

融会在一起，达到"不禅不动"之"无生禅"❶。"不禅不动即如如"，最得洪州宗之真髓。

透过白居易与法凝、神照、清闲、惟宽、智常、神凑、如满等高僧亦师亦友的交往，透过香山寺对白居易的意义，可见他与南宗禅的特殊关系。白居易进士及第后回洛阳，见到圣善寺法凝禅师，曾求教心要。白居易《八渐偈并序》讲道："唐贞元十九年秋八月，有大师曰凝公，迁化于东都圣善寺钵塔院。越明年二月，有东来客，白居易作《八渐偈》。偈六句四言以赞之。初，居易尝求心要于师，师赐我八言焉。曰观，曰觉，曰定，曰慧，曰明，曰通，曰济，曰舍。由是入于耳，贯于心，达于性，于兹三四年矣。"❷《五灯会元》记，元和四年（809），宪宗诏惟宽禅师至阙下，侍郎白居易曾向他问法❸。《宋高僧传》载："白乐天为宫赞时遇宽，四诣法堂，每来垂一问，宽答如流，白君以师事之。"❹

透过其诗作，可以勾勒白居易的学禅心迹。元和六年（811）在下邽时，白居易有《送兄弟回雪夜》，诗先描写、渲染兄弟离别后的寂寞，末四句曰："回念入坐忘，转忧作禅悦。平生洗心法，正为今宵设。"❺表达离愁难耐，唯有借禅悦，才能忘掉忧愁。元和十年（815），任太子左赞善大夫时，有《赠杓直》诗，"近岁将心地，回向南宗禅"❻，南宗禅成为他"安稳日高眠"❼的法宝。元和十一年（816），白居易《答户部崔侍郎书》回忆："顷与阁下在禁中日，每视草之暇，匡床接枕，言不及他。常以南

---

❶ 谢思炜《白居易集综论》（下编），中国社会科学出版社，1997年版，第288页。

❷《八渐偈并序》，朱金城《白居易集笺校》卷三九，第2641页。

❸ [宋]普济《五灯会元》卷三"兴善惟宽禅师"，中华书局本，第166页。白居易问："何以修心？"师云："心本无损伤，云何要修理。无论垢与净，一切念勿起。"又问："垢即不可念，净无念可乎？"师曰："如人眼睛上，一物不可住。金屑虽珍宝，在眼亦为病。"又问："无修无念又何异凡夫耶？"师曰："凡夫无明，二乘执着。离此二病，是曰真修。真修者，不得勤，不得忘。勤即近执着，忘即落无明。此为心要云尔！"人的本心是澄明的，由于杂生垢念而迷失。通过开悟找回了本心，即依佛法而行。然而佛法在哪里呢？惟宽之意是说即使好的念头也不生，心即空，空是最高的境界。

❹ [宋]赞宁《宋高僧传》卷十"唐京兆兴善寺惟宽传"，中华书局本，第228页。

❺ 朱金城《白居易集笺校》，第519页。

❻ 朱金城《白居易集笺校》，第353页。

❼ 白居易《赠杓直》，朱金城《白居易集笺校》，第352页。

宗心要互相诱导。别来闲独，随分增修。比于曩时，亦似有得。得中无得，无可寄言。"❶ 看来，早在元和二年（807），白居易就已经开始学习南宗心要，相互切磋的道友，是和他同时入充翰林学士的崔群。

佛教的兴盛，对香道文化在唐代走向完备有重要的推动。这一点，在白居易身上有形象的体现。举例以说明，开成五年（840），白居易命工画弥勒佛像及西方世界，焚香礼拜。在《画西方帧记》中，白居易发愿说：

> 弟子居易，焚香稽首，跪于佛前，起慈悲心，发弘誓愿。愿此功德回施一切众生，一切众生有如我老者，如我病者，愿皆离苦得乐，断恶修善。❷

同一年，在《画弥勒上生帧记》中，白居易又说：

> 乐天归三宝，持十斋，受八戒者，有年岁矣。常日日焚香佛前，稽首发愿，愿当来世与一切众生同弥勒上生，随慈氏下降，生生劫劫与慈氏俱。❸

在这里，焚香佛前，稽首发愿，使得焚香与白居易的佛教信仰产生联系。这种联系，其实并非一种仪式化的联系，更不是一种点缀，而是香道与禅意的自然融会。

1496 年，日本长惠（1458—1524）编《鱼山私钞》中，收录有一篇作品，题为"文殊"，题下注"清凉山赞"，赞云：

> 文殊菩萨，出化清凉，神通力以（一作"应"）现他方。真（一作"身"）座金毛师子，微放珠光。众生仰，持宝盖，绝名香。
>
> 我今发愿，虔诚归命，不求富贵，不恋荣华。愿当来世，生（一作无"世""生"二字，下同）净土，法王家。愿当来世，生净土，

---

❶ 朱金城《白居易集笺校》，第 2806 页。
❷《画西方帧记》，谢思炜《白居易文集校注》，第 2008 页。
❸《画弥勒上生帧记》，谢思炜《白居易文集校注》，第 2011 页。

法王家。❶

这篇赞，前后换韵，可视为上下两片的曲子词。其下长惠注释曰，《决疑抄》中云："问云：普通《文殊赞》谁人作乎？"答："白居易作也。"（云云）难云："诸赞梵汉，大都经辄出，何此《文殊赞》独凡人作乎？如何？"答："此赞考旧记，玄宗皇帝御宇，天宝元年，文殊五台山出现。其后代宗御宇，大历六年，白居易出生，在世七十四岁之间，贵文殊出现，白居易作此赞，赞文殊也。"在京洛大原实光院流传的《音曲相承次第》中，收录有《文殊赞》，断为白居易之作❷。于是，任半塘先生便将这偈赞之作，归入白居易集外之佚作，并题为白居易《行香子·清凉山文殊赞》❸。任先生云，变文中有一调，原调名佚，拟名为《无牵绊》，其上片七句："四、五、五五、三三四"，四仄韵；下片七句："五五、六五、三三三"，三仄韵。实则上片结拍也是"三三三"格，不过多衬了一字罢了。故其调的特征在上下片均以三个三字句作结。唐调中《行香子》亦然。《行香子》早见于唐曲子中，今尚传白居易作，传本在日本。在白氏诗题中，也曾提到他公馀"行香"的话。后片结拍也是三言三句，"愿"是衬字❹。

---

❶ 注"一作"者，为《鱼山声明古调》本之异文。《鱼山私钞》三卷，署长惠书注，真源再校，经师八左卫门，日本宽保三年（1743年）。又收入佛陀教育基金会《大正新修大藏经》第八十四卷续·经号2713，诸宗部十五悉昙部全，大正一切经刊行会，1934年版，第837页。

❷ 见［日］波多野太郎撰，佟金铭译《任半塘教授最近的科学研究工作——校勘〈行路难〉〈敦煌歌词集〉等》，《扬州师院学报》（社会科学版）1982年第3—4期，又收入陈文和、邓杰编《从二北到半塘：文史学家任中敏》，南京大学出版社，2000年版。

❸ 任半塘、王昆吾《隋唐五代燕乐杂言歌辞集》正编卷五，成都：巴蜀书社，1990年版，第331页，题为白居易《行香子·清凉山文殊赞》，注谓"录自日本长惠编《鱼山私钞》"。陈尚君《全唐诗补编》（中华书局，1992年版，第1082页）亦题为白居易《行香子·清凉山文殊赞》，而出处误作《鱼山诗钞》。参见黄钧、龙华、张铁燕等校《全唐诗》第5册，岳麓书社，1998年版，第16页；王昆吾、何剑平编著《汉文佛经中的音乐史料》，巴蜀书社，2002年版，第843页；王小盾、何剑平、周广荣、王皓《汉文佛经音乐史料类编》，凤凰出版社，2014年版，第772页；任半塘编著《敦煌歌辞总编》上册，上海古籍出版社，2006年版，第546页。

❹ 任半塘《〈双恩记〉变文简介》，《扬州师院学报》（社会科学版）1980年第2期。又见于其《唐艺研究》，樊昕、王立增辑校，凤凰出版社，2013年版，第245页。

　　但有学者则认为，《鱼山私钞》，原文仅题"文殊"，题下原注有"清凉山赞"云云，并无《行香子》调名。此调名实为后人所加，而未出校记说明，易使读者误以为原文即有此调。又此首并非曲子词，乃佛家所唱之偈文，其字句格律与宋人《行香子》词调完全不同。此赞是否白居易作，也有疑问，《鱼山私钞》所附考订即说"若白乐天作"，"时代前后不符合"，"时代相违"，《鱼山私钞》的编者也怀疑此篇非白居易所作。❶

　　不过，对比宋人张先《行香子》词："舞雪歌云。闲淡妆匀。蓝溪水、深染轻裙。酒香醺脸，粉色生春。更巧谈话，美情性，好精神。　　　江空无畔，凌波何处，月桥边、青柳朱门。断钟残角，又送黄昏。奈心中事，眼中泪，意中人。"《清凉山文殊赞》实际上与之颇为相近，因此恐尚未能完全否定任半塘先生之判断。据此否定白居易所作，也难以为据。因此这首作品，尚难确证，只能存疑。佛教僧徒其实经常用曲子词这一形式来赞颂佛法僧，客观上也为枯燥的佛教仪式注入了时尚新鲜的血液，贴近了世俗生活，由此而吸引大量平民的参与，最终导致信徒队伍的扩大。在这一点上，过分纠结于曲子词与佛家偈赞之分别，似有违于其发展情态。耐人寻味的是，白居易去世后不久即被尊为文殊菩萨的化身。日本平安时代《政事要略》中的《白居易传》文末写道："或曰：古则宝历菩萨下他世间号伏羲，吉祥菩萨为女娲。中叶则摩诃迦叶为老子，儒童菩萨为孔丘。今时文殊师利菩萨为乐天。"❷《政事要略》最终成书于公元 1008 年，考虑到这篇传记传入日本所要的时间，基本上可以推知其大致编成于唐末五代时期❸。

　　三　焚香诗：温静如水的情怀

　　白居易咏香之作，有时还与养生静坐之法结合在一处。如《味道》一诗，写到焚香冥坐，静中修道参禅，诗云：

❶ 曾昭岷、曹济平、王兆鹏、刘尊明编《全唐五代词》，中华书局，1999 年版，第 1004 页；王兆鹏《词学史料学》，中华书局，2004 年版，第 390 页。

❷《增补新订国史大系》第 28 卷《政事要略》卷六一，国史大系刊行会，1935 年版。

❸ 参见陈翀《慧萼东传〈白氏文集〉及普陀洛迦开山考》，《浙江大学学报》2010 年第 5 期。

叩齿晨兴秋院静，焚香冥坐晚窗深。七篇真诰论仙事，一卷坛经说佛心。此日尽知前境妄，多生曾被外尘侵。自嫌习性犹残处，爱咏闲诗好听琴。❶

诗作于长庆四年（824），白居易时年53岁，在洛阳任太子左庶子分司。冥坐，一作"宴坐"，亦可；坛经，或作"檀经"，则大误。诗中提到的这两部书，一部是《真诰》，南朝梁陶弘景所撰，是一部道教洞玄部经书，共十卷，记载的是传道、修道养生之术。因为都是真人口授之诰，故以为名。《坛经》，则是佛教禅宗典籍，指《六祖坛经》❷。神会荷泽系以《坛经》传宗，白居易恰好与其传人神照有过交往，所以对《坛经》颇为熟悉。这两部书，显然是两个不同的宗教教派，综合在白居易的一首诗中。从中可以看出，佛禅和老庄，对于白居易来说，在安顿心性和人生实践上是一致的。而这种一致，正如白居易自道："栖心释梵，浪迹老庄"❸，与前面《道场独坐》一诗中兼容"菩提"与"逍遥"，一脉相承。白居易《重修香山寺毕题二十二韵以纪之》又说："先宜知止足，次要悟浮休"❹，《老子》第四十四章曰："知足不辱，知止不殆，可以长久。"❺浮休，谓人生短暂或世情无常，典出《庄子·刻意》"其生若浮，其死若休"❻。白居易《永崇里观居》诗亦云："何必待衰老，然后悟浮休。"❼悟透生死，这是老庄的思

---

❶ 朱金城《白居易集笺校》，第1577页。

❷ 敦煌石室遗书题《南宗顿教最上大乘摩诃般若波罗蜜经六祖惠能大师于韶州大梵寺施法坛经》，传世有元宗宝编《六祖大师法宝坛经》。韦处厚《大义禅师碑铭》云："洛者曰（神）会，得总持之印，独曜莹珠，习徒迷真，橘枳变体，竟成《坛经》传宗。"（《全唐文》卷七〇五）

❸ 白居易《病中诗十五首序》，朱金城《白居易集笺校》，第2386页。

❹ 朱金城《白居易集笺校》卷三一，第2123页。大和六年（832），白居易61岁，在洛阳，时任河南尹，《白居易集笺校》误作太子宾客分司。

❺ 陈鼓应《老子注译及评介》，中华书局，1984年版，第239页。

❻ [清]郭庆藩《庄子集释》卷六上，王孝鱼点校，中华书局，1961年版，第539页。唐成玄英疏："夫圣人动静无心，死生一贯。故其生也，如浮沤之蹔起，变化俄然；其死也，若疲劳休息，曾无系恋也。"明人田艺蘅《春雨逸响》云："人固不可轻于生死而忽之；知其为寄归浮休，则人亦不可重于生死而惑之。"

❼ 朱金城《白居易集笺校》，第272页。

想。既要学南禅宗，又要入共同追求西方极乐世界的香火社，这是佛教的
途径。二者同样被当做乐天安命的人生慰藉❶。这种庄禅合一的态度，屡
见于白居易诗，如《拜表回闲游》"达磨传心令息念，玄元留语遣同尘。
八关净戒斋销日，一曲狂歌醉送春。酒肆法堂方丈室，其间岂是两般身"，
《齿落辞》"物无细大，功成者去。君何嗟嗟？独不闻诸道经：我身非我有
也，盖天地之委形。君何嗟嗟？又不闻诸佛说：是身如浮云，须臾变灭"，
《赠张处士山人》"世说三生如不谬，共疑巢许是前身"，《戏酬皇甫十再
劝酒》"净名居士眠方丈，玄晏先生酿老春"。这些诗句，表明佛老庄禅
思想在白居易，业已水乳交融。而这又正与当时盛行的南宗禅洪州宗"平
常心是道"的理论相契合。因此，白居易亦佛亦禅、看似纷杂的思想，也
体现着当时禅宗发展方向——洪州禅的潮流。

与之类似，白居易融入禅意的咏香之诗，还有《冬日早起闲咏》：

> 水塘耀初旭，风竹飘馀霞。幽境虽目前，不因闲不见。晨起对炉
> 香，道经寻两卷。晚坐拂琴尘，秋思弹一遍。此外更无事，开樽时自
> 劝。何必东风来，一杯春上面。❷

诗作于大和七年（833），白居易62岁，在洛阳任太子宾客分司。水塘，
一作冰塘，更切诗题中"冬日"二字。诗中的"秋思"，并非秋日寂寞凄
凉的思绪，而是一首琴曲之名，此曲乃蜀客姜发授与白居易。早晨睡梦初
醒时，焚一炉好香，可以清心醒梦。同样咏晨起焚香之作，白居易还有
《晨兴》：

> 宿鸟动前林，晨光上东屋。铜炉添早香，纱笼灭残烛。头醒风
> 稍愈，眼饱睡初足。起坐兀无思，叩齿三十六。何以解宿斋，一杯云
> 母粥。

那么，晚上呢？《冬日早起闲咏》后半部分所云，可以开樽自饮一
杯，可以拂去琴尘，再弹一遍《秋思》之曲，那么除此之外，香在夜晚又

---

❶ 参阅罗联添《白居易与佛、道关系重探》，《唐代文学论集》下册，学生书局，1989年版。
❷ 朱金城《白居易集笺校》，第2016页。

有何用场呢？那夜色中的一片名香，更堪与月熏魄。来看白居易的《晚起闲行》一诗：

> 皤然一老子，拥裘仍隐几。坐稳夜忘眠，卧安朝不起。起来无可作，闭目时叩齿。静对铜炉香，暖漱银瓶水。午斋何俭洁，饼与蔬而已。西寺讲楞伽，闲行一随喜。❶

在行住坐卧的叙写中，在日常生活的点点滴滴里，一位闲适自在的老年诗人形象，徐然伫立。白居易诗，备受历代老年退休干部的喜爱，其中有一个原因，就是它可以作为诗化的养生大全来欣赏，并参考。在这样的背景之下，进入白居易的书斋，再在那片夜色中，来品味"静对铜炉香"的意境，才能加深理解诗人温静如水的情怀。

白居易对香文化的热爱，除了与南宗禅洪州宗"平常心是道"相契之外，还深受前辈韦应物的影响。韦应物（735—790），长安（今陕西西安）人。出于韦氏大族，以三卫郎为玄宗近侍，出入宫闱，扈从游幸。后立志读书，先后为洛阳丞、京兆府功曹参军、鄠县令、比部员外郎、滁州和江州刺史、左司郎中、苏州刺史。贞元七年退职。世称韦江州、韦左司或韦苏州。韦诗各体俱长，诗风恬淡高远，善写景和隐逸，七言歌行音调流美，"才丽之外，颇近兴讽"（白居易《与元九书》）。今传《韦苏州集》十卷，文一篇。白居易对韦应物的向往和钦仰，始于年青时期，他在《吴郡诗石记》中回忆说：

> 贞元初，韦应物为苏州牧，房孺复为杭州牧，皆豪人也。韦嗜诗，房嗜酒，每与宾友一醉一咏，其风流雅韵，多播于吴中，或目韦房为诗酒仙，时予始年十四五，旅二郡，以幼贱不得与游宴，尤觉其才调高而郡守尊，以当时心，言异日苏、杭苟获一郡足矣。及今自中书舍人间领二州，去年脱杭印，今年佩苏印，既醉于彼，又吟于此，醑歌狂什，亦往往在人口中，则苏、杭之风景，韦、房之诗酒，兼有之矣。岂始愿及此哉！然二郡之物状人情，与曩时不异，前后相去

---

❶ 朱金城《白居易集笺校》卷三六，第 2489 页。

三十七年，江山是而齿发非，又可嗟矣！韦在此州，歌诗甚多，有
《郡宴》诗云："兵卫森画戟，燕寝凝清香。"最为警策。今刻此篇于
石，传贻将来，因以予旬宴一章，亦附于后，虽雅俗不类，各咏一时
之志，偶书石背，且偿其初心焉。宝历元年七月二十日，苏州刺史白
居易题。❶

由文中始羡郡守之尊，终服左司之句，可见白居易对一代诗人韦应物
文采风流之钦羡；即使 37 年后写来，初心未忘，记忆犹新。不过文中所
言"年十四五"略有不合。据白居易行年，贞元四年（788）随父季庚官
衢州，盖于其时经苏、杭，时年白居易已 17 岁。韦应物亦于此年出刺苏
州，且与此文称"前后相去三十七年"相合。文中所言"旬宴一章"，即
白居易《郡斋旬假命宴呈座客示郡寮》；《郡宴》诗，则指韦应物《郡斋雨
中与诸文士燕集》，此诗云：

> 兵卫森画戟，宴寝凝清香。海上风雨至，逍遥池阁凉。烦疴近
> 消散，嘉宾复满堂。自惭居处崇，未睹斯民康。理会是非遣，性达形
> 迹忘。鲜肥属时禁，蔬果幸见尝。俯饮一杯酒，仰聆金玉章。神欢体
> 自轻，意欲凌风翔。吴中盛文史，群彦今汪洋。方知大藩地，岂曰财
> 赋强。

葛立方《韵语阳秋》卷四："唐朝人士，以诗名者甚众，往往因一篇
之善，一句之工，名公先达为之游谈延誉，遂至声闻四驰。……'兵卫森
画戟，宴寝凝清香'，韦应物以是得名。"❷白居易元和七年（812）闲居下
邽时，有《自吟拙什因有所怀》，诗云："诗成淡无味，多被众人嗤。上怪
落声韵，下嫌拙言词。时时自吟咏，吟罢有所思。苏州及彭泽，与我不
同时。此外复谁爱，唯有元微之。"表达对韦应物诗的喜爱之情。元和十
年（815）白居易被贬官江州，作《与元九书》，以政治教化观论诗，对
本朝诗人少所许可，而对韦应物仍盛加赞誉："近岁韦苏州歌行，才丽之

---

❶ 朱金城《白居易集笺校》卷六八，第 6 册，第 3663 页。
❷《历代诗话》，第 516 页。

外，颇近兴讽。其五言诗又高雅闲淡，自成一家之体。今之秉笔者，谁能及之！"不仅称扬韦应物的歌行，而且赞赏其五言诗，正如苏轼《和孔周翰二绝·观净观堂效韦苏州诗》所云："乐天长短三千首，却爱韦郎五字诗。"[1]几乎是全面肯定了，可见爱重之深，历年不改，体会至深，近乎偏好矣。在江州，白居易追思韦应物江州刺史遗踪，又有《题浔阳楼》诗曰："常爱陶彭泽，文思何高玄。又怪韦江州，诗情亦清闲。"韦应物诗高雅闲淡，不仅表现于隐逸情趣中，也常表现于对日常生活平铺直叙式的描述中，白居易于兹深受影响[2]。韦应物诗中描写焚香之作，除上云《郡斋雨中与诸文士燕集》著名的"兵卫森画戟，宴寝凝清香"之句，还有：

> 清夜降真侣，焚香满空虚。（《寄黄、刘二尊师》）
> 鸣钟惊岩壑，焚香满空虚。（《寄皎然上人》）
> 华灯发新焰，轻烟浮夕香。（《夜直省中》）
> 盥漱忻景清，焚香澄神虑。（《晓坐西斋》）
> 香炉宿火灭，兰灯宵影微。（《郡斋卧疾绝句》）
> 结茅种杏在云端，扫雪焚香宿石坛。（《寄黄尊师》）

[1]《苏文忠公全集》卷八，孔凡礼点校本《苏轼诗集》第三册，第 753 页。

[2] 参见陈珏人（陈友琴）《韦应物和白居易》，《光明日报》1959 年 3 月 15 日 "文学遗产" 251 期；收入作者著《温故集》，中华书局上海编辑所，1959 年 7 月；赤井益久《韦应物与白乐天——以讽喻诗为中心》（韋応物と白楽天——諷諭詩を中心として），《国学院杂志》（国学院大学出版部）81：5，1980 年 5 月，第 18—35 页；赤井益久《先行文学与白居易——以韦应物为中心》，收入太田次男等（编）《白居易研究讲座》第二卷 "白居易的文学与人生（白居易の文学と人生）II"，东京：勉诚社，1993 年 7 月；赤井益久《白居易与韦应物的 "闲居"》（白居易と韋応物に見る「閑居」），《国学院杂志》（国学院大学出版部）94：8，1993 年 8 月，第 1—20 页；严杰《论白居易对韦应物的接受》，《中国唐代文学学会第九届年会暨国际学术讨论会论文集》1998 年；土谷彰男《"理" 的各种面貌："是非" 价值对立中的陶渊明、韦应物、白居易的异同》（「理」の諸相——「是非」の價値對立における陶淵明・韋應物・白居易の異同），《中国诗文论丛》（早稻田大学中国诗文研究会）21，2002 年 12 月，第 210—226 页；土谷彰男《白居易、刘禹锡对韦应物「雅韵」的受容》（白居易・劉禹錫における韋應物の「雅韻」の受容について——白居易「警策」評を手がかりとして），《中国文学研究》（早稻田大学中国文学会）33，2007 年 12 月，第 29—43 页；山田和大《韦应物的故乡观：白居易的先踪》（韋応物の故郷観：白居易の先蹤），《白居易研究年报》14（特集 闲适与隐遁），2013 年，第 52—75 页。

在白居易的同代晚辈李肇眼中，"韦应物立性高洁，鲜食寡欲，所居焚香扫地而坐。其为诗驰骤，建安以还，各得其风韵"[1]。在对香文化的钟情方面，白居易可谓前辈韦应物的衣钵传人。

四　行香诗：焚香礼佛的心迹

再来看白居易笔下的行香。行香，本即礼佛仪式之一，即行道烧香。始于南北朝。初，每以燃香熏手，或以香末散行，唐以后，则斋主手持香炉巡行道场，称为"行炉"，或仪导以出街，谓之"行香"。白居易有《行香归》，诗云：

> 出作行香客，归如坐夏僧。床前双草屦，檐下一纱灯。珮委腰无力，冠欹发不胜。鸾台龙尾道，合尽少年登。[2]

诗作于大和四年（830），白居易59岁，在洛阳任太子宾客分司。坐夏，佛教语，指僧人于夏季三个月中安居不出，坐禅静修，称坐夏。《佛本行集经》卷三九云："尔时世尊还在于彼波罗奈城鹿苑坐夏。"见于唐诗者，如项斯《寄坐夏僧》："坐夏日偏长，知师在律堂。"[3]刘长卿《赠普门上人》："山云随坐夏，江草伴头陀。"[4]顾非熊《送造微上人归淮南觐兄》："到家方坐夏，柳巷对兄禅。"[5]李频《题荐福寺僧栖白上人院》："长爱乔

[1] 李肇《国史补》卷下，上海古籍出版社，1979年版，第55页。李肇，赵郡（治今河北赵县）人。贞元初年曾与张籍、王建同学，与王建还是亲戚。元和二年（807）至五年间，为江西观察使从事。七年由大理评事转朝请郎、试太常寺协律郎，十三年以监察御史充翰林学士。十四年加右补阙，十五年（820）加司勋员外郎，长庆元年（821）正月，出翰林院。长庆二三年间入朝，为尚书左司郎中，撰《国史补》。《新唐书·艺文志》著录其《国史补》三卷，《翰林志》一卷，《经史释题》二卷（今佚）。事迹散见韦执谊《翰林院故事》、丁居晦《重修承旨学士壁记》、李德裕《怀崧楼记》及《新唐书·艺文志二》、劳格《唐尚书省郎官石柱题名考》。
[2] 谢思炜《白居易诗集校注》，第2199页；朱金城《白居易集笺校》，第1948页。
[3]《全唐诗》卷五五四。
[4]《全唐诗》卷一四八；又见《全唐诗》卷二四九，题皇甫冉作。
[5]《全唐诗》卷五〇九。

松院，清凉坐夏时。"❶ 陆龟蒙《奉和袭美夏景无事因怀章来二上人次韵》："忽忆高僧坐夏堂，厌泉声闹笑云忙。"❷ 方干《赠诗僧怀静》："坐夏莓苔合，行禅桧柏深。"❸ 方干《题龟山穆上人院》："床上水云随坐夏，林西山月伴行禅。"❹ 鸾台，指门下省。《唐会要》卷五四门下省："光宅元年九月，改为鸾台。"龙尾道，《长安志》卷六东内大明宫："丹凤门内当中正殿曰含元殿，武后改为大明殿，即龙首山之东麓也。阶基高平地四十馀尺，南去丹凤门四百馀步，中无间隔。左右宽平，东西广五百步。龙朔二年造蓬莱宫、含光殿，又造宣政、紫宸、蓬莱三殿。……殿之左右，有砌道盘上，谓之龙尾道。"《唐两京城坊考》卷一大明宫："龙尾道自平地七转，上至朝堂，分为三层。上层高二丈，中下层各高五尺，边有青石扶栏。上层之栏，柱头刻螭文，谓之螭头，左右二史所立也。谏议大夫立于此，则谓之谏议坡。两省供奉官立于此，亦谓之蛾眉班。其中、下二层石栏，刻莲花顶。"尽，任，任从。

白居易诗中，多处写到行香，如《闲吟二首》其一云："官寺行香少，僧房寄宿多"❺，作于大和四年（830）三月❻，写在洛阳，因公事到官寺行香越来越少，因私意向佛而在僧房寄宿则越来越多，这是白居易59岁时心态的写照。

白诗写到行香，常与拜表相搭配使用。拜表，是指官员向皇帝上表、上奏章的礼仪。一般对朝廷除授、贺吊等事，例须上表致意，即所谓拜起居表，当时均有正式的仪式❼。《唐六典》卷四载："东都留司文武官每月于尚书省拜表，及留守官共遣使起居，皆以月朔日，使奉表以见，中书舍

---

❶《全唐诗》卷五八九。

❷《全唐诗》卷六二五。

❸《全唐诗》卷六四九。

❹《全唐诗》卷六五一。

❺ 谢思炜《白居易诗集校注》，第 2196 页；朱金城《白居易集笺校》，第 1944 页。

❻ 据王拾遗《白居易生活系年》，宁夏人民出版社，1981 年版，第 226 页。

❼ 如三国魏曹植《上责躬应诏诗表》："谨拜表并献诗二篇。"晋李密《陈情事表》："臣不胜犬马怖惧之情，谨拜表以闻。"后来，也用于对神佛等拜献祈祷之文。如《京本通俗小说·拗相公》："爱子王雱病疽而死，荆公痛思之甚，招天下高僧设七七四十九日斋醮，荐度亡灵。荆公亲自行香拜表。"

人一人受表以进。"❶《唐会要》卷二六"笺表例"载:"(开元)十一年七月
五日敕:'三都留守,两京每月一起居,北都,每季一起居,并遣使。即
行幸未至所幸处,其三都留守,及京官五品已上,三日一起居。若暂出行
幸,发处留守亦准此并递表。"❷《唐会要》卷三一"章服品第"亦载:"旧
仪有朝服,亦名具服,一品已下,五品已上,陪祭、朝享、拜表大事则服
之。"大和三年(829),张籍所作《送令狐相公赴东都留守》诗有句:"每
领群臣拜章庆,半开门仗日瞳瞳。"❸所谓拜章庆,就是拜表。拜表时留守
起"每领群臣"的作用。同一年,白居易在洛阳任太子宾客时,有《拜
表早出,赠皇甫宾客》云:"一月一回同拜表,莫辞侵早过中桥。"❹三年后
的大和六年(832),白居易有《晚归早出》云:"退衙归逼夜,拜表出侵
晨。"时任河南尹❺。大和八年(834),白居易有《拜表回闲游》❻,时任太
子宾客分司。见于其他唐诗者,如韩愈《感春》诗之四:"前随杜尹拜表
回,笑言溢口何欢哈。"刘禹锡《洛中初冬拜表有怀上京故人》:"凤楼南
面控三条,拜表郎官早渡桥。"

　　拜表行香均为行政长官的例行公事,身为河南尹分司洛阳,白居易
当然不能例外。白诗写到行香拜表者,如《分司》云:"散秩留司殊有味,
最宜病拙不才身。行香拜表为公事,碧洛青嵩当主人"❼,作于长庆四年
(824),53岁,在洛阳任太子左庶子分司。《咏所乐》云:"而我何所乐?
所乐在分司。……昨朝拜表回,今晚行香归"❽,作于大和八年(834),63
岁,在洛阳任太子宾客分司。前后相隔十载,但主题都是讲分司之乐。分
司是唐代一种制度,指中央官员在陪都洛阳任职者,如白居易《达哉乐天

---

❶［唐］李林甫《唐六典》卷四"尚书礼部",陈仲夫点校,中华书局,1992年版,第114
　页。

❷［宋］王溥《唐会要》卷二六,第505页。

❸《全唐诗》(增订本)卷三八五,第4350页。

④朱金城《白居易集笺校》,第3843页。

❺朱金城《白居易集笺校》,第1991页。

❻朱金城《白居易集笺校》,第2158页。

❼朱金城《白居易集笺校》,第1598页。

❽朱金城《白居易集笺校》,第2022页。

行》:"达哉达哉白乐天,分司东都十三年。"❶安史之乱后,唐朝版图缩小,国势衰微,洛阳几乎成了一片废墟,失去往日的繁华,迄朱全忠挟持唐昭帝到洛阳止,唐朝诸帝再没去过洛阳。虽然也有动过东幸念头的皇帝,如唐肃宗和唐敬宗,但都被手下官员劝阻了。洛阳成了一个不再为皇帝光顾的陪都,地位一落千丈。而这时长安政局不稳,党争、政变频繁,大量的失意官员被安排到洛阳做分司官,所以东都留司这一机构成了安排闲散人员的地方,"分司"一词便随之出现。东都洛阳景色优美,交通便利,分司官员待遇又优厚,对于政治上的失意者来说,是很好的补偿。

白诗写到行香拜表者,还有《偶作》:"清凉秋寺行香去,和暖春城拜表还。木雁一篇须记取,致身才与不才间"❷,作于开成二年(837),66岁,在洛阳任太子少傅分司。尽管有行香拜表这样的公事在身,仍可身心闲适悠哉,见人忙处觉心闲,这既是诗人置身才与不才之间的妙处,同时也得力于禅修。正如其《改业》诗中所云:"犹觉醉吟多放逸,不如禅定更清虚。"从 53 岁开始,截至 66 岁,行香拜表为公事,贯穿于白诗始终。直到会昌二年(842),71 岁,最后一次出现在《初致仕后戏酬留守牛相公并呈分司诸寮友》诗中,"探花尝酒多先到,拜表行香尽不知"❸,因致仕而宣告永别,从此行香拜表为公事,才算不复牵绊于怀。

五 咏香诗:红燎炉香竹叶春

除了焚香与行香,白居易咏香诗作和诗句还有很多,在其全部 231 首咏物诗中,所占比例也相当可观。统计《全唐诗》出现的"香"字(含标题、序文、名号,不计乐章、乐府、联句、逸句等),数量排在前五位的诗人,第一位是白居易(《全唐诗》卷 424—462),182 处。第二位是李商隐(《全唐诗》卷 539—541),105 处。第三位是李贺(《全唐诗》卷 390—394),83 处。第四位是杜甫(《全唐诗》卷 216—234),69 处。第五位是陆龟蒙(《全唐诗》卷 617—630),67 处。

---

❶ 朱金城《白居易集笺校》,第 2498 页。
❷ 朱金城《白居易集笺校》,第 2309 页。
❸ 朱金城《白居易集笺校》,第 2547 页。

　　本书绪论曾分析白居易的咏香妙作《花非花》，不妨再来一阅其《秋雨夜眠》。这是开成元年（836），白居易65岁，在洛阳任太子少傅分司时所作，写用于熏被的薰笼：

　　　　凉冷三秋夜，安闲一老翁。卧迟灯灭后，睡美雨声中。灰宿温瓶火，香添暖被笼。晓晴寒未起，霜叶满阶红。[1]

"香添暖被笼"之情景，置于寒冷的"晓晴寒未起"之下，给人以温馨之感。还有用于熏衣服的薰笼，如元和十二年（817），46岁，任江州司马时所作《石榴树》"伞盖低垂金翡翠，薰笼乱搭绣衣裳。春芽细炷千灯焰，夏蕊浓焚百和香"[2]。

　　宋佚名编撰《锦绣万花谷》曾称引《酥香（歌）》，标明出自"白乐天集"。遗憾的是，仅存诗歌所咏故事之梗概："唐杜秘书工于小词，邻翁有女，小字酥香，凡才人所为歌曲，悉能讽之。一夕逾墙而至，杜始望不及，此邻翁失女所在。后半年仆有过，杜笞之，窜而闻官。杜流河朔，临行述《永遇乐》一词决别，女持纸三唱而死。"[3]有学者认为，这首《酥香（歌）》应为白居易集外之逸作[4]。检宋人曾慥《类说》卷二十九"酥香"亦载："杜秘书，多情多才也，号善小词，元微之所谓能道人意中语者，信有之也。邻有富家翁，姓张氏，有处子，小字酥香，凡才人所为歌曲，悉皆讽之。一夕逾垣而至，杜疑为怪。女曰：'儿乃邻家，慕郎词章，愿无弃也。'杜始望不至此。黎明徙居僻地。富家翁失女，不敢自明。后十年，仆有过，杜笞之，仆以闻官，杜捕逮鞫实，除籍，流于河朔。濒行，述《承过乐》一词决别，女持纸三唱，绝脰而死。"[5]所记更为详细，其中"承过乐"，与《锦绣万花谷》所云"永遇乐"形近而不同，未知孰是孰

---

[1] 朱金城《白居易集笺校》，第2271页。
[2] 朱金城《白居易集笺校》，第1022页。石榴树，一作石楠树。此据马元调本《白氏长庆集》及《唐音统签》。
[3]《锦绣万花谷》卷十七，文渊阁四库全书本。
[4] 详见陈翀《宋代私撰类书所收的白居易逸文考》，九州大学中国文学会编《中国文学论集》第36号，2007年，第42—56页。
[5] 曾慥《类说》卷二九，文渊阁四库全书本。

非。宋人潘自牧《记纂渊海》亦引《丽情集》："张氏有处子，小字酥香，凡才人所为歌曲，悉能讽之。"❶宋人蔡戡（1141—?）《用前韵简赵薛二丈三首》其一"香阁寂寥谩邻女"，注云："杜秘书窃邻女酥香，后作《永遇乐》诀别，今所传香阁寂寥是也。见《丽情集》。"❷

白居易其他咏香诗句，还有《五月斋戒，罢宴彻乐，闻韦宾客皇甫郎中饮会亦稀，又知欲携酒馔出斋，先以长句呈谢》"散斋香火今朝散，开素盘筵后日开"❸，《白发》"八戒夜持香火印，三元朝念蕊珠篇"❹，《醉后赠人》"香球趁拍回环匼，花盏抛巡取次飞"❺，《想东游五十韵》"柘枝随画鼓，调笑从香球"❻，《酬梦得以予五月长斋延僧徒绝宾友见戏十韵》"香印朝烟细，纱灯夕焰明"❼，《渭村退居寄礼部崔侍郎、翰林钱舍人诗一百韵》"对秉鹅毛笔，俱含鸡舌香"❽，《岁除夜对酒》"醉依香枕坐，慵傍暖炉眠"❾，《裴常侍以题蔷薇架十八韵见示因广为三十韵以和之》"胭脂含脸笑，苏合裹衣香"❿，《重修香山寺毕题二十二韵以纪之》"烟香封药灶，泉冷洗茶瓯"⓫，《秋池二首》其一"菱风香散漫，桂露光参差"⓬，《青毡帐二十韵》"闲多揭帘入，醉便拥袍眠。铁檠移灯背，银囊带火悬。深藏晓兰焰，暗贮宿香烟"⓭，《斋居偶作》"童子装炉火，行添一炷香。老翁持麈尾，坐拂半张床"⓮。

梅花香自苦寒来，白居易笔下咏梅香，如《忆杭州梅花因叙旧游寄萧

❶ 潘自牧《记纂渊海》卷三九，文渊阁四库全书本。
❷ 蔡戡《定斋集》卷十八，清光绪常州先哲遗书本。
❸ 朱金城《白居易集笺校》，第 2218 页。
❹ 朱金城《白居易集笺校》，第 2378 页。
❺ 朱金城《白居易集笺校》，第 1202 页。
❻ 朱金城《白居易集笺校》，第 1872 页。
❼ 朱金城《白居易集笺校》，第 2344 页。
❽ 朱金城《白居易集笺校》，第 874 页。
❾ 朱金城《白居易集笺校》，第 2316 页。
❿ 朱金城《白居易集笺校》，第 2111 页。
⓫ 朱金城《白居易集笺校》，第 2123 页。
⓬ 朱金城《白居易集笺校》，第 1492 页。
⓭ 朱金城《白居易集笺校》，第 2134 页。
⓮ 朱金城《白居易集笺校》，第 2580 页。

协律》"蹋随游骑心长惜，折赠佳人手亦香"❶，明代高鹤《见闻搜玉》以
此诗为代表，谓孤山梅花虽以和靖得名，然白乐天《〈忆杭州梅花因叙旧
游〉寄萧协律》诗云云，则自唐已赏鉴矣❷。白居易的《寄情》，也是咏梅
花之香，诗云："灼灼早春梅，东南枝最早。……芳香销掌握，怅望生怀
抱。"❸满含惜花之意，但并无惜花长怕花开早的惆怅。写因春梅早开引发
的情思波动，娓娓道来，一一铺开，说得极纤细，极平淡，但令人有静观
物理、因花悟道之感。咏梅诗句，还有"碧毡帐暖梅花湿，红燎炉香竹
叶春"❹。相衬在竹叶中的炉香，烘托着梅花之香，点缀在全篇之中，气色
相映。

作为大唐真国色的牡丹，号称国色天香，格外为白居易所青睐❺。唐
代牡丹诗130馀篇，白乐天一人即有12首，数量夺冠。宋代翰林学士
李昉（925—996）说得好："白公曾咏牡丹芳，一种鲜妍独异常。眼底见
伊真国色，鼻头闻者是天香。"❻其中最知名的，是白居易那首《惜牡丹
花》："惆怅阶前红牡丹，晚来唯有两枝残。明朝风起应吹尽，夜惜衰红把
火看。"由今夜之衰想到明朝之萎，乃把火夜照，令人联想起《古诗十九
首》所云"人生不满百，常怀千年忧。昼短苦夜长，何不秉烛游"。曹丕
《与吴质书》亦云："古人思秉烛夜游，良有以也。"诗中的"惆怅"，后来
继续飘荡，衍为李商隐的"客散酒醒深夜后，更持红烛赏残花"（《花下
醉》），情调变得凄艳迷惘；衍为司空图的"五更惆怅回孤枕，自取残灯照
落花"（《落花》），格致愈加惆怅衰残；至宋代，苏东坡有"只恐夜深花睡
去，故烧高烛照红妆"（《海棠》），一下子又转为豁达开朗；范成大《与至
先兄游诸园看牡丹三日行遍》有"欲知国色天香句，须是倚阑烧烛看"，

❶ 宝历元年（825），54岁，洛阳，太子左庶子分司，《白居易集笺校》，第1595页。
❷ 高鹤《见闻搜玉》卷四，中国社会科学院文学研究所图书馆善本室藏明万历十九年夏越
　 中函三馆雕本。
❸ 大和六年（832），61岁，洛阳，河南尹。《白居易集笺校》，第1519页。
❹《洛下雪中颇与刘李二宾客宴集因寄汴州李尚书》，开成三年（838），67岁，洛阳，太子
　 少傅分司。《白居易集笺校》，第2331页。
❺ 参见拙作《惟有牡丹真国色，诗豪吟咏妙风神——白居易咏牡丹诗谫论》，收入《牡丹与
　 中国古代文学：中国菏泽牡丹与古代文学研讨会论文集》，山东人民出版社，2015年版。
❻《牡丹盛开对之感叹寄秘阁侍郎》，《全宋诗》第1册，第185页。

更为斩绝，真是创造性地反仿！

永贞元年（805），34 岁的白居易在长安任校书郎，有《看浑家牡丹花戏赠李二十》：

> 香胜烧兰红胜霞，城中最数令公家。人人散后君须看，归到江南无此花。❶

浑家，指浑瑊（736—800）家❷。香胜烧兰，比喻牡丹花的香气艳丽浓烈，胜过烧燃蜜膏所制成的烧兰，典出庾信《灯赋》"香添然（燃）蜜，气杂烧兰"，清吴兆宜《庾开府集笺注》卷一注云："宋玉《招魂》'兰膏明烛华容备'。"汉王逸《楚辞注》曰："以兰香练膏也。"姚合《和王郎中召看牡丹》"烧兰复照空"❸，李商隐《槿花二首》其二"烧兰才作烛"，亦源出此典。"红胜霞"与白居易《忆江南》"日出江花红胜火"异曲同工。"令公"指中书令浑瑊。刘禹锡有《浑侍中宅牡丹》："径尺千馀朵，人间有此花。今朝见颜色，更不向诸家。"（《刘宾客文集》卷二十五）又有《送浑大夫赴丰州》，中云："其奈明年好春日，无人唤看牡丹花。"（《刘宾客文集》卷二十八）可见浑家牡丹花，亦驰名长安。李二十，指李绅。岑仲勉《唐人行第录·李十二》云："元氏集一七《赠李十二牡丹花片因以饯行》，余疑是'李二十'之倒错，即绅也。"甚是。元稹诗云："莺涩馀声絮堕风，牡丹花尽叶成丛。可怜颜色经年别，收取朱栏一片红。"同为寄

❶《白居易集笺校》，第 737 页。

❷ 浑瑊，本名进，皋兰州（今宁夏青铜峡南）人，铁勒族浑部匈奴族，安史之乱，先后随李光弼、郭子仪出战河北，收复两京。永泰间，戍奉天（今陕西乾县），斩吐蕃五千馀人。大历间，击退回纥军，升检校工部尚书、单于大都护。建中四年（783），泾原叛军占据长安，德宗逃入奉天，朱泚亲自领兵逼遏奉天，浑瑊等坚决抵抗。不久，朔方节度使李怀光叛变，浑瑊护卫德宗逃往梁州（今陕西汉中）。兴元元年（784），任行营兵马副元帅，率军出斜谷，在武功击败叛军一部，进屯奉天，协同李晟共歼叛军，攻克咸阳。晋升侍中，封咸宁郡王。又任朔方行营副元帅，讨伐李怀光，平定河中（今山西永济西）。加检校司空，出镇河中。贞元三年（787），奉命与吐蕃相尚结赞会盟，为吐蕃军所劫，只身逃归，入朝请罪。德宗不予追究，令还河中，史称平凉劫盟。后镇守奉天，修筑盐州城，因功升至检校司徒兼中书令。卒年六十五。

❸《姚少监诗集》卷十作"烧栏"，《全唐诗》卷五〇二作"烧拦"，《亳州牡丹史》卷四作"烧阑"，疑当作"烧兰"。刘衍《姚合诗集校考》（岳麓书社，1997 年版）未出校。

赠李绅，同样两句咏物，两句抒怀，白诗的格调气韵明显略胜一筹，这与白诗后两句将视野推开不无相关。这后两句还被后人推为与"惟有牡丹真国色，花开时节动京城"媲美的描写牡丹的名诗佳句。王直方（1069—1109）云：

> 宾护《尚书故实》云："牡丹盖近有，国朝文士集中无牡丹诗。云尝言杨子华有画牡丹处极分明。子华北齐人，则知牡丹花亦已久矣。"予观文忠公所为《花品序》云："牡丹初不载文字，自则天以后始盛，然未闻有以名者，如沈、宋、元、白，皆善咏花，当时有一花之异，必形篇什，而寂无传焉。唯刘梦得有诗，但云'一丛千朵'，亦不云其美且异也。"然余犹以此说为非。"惟有牡丹真国色，花开时节动京城。"岂不云美也？白乐天诗："人人散后君须记，归到江南无此花。"又唐人诗云："国色朝酣酒，天香夜染衣。"岂得为无人形于篇什？[1]

香乃红颜之魂，白居易《后宫词》刻画一位宫女，定格在这样一个场景——"红颜未老恩先断，斜倚熏笼坐到明"[2]，可谓形象如绘。《江南喜逢萧九彻因话长安旧游戏赠五十韵》在江南追忆长安丽人的风姿，聚焦于这样一幅画面——"拂胸轻粉絮，暖手小香囊"[3]，可谓情色绰约。乐府诗《李夫人》亦咏及香，诗云："九华帐中夜悄悄，反魂香降夫人魂。夫人之魂在何许？香烟引到焚香处"，誉为国色天香的李夫人，以"病时不肯别"的智慧，让诗人发出"生亦惑，死亦惑，尤物惑人忘不得"的感叹，从"香烟引到焚香处"着笔，诚有点睛之妙。承其衣钵者，是纳兰性德（1655—1685）。读纳兰词，其香扑面，闻之如觌红颜美人，"晚秋却胜春天好，情在冷香深处"[4]，"轻风吹到胆瓶梅，心字已成灰"[5]，皆让人哽噎而

---

[1]《王直方诗话》"牡丹诗"，引自《能改斋漫录》卷五，又见《宋诗话辑佚》，中华书局，1980 年版，上册，第 98 页。

[2] 朱金城《白居易集笺校》，第 1231 页。

[3] 朱金城《白居易集笺校》，第 3825 页。

[4] 纳兰性德《御带花》，《通志堂集》卷八，清康熙三十年徐乾学刻本。

[5] 纳兰性德《御带花》，《通志堂集》卷六，清康熙三十年徐乾学刻本。

⊙ 图表 21　明陈洪绶《斜倚薰笼图》(上海博物馆藏)

怜香❶。

　　白居易诗中的这些香雾、香熏、香球、香囊、香烟、香火、香印、香枕、香炉……无疑是我们今天领略唐代香文化最为形象的百科全书。从白居易的咏香诗作和诗句中可以看出，白居易喜欢幽静的居所、品格高洁的动植物，还善于营造池光山色，除却关心衣食之俗情外，更有高洁清雅、闲情逸致的一面，即《与元九书》中所说"退公独处，或卧病闲居，吟玩性情"。

　　"一瓶秋水一炉香，香山逍遥坐道场"，在白居易经历了人生的宦海浮沉之后，还能以如此闲情雅趣来淡然相对，人如其名其字，乐天知命，安闲顺世，其处变不惊的人生态度，善于自我调节的处世之道，其中所独具的诗性智慧，富于启迪，令人深思。当今社会，经济迅猛发展，信息化速度飞快，但生态失衡，环境污染，资源破坏，个体的孤独、焦虑、困顿等负情绪，日益蔓延；人与人之间的隔膜、疏离、对立的张力，日益加大。因此，对闲适安宁的渴望与追求，相应更为强烈。白居易咏香诗所独具的知足保和的人生观念，娴静适世的志趣选择，和光同尘的哲理思想，愈发显现出更加夺目的当代价值。正所谓"野火烧不尽，春风吹又生"！

❶ 参见郑抒《大千文脉：诗情审美二十六拍》，清华大学出版社，2013年1月版，第215页。

画栏桂树悬秋香：李贺鼻息下的香文化

　　杜甫出峡，遇见表弟李晋肃入川，于是写下《公安送李二十九弟晋肃入蜀》。子美没有想到，就是这位李晋肃的公子，后来成为备受评论家关注的诗人，他就是李贺（790—816）。出生于福昌（今河南宜阳）的李贺，只活了27岁，是一位早熟而不幸、多情却短命的天才诗人。他如同曳着一道耀目光束的彗星，划过唐代历史的长空，转瞬即逝。然而他不朽的诗篇，却永恒地闪耀在中国诗歌史上，万古流芳。李贺的家世，算是天潢贵胄，系唐朝宗室远支郑王之后裔，杜牧（803—853）称之为"唐皇诸孙"，然早已没落，且谱系已远，沾不上皇恩。父亲李晋肃，做过边疆小吏和地方县令，去世很早，家境于是相当困窘。对血缘的自重、对才华的自信、对现实的失意，酿就了李贺性格中狂狷的色彩。而家计负担的压力以及对家庭的歉疚，又形成他忍耐和焦躁相交织的双重心态。在短暂的生命中，诗歌有幸成为李贺特殊的嗜好，情感的宣泄，甚至是生命的寄托。其出神入化的想象，奇谲瑰异的取境，光怪陆离的语言，都带有鲜明的个性色彩。在唐代，专门把诗歌作为事业来对待的，李贺即使不是最早的，也是最突出的，堪称是绝无仅有的专业诗人。

　　一　李贺使用香意象之频率居唐人之最

　　与其声名卓荦的诗才相称，李贺的长相十分奇特。据诗人李商隐（812—858）的《李贺小传》记载，李贺身材细瘦，手指很长，眉毛厚长，

两相通连 ❶。这很让人联想起记忆里有点神经质的人。李贺作诗的方式也
很奇特——每天带着背个破旧的古锦囊的小童子出去转悠，想到好句子就
写下来，丢进锦囊里。晚上回家，他母亲让丫环倒出囊中的纸条，哪天
写得多些，母亲便心疼地叹息："这孩子，是要呕出心来才罢休啊！"晚饭
后，李贺就研墨叠纸，一篇一篇，将锦囊妙句，连缀成五彩斑斓的诗章，
完了，就丢进另一个锦囊里。只要不是喝醉酒，或遇到吊丧，他都是这么
度过的 ❷。元和四年（809）一个秋夜，李贺借巴童对答，自作排遣，写下
《巴童答》，开篇写到自己的大鼻子。

　　　巨鼻宜山褐，庞眉入苦吟。非君唱乐府，谁识怨秋深？ ❸

　　庞眉，即粗大浓黑的眉毛，李贺《高轩过》亦有"庞眉书客感秋蓬"
的诗句，就是李商隐《李贺小传》所谓"通眉"的原始表述，李贺的"长
眉对月斗弯环"（《河南府试十二月乐词·十月》），大概也是感念自身眉
毛的形状而触动灵犀的神来之笔。庞眉加上巨鼻，如此奇形怪状，看来只
适宜穿山村粗布衣裳，过贫苦生活，吟诵抱怨深秋的悲苦诗句。巨鼻可能
是李贺嗅觉灵敏的生理原因。通过对《李贺诗索引》❹ 感官与感觉方面的
用字统计，可以验证李贺嗅觉审美的发达。作为一个嗅觉特别敏感而钟情
于芳香气味的诗人，李贺在诗歌中体现出浓厚的"香恋"情结和香文化传
统，无论是描绘自然界的香、社会生活的香，还是人类自身的香，都无不
折射出李贺高雅的审美情趣。以"香"入诗的独特视角，给李贺诗歌营造
了通透奇妙的朦胧之美、飘逸轻盈的灵动之美。那些似有似无、亦真亦幻
的香气，构筑出朦胧灵动的美感，给李贺的诗创造出一种"瑰诡"诗境。

---

❶ 李商隐《李贺小传》："长吉细瘦，通眉，长指爪。"见刘学锴、余恕诚《李商隐文编年校
　　注》，中华书局，2002 年版，第 2265 页。
❷ 李商隐《李贺小传》："每旦日出，与诸公游，未尝得题，然后为诗，如他人思量牵合，
　　以及程限为意。恒从小奚奴，骑距驴，背一古破锦囊，遇有所得，即书投囊中。及暮归，
　　太夫人使婢受囊，出之，见所书多，辄曰：'是儿要当呕出心始已耳。'上灯与食，长吉从
　　婢取书，研墨叠纸足成之，投他囊中。非大醉及吊丧日，率如此。过亦不复省。"（《李商
　　隐文编年校注》）
❸ 吴企明《李长吉歌诗编年笺注》，中华书局，2012 年版，第 69 页。
❹ 唐文、尤振中、马恩雯、刘翠霞编《李贺诗索引》，齐鲁书社，1984 年版。

严羽《沧浪诗话》称："长吉之瑰诡，天地间自欠此体不得。"❶ 这种瑰异的诗境，渗透着李贺对于理想、生命、时间和死亡的思考，寄寓着他对美好生活的向往，对诗意人生的追求。

《全唐诗》出现"香"字的数量，前五位的诗人是：白居易、李商隐、李贺、杜甫、陆龟蒙。李贺英年早逝，比杜甫（712—770）少活 31 年，比白居易（772—846）少活 47 年，比李商隐（812—858）少活 19 年，比陆龟蒙（844—881）少活 10 年。无论从作诗时间还是从诗作数量来讲，李贺都远远少于其他四位。李贺诗作 246 首，基本上平均每三首诗出现一次"香"字。

在使用"香"字创造香意象方面，李贺频率最高。白居易等四位诗人的含"香"字诗作，香意象多为单一的嗅觉意象，而李贺的香意象，有大量视觉、听觉、触觉、味觉意象与嗅觉意象的复合，属于通感意象。可以毫不夸张地说，李贺是唐代诗人里嗅敏度最高的诗人。"鬼诗"的香意象，是"诗鬼"李贺嗅觉审美的杰出心象。对香意象的创造，可见出李长吉独特的瑰诡诗风。据《李贺诗索引》统计，"香"共出现 82 处。据此分析，李贺的香意象，可以分为三大类型。

二　画栏桂树悬秋香——李贺笔下的植物芳香

植物芳香中，既有单一原生态，也有通感复合态。单一原生态的，如"兰香"。《李凭箜篌引》"昆山玉碎凤凰叫，芙蓉泣露香兰笑"，李凭弹奏的乐声优美动听，时而像昆仑山上玉碎的声音，时而像凤凰悠悠的鸣叫声，时而使荷花感动地流泪哭泣，时而使香兰骤发喜悦的笑声，这是因为李凭的乐声所至，兰花以"香"回赠，香气飘至，似乎给演奏环境增添了情趣，这里的香意象，是对李凭乐声的赞美和肯定。兰花生于幽谷，芳香浓郁，本有"天下第一香"之美誉。这里不说"幽兰"，而说"香兰"，正点出兰花高贵的气质，一来赞美李凭弹奏的乐声极美，二来也说明李贺对香兰的喜爱。《夜饮朝眠曲》"柳苑鸦啼公主醉，薄露压花蕙兰气"，写

---

❶ 郭绍虞《沧浪诗话校释》，人民文学出版社，1998 年版，第 180 页。

乌鸦在柳苑中啼叫，蕙兰花儿沾着露水，散发出阵阵幽香，这时公主已喝得酩酊大醉。蕙兰，是兰花的一种，与草兰相似而瘦，暮春开花，一茎八九朵，有香味。

如"竹香"。竹有香味吗？有！细嗅乃知。[1] 韩愈《竹溪》诗"落水紫苞香"，就是对竹香的吟咏，对此，清代蒋之翘说："杜（甫）之《竹》诗有'雨洗娟娟净，风吹细细香'，前辈尝云，竹未尝有香，而少陵以香言之。岂知公亦有'落水紫苞香'之语乎？"[2] 追踪韩派诗风的李贺，也以其敏感的嗅觉，馨享到竹之香，其《昌谷诗》云："竹香满凄寂，粉节涂生翠"，想象山竹亦有馨香，句意确实受到杜诗"雨洗娟娟净，风吹细细香"[3] 的启发。而以竹香刻画昌谷之景物优美，顿扫幽凄之感。李贺《感讽五首》其五云："侵衣野竹香，蛰蛰垂叶厚"，写野竹丛生，绿叶厚密，淡淡的香气，侵透了襟袖，使人爱不忍离。再来看李贺的《昌谷北园新笋》：

> 斫取青光写楚辞，腻香春粉黑离离。无情有恨何人见，露压烟笼千万枝。[4]

刮去竹子外缘的青皮，书写《楚辞》之文句，只见昌谷北园竹节上的题诗墨迹斑斑，园中新竹为竹叶上的积露浸透，竹虽为无情之物，然亦自有愁恨，隔着笼罩在竹园的烟雾观看，试看这千枝万枝竹叶上的积露，不正是它们在烟雾中啼泣的眼泪吗？这首诗可以视作诗人遭遇的写真、命运的隐括。新笋青竹的形象，映衬着诗人的命运：千万枝被压如啼，寄寓着浓重的主观色彩。李贺虽然早有诗名，写出来的是有情抑或无情，有恨抑或无恨，一如青竹受压欲啼，不知出路何在。无论何种竹，竹节上的白

---

[1] 《升庵诗话》卷三"竹香"条云："竹亦有香，细嗅之乃知。"并举杜甫"雨洗娟娟净，风吹细细香"以及李贺《新笋》《昌谷诗》为例。（《历代诗话续编》，第697页）

[2] 引自《蒋石林先生注评韩愈全集》卷九，又见方世举《韩昌黎诗集编年笺注》，中华书局，2012年版，第459页。

[3] 杜甫《严郑公宅同咏竹得香字》，仇兆鳌《杜诗详注》卷十四，中华书局，1979年版，第1184页。

[4] 吴企明《李长吉歌诗编年笺注》，中华书局，2012年版，第498页。

色粉末恐怕都没有什么香气。说这种粉末带有腻香，摸上去细腻，闻上去清香，完全是主观想象，或者说是感到滑腻，而不是真的摸上去滑腻。杨慎评论说："汗青写《楚辞》，既是奇事，腻香春粉，形容竹尤妙。结句以情恨咏竹，似是不类。然观孟郊《竹诗》'婵娟笼晓烟'，竹可言婵娟，情恨亦可言矣"，又说："或疑无情有恨不可咏竹，非也。竹亦自妩媚，孟东野诗云：'竹婵娟，笼晓烟。'左太冲《吴都赋》咏竹云：'婵娟檀栾，玉润碧鲜。'合而观之，始知长吉之诗之工也。"❶

又如"松香"。《五粒小松歌》"蛇子蛇孙鳞蜿蜿，新香几粒洪崖饭"。诗题中的"五粒"，诗中的"新香几粒洪崖饭"，过去研究者都不理解。吴景旭《历代诗话》引《本草图经》："五粒松，粒当读为鬣。""言五鬣为一华，或有三鬣，七鬣者。"又引《癸辛杂识》："高丽所产，每穗乃为五鬣，今谓华山松是也。"《五代史》云："郑遨闻华山有五粒松，松脂入地千年，化为药，云三尸，因徙华山求之。"这些引述，使读者弄懂了什么叫"五粒小松"（实即五针松盆景），弄清楚了它为什么和"洪崖"这一道教神仙故事联系起来（洪崖是妙善音乐的古仙人，洪崖饭是比喻松叶中新长成的松果，可供仙人食用），为后来注李贺诗者如王琦等所接受。用仙家香饭比喻小松的果实，尤为形象出色，令人恍惚间如闻松果的清香。如此描画五粒小松，完全达到了推陈出新的艺术效果。此外还有《王濬墓下作》"松柏愁香涩，南原几夜风"，写略带涩味的松柏之香；《兰香神女庙·三月中作》"松香飞晚华，柳渚含日昏"，写时近傍晚的兰香神女庙，松香飞泻，柳清日斜。

再看"桂香"。《金铜仙人辞汉歌》"画栏桂树悬秋香，三十六宫土花碧"，写汉武帝刘彻生前临幸的三十六宫，画栏桂树，秋香徒悬，宫馆荒芜，尽生碧苔，无复畴昔繁华景象。《许公子郑姬歌·郑园中请贺作》"桂开客花名郑袖，入洛闻香鼎门口"，写外地的桂花在洛阳开放，她就像郑袖那样多么风采，这里是以桂花飘散比喻郑姬芳名远播。香，这里还指代郑姬的芳名。又如"妾家住横塘，红纱满桂香"（《大堤曲》），"兰桂吹浓

---

❶《升庵诗话》卷五，《历代诗话续编》，第727页；《升庵诗话》卷三，《历代诗话续编》，第685页。

香，菱藕长莘莘"（《兰香神女庙·三月中作》），"玉轮轧露湿团光，鸾珮相逢桂香陌"（《梦天》），"山头老桂吹古香，雌龙怨吟寒水光"（《帝子歌》），等等。

还有"丁香"。《难忘曲》"乱系丁香梢，满栏花向夕"，写贵家女子深闺寂寞怨望之辞，言丁香花缀于枝梢，纷繁弥漫，心里系着丁香般的愁烦，暮色已近，就要过了大好花期。《巫山高》"瑶姬一去一千年，丁香筇竹啼老猿"，瑶姬，即巫山神女。《襄阳耆旧传》曰："赤帝女曰瑶姬，未行（嫁）而卒，葬于巫山之阳，故曰巫山之女。"诗句将摹写自然景物与缅思神话传说交融，既有对瑶姬悠恍踪迹的追怀，同时也状述了眼前空寂景象、幽冷意境。晓风飞雨，满山苔辞，时移物换，唯巫山长存，丁香筇竹犹在，老猿哀啼声声依旧，却无复伊人倩影，由此寄托对一去千年的瑶姬神女的无限深思。

再如枫香——"枫香晚花静，锦水南山影"（《蜀国弦》），意境静逸明秀，用笔奇巧艳丽，晚花色中带枫香味，锦水倒立南山影，比一般地泛说山影沉沉要巧妙得多。又如莲香——"秋白鲜红死，水香莲子齐"（《月漉漉篇》），楂树香——"江头楂树香，岸上蝴蝶飞"（《追和柳恽》），水葱香——"象床缘素柏，瑶席卷香葱"（《恼公》），槲叶香——"侵侵槲叶香，木花滞寒雨"（《高平县东私路》），种种植物之香，营造出一片自然的香世界。

李贺鼻观之下的树是"芳林"——"芳林烟树隔"（《汉唐姬饮酒歌》）；李贺鼻观之下的草是"芳草"——"芳草落花如锦地"（《少年乐》）。世界对于李贺而言，是一个芬芳四溢的植物园。这些是植物体本身能发出，并能为人嗅觉所感受到的"香"，都是自然原生态植物之香。

李贺诗歌还有通感复合态的植物芳香。通感，是指文学艺术创作和鉴赏中各种感觉器官间的互相沟通，即视觉、听觉、触觉、嗅觉等各种官能可以相互沟通，不分界限。在通感中，颜色似乎会有温度，声音似乎会有形象，冷暖似乎会有重量。气味的分类，是心理学的一大难题，然而李贺运用通感对气味——主要是香味，进行了条分缕析。请看他笔下的香之百态。

枯香——"晓木千笼真蜡彩，落蕊枯香数分在"（《新夏歌》），干枯衰败的花香，视觉通感于嗅觉。还有学者认为，《金铜仙人辞汉歌》"画栏桂树悬秋香"中的"秋香"，应该也是枯香；否则就与首句"秋风客"的"秋"字犯复了 ❶。就刻画汉宫寥落荒凉之景而言，确有道理。

暖香——"熟杏暖香梨叶老，草梢竹栅锁池痕"（《南园》），肤觉通感于嗅觉，描述南园暖热气候条件中熟杏的芳香。

寒香——"细露湿团红，寒香解夜醉"（《石城晓》），咏晓别情状，肤觉通感于嗅觉。团红，代指簇聚的红花。"团红，花也。有露润之，其香甚寒，嗅之可以解夜来之醉"（《李长吉歌诗汇解》卷三）。寒香，指夜露浸润下花朵散发出的幽寒清香。

刺香——"刺香满地菖蒲草，雨梁燕语悲声老"（《新夏歌》），刺鼻的香气，是肤觉通感于嗅觉。王琦说："刺，谓其（菖蒲草）叶尖如刺。"以形状解释"刺香"，似乎不妥，如果以"味辛"的气味来解释，更符合李贺嗅觉敏感的真相。

腻香——"斫取青光写楚辞，腻香春粉黑离离"（《昌谷北园新笋》），腻香，犹浓香。浓烈黏腻的竹香，触觉通感于嗅觉。

涩香——"松柏愁香涩，南原几夜风"（《王濬墓下作》），苦涩辛辣的松香，触觉通感于嗅觉。

嫣香——"可怜日暮嫣香落，嫁与春风不用媒"（《南园十三首》其一），嫁与春风，意谓花瓣在春风中飘荡坠落。嫣香，意谓娇艳芳香，亦指娇艳芳香的花。缤纷艳丽的花的浓香，视觉通感于嗅觉。纳兰性德《临江仙》词："丝雨如尘云著水，嫣香碎拾吴宫"，即承于此。

新香——"蛇子蛇孙鳞蜿蜿，新香几粒洪崖饭"（《五粒小松歌》），清新淡雅的小松树气味，视觉通感于嗅觉。

古香——"山头老桂吹古香，雌龙怨吟寒水光"（《帝子歌》），老桂花树的成熟香气，视觉通感于嗅觉，不同于后人所言表达书画法帖发出的古香气味，如陆游《小室》："窗几穷幽致，图书发古香。"善于学习长吉

---

❶ 林同济《两字之差——再论李贺诗歌需要校勘》，《复旦学报》1979 年第 4 期。

体的高启《玉波冷双莲》"满江烟玉流古香"，即由李贺而来。

三　桃胶迎夏香琥珀——李贺笔下的物品芳香

这里所说的李贺诗歌中的物品芳香，一种是自然物品的芳香，另一种是人工物品的芳香。自然物品的芳香，如：

香雨——"依微香雨青氛氲，腻叶蟠花照曲门"（《河南府试十二月乐词·四月》），蟠花即榴花。雨本无香，但自花间而坠者，故隐约可以嗅到清香。既是通感，也源自想象。在想象中，还有色彩，以青来描写氛氲，其感觉确实非凡之敏锐。"雨冷香魂吊书客"（《秋来》），则写出因秋感兴、壮士惊心与岁月无情的催逼。

香泥——"水灌香泥却月盆，一夜绿房迎白晓"（《牡丹种曲》），写栽在精致的状如缺月的盆里，给香泥浇水，在白色的清晨展放了花苞。泥土本来芳香，种了牡丹更香。却月盆，是指状如缺月的花盆。绿房，指花苞。

香钩——"窗含远色通书幌，鱼拥香钩近石矶"（《南园十三首》其八），观察细致入微，竟然连隔水鱼钩的香味都闻得见，可谓感官卓异。香钩，犹香饵，鱼饵之香。幌，帷幔也。石矶，近水的石崖。前一句的意境则显然来自杜甫的写景名句"窗含西岭千秋雪"[1]。

香露——"一夕绕山秋，香露溘蒙菉"（《七月一日晓入太行山》），写花上的露水。六月为夏，七月为秋，晦朔之间，仅隔一夕，而绕山已作秋色，谓时景之不同也。正是滴沥在山间草木上的露水宛然在目，清香犹存，使我们真切地感受到诗人入山之早。"露本无香，草木得其润泽，而香气发越，故曰香露。"（王琦《李长吉歌诗汇解》）溘，依也。蒙，兔丝也。菉，王刍也。见《尔雅·释草篇》。

桃胶香——"桃胶迎夏香琥珀，自课越佣能种瓜"（《南园十三首》其三），桃树分泌的汁液，凝如琥珀，含蕴香气。以比喻的修辞手法，化流易为凝重，不似李白"玉碗盛来琥珀光"（《留客中行》）、杜甫"春酒杯

---

[1] 杜甫《绝句四首》其三，仇兆鳌《杜诗详注》卷十三，中华书局，1979年版，第1143页。

浓琥珀薄"(《郑驸马宅宴洞中》),仅取琥珀之色,将琥珀用作桃胶的喻体,在色与质之外,更兼以香之气味,这是很典型的李贺风格的缩略式比喻。

另一种,人工物品的芳香,主要是芳香的建筑及建筑装饰物品、熏香器具、芳香饰品的芳香。唐人特别重视芳香建筑,皇家建筑和达官贵人的住宅府邸,大量使用香料作为建筑材料。这些材料或由政府规定把香料作为贡品、赋物收纳进入京城。《唐六典》卷三户部郎中员外郎条记载:全国十道贡赋之中有麝香、香漆、绛香、胡桐香、零陵香、沉香、甲香、丁香、詹糖香、蜀椒等。同书卷二十太府寺右藏署条也记载:永州的零陵香,广府的沉香、藿香、熏陆香、鸡舌香,京兆的艾纳香、紫草等,均属必征贡的藏品。海外贡使还经常带来异常名贵、珍花嘉树的南洋龙脑香、康国郁金香、波斯的安息香等。

李贺的诗中出现过"燃香""香筒""烛香""香火""熏香""内家香",及由熏香而导致美人衣物的香。香的物品,或熏香的习气,有些是为生活调适,修身养性,其中以"燃香"为多见。燃香有时不仅仅为了熏香,还可以计时,反映出香文化的一个细节。如《送秦光禄北征》"守帐然香暮,看鹰永夜栖",然香,即燃香,谓计时刻之香。

李贺的《恼公》"晓奁妆秀靥,夜帐减香筒",清晨对着匣中的铜镜妆饰面部,帷帐中的香气越来越淡。香筒,又称"香笼",是一种夜帐中的烧香器,用于熏烧线香或者签香,常直立使用,可以纳于怀袖或者衣被中。至拂晓而火尽,故云香减。《酬答二首》其一"行处春风随马尾,柳花偏打内家香",写一位贵族公子形象。"内家香"是宫廷制作的香,用于佩戴,如香囊、香袋之类。《荣华乐》"金蟾呀呀兰烛香,军装武妓声琅珰",写蟾形熏香器皿。《黄头郎》"好持扫罗荐,香出鸳鸯热",鸳鸯,爇香之炉为鸳鸯形者。香从鸳鸯形香炉冒出。《莫愁曲》"归来无人识,暗上沉香楼",这里的沉香楼,一说是楼的名字叫沉香楼,一说是用沉香香木建筑的楼房。第二种解释,更为合适。

李贺的《感讽六首》之一:

人间春荡荡，帐暖香扬扬。飞光染幽红，夸娇来洞房。舞席泥金蛇，桐竹罗花床。眼逐春瞑醉，粉随泪色黄。王子下马来，曲沼鸣鸳鸯。焉知肠车转，一夕巡九方。❶

写人世间春光浩荡，帷帐里缕缕暖香，落日的馀晖把花儿染得幽红，人们夸赞的美女姗姗来到洞房，洞房内陈设精美，但谁知新娘内心深处的痛苦？哪怕是那温情满屋袅袅飘动的暖香，也不能给新娘丝毫的快乐。"春荡荡"，形容春色广袤无垠，是静态；"香扬扬"，形容香气四处飘散，这里特指帷帐里的熏香，是动态。

《秋凉诗寄正字十二兄》"披书古芸馥，恨唱华容歌"，堪称李贺苦读苦吟的自画像，书中有一片芳香芸叶。芸香，香草，多年生草本植物，其下部为木质，故又称芸香树。叶互生，羽状深裂或全裂。夏季开黄花。花叶香气浓郁，可入药，有驱虫、祛风、通经的作用。晋成公绥《芸香赋》："美芸香之修洁，禀阴阳之淑精。"傅玄、傅咸父子亦各有《芸香赋》，明代张羽则有《芸香室赋》。唐人杨巨源《酬令狐员外直夜书怀见寄》诗："芸香能护字，铅椠善呈书。"故"芸香吏"，即指校书郎，如白居易《西明寺牡丹花时忆元九》"一作芸香吏，三见牡丹开"❷。

再看《屏风曲》："蝶栖石竹银交关，水凝绿鸭琉璃钱。团回六曲抱膏兰，将鬟镜上掷金蝉。沉香火暖茱萸烟，酒觥缩带新承欢"，沉香木燃茱萸烟，沉香、茱萸都是唐代熏香时常用香料。唐代流行的多曲屏风的相连处，每使用金属合页，称作"交关"。"六曲"，指屏风的六扇折叠形式，即李商隐《屏风》诗所云"六曲连环接翠帷"。清王琦《李长吉歌诗汇解》注云："屏风上画蝴蝶栖石竹之形，而以银作交关。交关者，盖屏风两扇相连属处，即今之铰链也。又作鸭绿水波之文，或以琉璃作钱文加其上。盖言屏风上之雕饰。"所释交关是不错的。但细绎诗意，"蝶栖石竹银交关，水凝绿鸭琉璃钱"，原是两句分咏两事，即前句言交关之式，后句言屏风之饰，则"蝶栖石竹银交关"，便非是"屏风上画蝴蝶栖石竹之

❶ 吴企明《李长吉歌诗编年笺注》，中华书局，2012 年版，第 373 页。
❷ 朱金城笺注《白居易集笺校》，上海古籍出版社，1988 年版，第 463 页。

形，而以银作交关"，而是意为交关的样式，好似蝴蝶之栖于石竹。

《追赋画江潭苑四首》其四"练香熏宋鹊，寻箭踏卢龙"❶，宋鹊，是春秋时的良犬，见张华《博物志》"宋有骏犬曰鹊"。练香，指宫女炼制一种可以让猎犬嗅觉更灵敏的香药。皇帝出游，随从宫女众多，穿红衣的宫女十骑一小队，看上去像一簇簇芙蓉，她们衣衫上的香气太浓，连狗都被熏以练香。卢龙，本是北地关塞，此处代指山陵。

《答赠》"本是张公子，曾名萼绿华。沉香熏小像，杨柳伴啼鸦"，讽刺贵家公子从青楼买姬。明明是讽刺诗，但写得典雅而不失于凝重，调侃而未坠入油滑。萼绿华是女仙名，唐时女道士多兼妓女，此处代指名妓。沉香所熏之小像，即象形香炉，"像"通"象"，此处应从宋本作"象"。涵芬楼影印瞿氏铁琴铜剑楼藏蒙古宪宗六年赵衍刻本《李贺歌诗编》即作"小象"，意即象（动物）形小熏笼，《李贺诗歌集注》王琦解云："以小像对啼鸦，则像字当是象字之讹。……古乐府：'暂出白门前，杨柳可藏乌。欢作沈香水，侬作博山炉。'长吉演作对句，以喻相依而不能离之意。"然"小像"沿讹已久，遂作"画像"之典。如纳兰性德《鹧鸪天》（送梁汾南还，为题小影）："分明小像沉香缕，一片伤心欲画难。"顾贞观《南乡子》："无计与传神，小像沉香只暗熏。"

《贵公子夜阑曲》："袅袅沉水烟，乌啼夜阑景。曲沼芙蓉波，腰围白玉冷。"写一位贵公子在外面沉湎声色，宿夜酒饮，闺中人却在孤寂的房屋中，苦等直至黎明，具体而微地道出沉香的作用：但见室内沉香袅袅，低压着水面，户外乌啼夜阑，晨风吹过曲池，激起微波，白玉腰带传递着破晓轻寒。这首简短的新体乐府，由多种感觉依次呈现，第一句写视觉和嗅觉，点明时间在黎明，第二句写听觉和视觉，第三句写视觉和听觉，第四句回扣，写视觉和触觉，点出晓寒侵衣❷。综观全诗，对贵族公子彻夜宴饮看似作客观描写，但若即若离的冷冷笔调后面，不失反省批判之意，带给人的感觉正如"腰围白玉冷"，尽显夜尽晓寒之状。

《绿章封事为吴道士夜醮作》："金家香衖千轮鸣，扬雄秋室无俗声，

❶［清］王琦等注《李贺诗歌集注》，上海人民出版社，1977年版，第181页。
❷ 参见川合康三《李贺其人其诗》，载日本京都大学《中国文学报》第23期，1972年10月。

愿携汉戟招书鬼，休令恨骨填蒿里。"金家，指汉代贵族金日磾，这里代指当时蕃将之受宠者。香衢，指富豪之家所在的里弄，香是其兴旺繁华、热闹喧哗的最佳象征。诗写富贵之家，其街巷香气飘盈，众车轰鸣，穷约之士如扬雄者，秋室萧条，冷冷清清，赍志以殁，不能不抱恨于地下。这是李贺在长安任奉礼郎时触物生情所作，诗人愿借绿章封事，上叩天门，以申不平，携汉戟以招其魂，无令恨骨长埋蒿里，盖为士之不遇者悲也。

《神弦》"女巫浇酒云满空，玉炉炭火香咚咚"，王琦注卷四云："咚咚，鼓声，然与上五字不合，疑有讹文。"其实，李贺是以声音的感觉来表现燃香的感觉。巫女浇酒迎神，向鬼神祈请，神夹着密云降临，云雾漫天，于是大家纷纷焚香，击鼓来迎接她，玉制的香炉中香火烟气正浓，迎神的鼓声伴着神秘的香气，咚咚作响；香气夹着鼓声，故觉香气似带咚咚之声，并非讹文，而为通感，听觉通感于嗅觉。女巫弹着琵琶，一会儿说海神来了，一会儿说天星来了，风吹的纸钱悉悉作声，而这些场面都是在一阵香烟的弥漫中发生的。这神秘莫测的香烟，此时带有了不可窥探的朦胧与神秘。

《兰香神女庙·三月中作》"深帏金鸭冷，奁镜幽凤尘"，写神庙深帏，炉冷镜尘，无复生气，女几山上的兰香神女夜半而归，环佩丁当，愈发衬托出清夜的孤凄。金鸭，是镀刻鸭形图案的金属香炉。幽凤，指背面铸有凤形图纹的铜镜。

《宫娃歌》"象口吹香毾㲪暖，七星挂城闻漏板"，香兽多以涂金为狻猊、麒麟、凫鸭之状，空中以燃香，使烟自口出，以为玩好。此云象口吹香，盖为象形燃香器皿，而香喷于象口者也。毾㲪，细者谓之毾㲪，这里是指铺地的毛毡，此句的意思是说以象形香兽作为毡毯的镇角。

《沙路曲》"断烬遗香袅翠烟，烛骑蹄鸣上天去"，写照明的馀烬，还冒着袅袅翠色的香烟，丞相已骑上马入宫去朝见天子。沙路，指丞相一大早即上朝之路。断烬遗香，指蜡烛之馀火馀烟，清晨上朝须秉烛而行。烛骑，以烛炬拥卫相臣之骑，上天，指上朝。❶ 全诗表面歌颂出相入仕之荣

---

❶ 滕学钦疏译《李贺诗歌全集简疏今译》，中国书店，2010年版，第246页。

耀，实则暗含讽刺。

《秦宫诗》"楼头曲宴仙人语，帐底吹笙香雾浓"，写熏香为宴会助兴，声调婉媚。楼顶上的私宴，过路人还以为是仙人在讲话，帐幔里笙笛歌响，莺歌燕舞的场面里，醉生梦游的情境中，香雾正浓，香气为宴饮增添了一种温暖舒适的气氛。

《杨生青花紫石砚歌》"纱帷昼暖墨花春，轻沤漂沫松麝薰"，写墨香。书房里的石砚台上磨出的墨就像花一样绽开，色泽很好看，增添了春天的温暖，那轻轻磨出的墨泡，发出松麝的芳香气息，四处飘散，多么均匀，不论墨汁磨得干湿浓淡，数寸之内澄清如同秋空一般。沤、沫，皆水中细泡，轻沤漂沫，谓蘸少水以磨墨也，古墨以松烟为之，中和以麝熏香也。

《上云乐》"飞香走红满天春，花龙盘盘上紫云"，写出繁华骄奢、歌舞升平的帝宫华丽气象：宫廷之中，香烟瑞彩，洋溢散布，融合如春，盘旋升空，缭绕直上紫云。"飞"字以状香，可圈可点，可叹可赏，被张为一眼相中，选为《诗人主客图》中李贺的代表性佳句；不过，张为看到的句子是"飞香芝红满天春"，"芝红"较"走红"色彩更加绚烂。

四 宝枕垂云选春梦——李贺笔下的美人芳香

李贺没有娶过妻，但这并不妨碍他对女性逼真而细致的描写。屈原是李贺酷爱的古代诗人，他"咽咽学楚吟"（《伤心行》），《楚辞》美人芳香的传统对李贺影响至深。前论《昌谷北园新笋》"斫取青光写楚辞"，就是以《楚辞》概括自己的诗，隐然以屈原《离骚》《橘颂》自喻。李贺用香意象写人的诗，共有十馀处，这一类写人的香意象，可以从两个方面分别来分析。其一，表现一种人的精神节操、名声气节等，受到珍视或赞美。如《马诗二十三首》（其十三）："宝玦谁家子？长闻侠骨香。堆金买骏骨，将送楚襄王"，写不遇识马明君的骏马之悲。身上佩戴宝玦的是谁家的好男儿？久闻他豪侠的美名远扬四方。这里的香，指的是豪侠之士的美名。其二，描写美人芳香。这些美人，都是大家所倾慕的对象，因此不管是她们的头发，还是汗水，都有香气。这一类的香意象，表达着一种对美人的赞誉和欣赏。当然，这里的美人也包括歌妓舞女。从生理上讲，无论男女，身上总有几分体臭存在，而且年龄不同、种族不同，身上的气味也有所不同。就年龄而言，婴儿、成年人、老年人各有各的嗅味，而与性欲相关的气味，则总是要到青春发育的年龄，也正是这时候才会呈现成熟的特点。对于女性体香的审美，从根本上讲，是一种对女性体香而引起的欲望与快感的心理提升。

在李贺的一些诗歌中，后一类——用香指称美人芳香，占有主要比重。例如诗风幽艳的《美人梳头歌》云："西施晓梦绡帐寒，香鬟堕髻半沉檀……一编香丝云撒地，玉钗落处无声腻"，写伊人梦觉晓寒，发鬟髻堕，残妆未褪，全然是一副春梦初醒的模样，意境与其《春怀引》所云"宝枕垂云选春梦"可以互文，只是练字略逊一筹，但装饰性的香氛却为之增光不少。

看到山竹长势好，李贺便想象"织可承香汗，裁堪钓锦鳞"（《竹》），似乎编织成竹章即可承受美人的香汗。又如"烹龙炮凤玉脂泣，罗屏绣幕围香风"（《将进酒》），写豪奢宴席前浓歌艳舞，罗屏绣幕内，歌妓舞女环侍，香气袭人，显示了诗人对周边气息变化的敏锐辨别，其情境正是对《贵公子夜阑曲》前景的补叙。"花楼玉凤声娇狞，海绡红文香浅清"（《秦王饮酒》），摹写想象中秦始皇举行的一次内宫夜宴，展示出一幅色彩斑斓的宫阁行乐图。玉凤指歌女，娇狞形容声音糅合娇柔与狞厉之美。海绡红文，指织有红色花纹的绢纱舞衣。香浅清，形容香气微淡且清。

又如"舞裙香不暖，酒色上来迟"（《花游曲》），"罗袖从徊翔，香汗沾宝粟"（《河南府试十二月乐词·五月》），"真珠小娘下青廓，落苑香风飞绰绰……花袍白马不归来，浓蛾叠柳香唇醉"（《洛姝真珠》），"汉城黄柳映新帘，柏陵飞燕埋香骨"（《官街鼓》），"绿香绣帐何时歇？青云无光宫水咽"（《李夫人》），"玉转湿丝牵晓水，热粉生香琅玕紫"（《夜饮朝眠曲》），等等，皆为与美人相关之芳香。

在李贺的世界里，似乎只要是美人，只要涉及女人，都可以带上"香"。"香汗"，是美人身上特有的汗；"热粉生香"，是指女人脸上因热而散发出香气；"舞裙香"，是美女衣饰之香；"香鬟"是美人的秀发；"海绡红文"，指美人服装；"香风"，指美人带来的香气；"香唇"，指美女的芳唇；"绿香"——为何不用"暖香"来写李夫人之遗香？因为李夫人此时已经仙去，但帐中香气尚未歇息，"绿"更给人一种沉重哀痛之感。李贺的色彩运用很丰富，这一"绿"字写活了诗人的心境。

五　以香入诗是李贺生命意识的高贵之升华

总之，李贺笔下的香世界，包括植物芳香、物品芳香和美人芳香，其中蕴含着表达着渴望爱情、功名的生命体验，传递着唐代芳香建筑与芳香饰品的文化信息。这些香意象，有时指一种气味，一种芳香的气味，这是其自然属性，来源于大自然原生态的香气，那些自然花草树木所散发的馥郁芬芳，无一能逃过李贺的"巨鼻"。在这一类的诗歌中，李贺不仅描绘大自然的生机与活力，同时也给诗歌增添了一份诗意的朦胧的香气美感，使诗歌的韵味更加别致，既反映出以盛唐熔铸楚骚传统的一种努力，同时也带有一种唯美主义和浪漫的色彩。

李贺诗歌还有一种香，指向一种心态，一种审美，从诗中对于香气的喜爱，可以联想李贺灵魂深处的情感波澜。其中既有他对于爱情、功名的向往，也有对黑暗、乏味、单调的现实世界的补偿性幻想。而李贺对于香的喜爱，从某些层面上说，也是这种贵族心理和贵族审美的折射，同时也反映出他对贵族生活的艳羡之情；其中既交织着天真的少年意气，也满含着诗人的过分敏感，还有遭到排斥后的压抑，甚至于空虚和幻灭之感。

李贺不仅借用香意象来表达自己的情意，同时也烘托出一种浪漫温馨的气氛，营造出朦朦胧胧的意境，借用杜牧对李贺诗歌的艺术评价，可谓"云烟绵联，不足为其态也；水之迢迢，不足为其情也；春之盎盎，不足为其和也；秋之明洁，不足为其格也……时花美女，不足为其色也"[1]。这些香意象的运用，无不体现出李贺运用意象的精妙。在李贺的诗歌创作中，"香"犹如一根红线，既镕铸着对仕途前程的苦闷与救赎，也贯穿着对于美好生活的渴慕和向往。于是，他笔下的香意象，既有暂时忘却苦闷时对大自然的亲切感受，也有抒写对上层富贵生活的渴望。可以说，以香入诗的精神情调，可谓李贺生命意识的高贵之升华。

---

[1] 杜牧《李贺集序》，吴在庆《杜牧集系年校注》，中华书局，2008年版，第774页。

第三章

鼻观已有香严通

宋人诗之香道

第一节

宝马雕车香满路：宋代香文化概观

　　兴起于公元960年的宋朝，在物质文明方面，好像已经进入现代。货币之流通，火药之发明，火器之使用，航海之指南针，天文时钟，鼓风炉，水力纺纱机，船只使用不漏水舱壁等，都于宋代出现。无论哪一门类的物质文明史，宋代都是无法绕过的环节。在11、12世纪内，中国大城市里的生活程度，可以与世界上任何城市比较而无逊色。在精神文明方面，宋代被视为中国历史上最有品位的朝代，也是中国历史上文人的天堂时代。宋代人的生活中，有诗词歌赋，有丝弦佐茶，有桃李为友，有乐舞为伴。宋代文人生活趋于精致，焚香阅书，品石啜茗，游山乐水，于金石名物、琴棋书画、民间娱乐等，都达到高峰。欧阳修珍藏有一万卷书、一千卷金石遗文、琴一张、棋一局、酒一壶，加上自己这个老翁，刚好六个"一"，于是自称"六一居士"。吃茶，虽然在唐末因陆羽《茶经》而成为一种文化，但在宋代才成为文人品质的象征。吃茶的器具，也在宋代登峰造极。印刷业的蝴蝶装，到宋代才成为主要的装订形式，取代书籍以"卷"为单位的形态，在阅读时可以随便翻到某一页，而不必把全"卷"打开。今天最广泛使用的字体——宋体，也是用这个朝代命名的；因为在宋代，一种线条清瘦、平稳方正的字体，取代了粗壮的颜式字体，这种新体，就是"宋体"。

　　鲁迅曾说："一切好诗，到唐已被做完。"[1]话虽有些夸张，但从中国古典诗学的范畴来考察，唐诗确实包罗了诗歌的种种可能性，使得后人很难另辟

---

❶ 鲁迅《答杨霁云》，见《鲁迅书信集》，人民文学出版社，1976年版，下册，第699页。

天地。正如清人蒋士铨《辨诗》所云:"宋人生唐后,开辟真难为!"与诗歌不同,香文化在宋代,不但并无发展困境,而且随着经济之发展,全面进入鼎盛期。宋人普遍用香,香已遍及方方面面,可谓无处不在,甚至有香不离身之说。香文化也从皇宫内院、文人士大夫阶层扩展到市井里巷,无论宫廷、民间,还是文人阶层,佛、道、儒家都提倡用香、爱香、制香、品香、行香,使得香成为社会生活中的必需品,不仅在居室厅堂里熏香,在祭祀庆典、悼亡敬祖、求神拜佛、宴客酬宾等场合,无不用香。燕居而求幽玄的清境妙境雅境,更少香不得。风晨月夕,重帘低垂,焚一炉水沉,看它细烟轻聚,参它香远韵清,此在宋人生活中,正是日常的享受。

"麈尾唾壶俱屏去,尚存馀习炷炉香"❶,文人雅士家中还多专门设有香席来品香。还有所谓的"试香",在居室外焚香或在庭园内的"诗禅堂"试燃新制的合香,品评香的气味、香露的形态、焚烟留存的久暂。有熏烧的香,还有各式各样精美的香囊、香袋可供佩挂。李清照所云"香车宝马",辛弃疾所云"宝马雕车香满路",可证宋人驾驭马车在路上奔走之时,也未忘设几熏香,可谓香影相随,无处不在,车过之处,满路飘香。街肆上有专门贩香的店铺。北宋画家张择端描绘当时汴京盛况的《清明上河图》,街肆中就有专门贩卖香品的店铺名称和实景。人们不仅可以买香,还可以请人上门做香;富贵之家的妇人出行时,常有丫环持香薰球陪伴左右。

宋代尚香文化蔚为大观,不仅涌现出大量以香为主题的文学作品,奉香更成为文人雅士日常生活的重要部分,蕴含着丰富且深刻的人文内涵。尚香是宋代文人出于对群体身份的认同而形成的共同趣味和文化品位。文学作品中对香气氤氲的反复诉说和读书焚香的执着要求,是因为文人对香气养护性命的功能有着理性的认识,表现出重视生命价值的人文关怀。宋代士大夫以尚香正心慎独、濡养德性,其实质是对儒家修身养性理想人格的躬行实践。通过尚香可让人潜消世虑,回归清静本性,藉感应天地之香气沟通宇宙万物,体现出宋代文人对天人合一哲学境界的精神追求。❷

❶［宋］陆游《书事》,见《全宋诗》,第 40 册,第 25374 页。
❷ 杨庆存、郑倩茹《宋代尚香文化与人文内涵》,《东北师大学报》2019 年第 4 期。

　　宋代文人独坐幽思要焚香，如"耳界千声外，炉熏一室中。妙心那有住，真意本无空。香饭凝盂白，天花蔽席红。闲观色身相，方信幻人工"[1]。写诗填词要焚香，所谓"独坐闲无事，烧香赋小诗。可怜清夜雨，及此种花时"[2]，这是默坐独处，而享客亦然："有客过丈室，呼儿具炉薰。清谈似微馥，妙处渠应闻。沈水已成烬，博山尚停云。斯须客辞去，趺坐对馀芬。"[3]清雅不是莺边按谱，花前觅句，而是嫩日软阴，落花微雨，轻漾在清昼与黄昏中的水沉。抚琴赏花、吟哦读书、宴客会友、案头枕边、灯前月下……都要与香为伴，可谓香影随行。出于对香的喜爱，文人普遍参与香品、香炉的制作，不断改进焚香方法。

　　文人参与，使得宋代香文化充满灵性，富有诗意，繁盛而不浮华，考究而不雕琢。徐铉、苏轼、黄庭坚等人都是制香高手。宋初文人徐铉，常于夜晚在庭院中焚自制之名香，称"伴月香"。苏轼研制的名香有"雪中春信"，采用正月梅花上积雪所化之水，调配各种香料而成。《陈氏香谱》中记载有黄庭坚收集并题跋的四款香，其一名为"意和"，其二名为"意可"，其三名为"深静"，其四名为"小宗"，香名和题跋各具深意。

　　宋代合香的配方种类不断增加，制作工艺更加精良，而且在香品造型上也更加丰富多彩，出现了香印、香饼、香丸等繁多的样式，既利于香的使用，又增添了很多情趣。宋代之后，与焚香不同的"隔火熏香"法开始流行：不直接点燃香品，而是先点燃一块木炭，把它大半埋入香灰中，再在木炭上隔上一层传热的薄片，最后再在薄片上面放上香品，如此慢慢地"熏"烤，既可以消除烟气，又能使香味的散发更加舒缓。

　　文人常常于庭院中或幽室内雅集，举行香席活动，将新得之香、珍贵之香或自制之香焚熏以供同道品鉴，参加这种活动的文人，不仅财力不薄，更有很高的文化素养。香席活动与现代的香道大同小异，活动中名香飘逸，再加之吟诗作赋，自是风雅。周密《齐东野语》记载当时士大夫品玩香艺的一幕场景：

[1] [宋] 宋庠《斋中焚香宴坐》，《全宋诗》第 4 册，第 2199 页。
[2] [宋] 陆游《移花遇小雨喜甚为赋二十字》，见《全宋诗》，第 39 册，第 24595 页。
[3] [宋] 曾几《东轩小室即事五首》之五，见《全宋诗》，第 29 册，第 18512 页。

⊙图表 22　故宫博物院藏南宋竹涧焚香图（局部）

⊙图表 23　南宋末年墓葬出土香饼

张镃功甫，号约斋，循忠烈王诸孙，能诗，一时名士大夫，莫
不交游，其园池声妓服玩之丽甲天下。尝于南湖园作驾霄亭于四古松
间，以巨铁绉悬之空半而羁之松身。当风月清夜，与客梯登之，飘摇
云表，真有挟飞仙、溯紫清之意。

王简卿侍郎尝赴其牡丹会，云："众宾既集，坐一虚堂，寂无所
有。俄问左右云：'香已发未？'答云：'已发。'命卷帘，则异香自内
出，郁然满坐。群妓以酒肴丝竹，次第而至。别有名姬十辈皆衣白，
凡首饰衣领皆牡丹，首带照殿红一枝，执板奏歌侑觞，歌罢乐作乃
退。复垂帘谈论自如，良久，香起，卷帘如前。别十姬，易服与花而
出。大抵簪白花则衣紫，紫花则衣鹅黄，黄花则衣红，如是十杯，衣
与花凡十易。所讴者皆前辈牡丹名词。酒竟，歌者、乐者，无虑数
百十人，列行送客。烛光香雾，歌吹杂作，客皆恍然如仙游也。"❶

此牡丹会，诚香宴也。且不说其花气袭人之纵乐，与沉湎声色，只就
其中考究细微，却也称得上是用心了。南宋偏安，百业繁华，贵族有馀力
讲究唯美，寻求快乐，轻灵空虚的用香技艺，也被发挥到享受的极致。张
镃（1153—?），字功甫，张俊的曾孙。借父祖遗荫，生活侈汰，于孝宗
淳熙十二年（1185）构园林于南湖之滨。曾先后从杨万里、陆游学诗，并
多有唱和。有《南湖集》。王简卿侍郎，指王居安，字简卿，黄岩（今属
浙江）人。孝宗淳熙十四年（1187）进士，《宋史》卷 405 有传。以上记
载，可见宋代上流社会的奢华与风流之排场。用香考究，可谓到了精心奢
侈的地步。而宋代香道俨然已经成为一门艺术，达官贵人和文人墨客经常
相聚闻香，并制定了最初的仪式。

宋代香文化的鼎盛，更与皇帝的推动有密切关系。宋代开国皇帝赵匡
胤，虽是武将出身，却喜好读书，随军打仗时，也要携带书籍。重文更是
宋朝不变的基本国策。宋代历朝皇帝都非常重视文化建设，认为文化的繁
荣，才能充分体现国家富强和安乐。尤其是在庸于治国但精于艺术的宋徽

---

❶ [宋] 周密《齐东野语》卷二十，见《宋元笔记小说大观》，第 5683—5684 页。

宗赵佶的影响下，香道日益为士人所酷爱追捧，渗透在他们日常生活的各个角落。

宋代佛教，对香道发展也起到推动作用。继隋唐民族化的佛教格局形成之后，宋代佛教诸宗中最盛行的是禅宗，其次是天台宗、净土宗。诸宗会通融合深入进行，禅宗逐渐成为融合型的中国佛教的主体。宋代历朝皇帝在维持儒家正统地位的同时，都对佛教采取信奉和支持的态度。朝廷重臣和文坛领袖也多热衷释典，研究佛学。北宋时期士大夫多修佛学。士大夫社交圈子里，不谈禅，无以言。而且宋代佛教，逐渐从唐以前的贵族式经院佛学开始深入社会生活，自上而下地走向民间，佛教的教义、修行方式逐渐简易化和平民化，家家观世音，处处弥陀佛。佛教更加中国化、世俗化、平民化。佛教以为，香为信心之使，宋代僧人赞宁曾论"行香唱导"曰："香也者，解秽流芬，令人乐闻也。原其周人尚臭，冥合西域重香，佛出姬朝，远同符契矣。经中长者请佛，宿夜登楼，手秉香炉，以达信心，明日食时，佛即来至。故知香为信心之使也。"❶

道教方面，宋道士所撰《上清灵宝大法》中有《爇香》专论，曰："夫香者非木也，乃太真天香八种。曰道香，德香，无为香，自然香，清净香，妙洞真香，灵宝慧香，超三界香也。道香者，心香清香也。德香者，神也。无为者，意也。清净者，身也。兆以心神意身，一志不散，俯仰上存，必达上清。洗身无尘，他虑澄清，曰自然者。神不散乱，以意役神，心专精事穷苍，如近君。凡身不犯秽，四香合和，以归圆象，何虑祈福不应。妙洞者，运神朝奏三天金阙也。灵宝慧者，心定神全，存念感格三界，万灵临轩，即是超三界，外存神玉京，运神会道，不可阙一，即招八方正真生炁、灵宝慧光，即此道也。以应前四福，应于一身，以香爇火者，道德无为之纯诚也。以火爇火者，诚发于心也。愿通炎上之烟，用降真灵之格。"❷

---

❶［宋］释赞宁《大宋僧史略》卷中，大正新修大藏经本。

❷正统道藏正一部《上清灵宝大法》卷五四。《上清灵宝大法》题洞微高士开光救苦真人宁全真授，上清三洞弟子灵宝领教嗣师王契真纂。宁全真，北宋末南宋初道士，东华派创派人。

　　宋代香文化进入鼎盛的重要标志，是出现一大批香学专著，系统研究香药的配制、性状、配方，建构起香史的基本框架。例如丁谓的《天香传》、叶廷珪的《名香谱》、沈立的《沈氏香谱》、洪刍的《洪氏香谱》、陈敬的《陈氏香谱》，及南宋末年编撰的《居家必用事类》等。这些作者往往具有文士背景，如丁谓（966—1037）是太宗淳化三年（992）进士，真宗时官至宰相，仁宗朝初期，乾兴元年（1022）至天圣三年（1025）被贬海南，在崖州编撰《天香传》❶，率先为海南沉香作传。这部以"传"为名的《天香传》，在体例上与其他的谱录之体稍有不同。有些私人化品评意味夹杂其中。不过，以"传"命名，多少也带上了为海南沉香立传的严肃性，故而这篇"传"文，整体上仍然有严谨之风。《天香传》首叙用香来历已久，兼及儒典、释典、道典，次谈真宗朝用香、赐香情形，后叙自己贬谪海南以来，寻访海南香事，品评沉香产地，以黎母山为甲。随后为香分类，列出四名十二状，一一陈述其差别，最后参考史传的体例，以"赞语"结尾。这是一篇很重要的香文化著作，虽篇幅不长，但对香品、香器乃至香文化现象都有详细具体的描述。

　　随后，沈立的《沈氏香谱》应当是最早的系统性论香之谱，成书于熙宁七年（1074）以前，其中收录香的典故与香方。沈立（1007—1078），天圣间进士，曾任两浙转运使，还是宋代著名水利专家。《沈氏香谱》成书之后，沈立仍然对于《香谱》记载的缺憾念念不忘，故刻石记载香方，来作《香谱》的补充❷。徽宗朝，黄庭坚以"香癖"自居，其甥洪刍是哲宗绍圣元年（1094）进士，江西诗派成员，所编《香谱》，汇编香事典故，补充香方，收录了不少黄庭坚的香方与香方题跋。这部谱录，在沈立《香

---

❶ 陈敬《陈氏香谱》卷四丁谓《天香传》，收入《香谱（二种）》，浙江人民美术出版社，2016 年版，第 241 页。

❷ 陈敬《陈氏香谱》卷二"百刻篆图"条："昔尝撰《香谱序》，百刻香印未详，广德吴正仲制其刻并香法，见觊，较之颇精审，非雅才妙思，孰能至是，因刻于石，传诸好事者。熙宁甲寅岁仲春二日右谏议大夫知宣城郡沈立题"（《香谱（二种）》，浙江人民美术出版社，第 108 页），可知《香谱》一书，当撰于熙宁甲寅（1074）之前，当时书中无"百刻篆"条详叙。

谱》的基础上兼收并蓄❶，与其后颜博文的《香史》，并为宋代香学史上的重要典籍。遗憾的是沈立《沈氏香谱》、洪刍《洪氏香谱》❷、颜博文《香史》现已不存。《名香谱》的作者叶廷珪，徽宗政和五年（1115）进士，历仕太常寺丞、兵部郎中。以左朝请大夫知泉州，后移漳州。正是在这批文人的积极参与下，宋代香文化才得以达到新的高度。

举南宋末年陈敬所编撰的《陈氏香谱》为例。因为士大夫是宋代香道的中坚力量，所以《陈氏香谱》收录的凝和诸香（合成香）中，冠以士大夫名号者，要占到一半以上，如丁公美香篆、李次公香、赵清献公香、丁晋公清真香、韩魏公浓梅香等。由于士大夫的推崇和参与，香道成为宋代一种精致的雅文化，是生活品位的重要标志。《陈氏香谱》杂采沈立、洪刍等十一家之香谱，以博为长，征引颇繁，带有一定的集成性质。其中记载的宋人香道，包括香料的品鉴、凝和制作、使用等诸多方面。香品原料约八十馀种，常见的有沉香、麝香等，较贵重的有督褥香、龙涎香等。

在一般士人家中，焚香是一项重要的待客礼仪。客人来访时，在献茶、摆酒、设肴、举乐、进舞之前，一般先要焚香。尤其是在设宴待客的时候，从客人到来到宴会结束，会一直香气氤氲缭绕。香的凝和制作颇有讲究，工艺环节大致有捣、锉、炮、炙、炒、煨、蒸、飞、合等。其中捣香、合香最为关键。捣香要注意香捣得既不能太粗，也不能太细。"太细则烟不永，太粗则气不和。"大多数凝和香方中，都包含两种以上的香料。这就要求"合香"时，既要使性状质地不同的香料中和在一起，又要

---

❶ 周紫芝《太仓稊米集》有《题洪驹父〈香谱〉后》，曰："历阳沈谏议家，昔号藏书最多者。今世所传《香谱》，盖谏议公所自集也。以为尽得诸家所载香事矣。以今洪驹父所集观之，十分未得其一二也。余在富川，作妙香寮，永兴郭元寿赋长篇，其后贵池丞刘君颖与余凡五赓其韵，往返十篇。所用香事颇多，犹有一二事，驹父《谱》中不录者"云云。则当时推重洪刍《谱》，在沈立《谱》之上。

❷ 通常会将百川学海本《香谱》题为"洪刍《香谱》"，不过笔者认为，这部百川学海本《香谱》，应当是南宋时期编纂的另一部《香谱》，吸收了沈立《香谱》、洪刍《香谱》中的部分条目；但百川学海本的《香谱》的内容，与作为节本的曾慥《类说》本洪刍《香后谱》已相去甚远；晁公武《郡斋读书志》所记洪刍《香谱》"集古今香法"中所举五种香方，均不载百川本《香谱》，故而百川本《香谱》应当并非洪刍《香谱》，而洪刍《香谱》已佚，仅部分条目见于陈敬《香谱》所引。

注意使气味互不相掩，制出的香氛方能层次清晰。"合香之法，贵于使众香咸为一体，麝滋而散，挠之使匀；沉实而腴，碎之使和；檀坚而燥，揉之使腻，比其性，等其物而高下。"（《陈氏香谱》卷一）焚香的环节，也非常讲究。不同的香品，焚烧的方法不同。有的要在密室中焚，有的要在通风的地方烧；火功有的要文，有的要武；有的衬银叶子，有的衬云母片；有的以无烟为佳，有的要一线烟线直上不散，有的香烟会结成毯状。香性燥，因此焚香时如何避免烟燥气很关键。一般选取深房曲室，香炉放置低与膝平，香与炭火之间，隔一片银衬叶或云母片，使"香不及火"，香气缓缓散发，飘入厅堂，厅堂中有香而无烟。也可以取一个深的香盘，冲入沸水，在蒸汽氤郁的时候，把香炉放入香盘内，置香炉中，下衬以银叶或云母片，以香煤来焚烧。这时分解出的香的分子，会附着到水蒸气上，香而不燥，温润宜人。

伴随香文化而不断衍生发展的香品香器，受到文人阶层的追捧，以至于成为熏香用途之外的观赏品。其名目繁多，有香炉、手炉、香斗、香篆、卧炉、香筒、香笼、香瓶、香盘、香盒、香瓮、香壶、香罂、熏球（或香球）、香桦、香插、香夹、香箸、香匙、香铲及香囊等，以及摆放香炉的各式香几、香榻、香案、香台等。最重要的是香炉，有狻猊、凫鸭等各种形状。李清照《凤凰台上忆吹箫》词中首句所说"香冷金猊"，就是金色狻猊形状的香炉中香已燃尽的情形。宋周必大《二老堂杂志·大宴金狮子》则云："香袅狻猊，杂瑞烟于彩仗。"宋代，各种不同材质、工艺的香炉，成为文人书桌案头不可或缺的赏玩之物。

各种不同的场所焚香时使用的香炉也不尽相同，比如弹琴的时候，有专门用来焚香的琴炉。琴炉造型小巧精致，一次可以焚香一支。抚琴之时，沐浴在袅袅的烟雾和阵阵的幽香之中，令人如痴如醉，如梦如幻。宋徽宗题押的《听琴图》即有定窑塔式琴炉。这件琴炉造型典雅、瓷质细腻、釉色光泽莹润，是定窑瓷器中的精品。宋徽宗好古成癖，青色幽玄的汝窑瓷器，正迎合他的审美，因此，宫廷内"弃定用汝"，汝窑瓷器成为宫廷御用瓷。而在民间，由于瓷炉比铜炉价格低廉，所以为普通百姓所通用。宋代最著名的官窑、哥窑、定窑、汝窑、钧窑等五大名窑都制作过大量的瓷香炉。瓷香炉虽然不像铜香炉那样精雕细琢，但自成朴实简洁的风格，具有很高的美学价值。

香席活动中，造型雅致的香炉不可或缺。样式有鼎三足炉、弦纹三足炉、鬲式香炉、奁式香炉等。通过熏香，不仅可以达到嗅觉上的愉悦感受，雅致的香炉又可以达到视觉上的完美体验。《西园雅集图》《槐荫消夏图》《竹涧焚香图》《听阮图》《听琴图轴》等，均有焚香的场景或香炉的形象出现。其中宋代佚名所绘水墨《西园雅集图》中，十六人的聚会，古器用了十数个，包括茶器、酒器、香器，其中香炉竟然占了半数，从形制上粗看下来，甂式炉、鬲式炉、筒式炉、奁式炉、高足杯炉等等都有。从器物数量比例来看，宋人雅集，抚琴、饮酒、啜茶，都离不开焚香，甚至可以说，焚香比其他更重要。米芾《西园雅集图记》更是有一句"水石潺湲，风竹相吞，炉烟方袅，草木自馨，人间清旷之乐，不过于此"，能玩出"炉烟方袅"的种种情趣，是因为雅集的核心人物苏、黄二人，其实都是制香玩香高手。绘画中不仅可以一窥焚香之风在宋代的盛行，还可以看到宋代文人追求修身养性的生活方式。传世的几幅宋元人所绘《听琴图轴》，抚琴者身边多设一香几，香几之上，小炉香烟袅袅，所焚或亦水沉。赵希鹄《洞天清录·古琴辨》云："焚香惟取香清而烟少者，若浓烟扑鼻，大败佳兴，当用水沉、蓬莱，忌用龙涎、笃耨凡儿女态者。""夜深人静，月明当轩，香爇水沉，曲弹古调，此与羲皇上人何异？"这不仅仅是一种点缀，更是文人阶层一种真实的生活方式，一种内在精神的修炼与升华。

宋代文人习惯于在书桌上陈设香炉，香炉堪称宋代文人精神的最抢眼的物化符号❶。造型各异的香炉，不仅香其鼻息，更正其心神，代表书案主人的审美个性和素养。从宋初的浮华绚丽，归于平淡质朴，崇尚简约的理性美。色调和造型以简洁雅致为美，不尚华丽绮靡的风格。刘松年所绘《秋窗读易图》就表现了此种读书场景：书斋临水而居，掩映在参天古树之下；主人在书桌前展卷深思，桌上放着笔墨纸砚和书卷，旁设一具鬲式香炉。宋代香炉造物，具有如玉一般素雅的质感，追寻一种古典韵味，其

---

❶ 详情参见扬之水《两宋香炉源流》，《中国典籍与文化》2004 年第 1 期。

细腻雅致、平易温婉的美感及简洁质朴的造型，或多或少受到宋代理学精神的影响。比如现藏于台北故宫博物院的两款定窑牙白弦纹三足炉及现藏于波士顿美术馆的弦纹白瓷炉，都属此类。这些香炉，只有简单的弦纹作装饰，器形简约，没有过多雕琢的痕迹。

有宋一代，香料也有长足发展。随着香药贸易带来的可观财政收入，宋朝统治者对香药愈加重视，香药的采集、贸易及经营，需要一套完整的管理体系，因此香药行业的主管机构应运而生。《太平寰宇记》《元丰九域志》《武林旧事》《岭外代答》中有关土贡香药的记载，显示中国本土香药以麝香、狨香、沉香、黄香、茅香等为主，其中麝香、狨香是动物香料。动物香料的出现，说明宋人取香用香已超出植物香料的范畴，有了进一步深入。洪刍《香谱》列出麝香、白檀香、苏合香、熏陆香、詹糖香、甲香等本土香药的产地、性状、用途等。可见，宋朝本土香药为香的使用提供了来源。

香药在宋代的发展壮大，除本土香药可供使用外，更多受到外国香料朝贡和贸易的影响。宋代的航海技术高度发达，南方"海上丝绸之路"比唐代更为繁荣。巨大的商船把南亚和欧洲的乳香、龙脑、沉香、苏合香等多种香料运抵泉州等东南沿海港口，再转往内地。同时，将麟香等中国盛产的香料运往南亚和欧洲。《宋史·食货志》记载，宋太祖开宝四年（971），先后在广州、杭州、明州置市舶司，与大食、古逻、阇婆、占城、浡泥、麻逸、三佛齐等国进行香药香料贸易。除东南亚、中东国家与宋朝有香药贸易往来以外，《宋史·外国三》还载有太宗朝时，高丽国遣使以香药进贡的事例。据宋朝当时的政治经济状况而言，香药贸易无疑给财政雪中送炭。如《宋史·食货志》云："天圣以来，象犀、珠玉、香药、宝货充牣府库，尝斥其馀以易金帛、刍粟，县官用度实有助焉。……皇祐中，总岁入象犀、珠玉、香药之类，其数五十三万有馀。"❶

"靖康之变"导致北宋灭亡，宋室南迁，沉重的岁币压力，使宋当局财政吃紧。在这种情况下，香药贸易发挥了关键作用。宋室的经费来

❶《宋史》卷一八六《食货志下八·互市舶法》，中华书局点校本，第4559页。

源，在茶、盐、矾之外，只有香的利润最大。仅建炎四年（1130），泉州博买抽乳香十三等，就有八万六千七百八十斤。据《宋史·食货志》，绍兴六年（1136），朝廷抽解大食国的乳香息钱达九十八万缗，闽、广的舶务监官抽买乳香达到一百万两。为增加财政收入，宋太宗时置榷署于京师，诏诸蕃香药宝货至广州、交趾、两浙、泉州，不得私相贸易，从而将香药纳入"禁榷"行列，香药能为朝廷盈利，朝廷也就更多地鼓励香药贸易。宋赵彦卫《云麓漫钞》卷五载："福建市舶司，常到诸国舶船，大食、嘉令、麻辣、新条、甘杝、三佛齐国则有真珠、象牙、犀角、脑子、乳香、沉香、煎香、珊瑚、琉璃、玛瑙、玳瑁、筒栀子、香蔷薇、水龙涎等。真腊亦名真里富，三泊、缘洋、登流眉、西棚、罗斛、蒲甘国则有金颜香等。淳泥国则有脑版。阇婆国多药物。占城、目丽、木力千、宾达侬、胡麻巴洞、新洲国则有夹煎。佛啰安、朋丰、达啰啼、达磨国则有木香。波斯兰、麻逸、三屿、蒲哩唤、白蒲迩国则有吉贝布、贝纱。高丽国则有人参、银、铜、水银、绫布等物。人抵诸国产香略同。以上舶船候南风则回，惟高丽北风方回。凡乳香有拣香、瓶香（分三等）、袋香（分三等）、榻香、黑榻、水湿黑榻、缠末。如上诸国，多不见史传，惟市舶司有之。"[1]

在香品中，沉香为宋人所格外偏爱。"沉水一铢销永昼，蠹书数叶伴残更"[2]，怡神涤虑，澹志忘情，即是宋代香道境界之最佳写照。宋人苏颂（1021—1086）《本草图经》"沉香"条曰："此香之奇异，最多品，故相丁谓在海南作《天香传》，言之尽矣。"所谓"多品"，是宋代才有的情景，因为用量大增，所以交易过程中，不能不有细致的区别。宋时，一两沉香一两黄金，所以丁谓《天香传》云"贵重沉栈香，与黄金同价"，沉香之优等，又分作若干品目。而沉香之于焚香，若论品鉴之精，则首推范成大《桂海虞衡志》中的《志香》。宋叶寘《坦斋笔衡》曰"范致能平生酷爱水沉香，有精鉴"，范成大之精鉴，便正显露在《志香》，它因此成为品鉴沉香的经典。宋代沉香及香事中的种种趣味和好尚，叙述之近实与纤

---

[1]［宋］赵彦卫《云麓漫钞》卷五，清咸丰涉闻梓旧本。

[2]［宋］刘克庄《身在》，见《全宋诗》第58册，第36168页。

悉，舍此无他。当然《志香》所述种种，自有其独特的角度，优劣高下，其标准并非基于日用及常程祭享，而是士人燕居之焚香。由《志香》中的品评，可知宋人所重为花香、果香。

沉香中有一种饶此风味的蓬莱香，为沉水香的树脂结聚未成者，多呈小笠或大菌之状，大者直径达一二尺，色状皆似沉水香，惟入水则浮，刳去其背部带木处，亦多沉水。香气稍轻，清芳远，价次于沉水香。陈敬《陈氏香谱》卷一引叶廷珪云："出海南、山西。其初连木状，如粟棘房，土人谓棘香。刀刳去木而出其香，则坚倒而光泽。士大夫目为蓬莱香，气清而长耳。品虽侔于真腊，然地之所产者少，而官于彼者乃得之，商舶罕获焉。故直常倍于真腊所产者云。"见于宋诗者，赵蕃《简梁叔昭觅香》云："雨住山岚更郁深，病夫晨起畏岑岑。可能乞我蓬莱炷，要遣衣襟润不侵。"[1]"蓬莱"下其自注云："香名。"孝宗淳熙元年（1174），周必大致刘焞的书信中也提到以"海南蓬莱香十两"为赠[2]。

还有一种鹧鸪斑香，为香中之绝佳者，系从沉水香、蓬莱香及笺香中所得，因其色斑如鹧鸪，故名。丁谓《天香传》即云："鹧鸪斑，色驳杂如鹧鸪羽也。"[3]叶廷珪《名香谱》有鹧鸪斑香，谓其"出日南"[4]。范成大《桂海虞衡志·志香》亦云："鹧鸪斑香，亦得之于海南沈水、蓬莱及绝好笺香中，槎牙轻松，色褐黑而有白斑点点，如鹧鸪臆上毛，气尤清婉似莲花。"[5]宋张师正《倦游杂录》："沉香木，岭南诸郡悉有之，濒海诸州尤多。……今南恩、高、窦等州，惟产生结香。盖山民入山，见香木之曲干斜枝，必以刀斫之成坎，经年得雨水所渍，遂结香。复以锯取之，刮去白木，其香结为斑点，亦名鹧鸪斑，燔之甚佳。"[6]

---

[1] ［宋］赵蕃《简梁叔昭觅香》，见《全宋诗》第 49 册，第 30790 页。

[2] ［宋］周必大《文忠集》卷一九〇，文渊阁四库全书本。

[3] 见陈敬《陈氏香谱》卷四，文渊阁四库全书本。

[4] 见陈敬《陈氏香谱》卷一。

[5] ［宋］范成大《桂海虞衡志》，清知不足斋丛书本。

[6] 涵芬楼本《说郛》卷十四。又宋任渊《山谷内集诗注》引《倦游录》云："高窦等州产生结香，山民见香木曲干斜枝，以刀斫成坎，经年得雨水渍，复锯取之，刮去白木，其香结为斑点，亦名鹧鸪斑。"（文渊阁四库全书本《山谷内集诗注》内集卷三）

见于宋诗者，北宋李纲《春昼书怀》云："匣砚细磨鸲鹆眼，茶瓶深注鹧鸪斑"❶；黄庭坚《有惠江南中香者戏答六言二首》云："螺甲割昆仑耳，香材屑鹧鸪斑。"❷南宋朱翌《书事》云："洗砚谛视鸲鹆眼，焚香仍拣鹧鸪斑"❸，陆游《无客》云："砚涵鸲鹆眼，香斫鹧鸪斑"，又《斋中杂题四首》其三云："棐几砚涵鸲鹆眼，古奁香斫鹧鸪斑"❹，北宋魏泰《东轩笔录》卷十五云，端溪砚有三种，曰岩石，曰西坑，曰后历，"石色深紫，衬手而润，几于有水，扣之声清远，石上有点，青绿间，晕圆小而紧者谓之鸲鹆眼"，此即一等之"岩石"，乃采于水底，最贵重，便是诗中的"下岩鸲鹆眼"。端砚水沉合作一份土仪，正是现成的诗材，不过鹧鸪斑本不属上岸香，诗大约只是为了舍不得"下岩""上岸"的好对。陆放翁诗中的"古奁"，乃一种奁形香炉，宋侯寘《菩萨蛮·木犀十咏》"熏沉"一阕，有"小奁熏水沉"❺句，亦此。小，正是它的特色之一。如浙江绍兴县钱清镇环翠塔地宫出土的一件龙泉窑青瓷炉，高9.5厘米，口径14厘米，直筒式亦即奁形的炉身，两面对饰福和寿并牡丹花两枝，炉底三个兽蹄足，香炉里面尚存着香灰，出土于"咸淳乙丑六月廿八辛未"的纪年石函中❻。时代明确。其他见于宋诗者，赵汝鐩《谢人送端砚水沉》"砚寄下岩鸲鹆眼，沉分上岸鹧鸪斑"❼，曹彦约《夜坐》"吏退灯明书到眼，袖炉烘暖鹧鸪斑"❽，何应龙《春寒》"博山熏尽鹧鸪斑，罗带同心不忍看"❾，王镃《春寒》"玉屏烟冷鹧鸪斑，翡翠帘遮好梦残"❿，写的也都是鹧鸪斑香。此后，清人朱彝尊《风怀》"砚明鸲鹆眼，香爇鹧鸪肪"，黄景仁《元日大雪》"端坑呵冻晕鸲鹆，闽盏试茶温鹧鸪"，查慎行《戏柬高要令王寅采同年》

❶[宋]李纲《梁溪集》卷八，文渊阁四库全书本。
❷[宋]黄庭坚《豫章黄先生文集》卷十二，四部丛刊景宋乾道刊本。
❸[宋]朱翌《灊山集》卷二，清知不足斋丛书本；《全宋诗》第33册，第20843页。
❹《全宋诗》第40册，第25218页；第24900页。
❺[宋]侯寘《菩萨蛮·木犀十咏》，见《全宋词》第2册，第1432页。
❻浙江省博物馆《浙江纪年瓷》，图二一四，文物出版社，2000年版。
❼《全宋诗》第55册，第34284页。
❽《全宋诗》第51册，第32184页。
❾《全宋诗》第67册，第42012页。
❿《全宋诗》第68册，第43206页。

"砚开鸜鹆眼，香点鹧鸪斑"，程梦星《香溪集云舫喜晤雪庄》"画就案闲
鸜鹆砚，香残炉印鹧鸪斑"，皆脱胎于宋诗❶。

宋人评香，以清为雅，或味清，或烟清。如赵希鹄《洞天清录》提
及"绝尘香"之美妙，谓之"其香绝尘境而助清逸之兴"❷。顾文荐评南宋
官方中兴复古香是"香味氤氲极有清韵"；又品论香品差异，多用金颜香，
则"辛辣之气无复清芬韵度也"❸。《坦斋笔衡》论两广橄榄香，广海之北
的橄榄木之节目结成，"状如胶饴而清烈，无俗脐旋气，烟清味严，宛有
真馥"❹。因之，南宋理宗时曾充缉熙殿应制之陈郁（？—1275），以"香
有富贵四和，不若台阁四和，台阁四和不若山林四和。盖荔枝壳、甘蔗
滓、干柏叶、茅山黄连之类，各有自然之香也"❺。香之清雅已经令人喜
欢，而宋人还要更求它婉转动人，于是增益花韵，用香花的精油熏制水
沉，宋诗每云"蒸沉"，即此。如周紫芝《刘文卿烧木犀沉为作长句》云：

> 海南万里水沉树，江南九月木犀花。不知谁作造化手，幻出此等
> 无品差。刘郎嗜好与众异，煮蜜成香出新意。短窗护日度春深，石鼎
> 生云得烟细。梦回依约在秋山，马上清香扑霜雰。平生可笑范蔚宗，
> 甲煎浅俗语未公。此香似有郢人质，能受匠石斤成风。不须百和费假
> 合，成一种性无异同。能知二物本同气，鼻观已有香严通。聊将戏事
> 作薄相，办此一笑供儿童。❻

诗中的石鼎，指香炉。范蔚宗即范晔，其《和香方序》有"甲煎浅俗"之
句。百和，百和香也，宋代虽然不大用此称，但调和众香制为焚香用的
香丸和香饼，本来就风味各异，这里不过抑彼扬此，意在称扬水沉与木
犀，犹如郢人与匠石的"二难并"，各存本性，而气味同清，因此相对而

❶ 参见钱锺书《谈艺录》，生活·读书·新知三联书店，2019年版，第303—304页。
❷ 见周嘉胄《香乘》卷十二。
❸ [宋]顾文荐《负暄杂录》，《说郛三种》涵芬楼本卷十八龙涎香品条，上海古籍出版社，
　　1988年版，第332页。
❹ [宋]叶寘《坦斋笔衡》，《说郛三种》涵芬楼本卷十八，第325页。
❺ [宋]陈郁《藏一话腴》，《说郛三种》涵芬楼本卷六十，第909页。
❻ [宋]周紫芝《刘文卿烧木犀沉为作长句》，见《全宋诗》第26册，第17290页。

又相谐得恰到好处。其实，用来精制水沉的香花不止于木犀，宋人常常提到的，尚有朱栾花和柚花、素馨和茉莉。宋张世南《游宦纪闻》卷五云："永嘉之柑为天下冠，有一种名朱栾，花比柑橘，其香绝胜，以笺香或降真香作片，锡为小甑，实花一重，香骨一重，常使花多于香，窍甑之旁，以泄汗液，以器贮之，毕，则彻甑去花，以液渍香，明日再蒸，凡三四易，花暴干，置磁器中密封，其香最佳。"朱栾，枳也，即芸香科的酸橙或枳橘，宋人常把它用来当作嫁接好柑的砧木。酸橙尚有一变种，今名代代花，白花开在春夏，香气馥郁，与《桂海虞衡志·志花》篇中说到的用来蒸香的柚花大抵相当。杨万里《和仲良分送柚花沉三首》句有"薰然真腊水沉片，承以洞庭春雪花"，"锯沉百叠糁琼英，一日三薰更九蒸"[1]。春雪花，状柚花之色也；"锯沉百叠"云云，便是《游宦纪闻》中说到的香木作片，在锡制的小甑里，叠花一层，叠香一层；"一日三薰"句，则《游宦纪闻》所述之蒸花。蒸花的过程，类似今天以蒸馏法提炼香花中的精油，不过宋人是把蒸馏香水与薰制水沉合为一事。杨万里《红玫瑰》"别有国香收不得，诗人薰入水沉中"[2]，用作薰沉的办法，也大同小异。

梅花在赵宋最受宠爱，一如牡丹之在李唐。陆游《卜算子·咏梅》"零落成泥碾作尘，只有香如故"，正道出宋人喜爱梅花的要义。梅香的清韵，自然也为合香家所求。返魂梅，香谱中列有多品，曾几下面两首诗，即咏返魂梅之香：

> 径菊庭兰日夜摧，禅房未合有江梅。香今政作依稀似，花乃能令顷刻开。笑说巫阳真浪下，寄声驿使未须来。为君浮动黄昏月，挽取林逋句法回。（《返魂梅》）

> 蜡炬高花半欲摧，斑斑小雨学黄梅。有时燕寝香中坐，如梦前村雪里开。披拂故令携袖满，横斜便欲映窗来。重帘幽户深深闭，亦恐风飘不得回。（《诸人见和返魂梅再次韵》）[3]

---

❶ [宋]杨万里《和仲良分送柚花沉三首》，见《全宋诗》第 26 册，第 17290 页。

❷ 杨万里《红玫瑰》，见《全宋诗》第 42 册，第 26367 页。

❸ [宋]曾几《茶山集》卷六七言律诗，清武英殿聚珍版丛书本。

《瀛奎律髓》卷二十录此两首，编者方回曰："此非梅花也，乃制香者，合诸香，令气味如梅花，号之曰返魂梅。"又，周紫芝《汉宫春》词前小序云："别乘赵李成以山谷道人反魂梅香材见遗，明日剂成，下帷一炷，恍然如身在孤山，雪后园林，水边篱落，使人神气俱清。"❶亦为其例。❷

　　总之，于宋人而言，香是无上的享受，值得用上一生大半的精力去陪伴。借由香，可以观心，可以悟道，这是宋人用香的最高境界。宋人在读书时，习惯于炉中焚着香丸或香饼，盈盈雾霭的斗室内洋溢着平和恬静的美。在这里，一切世俗的纷繁扰攘皆伴随着袅袅香烟化为乌有，就在这氤氲雾霭中，宋代文人熏陶出高雅的人文素养和文化品格。唐人常于山林修炼，向外与山林、乡村一体，宋人则喜静室修炼，转为向内修炼。一般的宋代读书人焚香一炷，即可达到一种心灵上的修炼。周紫芝《北湖暮春十首》其五所谓："长安市里人如海，静寂庵中日似年。梦断午窗花影转，小炉犹有睡时烟。"❸午梦里，也少不得香烟一缕。正表达出一种内在生活的充实，自成一小世界。此般情调在宋人日常生活中似乎有一种特别的温存。

❶ 周紫芝《汉宫春》，见《全宋词》，第2册，第878页。
❷ 以上内容主要参考扬之水《香识·宋人的沉香》，广西师范大学出版社，2011年版，第137—142页。
❸《全宋诗》，第26册，第17393页。

第二节

宝熏清夜起氤氲：宋诗咏香之一瞥

尽管有唐诗在前是宋人的大不幸，但今天看来，宋诗仍无逊为继唐诗之后的又一高峰。北京大学出版社出版的《全宋诗》收入 25.4 万馀首诗，作者 9000 馀人，虽不能说与唐诗相媲美，但也以其鲜明的时代特色和独特的艺术风范，开辟了诗歌创作的新天地，其总体成就要超过元明清三代。

宋诗在很大程度上都是从唐诗发展而来的，宋人对待成就卓越的唐诗，最初是抱着学习和模仿的态度的。他们先后选择白居易、贾岛、李白、韩愈、李商隐、杜甫作为典范，反映出对唐诗的崇拜。这使宋诗想挣脱唐诗的束缚，有很大的困难，于是，宋诗就在唐诗基础上继续向深处挖掘。

大体说来，宋诗有以下三个特点：第一，在题材方面，各种琐碎细事，都成为宋人笔下的诗料，使宋诗的选材角度趋向世俗化；第二，在风格方面，宋诗也有自己独到之处，宋代许多诗人有着自己独特的艺术风格，如梅尧臣的平淡，王安石的精致，苏轼的畅达，黄庭坚的硬瘦，杨万里的活泼；第三，从美学角度来看，宋诗相对于唐诗，它的情感内蕴经过理性的节制，更为温和、内敛，其艺术外貌则显得平淡瘦劲，它是宋人对生活深层思考的文学表现。有成就的宋代诗人多善于从生活（尤其是身边的日常生活）中寻找诗料，并努力挖掘其中的意蕴，所以宋诗颇有文人的生活气息。唐诗特别是盛唐诗，重在自然意象的运用，而宋诗则偏重人文意象的表现。这也是唐宋诗的区别。

两宋诗歌中，咏香之作出奇多。仅仅从曾巩、苏轼、黄庭坚、陈去非、邵雍、朱熹等人写香的诗中，即不难看出，香不仅渗入宋代诗人的生活，而且已有相当高的品位。即使在日常生活中，香也不单单是芳香之物，而已成为怡情的、审美的、启迪性灵的妙物。试看曾巩的《凝香斋》：

> 每觉西斋景最幽，不知官是古诸侯。一尊风月身无事，千里耕桑岁有秋。云水醒心鸣好鸟，玉沙清耳漱寒流。沉烟细细临黄卷，疑在香炉最上头。❶

熙宁四年（1071），曾巩由越州通判改任齐州知州。到任后，改善邑政，"除其奸强而振其弛坏，去其疾苦而抚其善良，未期，囹圄多空，而桴鼓几息，岁又连熟，州以无事。"（曾巩《齐州杂诗序》）因而得以悠游湖山，赋诗娱情。"曾子固曾通判吾州，爱其山水，赋咏最多。"❷本篇即其佳作之一。

凝香斋，原名西斋，位于济南大明湖畔，取韦应物"燕寝凝清香"诗句命名。首句点题，领起全诗，以下具体描述身临西斋、徜徉山水的美好感受。"不知官是"，用戏谑语调说自己连担任地方长官的身份都忘却了，可见善于治邑，游刃有馀。"一尊风月"，手持酒杯，临风赏月，"千里耕桑"，广大地区，庄稼茁壮，一写个人生活，一写社会环境，"无事""有秋"，紧密关联。正由于此，方可静心领略明湖风情，"好鸟"嘤鸣，"寒流"激荡，使他"醒心""清耳"，心旷神怡。末联写于凝香斋潜心书史，置身高雅之境。用前贤称赏的风物绝佳的香炉峰来比拟凝香斋，可见对齐州山水十分喜爱。此诗抒发诗人于邑政之暇优游湖山、沉心书史的高雅情趣，全篇意境清幽隽洁，虚实相映，对仗工整，音律和谐，令人耳目清爽。

再来看陈去非的《焚香》：

> 明窗延静昼，默坐消诸缘；即将无限意，寓此一炷烟。当时戒定慧，妙供均人天；我岂不清友，于今心醒然。炉烟袅孤碧，云缕霏数

---

❶［宋］曾巩《元丰类稿》卷七，文渊阁四库全书本。
❷［清］王士禛《带经堂诗话》卷十四，人民文学出版社，1963年版，第357页。

千，悠然凌空去，缥缈随风还。世事有过现，熏性无变迁；应是水中月，波定还自圆。❶

由焚香而悟道，无限情怀心意，寓寄一炷烟中。一炷烟升，天人妙合。世事沧桑，而熏性不改，如水中月，波定仍圆。

再看朱熹的《香界》：

> 幽兴年来莫与同，滋兰聊欲泛光风；真成佛国香云界，不数淮山桂树丛。花气无边曛欲醉，灵氛一点静还通；何须楚客纫秋佩，坐卧经行住此中。❷

雍容闲雅，正是朱子风范。特别是"花气无边曛欲醉，灵氛一点静还通"一联，更是微妙圆通，堪为香道之写照，非精于香乘者，难以道出。

陆游集中咏香之作颇多，《剑南诗稿》中"焚香""烧香""炉香"这样的字眼，可谓触目可见，且常与闭门、杜门、扫地等相互组合，不胜枚举。其《焚香赋》云：

> 陆子起玉局，牧新定。至郡弥年，困于簿领。意不自得，又适病肯。厌喧哗，事幽屏。却文移，谢造请。闭阁垂帷，自放于宴寂之境。
>
> 时则有二趾之几，两耳之鼎。爇明窗之宝炷，消昼漏之方永。其始也，灰厚火深，烟虽未形，而香已发闻矣。其少进也，绵绵如皋端之息；其上达也，蔼蔼如山穴之云。新鼻观之异境，散天葩之奇芬。既卷舒而缥缈，复聚散而轮囷。傍琴书而变灭，留巾袂之氤氲。参佛龛之夜供，异朝衣之晨熏。
>
> 余方将上疏挂冠，诛茅筑室。从山林之故友，娱耄耋之馀日。暴丹荔之衣，庄芳兰之茁。徙秋菊之英，拾古柏之实。纳之玉兔之白，

---

❶［宋］陈与义《烧香》，不见于其《简斋集》，但收录于陈敬《陈氏香谱》卷四，明周嘉胄《香乘》卷二七、《全宋诗》（北京大学出版社，1997年版，第31册，第19584—19585页）乃据以转录，《香乘》改题《焚香》。即将，一作聊将。清友之友字，《陈氏香谱》阙。罪数千，一作飞数千。自圆，一作自丸。

❷［宋］朱熹《晦庵先生朱文公文集》卷三，四部丛刊景明嘉靖本。

焚香賦
陸子起玉局歛新定至郡彌年困于薄領意不自得又適病青厭喧嘩事幽屏却文移謝造請閉閤垂帷自放于寂寞之境時則有三趾之几兩耳之鼎爇明窗之寶炷消晝漏之方永其始也灰厚火深煙雖未形而香已發聞矣其少進也綿綿如皐端之息其上達也藹藹如山穴之雲新鼻觀之異境散天葩之奇芬既卷舒而縹渺復聚散而輪囷傍琴書而變滅留巾袂之氤氳參佛龕之夜供異朝衣之晨熏余方將上疏挂冠誅茅築室從山林之故友娛耄耋之餘日暴丹荔之衣莊芳蘭之茁莖秋菊之英拾古柏之實納之玉兔之臼和以檜華之蜜掩紙帳而高枕杜荊扉而簡出方與香而為友彼世俗其奚恤潔我壺觴散我籤帙非獨洗京洛之風塵亦以慰江漢之衰疾也

⊙图表 24　明毛晋补订《放翁逸稿》（日本内阁文库藏江户写本）

和以桧华之蜜。掩纸帐而高枕，杜荆扉而简出。方与香而为友，彼世俗其奚恤。洁我壶觞，散我签帙。非独洗京洛之风尘，亦以慰江汉之衰疾也。❶

淳熙九年（1182）陆游提举成都玉局观。淳熙十三年（1186）牧新定，即严州，宋代属两浙路，州治建德（今属浙江）。据文中"至郡弥年"，可知作于淳熙十四年（1187）以后。"闭阁垂帷"一段，备言焚香前后之细节。两耳之鼎，是彼时流行的仿古样式的小香炉，炉中预置特为焚香而精制的香盒，香炭一饼，烧透入炉，轻拨香灰，浅埋香炭，约及其半。香炭之上置隔火，隔火可以是玉片，也可以是银片，宋人多喜欢用银，习称银叶。之后，方在隔火上面置香，以求香之发散舒缓，少烟多气，香味持久，香韵悠长，"既卷舒而缥缈，复聚散而轮囷"。最后一段"纳之玉兔之臼，和以桧华之蜜"，则是写调香之法。

"闭门扫地独焚香"（《晚春感事》），可谓陆游日常生活之写照。其《夜香》云："清夜一灶香，实与天心通。"其《假中闭户终日偶得绝句》云："官身常欠读书债，禄米不供沽酒资。剩喜今朝寂无事，焚香闲看玉溪诗。"❷清贫为官，唯以读书锐志养德，以闲雅诗趣滋润心田，一如室无长物，酒膳无继，尚有一缕清香环绕陋室。放翁时常在弹琴听琴之际焚香，以养心悦性，如淳熙十年（1183）九月于山阴所撰《道室即事》诗云："琴调养心安澹泊，炉香挽梦上青冥"，绍熙五年（1194）春于山阴所撰《春日睡起》诗言："睡其悠然弄衲琴，铜猊半烬海南沉"，开禧三年（1207）夏于山阴所撰《夏日杂题》诗谓："午梦初回理旧琴，竹炉重炷海南沉"。

陆游喜作雨诗，尤其是夜雨诗，其《夜雨》自云："吾诗满箧笥，最多夜雨篇"，《剑南诗稿》以"雨夜"为题者42首，以"夜雨"为题者21首，而焚香听雨，则是他的最爱。其《即事》诗云："组绣纷纷炫女工，

❶[宋]陆游《陆游集》，中华书局，1976年版，第5册，第2496页。按，二趾，一作三趾，见明毛晋补订《放翁逸稿》，日本内阁文库藏江户写本。
❷陆游《假中闭户终日偶得绝句》，钱仲联《陆游全集校注》第3卷，浙江教育出版社，2011年版，第278页。

诗家于此欲途穷。语君白日飞升法，正在焚香听雨中"，将焚香听雨尊为白日飞升之仙法的背景。其《雨夕焚香》云："芭蕉叶上雨催凉，蟋蟀声中夜渐长。翻十二经真太漫，与君共此一炉香。"❶ 在绍兴四年（1134）秋凉初至的那个夜晚，伴随陆游灯下漫卷经书的，正是那一炉暗红闪烁、温馨弥漫的熏香。诗人独自一人长夜读经，这"与君共此一炉香"的"君"，应是指案上汗漫的经书。

　　与夜雨相伴的夜香，对陆游而言，实为天禄之享。《剑南诗稿》中雨夕焚香的描写，还有《春雨》："胸怀阮步兵，诗句谢宣城。今夕俱参透，焚香听雨声。"长夜焚香听雨，默坐观书，情怀如水，思绪似有若无。此境格调高雅，富有诗意，以之入诗，自然超逸绝尘。又如"独坐闲无事，烧香赋小诗。可怜清夜雨，及此种花时"（《移花遇小雨喜甚为赋二十字》），"解酲不用酒，听雨神自清；治疾不用药，听雨体自轻。……焚香倚蒲团，袖手坐三更"（《夜听竹间雨声》），"少年乐事清除尽，雨夜焚香诵道经"（《雨夜》），"庭院萧条秋意深，铜炉一炷海南沉。幽人听尽芭蕉雨，独与青灯话此心"（《雨夜》），"老去同参惟夜雨，焚香卧听画檐声"（《冬夜听雨戏作二首》其一），"造物今知不负汝，北窗夜雨默焚香"（《老学庵北窗杂书》七首其七），"篝炉香细著秋衣，檐头残雨晴犹滴"（《自宽》），等等。

　　陆游有两首《烧香》：

　　　　宝熏清夜起氤氲，寂寂中庭伴月痕。小斵海沉非弄水，旋开山麝取当门。蜜房割处春方半，花露收时日未暾。安得故人同晤语，一灯相对看云屯。

　　　　茹芝却粒世无方，随食江湖每自伤。千里一身凫泛泛，十年万事海茫茫。春来乡梦凭谁说，归去君恩未敢忘。一寸丹心幸无愧，庭空月白夜烧香。❷

❶ 陆游《雨夕焚香》，钱仲联《陆游全集校注》第 4 卷，第 108 页；钱仲联《剑南诗稿校注》，上海古籍出版社，1985 年 9 月版，第 1910 页。
❷《剑南诗稿》卷一，卷四七，《陆游集》，中华书局，1976 年版，第 1 册第 27 页，第 3 册第 1169 页。

第一首嘉泰元年（1201）秋作于山阴，第二首乾道二年（1166）春作于隆兴通判任上[1]。李商隐《烧香曲》风格旖旎，而陆游《烧香》诗写幽香之魅力，更让人着迷，久久难舍。小靳之海沉，指海南沉香；旋开之山麝，即麝香。麝，是一种动物，似鹿而小，无角，灰褐色，其腹部阴囊附近有香腺，分泌物俗称麝香，香气甚浓，古人多用以熏衣和入药，如王建《宫词》诗之一〇一曾云："供御香方加减频，水沈山麝每回新。"云屯者，如云之聚集。形容盛多之貌。诗写用海南沉香、麝香与蜂蜜等，合制薰香。清宵月夜，故人相晤，一灯之下，香雾氤氲，心悦神畅。陆游嘉泰元年还有《怀昔》："老来境界全非昨，卧看萦帘一缕香"[2]，表达晚年所思所悟，已少了早年的锋芒，而多了对世事的感慨，而萦帘那一缕馨香，正是其心态和感受最好的写照。

与陆游这种感受相近的，还有同时代生活于北方的金朝诗人高宪，他所作四首《焚香》诗，一再突出其"奕奕非烟非雾，依依如幻如真""洗念六根尘外，忘言一炷烟中"的特殊效果，让人似有灵魂净化、超凡脱俗之神功。杨万里则有《烧香七言》：

> 琢瓷作鼎碧于水，削银为叶轻如纸。不文不武火力匀，闭阁下帘风不起。诗人自炷古龙涎，但令有香不见烟。素馨忽开抹利拆，低处龙麝和沈檀。平生饱识山林味，不奈此香殊妩媚。呼儿急取烹木犀，却作书生真富贵。[3]

这首诗咏古龙涎，而涉及香事中诸多琐细微末，不仅将过程与感受渲染得极富情趣，而且用诗语揭出香韵三昧。"琢瓷作鼎碧于水"，即龙泉青瓷制就仿古样式的小香炉。"削银为叶轻如纸"，则用作隔火的银叶，即方以智《物理小识》所谓"煤饼之上，香钱隔火，或玉片，或云母，或银或砂"[4]。"不文不武火力匀"，便是半埋香炭于灰中，放翁诗"香岫火深生

[1] 钱仲联《剑南诗稿校注》第5册第2851页，第1册第94页。
[2] 钱仲联《陆游全集校注》第5卷，第413页。
[3] 杨万里《诚斋集》卷八，文渊阁四库全书本。
[4] ［明］方以智《物理小识》卷八，清光绪宁静堂刻本。

细蔼"❶，陈深《西江月·制香》"银叶初温火缓，金猊静袅烟微"❷，都是这句"不文不武火力匀"合式的注脚。《陈氏香谱》卷一"焚香"条："焚香必于深房曲室，矮桌置炉，与人膝平，火上设银叶或云母，制如盘形，以之衬香，香不及火，自然舒慢，无烟燥气。"此所以同"闭阁下帘风不起"也，前引《物理小识》以《烧香七言》前四句作为焚香法之证，并云："宓山愚者曰：《内经》载，香气凑脾首，楞言水沉，无令见火，此焚香埋火之昉也。麝檀夷香最热，惟东莞选香养人，仓卒难致，惟穷六和耳。浮山句曰：'穷六和香宜土屋，瓦炉茶饼昼夜足。木根野火曝三伏，山人不羡龙涎福。'复铭之曰：'香舍其身，用其馀魂，烧不见火，密室知恩。'"放翁也因此写出其名句"重帘不卷留香久，古砚微凹聚墨多"❸。《楞严经》卷七云："香炉纯烧沉水，无令见火。"可以算作"但令有香不见烟"的出典，而这本来也是焚香而品其韵的要领。"素馨忽开抹利拆，底处龙麝和沈檀"，若为香韵作谱而成其三部。素馨抹利可以是实指，但泛指花香用在"古龙涎"似乎更为合适。总之它是香饼中挥发性最高的成分，因此最先发散且香气清亮、高扬，说它是高音之部，大抵不错，"忽开"二字，体味得亲切。水沉与白檀香是香饼制作的主要成分，论香气的品质则是含蓄、浅幽，谓之低音可也。麝香龙脑，定香与聚香也，调和高低而成就香气的馀韵悠长，"低处"云云，确是品香的真知。"呼儿急取烹木犀"，烹木犀，又作"蒸木犀"，《墨庄漫录》卷八"木犀花"条："近人采花蕊以薰蒸诸香，殊有典刑。山僧以花半开香正浓时就枝头采撷取之，以女真树子俗呼冬青者，捣裂其汁，微用拌其花，入有釉磁瓶中，以厚纸幂之。至无花时，于密室中取置盘中，其香裛裛中人如秋开时，复入器藏，可久留也。"即此"蒸木犀"也，宋人朱翌诗《王令收桂花蜜渍坎地瘗三月启之如新》所谓"虚堂习新观，博山为频启。初从鼻端参，忽置秋色里"❹，亦与此同。"不奈此香殊妖媚"，如此媚香，夫复何求？"却作书生真富贵"，

❶ 陆游《题斋壁》，《剑南诗稿》卷三十。
❷ [宋]陈深《宁极斋稿》，民国宋人集本。
❸ 陆游《书室明暖终日婆娑其间倦则扶杖至小园戏作长句》，《剑南诗稿》卷三一。
❹ [宋]朱翌《灊山集》卷一，清知不足斋丛书本。

⊙图表 25　龙涎香（南宋泉州后渚港沉船遗址出土）

更从焚香、听香中感受到一种书生的富贵，人间之乐，于此足矣。可见，即使古龙涎价位再高，无非是买来用罢了，而经过书生自己精心收集、制作、贮存，成为绝无仅有的个性化香品加以赏用，当然可称为"真富贵"。

唐代开始流行的香篆或香印，在宋诗中更加屡见不鲜。比如南宋华岳的《香篆》："轻覆雕盘一击开，星星微火自徘徊。还同物理人间事，历尽崎岖心始灰。"诗曰"轻覆"，曰"一击"，可以参考陶穀《清异录》卷下"薰燎"之部"曲水香"条："用香末布篆文木范中，急覆之，是为曲水香。"这布香末与"急覆之"，要讲求些技术，《香篆》所写，正摄其奥妙处。又释居简有同题之作："明明印板脱将来，簇巧攒花引麝煤。不向死灰然活火，此中一线若为开。"南宋释绍昙《禅房十事·香印》"要识分明古篆，一槌打得完全"，也道出脱篆模的要领，只是"急覆""一击"，而又出脱得"完全"，这里究竟须要怎样的巧劲儿，已经无法知道得更加清楚，难怪两宋的"打香印"要作为专门的技艺，吴自牧《梦粱录》卷一三"诸色杂货"条"供香印盘者，各管定铺席人家，每日印香而去，遇月支请香钱而已"，即其事例之一。

当然，既切题而又很有意境的咏香诗作，也并未灿若星云。有的嫌其太实，有的则嫌其太虚。邵雍的《焚香》："安乐窝中一炷香，凌晨焚意岂寻常。祸如许免人须诌，福若待求天可量。且异缁黄侥庙貌，又殊儿女褰衣裳……非图闻道至于此，金玉谁家不满堂。"论香者称引颇多，但道学气太重。倒是南宋胡仔（1110—1170）一首题作《春寒》的诗，读之颇觉香气满纸：

　　小院春寒闭寂寥，杏花枝上雨潇潇。午窗归梦无人唤，银叶龙涎香渐销。❶

龙涎乃高级香料，和香用它作定香剂，不仅有聚烟之效，焚香且格外持久。《岭外代答》卷七《宝货门》"龙涎"条曰："大食西海多龙，枕石一睡，涎沫浮水，积而能坚，鲛人采之，以为至宝。新者色白，稍久则紫，甚久

---

❶［清］厉鹗《宋诗纪事》卷五十，文渊阁四库全书本。

则黑。因至番禺尝见之，不薰不莸，似浮石而轻也。人云龙涎有异香，或云龙涎气腥，能发众香，皆非也。龙涎于香本无损益，但能聚烟耳。和香而用真龙涎，焚之一铢，翠烟浮空，结而不散，座客可用一剪分烟缕。此其所以然者，蜃气楼台之馀烈也。"南宋顾文荐《负暄杂录》"龙涎香品"条又曰："绍兴光尧万机之暇，留意香品，合和奇香，号东阁云头。其次则中兴复古，以古腊沉香为本，杂以脑麝、栀花之类，香味氤氲，极有清韵。"光尧即宋高宗。这里说的东阁云头和中兴复古，指合和众香而制作出来的香饼。龙涎香品，俗又称龙涎花子，所谓"花子"，便是脱制香饼的印模。制作龙涎香品的原料，以沉香为主体香料，龙脑、麝香用作聚香和定香，栀子等香花则用来调和香韵。刘子翚有《邃老寄龙涎香二首》云："瘴海骊龙供素沫，蛮村花露挹清滋。微参鼻观犹疑似，全在炉烟未发时。""知有名香出海隅，幽人得得寄吾庐。明窗小爇跏趺坐，更觉胸怀一事无。"[1]而周紫芝《北湖暮春十首》其六则云："韦郎诗淡少人传，贪看仙书不爱眠。闲磨小团新样月，拨灰重试古龙涎。"[2]胡仔《春寒》诗"银叶龙涎香渐销"，香事自然比周诗写得更为微细，但与刘诗相比，将香事置于杏花春雨的背景下，乃愈见得香烟袅袅。胡仔自称仿效徐仲雅（922—?）的《宫词》云："内人晓起怯春寒，轻揭珠帘看牡丹。一把柳丝收不得，和风搭在玉栏杆。"（《全唐诗》卷七六二）而宋代南徐（今江苏镇江）人张绍文《小院》云："小院春寒闭寂寥，东风吹雪未全消。山茶谢了梅花落，移得诗情上柳条。"[3]不仅首句与之雷同，风调亦有几分相似。

---

[1] [宋] 刘子翚《屏山集》卷九，明刻本。
[2] 周紫芝《太仓稊米集》卷三六，文渊阁四库全书本；《全宋诗》，第 26 册，第 17393 页。
[3] [宋] 陈起《江湖后集》卷十四，文渊阁四库全书本。

第三节

香雾空蒙月转廊：苏东坡与香文化

千古文人一东坡。苏轼（1037—1101），字子瞻，号东坡居士。眉山（今属四川）人，祖籍河北栾城，文学家、书法家、画家。他不仅是中国传统文化中，继陶渊明和白居易之后最具典型性的文人性格的代表，更是中国文化史上罕见的全才——诗称宋冠，词开苏辛，文追韩柳，书首四家，画擅三绝，堪称神州千载才人之冠。拙文《千古文人一东坡——苏诗与北宋文化》（《苏轼研究》2014年第1期）曾就此略有评述，然尚未注意到在香文化史上，苏轼所占有的重要地位，故草此文，以补其不足。概而言之，苏轼不仅用香品香，还制香合香，可说是香界少有的通才。如同对待书画一样，苏轼将香道视为滋养性灵之桥，不只享受香之芬芳，更以香正心养神；不仅将香道提升到立身修性、明德悟道的高度，同时将禅风引入品香和香席活动中，以咏香参禅论道，表达自己的精神追求。

元丰六年（1083），苏轼在黄州（今湖北黄冈），受转运使蔡景繁的关照，在黄州城南江边驿站增修房屋三间，位于临皋亭旁，俯临长江，取名南堂。据《东坡志林》卷四云："临皋亭下八十数步，便是大江。其半是峨眉雪水，吾饮食沐浴皆取焉，何必归乡哉！江山风月，本无常主，闲者便是主人。"[1]苏轼在《迁居临皋亭》诗中还说："全家占江驿，绝境天

---

① 苏轼《东坡志林·仇池笔记》，华东师范大学古籍研究所点校注释，华东师范大学出版社，1983年版，第127页。此文或题为《临皋闲题》，实即苏轼《与范子丰》十首之八（孔凡礼点校《苏轼文集》卷五十，中华书局，1986年版，第1453页）。苏轼《与王庆源》十三首之五又云："寓居官亭，俯迫大江，几席之下，云涛接天，扁舟草履，放浪山水间。客至，多辞以不在。往来书疏如山，不复答也。此味甚佳，生来未尝有此适。"（《苏轼文集》卷五九，中华书局，1986年版，第1813页）据吴雪涛《苏文系年考略》（内蒙古教育出版社，1990年版，第137页），作于元丰四年五、六月间。

为破。"❶其《南堂》诗五首,从不同角度描绘南堂风光,最后一首写道:

> 扫地焚香闭阁眠,簟纹如水帐如烟。客来梦觉知何处,挂起西窗浪接天。❷

南堂四面临水,水天相接。夏日,在南堂扫地焚香静坐,安适自得,闭阁而昼眠。睡在细密的竹席上,竹席所织纹理光润,像水的波纹一样;纱帐轻细薄透,如烟如雾,犹如李白《乌夜啼》中"碧纱如烟隔窗语"那样,似云烟缭绕一般的轻软柔细。这种闭门焚香昼寝的境界,与苏轼《黄州安国寺记》所写"焚香默坐"的心曲是一致的,不同于王维《竹里馆》"独坐幽篁里,弹琴复长啸"的悠闲意境,而近似韦应物"鲜食寡欲,所居焚香扫地而坐"❸的高洁情怀,确实"可追踪唐贤"❹。因客忽访,打破梦境,恍惚醒来,一时间不知身处何处。挂起帘子,只见窗外江浪连天。那种闲适,安静,与天地自然气息相接的生活状态,俱现于纸上。诗写得声情俱美,兴象自然,且意在象外。尤其结句,以景收束,挂起西窗,从阁内打通到阁外,拓出一派江浪连天的阔远境界;不仅表现了清静而壮美的自然环境,而且与诗人悠闲自得的感情相融合,呈现出一种清幽绝俗的意境美,确如前人所评"想见襟怀"❺。羲皇上人,亦不过如此。清汪师韩《苏轼诗评笺释》卷三评云:"境在耳目前,味出酸感外。"纪晓岚《纪评苏诗》卷二十二也认为:"此首兴象自然,不似前四首,有宋人桠杈之状。"❻此诗写于贬谪时期,诗人仍能够焚香闭阁,酣然高卧,从容安闲,悠然自得,可见其真性情、真胸襟。

元祐元年(1086),苏轼有《和黄鲁直烧香二首》:

> 四句烧香偈子,随风遍满东南;不是闻思所及,且令鼻观先参。

---

❶ 苏轼撰,王文诰辑注,孔凡礼点校《苏轼诗集》卷二十,中华书局,1982年版,第1054页。

❷《苏轼诗集》卷二二,中华书局,1982年版,第1167页。

❸ 李肇《国史补》卷下,上海古籍出版社,1979年版,第55页。

❹ [清]王士禛《池北偶谈》卷十九,文渊阁四库全书本。

❺ [清]查慎行《初白庵诗评》卷中。

❻ 曾枣庄《苏诗汇评》第2卷,四川文艺出版社,2000年版,第967页。

万卷明窗小字，眼花只有斓斑；一炷烟消火冷，半生身老心闲。[1]

黄鲁直即黄庭坚，苏门四学士之一，也是香学史重量级人物，下一节我们将专门论述。以上两首咏烧香之诗，均为和黄庭坚之作。宋哲宗元丰八年（1085），黄庭坚以秘书省校书郎被召，与苏轼第一次在京相见。元祐元年（1086）春，黄庭坚作《有惠江南帐中香者戏赠二首》，赠给苏轼，其一云："百炼香螺沉水，宝熏近出江南。一穟黄云绕几，深禅想对同参。"其二又云："螺甲割昆仑耳，香材屑鹧鸪斑。欲雨鸣鸠日永，下帷睡鸭春闲。"[2]

诗从别人所赠送的帐中香谈起，分析帐中香的成分与香味，焚香的时机，用何种香具，等等。前一首，先以精心炮制的"香螺"（即螺甲或甲香）、"沉水"（即沉香）开首，说明帐中香来自江南李主后宫，这种百炼而成的"宝熏"，当时刚刚流行于江南一带。然后以香飘的形态，来烘托诗中主角与同伴一起专注参禅的幽静、祥和、沉默的气氛。后一首开篇呼应前一首前两句，但换了一种描述方式，述及香材的外形，描写制香的原料上一点一点的斑纹，也就是对制香过程的细部观察。甲香（或螺甲）有如昆仑人（南海黑人）的耳朵形状，据三国时吴人万震（220—280）《南州异物志》载："甲香，螺属也，大者如瓯，面前一边直磰，长数寸，围壳岨峿有刺。其厣可合，杂众香烧之，皆使益芳，独烧则臭。"甲香入香方中，有助于发烟、聚香不散之特点。不过，作为香药使用，需要经过繁复的修制程序。修制甲香，主要以蜜酒再三煮过、焙干，如此重复数次，方能使用。"香材屑鹧鸪斑"，说的是一种鹧鸪斑香，为香中之绝佳者，系从沉水香、蓬莱香及笺香中所得，因其色斑如鹧鸪，故名。丁谓《天香传》即云："鹧鸪斑，色驳杂如鹧鸪羽也。"[3]叶廷珪《名香谱》有鹧鸪斑香，谓其"出日南"[4]。范成大《桂海虞衡志·志香》亦云："鹧鸪斑香，亦得之于海南沈水、蓬莱及绝好笺香中，槎牙轻松，色褐黑而有白斑点

❶《苏轼诗集》卷二八，中华书局，1982 年版，第 1477—1478 页。

❷ 黄庭坚《豫章黄先生文集》卷十二。

❸ 见陈敬《陈氏香谱》卷四，文渊阁四库全书本。

❹ 见陈敬《陈氏香谱》卷一。

点，如鹧鸪臆上毛，气尤清婉，似莲花。"❶接着，也是对前一首气氛的呼应，前一首说的是自己和同伴置身宁静之境，后一首则用成天鸣叫的鸠、在帷幕下徜徉的鸭子（大概联想自女性闺房中常用鸭形香熏），呈现一幅闲适且平静的春日画面。

诗题既然称为"戏赠"，就考验苏轼的回应了，对此，苏轼分别依韵唱和，时亦在元祐元年（1086）❷。苏轼的两首和作，最突出的特点，是打通诗艺与香道，将《楞严经》的"鼻观"引入诗歌的评价，以"鼻根"品味黄鲁直的烧香诗偈。

第一首，称赞黄庭坚的诗偈如此美妙，已随江南帐中香的香气传遍东南，因此只能用鼻子来闻，才能感觉到其美其妙；这诗偈中的智慧，不是凭耳闻心思，便能企及，而是要靠嗅觉的观照才能参透。虽然苏轼是用戏谑的方式，提出从嗅觉的角度来观诗偈，但显然已经点透，"鼻观"既是最佳的品香境界，也是最高的品诗法。"四句烧香偈子"，指黄庭坚的二首原诗，偈，梵语"偈佗"（Gatha）的简称，即佛经中的唱颂词，通常以四句为一偈，故《金刚经》曰：偈，谓之四句偈。"闻思"，来自《楞严经》卷六观世音所云"佛教我从闻思修入三摩地"，佛书还称观世音为闻思大士。宋陈敬《陈氏香谱》有配方略异的两种"闻思香"之香方，应取意于此。明周嘉胄则认为"闻思香"为黄庭坚所命名，其《香乘》卷十一云："黄涪翁所取有闻思香，概指内典中从闻思修之意。""且令鼻观先参"之鼻观，又称鼻端白，是佛教修行法之一。注目谛观鼻尖，时久鼻息成白。故次公注曰："佛有观想法，观鼻端白，谓之鼻观，新添香之妙意，非闻与思所从入也。"此首诗意，即《楞严经》所云："孙陀罗难陀即从座起，顶礼佛足而白佛言：我初出家，从佛入道，虽具戒律，于三摩提，心常散动，未获无漏。世尊教我，及俱絺罗，观鼻端白。我初谛观，经三七日，见鼻中气，出入如烟，身心内明，圆洞世界，遍成虚净，犹如琉璃，烟相渐销，鼻息成白，心开漏尽，诸出入息，化为光明，照十方界，得阿罗

---

❶ 范成大《桂海虞衡志》，清知不足斋丛书本。

❷ 参见孔凡礼《三苏年谱》，北京古籍出版社，2004年版，第三册，第1653页。

汉。"❶

第二首，以文人书斋中的熏香，作为内心表露的回应。言万卷小字密密麻麻，即使置于明窗之下，也让人无法看得清楚。当一炷香烧尽时，个中的妙意尽是心境的平静，带入出世之思。末句，有欲隐居世外之意，即使暂时漂游于俗世，亦令人有隽永意冷之感，或许与苏轼在朝中几度沉浮的经历相关。当时苏轼已经 51 岁，年过半百，在京任中书舍人、九月为翰林学士。然而，如同爱书人进入藏书万卷的书斋，却眼已昏花，只觉字小；烟消火冷，香味已远。对苏轼而言，或许半生身老，大抵只剩"心闲"。而溯其源，应该也是取义于《楞严经》关于鼻观的另外一个典故："香严童子，即从座起，顶礼佛足，而白佛言：我闻如来，教我谛观，诸有为相。我时辞佛，宴晦清斋。见诸比丘，烧沈水香。香气寂然，来入鼻中。我观此气，非木非空，非烟非火。去无所著，来无所从。由是意销，发明无漏。如来印我，得香严号。尘气倏灭，妙香密圆，我从香严，得阿罗汉，佛问圆通，如我所证，香严为上。"❷看来，香岩童子因香而悟道，参透禅关才是主题。"鼻观"是山谷以禅入诗之惯用语汇，其《题海首座壁》也有"香寒明鼻观，日永称头陀"❸的说法，而《谢曹方惠二物》其一亦云："注香上袅袅，映我鼻端白。"❹

鼻子具有眼睛的"观"的功能，这种说法源自《楞严经》"六根互相为用"的思想。佛教称人的眼、耳、鼻、舌、身、意为六根，对应于客观世界的色、声、香、味、触、法六尘，而产生见、闻、嗅、味、觉、知等作用。与此相应，《俱舍论颂疏》有"六境"之说，即色、声、香、味、触、法六种境界。《楞严经》认为，只要消除六根的垢惑污染，使之清净，那么六根中的任何一根都能具他根之用，这叫作"六根互用"或"诸根互用"。惠洪不仅信奉"鼻观"说，而且相信眼可闻，耳可见，各感官之间可以互通。他在《泗州院旃檀白衣观音赞》中说："龙本无耳闻以神，蛇

❶《楞严经》卷五，载《大正新修大藏经》第 19 册，第 126 页。
❷《楞严经》卷五，载《大正新修大藏经》第 19 册，第 125 页。
❸《山谷外集诗注》卷十三，四部丛刊景元刊本。
❹《山谷外集诗注》卷八。

亦无耳闻以眼，牛无耳故闻以鼻，蝼蚁无耳闻以声。六根互用乃如此。"❶
他认为，"观音"一词，表示声音可观，本身就包含六根互用、圆通三昧
的意味。在《涟水观音像赞》中，他对此进行讨论："声音语言形体绝，
何以称为光世音？声音语言生灭法，何以又称寂静音？凡有声音语言法，
是耳所触非眼境。而此菩萨名观音，是以眼观声音相。声音若能到眼处，
则耳能见诸色法。若耳实不可以见，则眼观声是寂灭。见闻既不能分隔，
清净宝觉自圆融。"❷

两组四首六言咏香小诗，见证了黄庭坚与苏东坡之间最初结交的一段
情谊，也是苏、黄二人日后不断分享烧香参禅的生活情调的一个缩影。在
苏黄应答诗中，两人以香所结的情缘，同修共参，令人动容，所谓气味相
投，莫过于此。"沉水"，"烧香"，"一穟黄云"，"鼻观先参"，种种场景，
建构出一种安和平静的气氛。"身老心闲"，渗透着对清静心有所追求的
思想，平静如"火冷"一般，是对寂静本心的向往，想要抛开令人"眼
花斓斑"的"万卷小字"，以求一念清净、心身皆空、物我相忘之境，而
"烟消火冷"四字，则把此种意境展现得恰到好处。继苏轼之和作，黄庭
坚又有《子瞻继和复答二首》："置酒未容虚左，论诗时要指南。迎笑天香
满袖，喜公新赴朝参。""迎燕温风旎旎，润花小雨斑斑。一炷烟中得意，
九衢尘里偷闲。"及《有闻帐中香以为熬蝎者戏用前韵二首》："海上有人
逐臭，天生鼻孔司南。但印香严本寂，不必丛林遍参。""我读蔚宗香传，
文章不减二班。误以甲为浅俗，却知麝要防闲。"苏黄二人以六言小诗的
形式，这般相互唱和，乐于玩味再三，看似无拘束的轻松交流，实是对佛
理的同参，融入着禅机妙理，可见二人精神境界在诗道与香道上的契合
相和。

另一位在诗道与香道上与苏轼契合相和的，是他的弟弟苏辙（1039—
1112）。苏辙的生日，苏轼寄赠檀香观音像，并将专门合制的印香（调
制的香粉）和篆香的模具（银篆盘）作为寿礼，可见其对香道的重视与钟
爱。其《子由生日以檀香观音像及新合印香银篆盘为寿》诗云：

---

❶《石门文字禅》卷十八，四部丛刊景明径山寺本。
❷《石门文字禅》卷十八。

旃檀婆律海外芬，西山老脐柏所薰。香螺脱黡来相群，能结缥缈
风中云。一灯如萤起微焚，何时度惊缪篆纹。缭绕无穷合复分，绵绵
浮空散氤氲，东坡持是寿卯君。君少与我师皇坟，旁资老聃释迦文。
共厄中年点蝇蚊，晚遇斯须何足云。君方论道承华勋，我亦旗鼓严中
军。国恩当报敢不勤，但愿不为世所醺。尔来白发不可耘，问君何时
返乡枌，收拾散亡理放纷。此心实与香俱爇，闻思大士应已闻。❶

这首诗尚存苏轼原迹搨本，收入宋搨《成都西楼诗帖》，帖心高 29.5 厘米，
天津市艺术博物馆藏端匋斋本题为《子由生日诗帖》❷。诗作于绍圣元年
（1094）二月初。时苏轼在定州任，苏辙在京师为官。苏辙生日是己卯年
二月二十日，所以苏轼诗中称其为"卯君"❸。《唐宋诗醇》评云："香难以
形容，偏为形容曲尽。平时好以禅语入诗，此诗偏只结句大士已闻一点，
真有如天花变现不可测。识者在诗道中，殆以从闻思修而入三摩地矣。"❹
确实，苏诗只在结尾点题，再次呼应《和黄鲁直烧香二首》从《楞严经》
"佛教我从闻思修入三摩地"借鉴的"闻思"，禅思、香道与诗艺，打通
一气。清人张问陶则评云："此作章法奇甚，仄韵叶来稳甚。"❺前半段多处
谈香，旃檀即檀香，陈敬《陈氏香谱》卷一"牛头旃檀香"条载："《华严
经》云：从离垢出，以之涂身，火不能烧。"婆律即龙脑香（亦名冰片），
均为海外引进的名香。《酉阳杂俎》前集卷十八"广动植之三"云："龙脑
香树，出婆利国，婆利呼为固不婆律。亦出波斯国。树高八九丈，大可

---

❶《苏轼诗集》卷三七，中华书局 1982 年版，第 2015 页；清查慎行补注，王友胜校点《苏
　诗补注》下册，凤凰出版社，2013 年版，第 1136 页。
❷ 刘正成主编，刘奇晋副主编《中国书法全集》第 33 卷宋辽金编苏轼卷二附苏氏一门，荣
　宝斋出版社，1991 年版，第 630 页。参见陈中浙《苏轼书画艺术与佛教》，商务印书馆，
　2004 年版，第 431 页。
❸《王直方诗话》曰："苏黄门以己卯生，故东坡有卯君之语，其以檀香观音像遗黄门云：
　'持是寿卯君。'其《出局偶书》云：'倾杯不能饮，待得卯君来。'其《送王巩》诗云：
　'泪湿粉笺书不得，凭君送与卯君看。'"（胡仔《苕溪渔隐丛话前集》卷三九）
❹［清］爱新觉罗·弘历《唐宋诗醇》卷四十，中国文学出版社，1997 年版，下册，第
　1094 页。
❺ 见王利器《张问陶读苏诗简端记赘言》，《南充师院学报》1988 年第 1 期。

六七围，叶圆而背白，无花实。其树有肥有瘦，瘦者有婆律膏香，一曰瘦者出龙脑香，肥者出婆律膏也。在木心中，断其树劈取之，膏于树端流出，斫树作坎而承之。入药用，别有法。"❶ 柏，即柏树，是用来熏烧的香料。而香螺脱厴，为甲香也，能聚众香，多出于海南。这些显然是东坡合香的香料。老脐，麝香也。诗言麝食柏而香，原袭古人成说，不过麝的取食，的确很清洁，如松与冷杉的嫩枝和叶，及地衣、苔藓、野果。合香所用为整麝香，亦即毛香内的麝香仁，俗称当门子，其香气氤氲生动，用作定香，扩散力最强，留香特别持久，惟名贵不及舶来品的龙涎香。❷ "缪篆纹"一句，又谈到用香工具，即篆香盘，从后句"缭绕无穷合复分"看来，这款香印屈曲缠绕，相当回环复杂，饶有意趣。后半段回顾与子由各自生平的主要阶段，堪称苍茫一生之概括，并表达与子由一起返还乡枌（乡曲，故乡）之心，特别是最后一句，颇有些与香并世而存，又要与香共赴九天之感，可见兄弟情谊之深厚。对此，清人陈用光（1768—1835）曾有诗寄慨，其《白小山前辈钟仰山阁学陈范川舍人彭春农学士暨家复荐朱虹舫朱椒堂帅海门姚伯昂徐星伯钱东生诸同年因余六十生日分日治具招游尺五庄虹舫复约顾晴芬偕辛酉同年共十人就求闻过斋中款洽竟日余自顾庸駮何以得此于诸君坚辞之而未许也用白乐天不准拟身年六十登山犹未要人扶为韵作诗十四章书怀志愧报谢诸君》诗第一首写道："东坡寿颍滨，诗寄旃檀佛。四海一子由，同怀恩自结。何期文字交，谊等弟昆密。隽赏就郊园，荷风扇初日。香园有布施，食许阿难乞。爱居享钟鼓，志惭吾岂不。"❸ 按，陈用光，字硕士，一字实思。新城（今江西黎川）人。陈道之孙。嘉庆六年（1801）进士。授编修，官至礼部左侍郎，提督福建、浙江学政。工古文辞，尝为其师姚鼐、鲁仕骥置祭田，以学行重一时。其品鉴与评论，可谓恰如其分。

对兄长的赠诗，苏辙有《次韵子瞻生日见寄》相和，诗云："日月中人照与芬，心虚虑尽气则薰。彤霞点空来群群，精诚上彻天无云。寸田幽

❶ 段成式《酉阳杂俎》前集卷十八"广动植之三"，方南生点校本，第 177 页。
❷ 扬之水《古诗文名物新证》第一册，紫禁城出版社，2004 年版，第 115 页。
❸ [清] 陈用光《太乙舟诗集》卷一，《续修四库全书》影印清咸丰四年孝友堂刻本。

阙暖不焚，眇视中外绛锦纹。冥然物我无复分，不出不入常氤氲。道师东西指示君，乘此飞仙勿留坟。茅山隐居有遗文，世人心动随虹蚊。不信成功如所云，蚤夜宾饯同华勋。尔来仅能破魔军，我经生日当益勤。公禀正气饮不醨，梨枣未实要锄耘。日云莫矣收桑枌，西还闭门止纷纷。忧愁真能散凄焄，万事过耳今不闻。（《登真隐诀》云："日中青帝，日照龙韬，其夫人曰芬艳婴。"）"[1] 和韵诗分依韵、用韵和次韵（步韵）三类，在诗韵的创作难度上，逐次加大。其中依韵，是指按照原诗原韵部的字来协韵；用韵，是指在依韵基础上按照原诗原字来协韵；次韵，是指在用韵基础上按照原诗原字原序来协韵。苏辙这首和韵之作，韵部及次序与苏轼原唱完全相同，属于难度最高的次韵。挑战这一次韵的，是七百四十年之后的清代人。清道光十四年（1834），胡敬（1769—1845）作《以藏香赠小米用东坡子由生日以檀香观音像及新合印香银篆盘为寿诗韵》，和者汪远孙、汪铖，收录在汪远孙编刊本的一卷本《销夏倡和诗存》中[2]。

绍圣元年十月二日，苏轼到达贬所惠州，子由亦于同年被贬筠州（今江西高安）。绍圣二年（1095），子由生日前夕，苏东坡又寄给子由香合，作为生日贺礼。苏轼到惠州之后，程正辅旋亦任广东提刑，驻跸韶州（今广东韶关）。在《与提刑程正辅书》中，苏轼说："有一信箧并书欲附至子由处，辄以上干，然不须专差人，但与寻便附达，或转托洪吉间相识达之。其中乃是子由生日香合等，他是二月二十日生，得此前到为佳也。不罪不罪。"[3] 苏轼与程正辅绍圣二年正月初始相通问，而程正辅绍圣三年二月即离任赴阙。书信中未提及正辅离任事，可知不在绍圣三年[4]。子由生日前夕，苏轼希望程正辅在子由生日之前将信箧寄到，可知这封书信写于绍圣二年正月末或二月初，可见兄弟二人以香为媒传递友情之一斑。

绍圣五年（1098）二月，64 岁的哥哥苏轼，为了庆祝弟弟苏辙六十

---

❶ [宋] 苏辙《栾城集》后集卷一，陈宏天、高秀芳校点本《苏辙集》，中华书局，1990 年版，第 886 页。

❷ 徐雁平《清代世家与文学传承》，生活·读书·新知三联书店，2012 年版，第 328 页。

❸《苏轼文集》东坡续集卷七，中华书局，1986 年版，第 1620 页。

❹ 见吴雪涛《苏文系年考略》，内蒙古教育出版社，1990 年版，第 388 页；孔凡礼《三苏年谱》第四册，北京古籍出版社，2004 年版，第 2694 页。

⊙图表 26　宋剔红桂花香合

大寿，以沉香山子寄弟苏辙❶。并作《沉香山子赋》，题下自注"子由生日作"❷。

> 古者以芸为香，以兰为芬，以郁鬯为祼，以脂萧为焚，以椒为涂，以蕙为薰。杜衡带屈，菖蒲荐文。麝多忌而本羶，苏合若芗而实荤。嗟吾知之几何，为六入之所分。方根尘之起灭，常颠倒其天君。每求似于仿佛，或鼻劳而妄闻。独沉水为近正，可以配薝蔔而并云。矧儋崖之异产，实超然而不群。既金坚而玉润，亦鹤骨而龙筋。惟膏液之内足，故把握而兼斤。顾占城之枯朽，宜爨釜而燎蚊。宛彼小山，巉然可欣。如太华之倚天，象小孤之插云。往寿子之生朝，以写我之老勤。子方面壁以终日，岂亦归田而自耘。幸置此于几席，养幽芳于帨帉。无一往之发烈，有无穷之氤氲。盖非独以饮东坡之寿，亦所以食黎人之芹也。❸

写这篇赋时，正值朝廷大力镇压元祐党人；兄弟二人，正隔海相望，一个被贬儋州，一个被贬雷州。年迈之人被流放在蛮荒绝域，心情的恶劣是可想而知的。身处蛮荒之地，不便以贵重的礼物给弟弟祝寿，于是就地取材，以当地儋崖之沉香送给弟弟作寿品。沉香亦称"伽南香""奇南香"，为海南特产，范成大《桂海虞衡志·志香》曰："沉水香，上品，出海南黎峒，一名土沉香……焚少许，氛翳弥室。"赋中的沉香，专指品质卓越的海南沉香。《舆地纪胜》卷一二四说："沉香，出万安军（今海南万宁），一两之值与百金等。"如此高昂的价值，自是奇物。苏轼《和拟古九首》其六曾写到用沉香木和甲煎粉制作庭中照明之大烛，诗云："沉香作庭燎，甲煎纷相和。岂若注微火，萦烟袅清歌。贪人无饥饱，胡椒亦求多。朱刘两狂子，陨坠如风荷。本欲竭泽渔，奈此明年何。"自注："朱初平、刘谊

---

❶ 绍圣五年，六月改年号为元符元年。《苏颍滨年表》所云："元符元年戊寅二月，轼以辙生日，有《沉香山子赋》赠辙，辙和以答之。"应订正为绍圣五年。

❷ 参见吴雪涛《苏文系年考略》，内蒙古教育出版社，1990年版，第425页。

❸《苏轼文集》第1册，中华书局，1986年版，第13页。

欲冠带黎人，以取水沉耳。"❶ 盖谓朱、刘"改置和买，抑勒多取，其害转甚"❷，故加以讽刺。又在《次韵滕大夫三首·沉香石》写道："壁立孤峰倚砚长，共疑沉水得顽苍。欲随楚客纫兰佩，谁信吴儿是木肠。山下曾逢化松石，玉中还有辟邪香。早知百和俱灰烬，未信人言弱胜强。"❸ 其中提到的辟邪香，指安息香。据《酉阳杂俎》载：安息香，出波斯国，其树呼为辟邪。树长三丈许，皮色黄黑，叶有四角，经冬不凋。二月有花，黄色，心微碧不结实。刻皮出胶如饴，名安息香❹。百和，指以众香末合和为之。李之仪还有《次韵东坡沉香石》诗："海南枯朽插天长，岁久峰峦带藓苍。变化那知斫山骨，仪刑空只在人肠。几因曝日疑镴蜡，试沃清泉觉弄香。切莫轻珉亡什袭，须防偷眼误摧刚。"❺

当时苏辙深陷逆境，苏轼借着沉香山子（即沉香块料山料雕成的山形工艺品）为喻，隐喻坚贞超迈的士君子，以此激励子由，可谓大有深意。整篇寿赋构思奇妙。妙在笔笔不离沉香，却处处在颂扬一种卓然不群的品格。开篇列举古人以为珍奇的种种香草香料，但作者认为，其香浓烈乱心而不可取。笔锋一转，点出"独沉水为近正"，沉香与众不同，"实超然而不群。既金坚而玉润，亦鹤骨而龙筋"，其淡香无尽和不凡的形象，给人一种启示：坚硬似金却温润如玉，纤细似鹤却重筋如龙，形状小然气象豪，有太华倚天、小孤插云的伟姿。尤其是其香味，更非其他香木可比——香不浓然久不衰。像香木产地占城的香木在沉香的面前，就只能用来烧饭、熏蚊子了。这种种物性，岂不都与人内在的节操与品性相似吗？夸赞当地山崖所产的香，实际暗含对中原某些官僚贵族的不满。前半部分铺陈的香草，就是那些人的象征，而讴歌蛮荒之香，实际上是对自身价值的肯定。在香草对比中，反映的是一种自励的心态，同时向弟弟倾诉，是在异地他乡寻找自我和精神的象征。

---

❶ 张志烈、马德富、周裕锴主编《苏轼全集校注》第7册，河北人民出版社，2010年版，第4892页。

❷ 王文诰语，见《苏轼诗集》第7册，中华书局，1982年版，第2263页。

❸《苏轼诗集》第7册，中华书局，1982年版，第2000页。

❹ 段成式《酉阳杂俎》前集卷十八"广动植之三"，方南生点校本，第177页。

❺ 李之仪《姑溪居士集》前集卷四律诗一，文渊阁四库全书本。

于是，接着说它可以送给苏辙，弟弟面壁，正好可放之于几席之上。香之芬芳和人之品德正好对应，将之作为寿品，再好不过。不难看出，苏轼在给逆境中的弟弟输送一种精神力量，激励他以沉香山子为鉴，保持晚节，作一个立场坚定、精神超然的士君子。如此的寿祝，如此的寿礼，如此的手足悌爱，是建立在心心相印基础上的相互牵挂、相互疼爱，与一般寿礼的善祝善颂，自然大异其趣。

这篇赋还有一个妙处，即严肃的思想内容，反以风趣的笔调出之。从"往寿子之生朝"之后，便以诙谐的口吻和弟弟开起玩笑来：你这个书呆子整天闭门读书，让这沉香山子散发的淡淡的幽香永远提醒你，可不要忘了身在黎民之间的哥哥的情谊哟！两鬓星霜的弟弟，读到这里定会欣然开怀。是啊，在这严酷的人世间，还有什么比这真诚的手足之情更让他感到慰藉的呢！通读全文，虽历近千年岁月，仍馨香氤氲，堪称文字海南沉！❶

读到哥哥苏轼的这篇寿赋，苏辙答以《和子瞻沉香山子赋》，前有小序云："仲春中休，子由于是始生。东坡老人居于海南，以沉水香山遗之，示之以赋，曰：'以为子寿。'乃和而复之。"赋云："我生斯晨，阅岁六十。天凿六窦，俾以出入。有神居之，漠然静一。六为之媒，聘以六物。纷然驰走，不守其宅。光宠所眩，忧患所进。少壮一往，齿摇发脱。失足陨坠，南海之北。苦极而悟，弹指太息。万法尽空，何有得失。色声横鹜，香味并集。我初不受，将尔谁贼。收视内观，燕坐终日。维海彼岸，香木爰植。山高谷深，百围千尺。风雨摧毙，涂潦啮蚀。肤革烂坏，存者骨骼。巉然孤峰，秀出岩穴。如石斯重，如蜡斯泽。焚之一铢，香盖通国。王公所售，不顾金帛。我方躬耕，日耦沮溺。鼻不求养，兰茝弃掷。越人髡裸，章甫奚适。东坡调我，宁不我悉。久而自笑，吾得道迹。声闻在定，雷鼓皆隔。岂不自保，而佛是斥。妄真虽二，本实同出。得真而喜，操妄而栗。叩门尔耳，未入其室。妄中有真，非二非一。无明所尘，则真如窟。古之至人，衣草饭麦。人天来供，金玉山积。我初无心，不求不

---

❶ 参见孙民《东坡赋译注》，巴蜀书社，1995 年版，第 127 页。

索。虚心而已，何废实腹。弱志而已，何废强骨。毋令东坡，闻我而咄。奉持香山，稽首仙释。永与东坡，俱证道术。"❶

此赋充分表现了弟弟苏辙对哥哥原赋精神实质的心领神会，这样的唱和，既是骨肉亲情的彼此依恋，又是在同一文化层次上知音的心照与默契。与《次韵子瞻生日见寄》不同，此赋和其意，不和其体，采用北宋时期并不多见的四言赋和答——苏辙集只有两篇四言赋，另一篇是《卜居赋》。虽四言在字数上不免局促，但毕竟也是赋。其体物铺张扬厉，同样很好地体现出赋的特色。写沉香山子"维海彼岸，香木爱植。山高谷深，百围千尺。风雨摧毙，涂潦啮蚀。肤革烂坏，存者骨骼。巉然孤峰，秀出岩穴。如石斯重，如蜡斯泽。焚之一铢，香盖通国。"从物的出产地，写到性状，正是咏物赋的特点。但此外更有叙事、抒情与议论。赋中回顾往事，忆及自己早年"纷然驰走，不守其宅"的宦海生涯，而今耳顺之年，深感"少壮一往，齿摇发脱。失足陨坠，南海之北。苦极而悟，弹指太息"，似乎想到自己年迈体衰，对人生也有些悔意。表现出晚年贬官雷州带来的思想变化。但一转念，又觉得人生如梦，一切都会归于空无，领悟到"万法尽空，何有得失"，妄真虽二，本实同出，只要淡化得失，持此香山，必将与兄长俱证道术。

元符三年（1100），流落海外三年的苏轼回归内陆，南贬北归后，事事值得新奇，而他自称堪为喜事者，饮酒、啜茶、焚香而已。十月二十三日，他在拜访老友孙蟇之后，写下《书赠孙叔静》，中云：

今日于叔静家，饮官法酒，烹团茶，烧衙香，用诸葛笔，皆北归喜事。❷

孙叔静（1042—1127），名蟇，本钱塘人，随父徙江都，年十五游太学，

❶《栾城集》后集卷五，陈宏天、高秀芳校点本《苏辙集》，中华书局，1990年版，第941—942页。
❷《苏轼文集》卷七十，中华书局，1986年版，第2236页。衙香，参见秦燕春《唐方宋谱：释"衙香"》，《艺术评论》2022年第10期。

苏洵曾亟称之 ❶。据《宋史》卷三四七记载，蘩笃于行义，在广东时，苏轼谪居惠州，极意与周旋。二子娶晁补之、黄庭坚女，党事起，家人危惧，蘩一无所顾。时人称之。

再来看苏轼的咏香词。有一首和香有关的词牌，其得名即出自东坡，那就是《翻香令》：

> 金炉犹暖麝煤残。惜香更把宝钗翻。重闻处，馀熏在，这一番、气味胜从前。　　背人偷盖小蓬山。更将沈水暗同然。且图得，氤氲久，为情深、嫌怕断头烟。❷

《翻香令》约作于宋英宗治平二年（1065）六月。是年二月，东坡还朝，除判登闻鼓院，专掌臣民奏章事。五月妻王弗卒，时年 27 岁。后封为魏成君、崇德君、通义郡君。六月，殡于京城西。这首《翻香令》系东坡在殡仪后撰写的怀旧词，就香炉焚香、今昔对比之景来怀念王弗。《填词图谱续集》此首误作蒋捷词。傅幹《注坡词》卷十二注曰："此词苏次言传于伯固家，云：老人自制腔名。"苏伯固，名坚，是苏轼好友。傅幹则是南宋初年的人。这一记载，可以说是流传有自，相当可靠。由此也证明，苏轼的确能够自己度曲 ❸。《御定词谱》卷十二亦云："翻香令，此调始自苏轼，取词中第二句'惜香爱把宝钗翻'为名。"双片 56 字，上、下片各五句三平韵。《词式》卷二说"全调只有此一词，无别词可较"。

上片，写灵柩前烧香忆旧情景。第一句忆旧。忆当年，每天祝福的烧香的金炉暖气犹存，伴读时的麝煤已所剩无几。金炉，指金属所铸香炉，有可能是金色的铜质香炉。王安石《夜直》诗："金炉香尽漏声残，剪剪轻风阵阵寒。"麝煤，或指含有麝香的墨 ❹，这里泛指香（并非专指以麝

❶ 孔凡礼《苏轼年谱》，中华书局，1998 年版，下册第 1355 页；孔凡礼《三苏年谱》，北京古籍出版社，2004 年版，第 2910 页。

❷《全宋词》，中华书局，1965 年版，第 1 册，第 306 页；朱德才主编《增订注释全宋词》第 1 册，文化艺术出版社，1997 年版，第 263 页。

❸ 参见叶嘉莹主编《苏轼词新释辑评》上册，中国书店，2007 年版，第 86 页。

❹ 如韩偓《横塘》诗："蜀纸麝煤添笔媚，越瓯犀液发茶香。"杨无咎《清平乐》（花阴转午）："麝煤落纸生春。只应李卫夫人。我亦前身逸少，莫嗔太逼君真。"

香制作的香）燃烧后的香灰，借代香，因为香气浓烈，所以称"麝"，并不是焚麝香❶。第二句用递进句忆旧。忆当年，君"惜香"（珍惜麝香，供香），希望香气长留我们身边。更为可贵的是，用"宝钗"将那残馀未尽的香翻动，让它全部燃烧完毕。范智闻《西江月》所写"烟缕不愁凄断，宝钗还与商量。佳人特特为翻香，图得氤氲重上"，与此相似。翻香，此后渐成宋词常见意象之一❷。而范成大《桂海虞衡志·志香》还以"翻之四面悉香，至煤烬气不焦"，来辨别海南香，品第优劣，意趣正与之无别，焚香之要，实亦在此。最后四句用叙述的语言写现实。"重闻"（再嗅）那个地方，"馀熏"（馀留的香味）还在。"这一番气味"犹胜从前的烧香祝福。整个上片饱含着浓烈香气，象征着东坡与王弗昔日幸福绵绵。

　　下片，描叙殡仪上精心添香，及其忠诚心态。第一、二句写感情上的隐私。明人沈际飞评曰："遮遮掩掩，孰谓坡老不解作儿女语。"❸小蓬山，相传为仙人居地，这里代指焚香之炉，应该是博山炉。《北堂书钞》卷一百三十五引李尤《熏炉铭》："上似蓬山，吐气委蛇。"沈水，即沉水、沉香，一种珍贵香料。晋嵇含《南方草木状·蜜香沉香》："此八物同出于一树也……木心与节坚墨，沉水者为沉香，与水面平者为鸡骨香。"后因以沉水借指"沉香"。然，是"燃"的本字。趁人不知道，"背人偷盖"上小蓬山式的香炉，再把沉香木加进去，和燃烧着的香料一同暗暗燃烧。这是为了什么？"背人偷盖小蓬山"，这一举动，虽极微小，但刻画出东坡对爱情的虔诚专一。最后几句，又从两层意思上作答：一是"且图得，氤氲久"，只愿香气浓烈，弥漫不散；二是"为情深，嫌怕断头烟"，更为

---

❶ 类似用例，还有贺铸《点绛唇》："一幅霜绡，麝煤熏腻纹丝缕。"张元幹《菩萨蛮》："春浅锦屏寒，麝煤金博山。"晁公武《鹧鸪天》："兰烬短，麝煤轻。"陆淞《瑞鹤仙》："屏间麝煤冷。"唐艺孙《天香》（螺甲磨星）："海蜃楼高，仙娥钿小，缥缈结成心字。麝煤候暖，载一朵、轻云不起。"

❷ 如蔡伸《满庭芳》："玉鼎翻香，红炉迭胜"，辛弃疾《虞美人》："宝钗小立白翻香"，马子严《满庭芳》："逢解佩、玉女翻香"，方千里《渡江云》："还暗思、香翻香烬，深闭窗纱"，黄机《水龙吟》："歌罢翻香，梦回呵酒"，吴文英《西江月》："添线绣床人倦，翻香罗暮烟斜"，张枢《木兰花慢》："记剪烛调弦，翻香校谱"，刘埙《六么令》："锦瑟银屏何处，花雾翻香曲"。

❸ [明]顾从敬《草堂诗馀别集》卷二，明童涌泉刻本。

情深香久，不会断截。断头烟，即断头香，谓未燃烧完就熄灭的香。俗谓
以断头香供佛，是不吉之兆，来生会得与亲人离散的果报，卓人月《古今
词统》卷七云："元曲所谓'前生烧了断头香'者，宋时先有此说耶。"尽
管这是陈旧习俗，但从一个侧面反映了东坡对王弗矢志不渝的深挚之情。

　　苏轼的《翻香令》影响深远，南宋临川（今江西抚州）人邬虑（字文
伯），今存词仅一首，即《翻香令》，词云："醉和春恨拍阑干。宝香半坐
情谁翻。丁宁告、东风道，小楼空，斜月杏花寒。　　梦魂无夜不关山。
江南千里霎时间。且留得、鸾光在，等归时，双照泪痕干。"[1]上、下片第
三句六字折腰，第四句三字，第五句五字，分句与苏词略微不同。清人用
此调填词者颇多，如李雯（1608—1647）《翻香令·本意》："微翻朱火暖
金猊。绿烟斜上玉窗低。龙香透，云英薄，近流苏、常自整罗衣。　　轻
分麝月指痕齐。闻山馀篆润丹泥。只赢得，笼儿热，但灰成心字少人知，
岭南有心字香。"[2]屈大均（1630—1696）《翻香令》："香魂煎出怕多烟。未
焦翻取气还鲜。玻璃片，轻轻隔，要氤氲、香在有无间。　　莞中黄熟胜
沉馤。忍教持向博山燃。且藏取，箱奁内，待苟郎熏透玉婵娟。"[3]钱芳标
（1635—1679）《翻香令·烧香曲感旧》："绛函牢合鹧鸪斑。殷勤曾索绿
窗间。重开检，人何处，对金凫、不忍便烧残。　　双心一意本相关。那
知苟令损韶颜。营斋日，招魂夜，只留熏、小像挂屏山。"[4]虽各有胜境，
但皆紧扣翻香词意，与苏轼原作一脉相承。

　　元丰五年（1082），苏轼在黄州，回忆起7岁时，在眉山遇到一位年
90岁的朱姓老尼，自言尝随其师入蜀主孟昶（919—965）宫中。一日大
热，孟昶与花蕊夫人纳凉于成都市郊的摩诃池上，作一词，朱具能记之。
四十年后，朱去世已久，人无知此词者，苏轼也只记其首两句，于是敷衍

[1]《全宋词》，中华书局，1965年版，第4册，第2471页。词牌当据清陶梁《词综补遗》
卷七（清道光十四年陶氏红豆树馆刻本）。宋赵闻礼《阳春白雪》卷七（清嘉庆宛委别藏
本）则题为《翻香冷》。
[2]［清］李雯《蓼斋集》卷三一，清顺治十四年石维昆刻本。
[3]［清］屈大均《翁山诗外》卷十六词，清康熙刻凌凤翔补修本。
[4]［清］钱芳标《湘瑟词》卷一，清康熙刻本；清蒋景祁《瑶华集》卷五，清康熙二十五年
刻本。

为《洞仙歌令》，词云：

> 冰肌玉骨，自清凉无汗。水殿风来暗香满。绣帘开，一点明月窥人；人未寝，欹枕钗横鬓乱。　　起来携素手，庭户无声，时见疏星渡河汉。试问夜如何？夜已三更，金波淡，玉绳低转。但屈指西风几时来，又不道流年暗中偷换。

首写炎夏之夜，清凉幽淡之景，"冰肌"二句，形容女子肌肤美妙，性情幽静，如冰清玉润一般。"水殿风来暗香满"之"暗香"，寓含着殿里焚茗之静香，栏边美人肌肤之幽香，水上荷花之清香，从中可以想见花蕊夫人的清雅气质，而"欹枕钗横鬓乱"，则更有娇慵神态。下片"庭户无声""疏星渡河汉""金波淡，玉绳低转"诸语，小处见大，细画夜之静谧，也烘托出主人公心境之清淡。玉绳，指北斗七星中的两星名，在第五星玉衡的北面。玉绳转，表示夜深。美人易老，年华如逝。这惯常的主题，在苏轼这首词里，不仅另有一番清凉光景，而且似乎续写出一段美妙的佳话，勾勒出一幅夏夜美人纳凉图，但作者的深意，却结在末句的"但屈指西风几时来，又不道流年暗中偷换"。此词笔墨空灵超妙，清人沈祥龙《论词随笔》谓诵其句，"自觉口吻俱香"。

龚明之《中吴纪闻》有一则"姚氏三瑞堂"，记载一桩以香为礼的逸闻：

> 阊门之西，有姚氏园亭，颇足雅致。姚名淳，家世业儒，东坡先生往来必憩焉。姚氏素以孝称，所居有三瑞堂，东坡尝为赋诗云："君不见董召南，隐居行义孝且慈。天公亦恐无人知，故令鸡狗相哺儿。又令韩老为作诗，尔来三百年，名与淮水东南驰。此人世不乏，此事亦时有。枫桥三瑞皆目见，天意宛在虞鳏后。惟有此诗非昔人，君更往求无价手。"东坡未作此诗，姚以千文遗之。东坡答简云："惠及千文，荷雅意之厚。法书固人所共好，而某方欲省缘，除长物，旧有者犹欲去之，又况复收邪？"固却而不受。此诗既作之后，姚复致香为惠。东坡于《虎丘通老简》尾云："姚君笃善好事，其意极可嘉，

然不须以物见遗。惠香八十罐，却托还之，已领其厚意，与收留无异。实为它相识所惠皆不留故也。切为多致，此恳。"予家藏三瑞堂石刻，每读至此，则叹美东坡之清德，诚不可及也。 [1]

姚淳为了答谢苏东坡的美意，恭送上好的香料给他，以表敬意。只是这礼物实在太贵重了，一次送礼就八十罐，数量之多令人咋舌！苏东坡也具有清雅高迈的美德，对如此雅礼表示心领，龚明之对他二人都赞佩不绝。实在来说，这些都是深深为香效所迷醉的士大夫，他们于香学，早已铭刻在心灵的最深处，可谓香道之知己，香学之知音。

江山如有待，北宋时以蛮荒著称的海南岛，在孕就其特产沉香的同时，也成就了具有沉香性格——皮朽而心香、历难而不屈的一代坡仙苏轼。"九死南荒吾不恨，兹游奇绝冠平生！" [2] 在一代坡仙身上，诗艺、香道以苦难及其超越为媒，结出芬芳绚烂的艺术之花，可谓闻思所及共香薰。借由其咏香诗文的书写，苏轼与海南结下不解的香之缘，由此，将传统香道提升到立身修性、明德悟道的高度，同时将禅风引入品香和香席活动中，以咏香参禅论道，表达自己的精神追求，成为中国香道文化史上一道独特的风景线。

东坡一生嗜香制香，流传至今的有关香的故事还有很多。同时，东坡不仅品香咏香，更以香悟道，以香参禅，不愧香界的实践家兼理论家。以上所论，点滴而已。希望爱香的有心人，可以根据有关文献，研制出当年东坡的香方，写出《东坡香道》一类更为详尽的专书，也不枉东坡当年惜香、用香的一脉香息。

[1] [宋]龚明之《中吴纪闻》卷二，清知不足斋丛书本。"除长物，旧有者犹欲去之"，或断为"除长物旧有者，犹欲去之"，如《中吴纪闻》(《丛书集成初编》排印本，商务印书馆，1936年版，第7页；孙菊园校点本，上海古籍出版社，1986年版，第28页)，孔凡礼点校《苏轼文集》(中华书局，1986年版，第四册，第1734页)，毛德富等主编《苏东坡全集》(北京燕山出版社，1998年版，第3967页)，顾之川校点《苏轼文集》(岳麓书社，2000年版，上册，第491页)，四川大学古籍整理研究所编《全宋文》(巴蜀书社，2006年版，第43册，第778页)，李之亮《苏轼文集编年笺注》(巴蜀书社，2011年版，第七册，第522页)，张志烈等主编《苏轼全集校注》(河北人民出版社，2010年版，第17册，第6345页)，不妥。
[2] 苏轼《六月二十日夜渡海》，见《苏轼诗集》，中华书局，1982年版，第7册，第2366页。

尘里偷闲药方帖：黄庭坚与香文化

黄庭坚（1045—1105），字鲁直，自号山谷道人，又号涪翁，洪州分宁（今江西修水）人。其父黄庶是学习杜甫诗风的诗人，舅父李常是藏书家，也擅长写诗，他的第一个妻子的父亲孙觉，和第二个妻子的父亲谢师厚，都是诗人，这种环境造就了他很高的文艺素养。他23岁进士及第后，做过一些地方小官和北京（今河北大名）国子监教授。他的诗受到苏轼的赏识，政治观点也与苏轼相近，仕途生涯因而与新旧党之争纠结在一起。哲宗初年高太后执政废新法时，他被召入京，曾参与修史及贡举方面的工作；哲宗亲政驱逐旧党时，他也被贬斥为涪州别驾，黔州安置；哲宗去世后曾一度起复，但很快又被远贬到宜州（今广西境内），后来死在那里。留有《山谷集》。

在苏门人物中，黄庭坚的成就最高，影响最大。他虽说是"苏门四学士"之一，却又与苏轼并称"苏黄"，在诗歌上，是"江西诗派"之宗，是诗史上开宗立派、影响深远的大家。在书法方面，与苏轼、米芾、蔡襄被誉为"宋四家"。而且，黄庭坚也是茶道高手，精于茶艺品茗，以"分宁茶客"闻名。同时，黄庭坚还是一位善于辨品鉴味的香道大家，山谷香法，皆用"海南沉水"。在香文化发展史上，黄庭坚作出了巨大的贡献，不仅写下许多制香之方，还有很多咏香的作品，表达对香的品评与参悟。以下从香之道、香之艺和香之方三个方面加以评述。

一 香之道

黄庭坚极其爱香，毫不讳言地以"香癖"自称。其《贾天锡惠宝熏乞诗作诗报之》云："天资喜文事，如我有香癖。"[1] 香，对于黄庭坚来说，是如此的重要，从他晚年的《题自书卷后》可以概见：

> 崇宁三年十一月，谪处宜州半岁矣。官司谓：余不当居关城中。乃以是月甲戌，抱被入宿子城南。予所僦舍喧寂斋，虽上雨傍风，无有盖障，市声喧愦，人以为不堪其忧。余以为，家本农耕，使不从进士则田中庐舍如是，又何不堪其忧邪？既设卧榻，焚香而坐，与西邻屠牛之机相直。为资深书此卷，实用三钱买鸡毛笔书。[2]

徽宗崇宁三年（1104）十一月，60 岁的黄庭坚抵达贬谪地广西宜州已经半年，由于自己是待罪编管之身，无法居于城关，只得抱着被，搬到城南鼎沸嘈杂的市集。从风雨可入、残破不堪的小室看出去，正面对着杀牛屠肉的桌子，可以想见那残馀的肉屑渣滓，周围必定还有蚊蝇嗡嗡作响，拂之不去。黄庭坚却给小室取了"喧寂斋"之名。面对如此恶劣环境，老人焚香坐在卧榻上，安适而悠闲。众人诧异，怎么可能？噢！原来，焚香所形成的气场，已如一层无形之防护膜，隔绝鼎沸市声，隔绝蚊蝇嗡嗡之响，隔绝肉屑的腐败气味，严密地将他保护起来。有香的相伴，无论是待罪编管，还是房屋不蔽风雨，环境喧闹嘈杂，都无法干扰黄庭坚的任运自如的心性。[3]

黄庭坚《复答子瞻》曾说："一炷烟中得意，九衢尘里偷闲。"[4] 意即通过对香的气味、意境的感受，可以达到禅的修行与生命的净化。其《贾天锡惠宝熏乞诗予以兵卫森画戟燕寝凝清香十字作诗报之》一连作了十首小诗，其中第一首诗说："险心游万仞，躁欲生五兵。隐几香一炷，灵台湛空明。"[5] 宋人胡仔曾评论说："十诗中如'险心游万仞，躁欲生五兵。隐几

---

[1]《四部丛刊初编》景宋乾道本《豫章黄先生文集》卷五,《黄庭坚全集辑校编年》,郑永晓整理,江西人民出版社,2011 年版,第 439 页。

[2]《豫章黄先生文集》卷二五,《黄庭坚全集辑校编年》,第 1256 页。

[3] 参见邱美琼《黄庭坚与香》,《文史杂谈》2014 年第 1 期。

[4]《豫章黄先生文集》卷十二,《黄庭坚全集辑校编年》,第 410 页。

[5]《豫章黄先生文集》卷五,《黄庭坚全集辑校编年》,第 439 页。

香一炷，灵台湛空明'，诚佳句也。"❶佳在何处？笔者以为，佳在道出香道通于禅道的真谛。这一首堪称是黄庭坚的香道理论的总纲。因焚香而灵台空明，由品香而心无外物，最终达到明心见性的开悟证道境界。正如宋元之际李琳《陈氏香谱序》所云："韦应物扫地焚香，燕寝为之凝清；黄鲁直隐几炷香，灵台为之空湛。"❷品香，使黄庭坚心旷神怡，助其达到沉静、空净、灵动的境界。对他而言，香道已由日常的行为方式，变成一种近乎艺术的活动。他以此修身养性，在品香用香中，净心明志、陶冶性灵。

在香文化史上，流传着据说是黄庭坚所作的《香之十德》，称赞香的十种好处：

> 感格鬼神，清净心身，能除污秽，能觉睡眠，静中成友，尘里偷闲，多而不厌，寡而为足，久藏不朽，常用无障。❸

以上品香"十德"的概括，据说出自黄庭坚礼赞沉香木的一则短笺，既是沉香的十种品质，也是品香的十种境界，涉及其实用价值、美学效应，体现出力求通过品香来修炼精神的宗旨❹。在15世纪日本室町时代，经由一休宗纯（1394—1481）宣扬，又得到香道界前辈、织田信长（1534—1582）的近侍之臣、著有《隆胜香之记》的建部隆胜的推介，广泛流传于日本香界，深受人们喜爱，被尊崇为香道之灵魂而流传至今。爱香者往往写成书法，悬诸座右，作为象征，品味和想象。今日东京银座有一家有名的香道馆，名曰"香十"，显然取义于"香之十德"。

但奇怪的是，遍捡黄庭坚集各种版本，笔者也未找到上述所谓"香之十德"。再分别细验。十德中，"尘里偷闲"确出自黄山谷《次韵答子瞻》"一炷香中得意，九衢尘里偷闲"，九衢，纵横交叉的大道，繁华的街

---

❶[宋]胡仔《苕溪渔隐丛话前集》卷四九，清乾隆刻本。

❷见周嘉胄《香乘》卷二八。

❸引自陈云君《燕居香语》，百花文艺出版社，2010年版，第8页。

❹参见叶岚《闻香》，山东画报出版社，2011年版，第52页；傅京亮《香学三百问》，三晋出版社，2014年版，第7页；潮流收藏编辑部《香品与香器收藏鉴赏使用大全》，时代文艺出版社，2014年版，第175页。

市。九衢尘，指大道上的尘土，借指烦扰的尘世。温庭筠《南歌子》词："九衢尘欲暮，逐香车。"陆龟蒙《渔具·箬笠》诗："不识九衢尘，终年居下洞。"杜光庭《思山咏》："因卖丹砂下白云，鹿裘惟惹九衢尘。"王禹偁《马上偶作寄韩德纯道士》诗："又抛三洞趣，来入九衢尘。"许及之（？—1209）《刘知监端午前一日以诗送甜苦笋末章有谢绝香蒲与酒壶之句以五绝句送酒》其二："软红尘里偷闲客，处士桥边取次行。"❶与"尘里偷闲"诗意相近。

　　而其馀九德，实际上皆未见于黄庭坚的著述。据笔者推测，大概是黄庭坚于香道多有垂注，后人乃顺势附会。徵之日本学人，也认为"香十德"恐怕不是一休宗纯或建部隆胜介绍的黄庭坚作品，而极有可能是后代（江户时代）香道人（可能是香道掌门人）创造或集合而成的一种说辞。例如其中的"静中成友"，不见于中国常见典籍，从语辞上看，极有可能是日语译文。或许是为了镀金，才假托古代中国香道大家黄庭坚，而普及这一看上去颇有系统性的说辞，而挂名于一休宗纯、建部隆胜等名人，应该也是让香道弟子们重视的一种策略。

　　当然，"香十德"的根基，仍在华夏文明。像列为"香十德"之首的"感格鬼神"，即为常见于宋人解经之语。感，动也，感应也。格，至也，来也，感通也。如蔡沈《书经集传》卷四"金縢"云："今世之匹夫匹妇，一念诚孝，犹足以感格鬼神，显有应验。"陈经《尚书详解》卷二"舜典虞书"云："其于典三礼也，岂不足以感格鬼神而教民敬哉！"吕祖谦《书说》卷二："典礼之官，将以对越天地，感格鬼神。"黄震《黄氏日钞》卷二十七读礼记："无恒者，不足以感格鬼神。"林岊《毛诗讲义》卷十："汤之奏乐，以感格鬼神。"香道久远，最初即有祭祀之功用，《诗经·大雅·生民》所谓"其香始升，上帝居歆"，宋人丁谓《天香传》所谓"香之为用，从上古矣，所以奉神明"，香，聚天地纯阳之气而生，自然与天地间聚散的精气感应道交，故明代吕坤《呻吟语》卷一论道曰："鬼神无声无臭，而有声有臭者乃无声无臭之散殊也。故先王以声臭为感格鬼神之

---

❶［宋］许纶《涉斋集》卷十六，民国敬乡楼丛书本。

妙机。周人尚臭，商人尚声，自非达幽明之故者，难以语此。"所谓香通三界，上而感于天，下而感于地，故有"感格鬼神"之功。

在日本香道文化发展背景下，追溯"香十德"的来历，或许与借鉴和模仿"茶十德"有关。日本的香道与茶道，犹如中国的佛道两教，彼此经常相互学习和借鉴。茶道大家、撰有《吃茶养生记》的明菴荣西，据说其弟子明惠上人就曾创作"茶十德"。在中国，"茶十德"也有若干说法，如刘贞亮的"茶有十德"："以茶散郁气，以茶驱睡气，以茶养生气，以茶除病气，以茶利礼仁，以茶表敬意，以茶尝滋味，以茶养身体，以茶可行道，以茶可养志。"刘贞亮（？—813），唐代宦官，原名俱文珍，曾任宣武监军。德宗贞元末期成宦官首领。宪宗时，刘贞亮官至右卫大将军，知内侍省事。此外还有以下这种"香十德"："诸天加护，父母孝养，恶魔降伏，睡眠自除，五脏调和，无病息灾，朋友合和，正心修身，烦恼消灭，临终不乱。"无独有偶，这两个说法，均无法落实源出何典。倒是清人谈迁《枣林杂俎》中集（清钞本）曾记载，御史邓炼所论滇茶之十德。同时，琴艺亦有十德说，见于明张大命《太古正音琴经》卷二（明万历刻后印本）："一曰心不散乱，二曰审辨音律，三曰指法向背，四曰指下斸净，五曰用指不叠，六曰声势轻重，七曰节奏缓急，八曰高低起伏，九曰琴调平和，十曰左右朝揖。"古称玉亦有所谓十德（即十种特质），也用以比喻君子的十种美德，即仁、知、义、礼、乐、忠、信、天、地、德。语本《礼记·聘义》："君子比德于玉焉：温润而泽，仁也；缜密以栗，知也；廉而不刿，义也；垂之如队，礼也；叩之其声清越以长，其终诎然，乐也；瑕不掩瑜，瑜不掩瑕，忠也；孚尹旁达，信也；气如白虹，天也；精神见于山川，地也；圭璋特达，德也；天下莫不贵者，道也。"[1]这大概也是"香十德"的渊源之一。

二 香之艺

黄庭坚与香之情缘深厚，在日常生活中，时时可见，如徽宗崇宁三年

---

[1]《礼记》卷二十,四部丛刊景宋本。

（1104），黄庭坚在广西宜州，朋友知其爱香，或寄香，或送香。据《宜州乙酉家乘》：

> 二月七日李仲牖书，寄婆娄香四两。同月十八日，唐叟元老寄书，并送崖香八两。七月二十三日，前日黄微仲送沉香数块，殊佳。

但黄庭坚之所以称香学大家，主要还体现在，凭借其诗人的本色当行，以香为题，即兴遣怀，来记录香事，表达品香之感。通过他的作品，可以一窥宋人之熏香艺术，包括焚香的方法，品香的方式及焚香的器具等。

焚香的方法，见于黄庭坚《贾天赐惠宝熏乞诗予以兵卫森画戟燕寝凝清香十字作诗报之》第十首："衣篝丽纨绮，有待乃芬芳。当念真富贵，自薰知见香。"[1]《谢王炳之惠石香鼎》写的也是这种隔火熏香：

> 薰炉宜小寝，鼎制琢晴岚。香润云生础，烟明虹贯岩。法从空处起，人向鼻头参。一炷听秋雨，何时许对谈。[2]

虽然"熏"香不如"烧"香简单，但其香气更为醇和宜人，香风袅袅，低回悠长，自能增添许多情趣。元祐二年（1087），为感谢朋友王炳之赠送的香炉，黄庭坚写下此诗。鼎形小熏炉，用于午睡小寝，用于参禅，或于书斋中与好友对炉相谈，通过熏香达到"鼻端参禅"意境，正符合士大夫清致的写照。既然"小寝"所宜，应该不太大。而"香润"二句，把这不太大的石香鼎熏出之香的形态写得非常美，令人着迷。"法从"二句又从这个境界里出离，要从鼻子的嗅觉来参香的空性，可谓一波三折。

品香的方式。香品的形式决定品香的方式，而不同历史时期，不同文化背景，甚至不同精神状态，用香、品香的方式也会有所不同，效果亦大相径庭。品香的方式，重在过程，首先要驱除杂味，其次鼻观，观想趣味，然后回味，肯定意念。全部过程，颇类禅家的鼻端参禅，因此黄庭坚咏香之作，常会将二者联系起来，如《谢曹子方惠物二首》咏博山炉云：

---

[1]《豫章黄先生文集》卷五，《黄庭坚全集辑校编年》，第440页。
[2]《豫章黄先生文集》卷二五，《黄庭坚全集辑校编年》，第481页。

"飞来海上峰,琢出华阴碧。炷香上袅袅,映我鼻端白。听公谈昨梦,沙暗雨矢石。今此非梦耶,烟寒已无迹。"❶《有闻帐中香以为熬蝎者戏用前韵二首》之一亦云:"海上有人逐臭,天生鼻孔司南。但印香严本寂,不必丛林遍参。"❷南唐以来颇为盛行的帐中香,需要先与鹅梨同蒸沉水而成。其独特的气味,在焚熏后,常使闻不惯此种味道者,误以为有人熬蝎,所以黄庭坚以"海上有人逐臭,天生鼻孔司南"自娱。

人们品香,固然是对香气有所爱好,这种爱好也因人而异。在宋代文人之中,对于气味的品评,最精妙者莫过于黄庭坚。其《跋自书所为香诗后》论意和香云:"贾天锡宣事作意和香,清丽闲远,自然有富贵气。"❸评荆州欧阳元老之深静香云:"此香恬澹寂寞,非世所尚。"❹富贵清丽与恬澹寂寞,可以说代表俗世之爱与寒士清寂的两种境界,黄庭坚毫无偏执,兼容二境,是其精神世界的写照。

焚香的器具。随着香文化的兴盛,一些精致小巧,摆放于人们书桌、案头、床榻之间的香器,经由文人雅士把玩,从日用生活器具变身为具有文化意味的艺术品,于是睡鸭、金炉、博山炉、宝薰、石香鼎一类的香器常常出现于文人笔端。如上引黄庭坚《谢曹子方惠物二首》咏博山炉。相传,汉武帝嗜好熏香,也信仙道。方士传说东方海上有仙山名为"博山",武帝于是派人专门模拟传说中博山的景象,制作了一类造型特殊的香炉——博山炉。初期的博山炉大都是铜炉,也有以鎏金或错金装饰的高档器物。博山炉上面设有炉盖,其形状高耸峻峭,并雕镂成起伏的山峦之形,山间雕饰有青龙、白虎、朱雀、玄武等灵禽瑞兽,以及各种神仙人物,用以模拟神仙传说故事。下面设有承盘,贮有热水(兰汤),润气蒸香,也有象征东海的意味。当在炉腹内焚香时,袅袅香烟从层层镂空的山形中高低散出,缭绕于炉体四周,加之水气的蒸腾,宛如云雾盘绕海上仙山,呈现极为生动的山海之象。这可以算得上是香器中的极品。博山炉在

❶ 文渊阁四库全书本《山谷外集》卷四,《黄庭坚全集辑校编年》,第514页。
❷《豫章黄先生文集》卷五,《黄庭坚全集辑校编年》,第410页。
❸《豫章黄先生文集》卷二五,《黄庭坚全集辑校编年》,第448页。
❹《陈氏香谱》卷三,《黄庭坚全集辑校编年》,第1675页。

宋代仍然使用，但形状上有些改动，大小也略有不同，但主体上还是一致的。

而睡鸭、宝薰、石香鼎一类，从黄庭坚诗歌所咏所写看，估计没博山炉这么宏大的形制。睡鸭通常为铜制，造型为凫鸭入睡状，故有此名。宝薰只是诗中提到，并未详细咏写。石香鼎在黄庭坚《谢王炳之惠石香鼎》中有详细描写，则已如前述。

三　香之方

黄庭坚爱香，更自行研制香方，广泛参与香品、香具的制作和焚香方法的改善。在香气香味的品鉴上，积累了自己独到的见解。他诗文中记载的香方有：意和香、意可香、深静香、小宗香、婴香、汉宫香诀、荀令十里香、百里香、篆香等，其中，前四种最为知名，被称为"黄太史四香"。黄庭坚于宋元祐元年（1086）入秘书省，除神宗实录院检讨官，故世称"黄太史"。宋元之际，黄庭坚善用香之名已为时人所注重，宋代陈敬《陈氏香谱》收录众多香方，汇集其中与黄庭坚有关、最为著名之四帖香方，即称为"黄太史四香"。

"黄太史四香"其实并非黄庭坚所创，只是因为与他有关，所以扬名。如意和香，是贾天锡所有，但他以意和香换得黄庭坚作小诗十首；意可香，此香初名为"宜爱"，但黄庭坚认为其香殊不凡，乃易名"意可"；深静香，制作者是欧阳元老，专为黄庭坚所特制；小宗香，是时人仰慕宗茂深（宗炳之孙）之名而制作的香，所以为小宗香。黄庭坚有《书小宗香》。这些香都是凝和香，在香方中都包含两种以上的香料，所以合香时要特别注意用料、炮制、配伍，甚至更特殊的还要讲究配料、和料、出香等过程中的节气、日期、时辰等。所以黄庭坚记载这些香方的独特之处在于，都配有工艺制作说明，以达到特定的效果。制作上主要包括六道工序：置备原料、配伍、和料、成型晾晒、包装、窖藏。以下分别介绍。

第一，意和香。列为黄太史四香之首。元祐元年（1086），黄庭坚在秘书省，贾天锡以意和香换得黄庭坚作小诗十首，黄庭坚犹恨诗语未工，未能与此香相称，而自己非常珍爱此意和香，从不轻易给人。其《跋自书所为香后事》云："贾天锡宣事作意和香，清丽闲远，自然有富贵气，觉诸人家和香殊寒乞。天锡屡惠赐此香，惟要作诗。因以'兵卫森画戟燕寝凝清香'作十小诗赠之，犹恨诗语未工未称此香尔。然余甚宝此香，未尝妄以与人。城西张仲谋为我作寒计，惠送骐骥院马，通薪二百，因以香二十饼报之。或笑曰：'不与公诗为地耶？'应之曰：'诗或为人作祟，岂若马通薪，使之冰雪之辰，铃下马走，皆有挟纩之温邪！学诗三十年，今乃大觉，然见事亦太晚也。'"❶

黄庭坚为意和香所作的诗，即《贾天锡惠宝熏乞诗予以兵卫森画戟燕寝凝清香十字作诗报之》：

> 险心游万仞，躁欲生五兵。隐几香一炷，露台湛空明。
> 昼食鸟窥台，宴坐日过砌。俗氛无因来，烟霏作舆卫。
> 石蜜化螺甲，榠楂煮水沈。博山孤烟起，对此作森森。
> 轮囷香事已，郁郁著书画。谁能入吾室，脱汝世俗械。
> 贾侯怀六韬，家有十二戟。天资喜文事，如我有香癖。
> 林花飞片片，香归衔泥燕。闭合和春风，还寻蔚宗传。
> 公虚采苹宫，行乐在小寝。香光当发闻，色败不可稔。
> 床帷夜气馥，衣桁晚烟凝。瓦沟鸣急雪，睡鸭照华灯。
> 雉尾映鞭声，金炉拂太清。班近闻香早，归来学得成。
> 衣篝丽纨绮，有待乃芬芳。当念真富贵，自熏知见香。❷

十首小诗，分别取自韦应物《郡斋雨中与诸文士燕集》"兵卫森画戟，燕寝凝清香"句之十字，切入主题，每一首皆与香有关，发挥了江西诗派善于用典、咏物寄情之特色。

意和香之制作，其法为："以沉水为主，斫如小博投，取榠楂液渍之过指，三日乃渚，泣其液，温水沐之。紫檀屑之。取小龙茗末一钱，沃汤和之。渍晬时包以濡竹纸数重，炰之螺甲，磨去龃龉，以胡麻膏熬之，色正黄则以蜜汤剧洗，无膏气乃已。香皆末之，以意和四物，稍入婆律膏

❶《豫章黄先生文集》卷二五，《黄庭坚全集辑校编年》，第448页。
❷《豫章黄先生文集》卷五，《黄庭坚全集辑校编年》，第439页。

及麝二物，惟少以枣肉合之，作摹如龙涎香状，日暵之。"❶香方写出了主料："沉香"为主，"紫檀"为辅。工艺是先将沉香切碎，放在榠楂的滤液中浸泡；紫檀弄碎，用竹纸包着香料在小龙团茶水中浸泡；甲香加胡麻膏来熬，熬到甲香变黄后放入热蜜水中洗，直到没有胡麻膏之味；最后加入龙脑、麝香，以枣肉作为黏合剂，太阳下晒干。

第二，意可香。据叶廷珪《海录碎事》卷六记载："或云此江南宫中香"，有可能为南唐李主时期宫中香。初名为"宜爱"，"有美人字曰宜，爱此香，故名宜爱"❷。辗转流传，至黄庭坚。黄庭坚认为，香殊不凡，但名字有脂粉气，于是易名为"意可"。

意可香之制作，其法为："涎香三两，须海南沉水，得火不作柴桂烟气者。膺香檀香一两，衡之亦有之，宛不及海南来者。甲香四钱，极新者中焙；玄参半两，锉爝；炙甘草末二钱。焰硝末一钱，甲香一分，如前治法，治而末之。婆律膏及麝各三钱，别研。右皆末之。用白蜜六两，熬去沫，取五两，和匀，入盒荫如常法。出荫乃和入婆律膏与麝。山谷道人得之东溪老，东溪老得历阳公，不知其所自也。初名宜爱。或云，此江南宫中香，有美人字曰宜，甚爱此香，故名宜爱。不知其在中主、后主时也。山谷曰，香殊不凡，故易名意可。东溪诘所以名，山谷曰，使众业力无度量之意，鼻孔才二十五，有求觅增上，必以此香为可。何况酒炊玄参、茗熬紫檀、鼻端已需然乎。真是，得无生意者，观此香，莫处处穿透，亦必以为可耳。"❸

此香方亦写出制作的主料及其工艺，其中特别的是"用白蜜六两"，这个香显然不能点燃，应该是用来熏的。香方后面还有一个"跋"，说明意可香的来历与功用。作为山谷居士，此处借用佛理来说明这款香对于修行可以起到增上缘的作用。以意可香之气味，比拟众业力之无度量，了无生意者，观此香，就算是并未处处穿透，亦必以为其可也。赋予此香的如

❶《陈氏香谱》卷三，《黄庭坚全集辑校编年》，第 1674—1675 页。
❷[宋] 叶廷珪《海录碎事》卷六，文渊阁四库全书本；中华书局，2002 年版，第 246 页。
　爱此香，陈敬《陈氏香谱》卷三作"甚爱此香"。
❸《陈氏香谱》卷三，《黄庭坚全集辑校编年》，第 1675 页。

此威力，无怪乎流传甚广。上文所云"东溪老"，应是高登（？—1148），字彦先，人称东溪先生，漳浦（今属福建）人。有《东溪集》，已佚。今传明嘉靖林希元重编本《东溪先生集》两卷，已非其旧。《宋史》有传。"历阳公"，应是沈立（1007—1078），字立之，历阳（今安徽和县）人，曾著《（沈氏）香谱》，已佚。《宋史》有传。意可香，黄庭坚《与徐彦和书二》也曾提及，中云："意可尤须沈材强妙，前录意可方去，似遗两种物，盖当于诸香后云'龙脑、麝香各三钱，别研'，若果遗，幸增入。"❶此外，黄庭坚阐述作诗那段著名的话："宁律不谐而不使句弱，用字不工不使语俗"，出自《题意可诗后》一文，此"意可"似为人名，但不知与黄庭坚命名的意可香之"意可"，在佛理禅意上，是否亦有相关。

第三，深静香。此香是制作者欧阳元老特别为黄庭坚所制，其香方以海南沉香为主，最能彰显海南沉香的清婉特征。欧阳元老，即欧阳献，字元老，又字符老，生卒不详，后卜居湖北江陵一带以终。哲宗元祐中曾与田端彦同入李清臣（1032—1102）幕❷。山谷曾与其往来交游，《山谷集》卷二六有《跋欧阳元老诗》，称元老作诗"入渊明格律，颇雍容"，元老个性亲山爱水，恬淡自得。因此当山谷燃深静香一炷时，便想起这位野逸好友，感慨有"此香恬澹寂寞，非世所尚"之语。

深静香之制作，其法为："海南沉水香二两，羊胫炭四两。沉水锉如小博投，入白蜜五两，水解其胶，重汤，慢火，煮半日许。浴以温水，同炭杵为末，马尾筛下之，以煮蜜为剂，荫四十九日出之。婆律膏三钱、麝一钱，以安息香一分，和作饼子，亦得以瓷盒贮之。右荆州欧阳元老为予处此香，而以一斤许赠别。元老者，其从师也，能受匠石之斤；其为吏也，不坐剿庖丁之刃，天下可人也。此香恬澹寂寞，非世所尚，时时下帷一炷，如见其人。"❸

详细列出制作主料及其工艺，内中有"入白蜜五两"，也是一款薰香。

---

❶ 文渊阁四库全书本《山谷别集》卷十七，《黄庭坚全集辑校编年》，第1451—1452页。

❷ 吴炯《五总志》："元祐中，李邦直帅真定，先子与田端彦、欧阳元老为幕府。……端彦后为官荆南，与郡将不合弃去冠冕，从元老游。元老时卜居筑渚宫为终焉。"（《景印文渊阁四库全书》，台湾商务印书馆，1983年版，第863册，第804页）

❸《陈氏香谱》卷三，《黄庭坚全集辑校编年》，第1675页。

其中比较特别的是"羊胫炭四两"之料。羊胫炭并非香料，而是中药材，有入脾调肾的作用，想来是欧阳元老针对黄庭坚身体状况而特别加入。这也说明人们对香的使用，不仅在于其芳香养鼻，也注重其养神养生的效果。相形之下，富贵清丽的意和香与恬淡寂寞的深静香，正好代表嗅觉气味的两种境界。

第四，小宗香。黄庭坚《书小宗香》云："南阳宗少文嘉，遁江湖之间。援琴作金石弄，远山皆与之同声。其文献足以追配古人。孙茂深亦有祖风，当时贵人欲与之游不可得，乃使陆探微画其像挂壁间观之。茂深惟喜闭阁焚香，遂作此香馈之。时谓少文大宗，茂深小宗，故名小宗香云。"❶

此文写小宗香，以香喻人，以人托香。少文大宗，即宗炳（375—443），字少文，南阳人，好山水，爱远游，凡所游履，皆图之于室，谓人曰："抚琴动操，欲令山皆响。"撰有中国最早的山水画论《画山水序》，被视为中国画山水理论之奠基者。写宗炳足以追配古人，再写宗茂深有祖风，前后呼应，点出小宗香之不凡。小宗香之名，起因于慕茂深之名而制作，晁公武《郡斋读书志》亦提及"南史小宗香"。在小宗香香方中，已经明确说明出南朝宋时已有合香配方；其次，为投宗茂深"喜闭阁焚香"之爱好，所制作小宗香，必定有特殊之处。

小宗香之制作，其法为："沉水香海南者一分，剉栈香半两，剉紫檀三分半，生米以银器炒，令紫色皆令如锯屑。苏合油二钱，制田香一钱，末之；麝一钱，半矸；玄参半钱，末之；鹅梨二枚取汁，青枣二十枚，水二碗者取小半盏，同梨汁浸沉栈檀。晬时缓火者令干，和入四物，炼蜜令小冷。令得所入，合埋二月。"❷这个香方的主料是"沉香"，其中的"栈香"也是沉香，只是稍次。辅料中有鸭梨、青枣，使小宗香有一种淡淡的水果香味。宗茂深喜闭阁焚香，此香该与其相配。黄庭坚《与徐彦和书二》也曾提及小宗香，中云："前所寄香似与小宗不类，亦恐是香材不妙，

❶《豫章黄先生文集》卷二五，《黄庭坚全集辑校编年》，第 1520 页。
❷《类编增广黄先生大全文集》卷四九，《黄庭坚全集辑校编年》，第 1676 页。

使香材尽如所惠苏合之精，自可冠诸香矣。"❶

以上这四种香方，材料中都含有沉香、檀香、麝香。沉香能压百味，所以为主；檀香清新淡雅，所以为次，主要取得烘托渲染的效果；麝香发香范围广，所以为辅，主要用来帮助香味扩散。可见这几个香方的匹配相当合理。黄庭坚喜爱的这几种香，都气味清远，恬淡幽寂，体现出他对特定气味的选择与品鉴，一定程度上，也是其精神世界的反映。

除了"黄太史四香"，因黄庭坚而彰显的香，还有婴香。《药方帖》记载婴香方一则，或称《制婴香方》，记载调配婴香香方之药名与和合之法，作为黄庭坚的行草尺牍，收入《宋贤书翰册》第三幅，纸本，纵28.7厘米，横37.7厘米。凡9行，每行字数不一，共81字❷。上钤"安氏仪周书画之章""义阳"（半印）印记。为清安岐（1683—1744或1746）所藏，《宋贤书翰册》附叶乙纸，有康熙四十七年（1708）八月廿五日陈奕禧（1648—1709）之题跋，云："昔人云：得古帖残本，如优昙出现。此册宋名贤真迹廿二件。兼苏、黄、米、蔡尽有之。俨入琼林琪树中，赏玩终日而莫能穷，目眩心摇。岂止优昙出现耶。麓村安君，博学嗜古，得而宝藏。因余来天津，谬以余能鉴别而视余。余获玩味，而附记于后。如此数公，余辄附记于后，是余之不知量也。麓村乃属余，不以为尘点，爱我深矣。戊子八月廿五日，漏下二十刻，海宁陈奕禧题。"《宋贤书翰册》集宋人尺牍诗帖二十种，其收藏印记有南宋高宗赵构"德寿堂书籍印"，以及项元汴、梁清标、安岐等著名收藏家印记，后入清宫收藏，编入成书于嘉庆二十一年（1816）的《石渠宝笈三编·延春阁》中，现藏台北故宫博物院。

《药方帖》记录调配婴香方之香药：角沉、丁香、龙脑、麝香、甲香、牙硝与和合之法，其内容为：

> 婴香
>
> 角沉三两末之，丁香四钱末之，龙脑七钱别研，麝香三钱别研，

---

❶ 黄庭坚《山谷别集》卷十七，《黄庭坚全集辑校编年》，第1451页。

❷ 台北故宫博物院藏《故宫历代法书全集》第十二卷，台北故宫博物院编印，1979年。

⊙图表 27　台北故宫博物院藏《制婴香方》

治弓甲香壹钱末之，右都研匀。入牙消半两，再研匀。入炼蜜六两，和匀。荫一月取出，丸作鸡头大。

略记得如此，候检得册子，或不同，别录去。

《药方帖》首行仅"婴香"二字，说明香方之名。后接三行，为香药五种，以行书为主，中锋用笔，亦见侧锋。中三行写香方和合之法，书体由行书转为行草，至第七行"作鸡头大"已是小草书法，药方书写至此结束。空一行，接末二行字留空低于前文，是为香方补充说明，云："略记得如此，候检得册子，或不同，别录去。"已转为草体，书写速度极快，至末行五字渴墨枯笔一气呵成，已是连绵大草。通篇 81 字取书简形式，书势由徐来转而疾去，书体由行入草，行文中涂改画圈补字，如珠落玉盘错落有致。

看似随意写来的婴香配方，在宋代香文化高度鼎盛的背景之下，寓含着黄庭坚对香材选择、香法、气味品鉴，反映着宋代文人阶层对于香的看法，从避瘴、除臭、醒脑等实用的功能，提升到嗅觉、气味品评，乃至鼻观先参的精神层次。❶

《药方帖》未署时间与作者，然幅左旧标签云："此药方笔势，是黄山谷书。"而从其笔法、书风观之，多将此作列为黄庭坚元祐时期（1086—1094）作品，与其 42 岁时（1086）所作《王长者墓志铭稿》并列为小字行草佳作。或与《糟姜银杏》帖列为元祐前期所作。

此药方字迹有涂改，第九行：治弓甲香一两，"两"旁注"钱"字。第五行：入艳消一两，"艳"字旁注"牙"字，"一"涂改为"半"字。第六行：炼蜜四两，"四"涂改为"六"。涂改的部分主要是合香中香药的分量。香方是嗅觉评定的落实，黄庭坚所写婴香方，意味着对于特定气味的选择与看法。因此，香药种类、数量上的差异，也说明配方在气味上的不同。自从北宋初年丁谓（966—1037）因流放海南岛而写下《天香传》，建立海南岛产沉香在嗅觉审美上的价值，提出"清远深长"的气味品评标

---

❶ 参见刘静敏《灵台湛空明——从〈药方帖〉谈黄庭坚的异香世界》，台湾艺术大学《书画艺术学刊》第 7 期，2009 年 12 月，又载《三联生活周刊》2014 年第 48 期。

准，相对地影响黄庭坚对于海南沉香的独特喜好，其所创制或喜爱的香方，都只使用海南沉香。一如周去非论述沉水香时便说："山谷香方率用海南沉香，盖识之耳。"[1] 海南岛所产沉香燃之，气味如梅花香、果香般，清雅微带甜香，含油量十足，香气幽远耐久，尾香有馀味而无焦气。

"婴香"之名，出自南朝梁陶弘景（456—536）《真诰》卷一《运象篇》，其中描绘九华真妃初次降临的情形，提到众真女与侍女的容貌与气味："神女及侍者，颜容莹朗，鲜彻如玉，五香馥芬，如烧香婴气者也。"小字夹注云："香婴者，婴香也，出外国。"[2] 宋人对婴香的起源已众说纷纭，程泰之（1133—1195）撰《香说》以"《汉武内传》载：西王母降爇婴香等品"，但程泰之对史书未记载此香而有所怀疑："然疑后人为之，汉武奉仙穷极，宫室帷帐器用之丽，汉史备记不遗，若曾创古来有之香，安得不记？"另一种说法，脱离神仙故事，而寄托于宋代的海舶香药贸易。据《香谱拾遗》记载，属于国家经营的香药专卖，从岭南运送到杭州都城的途中，运送香药纲的船只不幸翻船，遗失大半香药，官方将剩下的香药混杂和合为婴香，转卖而受到欢迎。黄庭坚的婴香方，取气味清远之角沉，又去檀香之气，此方尚淡雅，而非浓烈。如苏轼所云："温成皇后阁中香，用松子膜、荔枝皮、苦练花之类，沉檀、龙麝皆不用。或以此香遗馀，虽诚有思致，然终不如婴香之酷烈。"[3]

因黄庭坚而彰显的香方，还有返魂梅香。返魂梅香，原名为浓梅香，又称"韩魏公浓梅香"或"魏公香"，韩魏公即韩琦（1008—1075）。此香之流传，初因韩琦所爱而传香法，后惠洪又从苏轼处得知此香方，而传于黄庭坚。然而黄庭坚却以浓梅香之名"其意未显"而改为返魂梅。顾名思义，闻此香气味魂返而活，典出《海内十洲记》所记"聚窟洲在西海中申未之地，地方三千里。……洲上有大山，……山多大树，与枫木相类，而花叶香闻数百里，名为反魂树。扣其树，亦能自作声，声如群牛吼，闻

[1] 杨武泉《岭外代答校注》，中华书局，1999 年版，第 75 页。

[2] 吉川忠夫、麦谷邦夫校注、朱越利译《真诰·运象》卷一，中国社会科学出版社，2006 年版，第 30 页。

[3] 苏轼《香说》，《苏轼文集》卷七三，中华书局，1986 年版，第 2370 页。

之者皆心震神骇。伐其木根心，于玉釜中煮，取汁，更微火煎，如黑饧状，令可丸之。名曰惊精香，或名之为震灵丸，或名之为反生香，或名之为震檀香，或名之为人鸟精，或名之为却死香。一种六名。斯灵物也，香气闻数百里，死者在地，闻香气乃却活，不复亡也。以香熏死人，更加神验"❶。唐张祜《南宫叹亦述玄宗追恨太真妃事》诗："何劳却睡草，不验返魂香。"后来又被形容一岁再开的梅花。唐韩偓《湖南梅花一冬再发偶题于花援》诗云："湘浦梅花两度开，直应天意别栽培。玉为通体依稀见，香号返魂容易回。"谓梅花一年再发，犹如其魂重新回返，再度绽开。容易回，即易于返魂之谓。苏轼《岐亭道上见梅花戏赠季常》诗："蕙死兰枯菊亦摧，返魂香入岭头梅。"成为香方名称之后，据说点燃则能引导人见其亲人亡灵。程演曰："李夫人死，汉武帝念之不已，乃令方士作返魂香烧之，夫人乃降。"❷《香乘》引宋洪刍《香谱》："司天主簿徐肇，遇苏氏子德哥者，自言善为返魂香，手持香炉，怀中以一贴如白檀香末，撮于炉中，烟气袅袅直上，甚于龙脑。德哥微吟曰：'东海徐肇欲见先灵，愿此香烟，用为引导，尽见其父母、曾、高。'德哥云，死经八十年以上者，则不可返。"

因建中靖国元年（1101）所写《承天院塔记》一文，黄庭坚在徽宗崇宁二年（1103）被罗致"幸灾谤国"罪名，再次贬谪广西宜州。同年十二月，途中从湖北鄂州逆江南下，经过长沙，在碧湘门登岸养病一个月。在此，与好友惠洪（1071—1128）相见，黄庭坚记录当时情形：

> 余与洪上座同宿潭之碧湘门外，舟中衡岳花光仲仁寄墨梅二枝，扣船而至，聚观于灯下。余曰：只欠香耳。洪笑发谷董囊，取一炷焚之，如嫩寒清晓行孤山篱落间。怪而问其所得，云：自东坡得于韩忠献家，知子有香癖而不相授，岂小鞭其后之意乎。洪驹父集古今香方，自谓无以过此。以其名意未显，易之为返魂梅……

---

❶ 东方朔撰，王根林点校《海内十洲记》聚窟洲条，《汉魏六朝笔记小说大观》，上海古籍出版社，1999年版，第67页。

❷ 王文诰辑注《苏轼诗集·岐亭道上见梅花戏赠季常》诗"返魂香入岭南梅"引，《苏轼诗集》，中华书局，1982年版，第1078页。

衡山花光寺的花光仲仁，历来被视为画墨梅创始者，画梅时以焚香禅定而后一挥而成。而黄庭坚焚浓梅香观墨梅图，可见黄庭坚好香之癖，并非仅止于气味，从对应环境的相衬，乃至于香方之名称，皆有所坚持。

返魂梅香，或浓梅香，因黄庭坚更名后名声更为远播，广为时人所爱。如周紫芝（1082—1155）为《汉宫春》小序云："别乘赵李成以山谷道人返魂梅香材见遗，明日剂成，下帷一炷，恍然如身在孤山，雪后园林，水边篱落，使人神气俱清。"❶又有南宋张邦基《墨庄漫录》载：

> 予在扬州，一日，独游石塔寺，访一高僧，坐小室中。僧于骨董袋中取香如芡许注之，觉香韵不凡，与诸香异，似道家婴香，而清烈过之。僧笑曰："此魏公香也。"韩魏公喜焚此香，乃传其法：用黑角沉半两，郁金香一钱一字，麸炒丁香一分，上等蜡茶一分，碾细，分作两处，麝香当门子一字，右先点一半，茶澄取清汁，研麝渍之，次屑三物入之，以馀茶和半盏许，令众香蒸过，入磁器有油者，地窖窨一月。❷

黄庭坚与香的关系，是宋代文人与香关系的缩影。宋代文人读书以香为友，独处以香为伴；公堂之上以香烘托其庄严，松阁之下以香装点其儒雅。调弦抚琴，清香一炷可佐其心而导其韵；品茗论道，书画会友，无香何以为聚？书香难分，燕居焚香，是宋代文人的一种生活方式，也是他们清致的精神追求的一种反映，而黄庭坚正是最佳的代表，甚至有人尊之为香圣。

---

❶《陈氏香谱》卷三。
❷ 张邦基《墨庄漫录》卷二，中华书局，2002年版，第75页。

第四章

亦有馨香亦有烟 — 元明诗之香品

第一节

消尽年光一炷香：元诗中的香光

　　元是中国北方民族蒙古族建立的国家，是第一个由汉族以外的民族建立的统一王朝。元朝有两个显著特点：第一，疆域是中国历代王朝最大的一个；第二，立国时间却不足百年。元代在历史上的位置，正处在一个谷地，是长期分离对峙之后的大一统，是唐宋与明清之间的引桥。元代诗歌的面貌，通过这个历史上的位置得到充分的表现。

　　元诗研究历来积累较少，然而仅清人顾嗣立《元诗选》《元诗选癸集》中，就选录近 2000 位诗人的 25000 首诗。《全元诗》问世以后，可知元诗有 13.2 万多首，分属 5000 个诗人，数量巨大。这个数字是《全唐诗》的四倍，《全宋诗》的二分之一。元代诗歌是在对宋诗的反思中发展起来的。在宋诗发展过程中，以议论为诗、以文为诗和以才学为诗的倾向很明显。诗有三训：承也，志也，持也[1]。宋人独宗最后一训——"诗者，持也"[2]，要求诗人自持，提倡实用理性主义，有时甚至离弃诗的抒情特性。元诗发展的过程，就总体上说，却是诗歌的抒情性回归。这种回归打着复古的旗号，称作"宗唐得古"，这是元代诗歌显著的特点。

　　从公元 1234 年蒙古灭金，到 1368 年元朝灭亡，其间一百多年诗歌的发展，大体与蒙古统一北方、统一全国和元明鼎革的历史进程相对应，可

---

[1] 孔颖达《郑玄诗谱序正义》："诗有三训：承也，志也，持也。作者承君政之善恶，进己志而作诗，为诗所以持人之行，使不失坠，故一名而三训也。"

[2]《诗·含神雾》云："诗者，持也。"《文心雕龙·明诗》云："诗者，持也，持人性情。"唐·成伯玙《毛诗指说·解说第二》引《诗·含神雾》"诗者，持也"之后，解说云："在于敦厚之教，自持其心，讽刺之道，可以扶持邦家者也。"孔颖达《毛诗正义》则疏云："诗者，持也。以手维持，则承奉之义，谓以手承下而抱负之。"

以仁宗延祐初年为界，分为前后两期。前期是元人诗风形成期，后期是成熟期和新变期。元初的北方诗人群，一统后的元诗四大家（虞集、杨载、范梈、揭傒斯），衔接中、后二期的萨都剌和易代之际杨维桢为代表的铁崖诗派，是镶嵌于元诗史上的明珠。元诗为题画诗、边塞诗、竹枝词、宫词、食体诗、咏物诗等部类提供了新的基质。

元代在香史上的一个亮点，是开始出现线香[1]。据元人熊进祥《析津志》"风俗"条："湛露坊自南而转北，多是雕刻、押字与造象牙匙箸者"，"并诸般线香"[2]。元人李存《慰张主簿》又云："谨具线香一炷，点心粗菜，为太夫人灵几之献。"[3]《朴通事谚解》卷下则云："不知道那里死了一个蛐蜒，我闻了臊气，恶心上来，冷疾发的当不的，拿些水来我漱口，疾忙将笤帚来，绰的干净着，将两根香来烧。"虽未见"线香"二字，但有前面两例做参照，这里所谓的"两根香"应该即是线香。线香是以香料粉末调糊，干燥定型而成，不像印香的香料粉末那样松散地排列在水平面上。线香大多为细长线形，携带十分便利。另有一种盘绕起来的叫盘香，从制法来看，和线香没有太大差别。又有一种内以竹木梗作芯子，称棒香或签香，以上皆归入线香一类。线香更加便捷，可谓快餐文化之产物，也适合携带，同时计时也更方便。《红楼梦》第三十七回，众人结海棠诗社比诗，"迎春又令丫鬟炷了一支'梦甜香'。原来这'梦甜香'只有三寸来长，有灯草粗细，以其易烬，故以此烬为限，如香烬未成便要罚"。清代中叶兴起一种"诗钟"，与迎春燃香限定时间类似，只是更加巧妙："以细线坠铜钱系在线香上，线香燃烧到一定的时间，铜钱落在下面的铜盘中，铿然一响有似钟声，大家停笔交卷。"[4]

元代的咏物诗，接近七千五百首，其中植物类接近三千首，题画类两千多首，动物类六百多首，人工器具类接近九百首，天然气象类六百多首，饮食类两百多首，其他如写身体部位、声音等无形之物约一百首。

---

❶ 见扬之水《芳香静燃的时间》，《读书》2003 年第 9 期。

❷《析津志辑佚》，北京古籍出版社，1983 年版，第 208 页。

❸ 李存《俟庵集》卷二十九，文渊阁四库全书本。

❹ 见王鹤龄《诗钟的趣味与源流》，《中国典籍与文化》1995 年第 1 期。

香是元代咏物诗的一个重要主题。我们来举例说明。刘秉忠《焚胜梅香》
云：

> 春风吹灭小棠釭，梦断炉香结翠幢。檐外杏花横素月，恰如梅影
> 在西窗。❶

刘秉忠（1216—1274），字仲晦，号藏春散人，祖籍瑞州（今秦皇岛），
后迁居邢州（今河北邢台），是元初颇富神秘色彩的人物，出家为僧时法
名子聪，他是忽必烈的主要谋士，被称为"聪书记"。至元八年（1271），
这位禅宗名僧兼缁衣宰相，取《易经》"大哉乾元"之意，建议蒙古建国
号为大元，以中都为大都（今北京）。

　　刘秉忠自幼好学，至老不衰。虽位极人臣，每以吟咏自适，其诗类
其为人，萧散闲淡。上引《焚胜梅香》，素描春夜焚香之境。一阵春风吹
灭了灯架上的灯火，炉香摇曳，帷幔翠影依稀。屋檐之外，杏花伴素月分
辉。这花香，这月色，好似梅影映在西窗。不知是眼前所见，还是梦断所
燃胜梅香之香境。胜梅香是一种和香。陈敬《陈氏香谱》所列凝和诸香，
有"胜梅香"，其香方歌曰："丁香一分真檀半（降真白檀），松炭筛罗一
两灰。熟蜜和匀入龙脑，东风吹绽岭头梅。"❷刘秉忠另有一首《禅颂十
首》其七曰："禅榻梦回三丈日，香炉烟袅一丝风。东家喃喃西家默，都
在去来大藏中。"❸一代风云人物，在袅袅香炉之烟中，体悟禅意，表达禅
悦之情，禅意与香道，在恬淡安逸中款款融合。

　　再来看道教与香道的结缘。香为道教五供之一，五供也称五献，指在
拜表、炼度、施食等道教仪式中，将五种献祭品——香、花、灯、水、果
献于神坛。《要修科仪戒律钞》引《登真隐诀》称："香者，天真用兹以通
感；地祇缘斯以达言，是以祈念存注，必烧之于左右，特以此烟能照玄达
意。"意思是香可上达于三境十天，下彻于九幽五道。香烟上透云霄，有
参侍玉皇的功效。据《道门通教必用集》，奉献于诸天的名香，有返魂香、

---

❶ 李昕太等《藏春集点注》，花山文艺出版社，1993年版，第339页。
❷《陈氏香谱》卷三。
❸ 李昕太等《藏春集点注》，第335页。

返风香、逆风香、七色香、天宝香等。全真道教祖，被元世祖忽必烈封为"全真开化真君"的王重阳（1113—1170），有《踏莎行·咏烧香》，词云："身是香炉，心是香子，香烟一性分明是。依时焚爇透昆仑，缘空香袅透祥瑞。　上彻云霄，高分真异，成雯作盖包玄旨。金花院里得逍遥，玉皇几畔常参侍。"[1]盛赞香烟上透云霄，参侍玉皇的功效。再来看下面这首《四景》其二：

> 深院棋声日正长，博山添火试沉香。道人鞭起龙行雨，带得东潭水气凉。

这首短短七言绝句，前两句很平和，后两句则颇有气势。作者张嗣成（？—1344），字次望，号太玄子。贵溪（今属江西）人。张与材之长子，亦善画龙，延祐三年（1316），嗣为三十九代天师，袭领江南道教，主领三山符箓如故。至正四年（1344）卒。生平见《元史》卷二〇二、《图绘宝鉴》卷五、《书史会要》卷七、《元诗选癸集》壬集上。

　　另一位深悟香道者，是当时最负盛名、号称元诗"四大家"之首的虞集。其《同阁学士赋金鸭烧香》云：

> 黄金铸为鸭，焚兰夕殿中。窈窕转斜月，逶迤动微风。绮席列珠树，华灯连玉虹。无眠待顾问，不知清夜终。[2]

虞集（1272—1348），字伯生，号道园，元代中期最有影响的文臣之一，也是元代独步一时、最负盛名的诗文家，不但执笔撰写大量朝廷典册、公卿碑铭，还以奖掖后进、提携时彦、倡导古学，深刻影响一代士林文风。这首咏香诗诗题中的"金鸭烧香"，让人不由联想起唐人戴叔伦的《春怨》"金鸭香消欲断魂，梨花春雨掩重门"，李商隐《促漏诗》"舞鸾镜匣收残黛，睡鸭香炉换夕熏"，和宋人刘过《古诗》"不知金鸭香篆长，拥鼻犹可看文戏"。而赵孟頫有名的《绝句》亦曰："春寒恻恻掩重门，金鸭香残火尚温。燕子不来花又落，一庭风雨自黄昏。"在无边春色中，一庭风雨

---

[1] ［金］王喆《重阳全真集》卷八，明正统道藏本。
[2] ［元］虞集《道园学古录》卷一，四部丛刊景明景泰翻元小字本。

过后，正是最难消遣的黄昏时分，缠绵的伤春情绪，伴着金鸭香消，确实堪断心魂。不过，好在这里是馆阁，不是香闺。虞集笔下的这首《同阁学士赋金鸭烧香》并无许多伤感。首联点题；次联以精致的对偶句，营构出月朗风清、优雅钧爽的意境；颈联则措语华美，想象颇奇，刻画出宫殿雍容、豪华的气象，是应制诗必有之意；尾联，则写诗人与文臣们通宵值班待职，固然辛劳，但幸得皇帝之优渥，内心仍颇为自得。这样的诗，是以技巧见长，情感特征并不鲜明，可谓细腻繁缛，典正有馀。正像《正月十一日朝回即事》"香霏帘底雾，乐殷殿前雷"一样，只是气象雍容的馆阁生活的写照，辞气华丽，结撰精微，读之若绣衣绮服，华氛香雾，扑面而来。

再来看虞集的《云州道中数闻异香》：

> 云中楼观翠岩峣，载道飞香远见招。非有芝兰从地出，略无烟雾只风飘。玉皇案侧当霄立，王母池边向日朝。却袖馀薰散人世，九天清露海尘遥。❶

云州，蒙古中统四年（1263）升望云县置，治所在今河北省赤城县北云州镇，属上都路，辖境相当今河北省赤城县地。大概因为该地山石多为红色，故名赤城。赤城北二十馀里，是金阁山，世祖年间，在山上建有崇真宫。虞集诗所写，就是崇真宫焚香的香气随风飘散的情景。云中的楼观四周生长着翠绿的野草，满道充溢香气，人们很远地就被它引招。并非从地上长出了芝兰，看不见一点烟雾，只有香气，乘着微风在飘荡。好像在玉皇书案旁边当空而立，又像在王母的瑶池边向日而朝。衣袖兜住一点馀香，散发到人世上，九天之上的清露，在茫茫尘海上浮飘。这首七律咏香之作，也呈现出雍容华贵之态。泰定元年（1324）、天历元年（1328）和二年（1329），虞集三次道过云州，其《白云观记》所载，可为此诗注脚：

> 泰定元年五月，予驲过云州，道中闻异香，数十里不绝。心甚异

---

❶ 虞集《道园学古录》卷三。

之，而莫知其说。后四年之过也，适与玄教夏真人偕，偶及之。夏真人曰："祁真人居此山，素有道术。或者其有没而不亡者耶？"六月，自上都过，舍驿骑，步入谷，观祁真人隐处。风雨之声与山木涧泉并作，凛不可久留，遂去之。天历二年六月，被召上都，又过之。为僚吏从者言昔事。言未既，香大至，数十人共闻，咸用嗟叹。❶

薛汉有《和虞先生箸香》：

> 奇芬捣精微，纤茎挺修直。炧轻雪消晛，火细萤耀夕。素烟袅双缕，暗馥生半室。鼻观静里参，心原坐来息。有客臭味同，相看终永日。❷

所和之"虞先生"，应为虞集。薛汉（约1272—1324），字宗海，浙江永嘉人。泰定元年（1324）春二月，选国子助教。与虞集、博士柳道传友善。其集中还有《和虞先生上京夏凉韵》。薛汉卒时，虞集等哭之甚哀。其《和虞先生箸香》描画香箸。香箸，即诗中的"纤茎"，也称香筋，一般分为两种：一是用来梳理香灰调和香粉和挟取香木、香片等香材放入香炉的香筷子。如王珪《宫词》第九十二首所云："雪晴鳷鹊楼边月，风落昭阳殿后梅。炉炭煴消香兽暖，独拈香箸拨红灰。"陈敬《陈氏香谱》谓"和香、取香，总宜用箸"。二是用来夹取燃烧中的炭火的香筷，也称火箸或匙箸，通常前端呈圆形梢细，后端呈方形梢粗，形状细长，成对使用。朱权（1378—1448）《焚香七要》云："匙箸，惟南都白铜制者适用，制佳。"❸文震亨（1585—1645）则认为："匙箸，紫铜者佳，云间胡文明及南都白铜者亦可用，忌用金银及长大填花诸式。"❹南都，指的是现在的南京。明朝初年定都南京，永乐年间迁都北京，南京作为陪都，被称为"南都"。

在元代诗歌里，曾经一向高雅清逸的香，也会充满沉郁之气。例如郝

---

❶《道园学古录》卷四十六。

❷[元]蒋易《皇元风雅》卷十，元建阳张氏梅溪书院刻本。

❸[明]高濂《雅尚斋遵生八笺》卷十五"燕闲清赏笺"中卷"焚香七要"，明万历刻本。

❹[明]文震亨《长物志》卷七器具，清粤雅堂丛书本。

经在被软禁的客馆里写下的《馆中春晚》：

> 花落深庭日正长，蜂何撩乱燕何忙？匡床不下凝尘满，消尽年光一炷香。❶

郝经（1223—1275），字伯常。泽州陵川（今属山西）人，金亡，徙居顺天（今河北保定）。郝经祖父郝天挺是元好问的老师，元好问曾对郝经说："子貌类汝祖，才器非常，勉之！"守将张柔、贾辅待郝经以上宾礼，郝经得便历览两家的丰富藏书。元世祖在潜邸，召见郝经，郝经又随蒙古南下攻宋。元世祖即位，拜翰林侍读学士，并充任"国信大使"，率40人的使团出使南宋。南宋权相贾似道曾谎称大捷，怕郝经入朝后泄漏底细，就把他软禁在真州（今江苏仪征），使之与世隔绝，长达16年之久。上面这首诗就写于被软禁的真州客馆。顾嗣立《元诗选》中从郝经绝句中辑出《仪真馆中杂题五首》，此诗被列为其中的第三首。在貌似闲淡的笔墨背后，是深悲极怨，而表达出的风格，却极为微婉。这里需要补充介绍的，是"消尽年光一炷香"背后的故事，即"雁足帛书"的故事。这是元初一件大事，当时可谓朝野耸动。元人长谷真逸《农田馀话》卷上、宋濂《宋文宪全集》卷八《题郝伯常帛书后》，陶宗仪《南村辍耕录》卷二十等均有记载。事情的经过是：至元十一年（1274）九月，思乡心切的郝经，也许是受汉代使臣苏武传说的启发，在一只原准备食用的大雁腿上，捆绑了一幅帛书，上书59个字："霜落风高恣所如，归期回首是春初。上林天子援弓缴，穷海累臣有帛书。中统十五年九月一日放雁，获者勿杀。国信大使郝经书于真州忠勇军营新馆。"然后将大雁放生。第二年三月，在汴梁金明池上，有人捕获了这只南来的大雁，雁足发现了这封帛书，又辗转为安丰儒学教授王时若所得。于是，从中统元年出使南宋起，已经失去消息16年的国信使郝经，成为朝野关注的焦点人物。尽管这一年二月，随着南宋政治格局的变化，郝经已经解除拘押，得以北还。但因为这个插曲，使得他的出使、被敌国拘禁而不屈、16年后得以回归，富于传奇色彩，

---

❶［元］郝经《陵川集》卷十五，清文渊阁四库全书本；秦雪清点校《郝文忠公陵川文集》，山西人民出版社，2006年版，第230页。

广为朝野所知。至于帛书，延祐五年（1318）时，集贤学士郭贯出持淮西使节，将确实存在帛书一事上奏朝廷，元仁宗命中使专门将其取来，装潢成卷，并让文臣题跋于卷末，保存在秘书监。直到至正年间，还有人在秘书监亲眼见过这幅帛书。

再来看元人下面这首《龙涎香》：

> 瀛岛蟠龙玉吐零，轻氛飞绕博山青。暖浮蛟窟潮声怒，清彻骊宫蛰睡醒。碧脑贮箱收海气，红薇滴露洗云腥。雨窗篝火浓熏破，梦驾苍鳞上帝庭。

此诗见于明抄本谢宗可《咏物诗》第 21 首，亦见于萨都剌《新芳萨天锡杂诗妙选稿全集》（又称《永和本萨天锡逸诗》）第 1 首，而明抄本《诗渊》又引作何孟舒诗第 45 首[1]，字句稍异。未知孰是，但一般视其为谢宗可所作。谢宗可，自称金陵（今江苏南京）人[2]。生卒年、字号不详。此诗收入其《咏物诗》。目前可见最早的谢宗可《咏物诗》刻本，是《合刻咏物诗》，为谢宗可、瞿佑、朱之蕃三人咏物诗合集，明天启二年（1622）刻本，共六册，收录谢宗可咏物诗 100 首，前附朱之蕃序、汪泽民至正十三年序。汪泽民序说："谢宗可为咏物诗数百篇，涵盖精微，词必新，理必正，事必工，字必谨。绮靡而不伤于华，平淡而不流于俗，于是求公之心概可见焉。"《四库全书总目》这样概括：谢宗可"始末无考，相传为元人。故顾嗣立《元百家诗选》（即《元诗选》）选录是编于戊集之末，亦不知其当何代也。"据明人瞿佑《归田诗话》所载，可知《咏物诗》在元末明初影响较广，"世多传诵"。但瞿佑又指出，《咏物诗》"难得全首佳者"。顾嗣立在《元诗选》谢宗可小传中则说："大抵元人咏物，颇尚纤巧，而宗可尤以见长。"正因为这二卷（别本一卷）《咏物诗》，谢宗可才在元代诗坛留下了名字。

这首《龙涎香》，极刻画之工细，龙涎香的独特魅力，在诗人笔下写得十分传神：海上仙山，蛟龙吐玉，在博山炉中徐徐焚烧，轻雾缭绕，如

---

[1]《诗渊》，书目文献出版社影印本，1993 年版，第 2 册，第 1402 页。
[2]《千顷堂书目》卷二十九则注云："临川人，一云金陵人。"

同海窟翻波，满室生春，令人忘掉窗外的寒雨。浓香初熏的锦被，更催人悠然入梦，仿佛乘龙直达帝庭。最后一句的立意，显然承自王沂孙《龙涎香（天香）》词的"一缕萦帘翠影，依稀海山云气"，但转其凄婉为壮烈，而全诗的构思，与碧山词上阕颇为近似。而颈联"碧脑贮箱收海气，红薇滴露洗云腥"，用周密《天香》词"碧脑浮冰，红薇染露"❶之意。碧脑，是形容龙涎香浮于水上，其烟碧色。红薇滴露，则以蔷薇花露之香喻龙涎香。陈敬《陈氏香谱·蔷薇水》："大食国花露也……以之洒衣，衣敝而香不灭。"就用典而言，颔联"暖浮蛟窟潮声怒，清彻骊宫蛰睡醒"一句，是离开题面较远的外围典故，对于咏物诗来说，这种用事还是走得太远了。在章法上，这首诗很像是一首关于龙涎香一生遭际的叙事诗，但全诗看不出明显的起承转合结构，只是按照"昔—今—昔—今"的时间切换展开，很像是词的章法，所以有人曾将其改为一首《鹧鸪天》咏物词："瀛岛蟠龙玉吐零，轻氛飞绕博山青。暖浮蛟窟潮声怒，清彻骊宫蛰睡醒。　　收海气、锁寒扃。红薇滴露洗云腥。雨窗篝火浓熏破，梦驾苍鳞上帝庭。"❷读来，与王沂孙《龙涎香（天香）》词有异曲同工之妙。

元代最大规模的咏香之作，当首推较早成集的元人咏物诗集——郭居敬的《百香诗》。郭居敬，字仪祖。延平路尤溪（今属福建）人。博学好吟咏，与其兄郭仲实俱以诗知名乡里。生平事迹见《（嘉靖）延平府志》人物志卷四、《（万历）大田县志》卷二〇《孝友》、《闽书》卷一二九、《弘治八闽通志》卷六九、明王圻《续文献通考》卷七一、清李清馥《闽中理学渊源考》卷三十七。生性至孝，曾辑虞舜以下二十位古人的孝行事迹，一一咏之以诗，上图下文，编成《全相二十四孝诗选》，用为童蒙读物❸。虞集、欧阳玄等欲荐之馆阁，终未果。所作不见于今天存世的元诗总集，这可能是因为他太"贴近"民间。但《全相二十四孝诗选》与《百香诗》均有传本。成书于明正统（1436—1449）年间，由杨士奇等编纂的《文渊

❶《全宋词》第3287页；《增订注释全宋词》第4册，文化艺术出版社，1997年版，第248页。这两句属对十分精妙。
❷ 于溯、程章灿《何处是蓬莱》，凤凰出版社，2014年版，第81页。
❸《全相二十四孝诗选》，中国国家图书馆藏明洪武刊本，存诗20首。

阁书目》月字号第二厨书目著录："郭居敬《百香诗》一部一册。阙。"❶而今存《永乐大典》残帙未见引称。清傅维鳞《明书》著录："郭居敬《香诗集》"❷，应即《百香诗》。

日本京都龙谷大学图书馆藏《新编郭居敬百香诗选》抄本一卷，与同刊于宋元间且同为"百咏诗"的张逢辰《菊花百咏》、韦珏《梅花百咏》、佚名《百花诗集》合装一册，《龙谷大学大宫图书馆和汉古典籍分类目录》定其为室町时代（1336—1573）抄本❸。国内则有康熙三十六年（1697）郭氏家传之清刊本，书前序称："元处士郭居敬《百香诗》，寓香山遗老意也。居敬远孙二洋君复刊问世，寓一派书香意也。"末署"岁康熙丁丑夏月木天学人刘植题于杉阳炉峰之北楼"❹。这组多达一百首的七言绝句咏香诗，以"香"字为韵，语句平淡朴实，读来晓畅顺口。书前有《百香诗序》一篇："一日燕寝，梦一丈夫，巍冠博带，磬折而言曰:《百香诗》将盛于世矣，子知之乎？对曰：未也。既觉，且喜且疑。有顷，鱼传尺素，笺寄新吟，乃镡川郭居敬《百香诗选》也。吁！与适者之梦，不符而合，何也？正得失，动天地，感鬼神，莫近于诗。信乎，先代之言不妄。开卷圭复，语圆而意活，字俊而句清，馨香满室，亹亹逼人，如游旃檀国而登广寒宫也。予不敏，敬诵韩文公'东野动惊俗，天葩吐奇芬'一联，置于卷首。至治癸亥夏五，文川令尤恪慎叔行书。"至治癸亥，即元至治三年（1323）。元代四川茂州有文川（亦作汶川）县，不知是否即序文作者为令的"文川"。序中提到的"镡川"，乃尤溪所属的延平一带的别称。清刊本《百香诗》前有王经生短序，称"其妙如联珠缀玉，其奇如怪石枯松"，"诚杰作也"。

---

❶ 文渊阁四库全书本卷二;《丛书集成初编》据读画斋丛书排印本卷十，总类第30册，第134页。

❷ [清] 傅维鳞《明书》卷七十七志十七，清畿辅丛书本。

❸ 参见金文京《日本龙谷大学所藏元朝郭居敬撰〈百香诗选〉等四种百咏诗简考》，张宝三、杨儒宾编《日本汉学研究初探》，台湾大学出版中心，2004年版；杨铸《日本钞本郭居敬〈百香诗选〉》，《中国典籍与文化》2007年第1期。

❹ 参见杨铸《清刊本〈百香诗〉小考》，收入沈乃文主编《版本目录学研究》第4辑，北京大学出版社，2013年版。

　　清刊本《百香诗》书后有题诗九首。其中蔡文卿："风扫蟾宫绝尘埃，月明丹桂一枝开。嫦娥相赠诗人去，幻出新吟百咏来。"日本抄本署"蔡文卿"者，清刊本署"弋阳蔡文真卿"。蔡郁，字文卿。中牟（今属河南）人。带经而锄，以道自乐。不求闻达，累征不起。卒年 81 岁。生平见《〔成化〕河南总志》卷四。

　　卢可及："湖海新吟独擅场，乾坤清气入诗肠。蔷薇水浸骊珠颗，不直诗中字字香。"日本抄本署"卢可及"者，清刊本署"胥陵端智可"，疑漏"及"字。卢端智，字可及，常州（今属江苏）人，元泰定四年（1327）进士，至顺二年（1331），任福建兴化路知事，在任私门无杂，宾吏非公事未尝至其室，元统二年（1334）代去。生平见《〔弘治〕兴化府志》卷二、卷五，《兴化路兴学记》（《〔同治〕重刊兴化府志》卷二十七）。

　　黄文仲："吟行九畹绕东篱，兰菊中间住片时。秋菊可飡兰可佩，乾坤清气入诗脾。""咀嚼冰霜涤肺肝，唾成珠玉看芝兰。夜来开卷山窗晚，移向梅边就月看。"黄文仲，字独愚，号古侯佚老。长乐（今属福建）人。有文名，元成宗大德年间，作《大都赋》（见《天下同文集》卷十六），颇知名。天历元年（1328），以福州路侯官县尹致仕。至顺二年，分别为福建都转运使郭郁《言行录》《敏行录》作序。

　　郭贯："花满山城春昼长，乡民无讼乐农桑。一帘榕影文书静，坐对东风看《百香》。"陈天锡："百篇锦绣出胸中，句句新奇字字工。明月满天清似水，广寒宫里桂花风。"清刊本署"晋斋陈载之"。陈天锡，字载之，号晋斋，有《鸣琴集》。黄性观："古桐一曲泻尘襟，坐对梅花□水沉。好客不来清夜永，挑灯细读《百香》吟。"陈鼎："骚坛一字一思量，捻尽吟须鬓易霜。天意于君有成就，要留千古姓名香。"

　　郭复宝："吾弟诗狂欲上天，老兄只得助吟笺。碧波深处骊龙睡，采得明珠带玉涎。"清刊本署"伯氏郭复宝秀峰"，据诗中所称"吾弟诗狂欲上天，老兄只得助吟笺"，可知郭复宝乃郭居敬兄长。此外，清刊本《百香诗》书后还附有 38 首清人题诗，诗多颂赞之词。以下据龙谷大学图书馆藏《新编郭居敬百香诗选》抄本录诗如次：

琴

高山影里希音远，流水声中古调长。

可惜世无钟子期，焦桐空带爨烟香。

棋

柳荫深深日正长，不知谁向静中忙。

几回落于晴窗午，吟梦惊回春草香。

书

退笔成堆可冢藏，半生辛苦学钟王。

君看窗外寒池水，暖日浓薰气墨香。

笔

梯云来自广寒乡，拔后霜毫锐似铓。

留与谪仙题品用，沉香亭北牡丹香。

画

流水无声空浩渺，远山有色甚微茫。

毫端别有春风处，倚竹梅花带月香。

墨

十八公生万仞岗，灰心火月利文房。

陶泓池畔玄云起，犹带徂徕风雪香。

砚

买得崑山玉一方，吟边磨琢岁华长。

夜来宝匣忘收闭，一点飞红清墨香。

纸

赋就三都穷价直，楼修五凤擅文章。

都缘白似梅花好，写出新吟字字香。

洗砚

石丈经旬卧笔床，紫云涤净玉生光。

烟波流入长江去，薰透鱼龙国里香。

扇

一片齐纨白似霜，团团明月出东方。

池亭宴坐轻摇处，引得荷风掠面香。

剪刀

双股尖齐燕尾长，良工磨削白如霜。

晓庭剪断梨花朵，带得一些春露香。

渔舟

一棹翩翩活计长，五湖四海是家乡。

朝来撑出柳阴去，冲落江花带雨香。

笛

蕲竹新裁尺许长，月明三弄据胡床。

一声风引云端去，吹落梅花只欠香。

灯

院宇沉沉秋气凉，重帘低下护清光。

夜深忽报书生喜，红绽缸花一蕊香。

烛

红影摇摇白玉堂，寸心只愿照逃亡。

翰林记得皈来晚，荣赐金莲一炬香。

镜

百炼千磨日色光，世间妍丑不韬藏。

含章檐下东风里，曾照梅花五出香。

酒帘

勾引游人入醉乡，风中摇曳自飞忙。

一竿斜出高楼外，大字矜夸竹叶香。

胭脂

燕赵佳人独擅场，临鸾梳掠细端相。

歌唇点破樱珠艳，笑脸接开杏蕊香。

粉

清如翡翠帘前雪，白似鸳鸯瓦上霜。

镜里妆成花妒艳，指尖勾破玉生香。

龙

天渊上下任行藏，岁旱为霖泽八荒。

领下珠光金甲冷，潭心日暖玉涎香。

马

龙池飞去快腾骧，上应房星一点先。

千里归来天未晚，满身云湿五花香。

鱼

同队嬉游一镜塘，往来戏弄碧波光。

不知谁洗芸窗砚，吞得胸中墨水香。

雁

万里云衢羽翼长，寒潭影落两三行。

江南满目烟波阔，处处西风菰米香。

莺

宛转歌喉春昼长，高迁乔木占风光。

朝来飞入花深处，露滴金衣点点香。

燕

阴落东风又海棠，重来营垒语雕梁。

小池水涨芹芽知，衔得春泥一点香。

蝶

东风花国是吾乡，一点春心耳目忙。

昨夜牡丹丛里宿，满庭风露梦魂香。

蜂

日暖西园队队忙，闲随胡蝶度邻墙。

几回飞向吟窗过，花外风来带蜜香。

瓜

西域星槎远取将，青门五色想难方。

金刀切落水花冷，沁透相如渴脉香。

李

绿阴亭上午风凉，旋摘枝头荐酒觞。

颗颗登盘青玉莹，金盆沉浸井泉香。

橄榄

纷纷青果荔枝乡，八月寒风九月霜。

莫怪渔樵轻弃掷，未知回味齿牙香。

槟榔

南海单传辟瘴方，朝朝咀嚼润枯肠。

绿藤翠叶明人眼，白玉盘中玛瑙香。

茶

东风买勇武夷乡，抽出先春第一枪。

战退眠魔无避处，瓦瓯汹涌雪涛香。

酒

江头杜老典衣醉，垆畔吴姬唤客尝。

拍拍满怀春意足，真珠红滴小槽香。

牡丹

千古芳名出洛阳，身居花国合称王。

玉栏干外东风软，日映红云一朵香。

芍药

红灯烁烁映春光，绿叶团团近画廊。

青琐仙郎一题品，至今翰墨尚遗香。

海棠

高烧银烛照红妆，不与花神入睡乡。

外酒未醒春思重，君王带笑坐沉香。

蔷薇

亭亭画架倚东墙，叶引芳条近绿杨。

帘额低垂春昼永，一庭红雪暖气香。

木香

细细鳞鳞引蔓长，暖风帘幕燕飞忙。

吟边多谢司花女，新织一机黄锦香。

梨花

皎如玉树出雕墙，好举清樽为洗妆。

寂寞一枝春雨里，马嵬坡下返魂香。

桃花

蜂蝶纷纷过短墙，千枝万蕊占年芳。

仙花自与凡花别，流出武陵眷水香。

柳花

雪落纷纷莫比方，吟边输与谢家娘。

春春三月金陵市，可爱春风满店香。

真珠花

颗颗铺排翠叶光，眷回合浦价难量。

晓来三□花间露，犹带鲛人泣泪香。

莲花

源头活水满方塘，净植亭亭异众芳。

世上已无周茂叔，不知今日为谁香。

桂花

谁剪仙花四出黄，枝枝叶叶翠交相。

世人若把黄金比，只恐黄金不解香。

木犀

荷芰衰零菊未黄，婆娑一树影蟾光。

春园红紫知多少，无此西风半点香。

菊花

楚臣孤苦空醒眼，晋令疏狂已醉乡。

除却两翁知己外，只今谁复爱秋香。

茉莉

满畦清气逼炎荒，翠叶参差玉蕊光。

平夜纱厨凉似水，薰人吟梦不胜香。

柳眉

东风蕴藉学张郎，画出章台翠叶长。

好看晓烟轻湿处，胜如镜里麝煤香。

荷钱

团团万选贴波光，个个天成胜孔方。
买断西湖风与月，更无铜臭只闻香。

茶蘼

问酒村中酣雨意，题诗园里闹晴光。
绿纱捻作柔条细，绛蜡融成艳蕾香。

山兰

棱棱剑叶翠尖长，生长云根野水傍。
一点骚魂清万古，山灵未许闰幽香。

采莲

小小兰舟载艳妆，琵琶声里水风凉。
玉纤折断红云朵，日暮归来满袖香。

见梅

铁枝列戟出苔墙，玉蕊含春破晓霜。
如是朝来吟案上，寒风一点入诗香。

芙蓉

妆点秋容出粉墙，碧云四畔拥花房。
真妃酒困胭脂重，织女机寒蜀锦香。

红梨花

不分沉香睡海棠，也来涂琳入时妆。
樽前且对红裙醉，诗底休吟白雪香。

白芙蓉

金井梧桐一叶黄，亭亭玉树映秋光。
马嵬坡下人千古，幻出当时粉面香。

白牡丹

风暖瑶亭春昼长，天然国色异群芳。
广寒宫里嫦娥面，肯浣燕脂半点香。

墨梅

玉骨冰肌压众芳，鹅溪半幅贮春光。

黄昏月淡霜风紧，只欠窗前影与香。

红梅

雪里相逢笑一场，淡妆不爱爱浓妆。

时人只美朱颜好，不道春风减却香。

樱桃花

霜叶枯枝未退黄，繁开满树动春阳。

碧纱窗外移红影，暖日薰人鼻观香。

松

岁晚山空伯仲行，梅花洁白竹青苍。

冰霜节操凌云气，肯受秦封雨露香。

竹

清似夷齐立首阳，平生高节傲风霜。

若教汗简修青史，多少人留姓字香。

梅

美玉精神鹤膝长，冰霜国里破天荒。

魁名且占群芳上，异日调和鼎鼐香。

白菊

西风夹雪过南荒，欲落东篱深处藏。

谁料朝来三径里，花神幻化作秋香。

剪彩花

剪彩为花花异常，枝枝点缀作春光。

都缘不惹闲蜂蝶，胜似浮花浪蕊香。

灯花

开时浑不待春光，一蕊银钮冷焰长。

檐影无风深处静，不愁蜂蝶暗偷香。

花影

月来花底弄清光，半上窗纱半短墙。

宴坐瑶台春夜永，看来端的胜花香。

红叶

满林碎锦染新霜，几片飞来入画廊。
曾与深宫寄愁怨，御沟流出一联香。

草

毡似青青带似长，丛丛秀色泛烟光。
春风吹醒西堂梦，留得诗名万古香。

斗草

采采奇芳映绣裳，三三五五蹈青阳。
全筹赢得金钗去，一路春风语笑香。

苍苔

土花着雨自苍苍，渐染新痕上画廊。
好是东风三月暮，落红绣出翠纹香。

萍

柳花飞雪落寒塘，幻出浮生泛水光。
好与三千汉宫女，晓妆齐贴翠钿香。

水

粼粼鸭绿飐清光，日夜朝东有底忙。
好有金鳞乘浪暖，桃花流出禹门香。

露

酥润花枝垂苑囿，珠生荷叶满池塘。
金人掌上秋宵冷，留与君王饮玉香。

香炉石

不学金猊置画堂，仙家顿放水中央。
寒烟漠漠霜风里，只燕梅花一瓣香。

玩月

一规蟾魄出天汉，万里山河一色光。
笑饮西楼清不寐，玉杯影里桂花香。

夜雨

梦断瑶台夜未央，檐声滴滴下空廊。

杏园明月堪惆怅，零落燕脂满地香。

春游

傍柳随花笑几场，管弦声里度韶光。

尘随金勒濛濛细，风飐罗衣缕缕香。

春宵

瑶台深处引壶觞，一刻千金玉漏长。

醉倚东风眠未得，满庭明月浸花香。

春晚

绿叶分阴覆画廊，西园雨后蝶蜂忙。

千红万紫消磨尽，犹有荼蘼一注香。

初夏

樽前一醉绮罗乡，杜宇声中几断肠。

燕蹴飞花红雨落，马嘶芳草绿云香。

初夏

深院沉沉午漏长，画栏西畔看鸳鸯。

小池水满薰风细，已有新荷一叶香。

夏

炎炎红镜出东方，绿树阴浓白昼长。

山酒一樽棋一局，好风隔竹度茶香。

秋

半痕淡月弄清光，几阵微风送嫩凉。

菊圃未开三径艳，桂林先放一枝香。

冬暖

一冬天气暖无霜，欹枕山楼客忆乡。

睡又不成吟又懒，溪风吹送野梅香。

山庄夜

寂寂蓬门雪夜长，一炉柴火僻寒光。

果盆钉蔟山橙小，瓦瓮新篘浊酒香。

冬夜

读遍南华夜更长，竹炉火暖酒如汤。

一时诗思清人骨，窗外梅花浸月香。

山行

一径逶迤碧草长，短节随处看岚光。

春风颇解诗人意，时送幽花一阵香。

诗

呕出心肝只恁狂，清风明月满奚囊。

他年会遇君王顾，题在金屏家家香。

曲

十八燕姬宫样妆，缓歌金缕宴华堂。

桃花扇底春风暖，一点梁尘落酒香。

美人

雪作春衣霞作裳，远山淡淡浸波光。

绿窗睡起新梳掠，斜插梅花一剪香。

贫女

寂历蓬门春日长，奉姑辛苦事蚕桑。

自甘镜里冰霜影，不带人间脂粉香。

泪

独坐纱窗别恨长，几回偷滴断鸾肠。

黄昏门掩梨花雨，界破残妆一线香。

农

一年生计一春忙，男力锄禾女采桑。

粒粒盘中云子白，丝丝机上雪纨香。

牧

自裁竹笛取宫商，牛背闲吹过夕阳。

几度草坡春梦觉，满身带得野花香。

渔

小小扁舟一叶长，平生活计水云乡。

夜寒独拥蓑衣睡，风送溪花入梦香。

樵

清晨腰斧白云乡，山路萧萧落叶黄。

折得梅花饭去晚，担头斜插一枝香。

风

扫除炎暑作清凉，意气飘飘远奉扬。

几度广寒宫里过，桂花吹动满天香。

花

花底经论孰主张，千红万紫竞低昂。

洛阳城里春三月，薰透东风处处香。

雪

万里遥山翠色藏，玉为茅舍粉为墙。

无端堆积前村里，减却梅花一半香。

月

天上嫦娥试晚妆，团团一镜照清光。

蟾宫果有长生药，乞与诗人一粒香。❶

以上可见《百香诗》收录题材范围颇广，既有人工器具类，如文房四宝笔、墨、纸、砚，又有生活器具，如剪刀、灯、镜、酒帘等物，飞禽走兽，如莺、燕、蜂、蝶、马、龙、鱼、雁，饮食类，如瓜、李、槟榔、橄榄、酒、茶，风雅之物，如风、花、雪、月之属，花木之赏，如梅、兰、竹、菊、红叶、牡丹、海棠、蔷薇，还有题画如墨梅，以及女子艳妆之物如胭脂、粉，堪称一部浓缩的香诗百科全书。

值得注意的是，《百香诗》虽然收诗百首，但并非皆为咏物，如其诗题中有《农》《牧》《渔》《樵》《美人》《贫女》《山行》《冬暖》《春游》《春

❶ 个别因蠹蚀缺损而难辨者，据清刊本及《全元诗》（中华书局，2013年版）第24册，第57—60页填补。

宵》《春晚》《初夏》《夏》《秋》《冬夜》诸篇，就内容与诗题来看，并非专门咏物之作。但诗人作《百香诗》，原意在于以"香"字为韵，并非专在咏物，只是就诗言之，咏物诗最易展示文字技巧，故《百香诗》大部分虽为咏物之作，却并非十分纯粹的咏物专集。只是《百香诗》中咏物诗占了百分之八十以上，在考察元诗人的咏物诗作、个人别集时，仍应值得特别注意，尤其是郭居敬在《百香诗》中全压"香"字韵，足有百首，足见元人在诗技上的努力。

如果跨越文体，再向前追溯郭居敬《百香诗》的源头，可以发现，南宋一代词宗王十朋（1112—1171）曾以《点绛唇》词调歌咏十八香，以香喻士，异香牡丹为国士，嘉香海棠为俊士，韵香荼蘼为逸士，寒香水仙为奇士，等等，结合芳香花草的特征与习性来作比喻，托物言志，别有意境，堪称《百香诗》之先声。其《焚香》诗云："扫地眼尘净，焚香心境清。案头时一炷，邪虑不应生。"❶短小精悍，道出焚香的功用。

诗尾连压"香"字韵，《全元诗》十分罕见，但同样的例子，居然无独有偶，又见于胡奎《题慈谿永安寺》：

> 春来多是为诗忙，老去怀山兴味长。见说宝峰东畔寺，鬓丝禅榻落花香。
> 石洞龙归雨气凉，阶前立鹤过人长。老僧定起日卓午，风散满林蓍卜香。
> 象外禅师坐月航，迢迢东去水云长。秋高有约看山去，烂煮茯苓如雪香。
> 白云为衣山作床，足力苦短情偏长。会须绣佛镫前去，寒夜同烧清净香。❷

胡奎（1335—1409），字虚白，晚号斗南老人。海宁（今属浙江）人。元

---

❶《王十朋全集》诗集卷十六，上海古籍出版社，1998年版，第271页。
❷ 胡奎《斗南老人集》卷五，徐永明点校《胡奎诗集》，浙江古籍出版社，2012年版，第392页。

至顺年间，游贡师泰之门。至正中，与昆山顾瑛玉山草堂之会。入明以儒学征，官宁王府教授。有《斗南老人集》六卷，今存。生平见《宋元学案补遗》卷九十二、《四库全书·斗南老人集提要》。胡奎另有《贾先生以熏香见惠用韵》："甲煎分惠及诗家，芳烈浑如百和花。云母石头熏得薄，麻姑书尾寄来赊。雨窗暖逼琴弦燥，风榻晴看篆缕斜。一日所须消一饼，从教白绢莫封茶。"❶此诗之前《和友人家字韵》《次顾友常见寄前韵》《就韵赋林庄为惟敬作》《出东郭访贾惟敬不遇用韵》《读张蜕庵先生诗集用韵》五首诗，皆为同韵之作，应作于同时。所云甲煎，乃以甲香和沉麝诸药花物制成，可作口脂及焚爇，也可入药。南朝宋刘义庆《世说新语·汰侈》："石崇厕常有十馀婢侍列，皆丽服藻饰，置甲煎粉、沈香汁之属，无不毕备。"北周庾信《镜赋》："朱开锦蹜，黛蘸油檀，脂和甲煎，泽渍香兰。"倪璠注引陈藏器曰："甲煎，以诸药及美果花烧灰和蜡治成，可作口脂。"李商隐《隋宫守岁》诗："沈香甲煎为庭燎，玉液琼苏作寿杯。"与《题慈溪永安寺》结尾的"清净香"恰成浓淡之对照。

---

❶ 胡奎《斗南老人集》卷三，徐永明点校《胡奎诗集》，浙江古籍出版社，2012年版，第187页。

晓炉香剂已烧残：明诗中的香风

　　明代从太祖朱元璋洪武元年（1368）开国，到思宗朱由检崇祯十七年（1644）自缢，前后共计 277 年。这一时期，统治者实行了若干有利于手工业和商业发展的措施，而南北大运河的贯通，有力地促进了经济的交流和发展。明代中期，官方认可的抑商政策出现松动，工商势力开始活跃，手工业生产的规模日益扩大，分工日趋细密，在提高生产率的同时，增加了产品对于市场的依附；而农业生产也逐渐卷入商品化漩涡；白银的普遍使用，促使商品交换频繁，促进了商业经济的繁荣和城市的兴旺，杭州、苏州、广州、武汉、芜湖等都市，商贾辐辏，成为商品的集散地。隆庆后，海禁一度解除，海外贸易不断发展，海外的香料通过各种渠道源源流入内地，香料的需求持续增长。

　　在这样的背景下，香文化的发展更为迅速，香道更为广行，普及至社会各个阶层。用香的人更多了，用香的方法也更为丰富，因此产生出更为完备多彩的香品、香具。作为"香中之王"的沉香，地位也得到更大的提升，被更多的爱香之人所珍重。据史料记载，在宋时一两沉香一两黄金，到了明代已成长为一寸沉香一寸黄金。大明盛世中，线香开始广泛使用，制作技术更加成熟。同时，开始流行香炉、香盒、香瓶、烛台等搭配在一起的组合香具。

　　总结香事至明代以来发展演变之大略，有两条或并行或交叉的主要线索：一是香料的变化，由草香而树脂香，而合香，而线香；二是香具的变化。影响香具变化的因素也大致有两项：其一与香料相关，其一与用途相关。后者便是以供养具与日常生活用器之别，而有香炉的式样和风格之不同，或者说俗与雅之别。设于寺院为公众所用者，自然不以雅为标准，且尺寸不会太小；设于桌案为士人所用者，当求古朴典雅，清秀俊逸，尺寸一般不大。而明代最有名的，当属宣德炉。

宣德年间，明宣宗（1398—1435）为满足玩赏香炉的嗜好，曾亲自督办，下令从暹罗国进口一批红铜，责成宫廷御匠吕震和工部侍郎吴邦佐，参照皇府内藏的柴窑、汝窑、官窑、哥窑、钧窑、定窑名瓷器的款式，及《宣和博古图录》《考古图》等史籍，设计和监制香炉。为保证质量，工艺师挑选金银等几十种贵重金属，与红铜一起，经过十多次的精心铸炼，制造了一批盖世绝伦的铜制香炉，这就是成为后世传奇的"宣德炉"。成品后的"宣德炉"具有种种奇美特质，色泽晶莹而温润，是后世公认的炉具工艺品中的珍品。在很长一段历史中，宣德炉成为铜香炉的通称。宣德三年（1428）利用这批红铜开炉共铸造出三千座香炉，以后再也没有出品，即使以现在的冶炼技术也难以复现。这些宣德炉都深藏禁宫之内，普通百姓只知其名未见其形。经过数百年的风风雨雨，真正宣德三年铸造的铜香炉已经极为罕见。

这一时期的文人用香风气尤盛，用香被视为名士生活的重要标志，以梵香为风雅、时尚之事，对香药、香方、香具、熏香方法、品香都颇为讲究。从明代绘画的场景和题材中，即可见一斑。中国国家博物馆藏明代佚名画家的《千秋绝艳图》，表现"莺莺烧夜香"的著名情节。画面上，崔莺莺立在一座高香几前，几案上放着焚香必备的"炉瓶三事"中的两件——插有香匙与香箸的香瓶，以及一只小香炉。莺莺右手捧着香盒，左手刚刚从香盒里拿出一颗小小的香丸，将要放入香炉中。

在民间，行香用香之风亦盛。明成化至正德间，罗梦鸿（1442—1527）创立无为教，自视为佛教临济宗嫡传，其教义本质是心性即本体的禅净相参，由禅入净，由净入禅，后来衍生为首屈一指的民间教门罗祖教，流行于赣南闽西。开香仪式是罗祖教宣卷仪式的第一个环节，其意在于召请诸神、祖师，宣布诵念《五部六册》仪式正式开始。其上香文疏云："这炷信香，遍满十方，诸佛菩萨，一体同观。真香就是本来面，本来面目是真香。三宝就是本来面，万法归一无二门。本性就是诸佛祖，诸

佛菩萨一体身。本性就是诸佛境，一体同观显神通……"❶

明代香学专论，也值得关注。其中最为突出的典籍，是周嘉胄的《香乘》，它是我国古代的香学专书，汇集有关香的各种史料，内容十分丰富。此外，李时珍的《本草纲目》也有很多关于香的记载，例如：香附子，"煎汤浴风疹，可治风寒风湿"；"乳香、安息香、樟木并烧烟薰之，可治卒厥"，"沉香、蜜香、檀香、降真香、苏合香、安息香、樟脑、皂荚等并烧之可辟瘟疫"《本草纲目》不仅论述香的使用，而且记载许多制香方法，如使用白芷、甘松、独活、丁香、藿香、角茴香、大黄、黄菩、柏木等为香末，加入榆皮面作糊和剂，可以做香"成条如线"。这一制香方法的记载，还是现存最早的关于线香的文字记录。高濂《遵生八笺·燕闲清赏笺》收录论香、日用诸品香目及香方多种，还有明人朱权《焚香七要》，包括香炉、香盒、炉灰、香炭墼、隔火砂片、灵灰、匙箸。都是"隔火熏香法"的工具。

明末董说对香史有重要贡献，值得专论。其《非烟香法》一卷，收文六篇：《非烟香记》《博山炉变》《众香评》《香医》《众香变》《非烟铢两》，明永历十年（1656）丙申，作《非烟香法自序》。此后收入清人杨复吉辑《昭代丛书》别集，及近人邓实辑《美术丛书》二集第四辑。除《非烟铢两》是制作配方外，其馀既为香史重要文献，同时也是优美的文章。董说（1620—1686），字若雨，号西庵，乌程（今浙江湖州）人，诸生。幼年受业于复社领袖张溥，又曾从黄道周学《易》。明亡易姓名为林蹇，号南村，后削发为僧，法名南潜，字月函，一字宝云，号补樵、枫庵。从灵岩释弘储游，出家三十馀年。尝葺丰草庵以居，足不出户，潜心著述。工诗古文词，又能为小说，作《西游补》。另有《南潜日记》《丰草庵杂著》《楝花矶随笔》《丰草庵诗集》《宝云诗集》《禅乐府》等。生平事迹见《国朝耆献类征》卷四七一、《国朝先正事略》卷四七、孙静庵《明遗民录》。❷

明永历五年（1651）辛卯，董说撰《非烟香记》，中云：

---

❶ 见《五部六册》之《大乘破邪钥匙卷》下卷"破念经品第二十"。
❷ 参见赵红娟《明遗民董说研究》，上海古籍出版社，2006年版。

六经无焚香之文，三代无焚香之器，古者焚萧以达神明《尔雅》："萧荻，似白蒿，茎粗，科生，有香气。……祭祀以脂蒸之。"《诗》曰："取萧祭脂。"《郊特牲》云"既奠，然后蒸萧合膻芗"是也。凡祭，灌鬯求诸阴，蒸萧求诸阳，见以萧光以报气也，加以郁鬯以报魄也。故古制字者，香取诸黍稷馨香。《说文》："芳也，从黍，从甘，会意。"魏氏以为从黍从鼻，以香从黍。故古之香，非旃檀、水沈。人间宝鼎，皆商周宗庙祭器，而世以之焚香，然余以为焚萧不焚香，古太质，不可复；焚香不蒸香，俗太躁，不可不革。蒸香之鬲，高一寸二分，六分其鬲之高，以其一为之足倍，其足之高以为耳。三足双耳，银薄如纸，使鬲坐烈火，滴水平，盈其声，如洪波急涛，或如笙簧，以香屑投之，游气清泠，絪缊太玄，沈默简远，历落自然，藏神纳用，销煤灭烟，故名其香曰非烟之香，其鼎曰非烟之鼎。然所以遣恒香也。若遇奇香异等，必有蒸香之格。格以铜丝，交错为窗。……余非独焚香之器异于人也，余囊中有振灵香屑，是能熏蒸草木，发扬芬芳。振灵香者，其药不越馥草甘松，白檀龙脑，然调适轻重，不可有一铢之失。振灵之香成，则四海内外百草木之有香气者，皆可以入蒸香之鬲矣。振草木之灵，化而为香，故曰振灵。亦曰空青之香，亦曰千和香，亦曰客香。名客香者，不为物主，退而为客，抱静守一，以尽万物之变。亦曰无位香，历众香而不留。亦曰翠寒，翠言其色，寒言其格也。亦曰未曾有香，百草木之有香气者，皆可以入蒸香之鬲；此上古以来，未曾有也。亦曰易香，以一香变千万香，以千万香摄一香，如一卦爻可变而为六十四卦，三百八十四爻，此天下之至变易也。自名其居曰众香宇，名其圃曰香林，天下无非香者，我为之略例者也。顷偃蹇南村，熏炉自随，摘玉兰之闳蕊，收寒梅之坠瓣，花蒸水格，香透藤墙。悲夫！世之君子，放逼山林，与草木为伍，而不知其为香也，故记《非烟香法》以为献。

历述香史，自制焚香之器，蒸香之鬲，自命振灵香之名，志在振草木之灵，化而为香。并以香悟道，欲不为物主，退而为客，抱静守一，以尽万物之变。又通之以《易经》，名曰易香，则拙著论古典诗词与香道文化，可效之曰诗香。董说又有《博山炉变》云：

> 焚香之器，始于汉博山炉。考刘向《薰炉铭》："嘉此正器，峤岩若山。上贯太华，承以铜盘。中有兰绮，朱火青烟。"而古博山香炉诗曰："四座且莫喧，愿听歌一言。请说铜香炉，崔嵬象南山。上枝似松柏，下根据铜盘。雕文各异类，离娄自相连。谁能为此器，公输与鲁班。朱火然其中，青烟扬其间。顺风入君怀，四座莫不欢。香风难久居，空令蕙草残。"至吕大临《考古图》谓："炉象海中博山，下有盘贮汤使润气蒸香，象海之回环。"盖博山承之以盘，环之以汤。按铭寻图，制度可见。然余谓博山炉，长于用火，短于用水，犹未尽香之灵奇极变也。火性腾跃，奔走空虚，千岩万壑，绎络烟雾，此长于用火。铜盘仰承，火上水下，汤不缘香，离而未合，此短于用水。余以意造博山炉变，选奇石高五寸许，广七八寸，玲珑郁结，峰峦秀集，凿山顶为神泉，细别石脉，为百折涧道，水帘悬瀑，下注隐穴，洞穿穴底，而置银釜焉，谓之汤池。汤池下垂如石乳，近当炉火。每蒸香时，水灌神泉中，屈曲转输，奔落银釜，是为蒸香之渊。一曰香海，可以加格，可以置簟。其下有承山之炉，盛灰而装炭，其外又有磁盘承炉，环之以汤，如古博山。既补水用之短，亦避镕金之俗。怪石清峻，澄泉寂历，曰博山炉变。夫香以静默为德，以简远为品，以飘扬为用，以沈著为体，回环而不欲其滞，缓适而不欲其漫，清癯而不欲其枯，飞动而不欲其躁，故焚香之器，不可以不讲也。

首先回顾博山炉发展简史，然后在此基础上，自出新意，改造历史悠久的焚香之器——博山炉，既扬其用火之长，又补其用水之短，亦避镕金之俗。命名为"博山炉变"，确实是一大重要的香器革新成果。另外，还总结"香以静默为德，以简远为品，以飘扬为用，以沈著为体"四个重要的香道原则，也是值得今人重视的见解。

永历五年（1651），董说还撰有《众香评》：

蒸松鬣，则清风时来拂人，如坐瀑布声中，可以销夏，如高人执玉柄麈尾，永日忘倦。蒸柏子，如昆仑玄圃，飞天仙人境界也。蒸梅花，如读郦道元《水经注》，笔墨去人都远。蒸兰花，如展荆蛮民，画轴落落穆穆，自然高绝。蒸菊，如蹋落叶，入古寺，萧索霜严。蒸蜡梅，如商彝周鼎，古质奥文。蒸芍药，香味闲静；昔见周昉《倦绣图》，宛转近似。蒸荔子壳，如辟寒犀，使人神暖。蒸橄榄，如遇雷氏古琴，不能评其价。蒸玉兰，如珊瑚木难，非常物也，善震耀人。蒸蔷薇，如读秦少游小词，艳而柔。蒸橘叶，如登秋山望远。蒸木樨，如褚河南书《倪宽赞》，挟篆隶古法，自露文采。蒸菖蒲，如煮石子为粮，清癯而有至味。蒸甘蔗，如高车宝马，行通都大邑，不复记行路难矣。蒸薄荷，如孤舟秋渡，萧萧闻雁南飞，清绝而凄怆。蒸茗叶，如咏唐人"曲终人不见，江上数峰青"。蒸藕花，如纸窗听雨，闲适有馀，又如鼓琴得缓调。蒸藿香，如坐鹤背上，视齐州九点烟耳，殊廓人意。蒸梨，如春风得意，不知天壤间有中酒气味，别人情怀。蒸艾叶，如七十二峰深处，寒翠有馀，然风尘中人不好也。蒸紫苏，如老人曝背南檐时。蒸杉，如太羹玄酒，惟好古者尚之。蒸栀子，如海中蜃气成楼台，世间无物仿佛。蒸水仙，如宋四灵诗，冷绝矣。蒸玫瑰，如古楼阁樗蒲诸锦，极文章巨丽。蒸茉莉，如话鹿山，时立书堂桥，望雨后云烟出没，无一日可忘于怀也。❶

借用包括诗歌在内的各种比喻来形容蒸不同香品（主要是花香）的不同体会，不仅颇有见地，同时也可作一篇美文来欣赏。

纵观明代诗坛，明初诸家、台阁体、茶陵派、前七子、唐宋派、后七子、公安派、竟陵派、明末诸家及遗民诗，流派纷呈，或复古或趋新，或崇雅或尚俗，或主格调或抒性灵，论争迭起，主张纷繁。作为明代主流诗学的古典诗创作背景，唐宋诗之争，及明代主流诗人对宋诗的不满是其焦点。

明代主流诗学的核心之一，曾被概括为"诗必盛唐"。不容回避的是，

❶ 董说以上三文均见于《董说集》文集卷三，民国吴兴丛书本。

这一主张包含着深刻的内在矛盾，因为李杜和王孟虽同为盛唐诗人，却代表着两种不同的艺术追求：李杜诗风体现强烈的入世精神，以雄浑的格调见长；王孟诗风体现超拔的出世精神，以清逸的神韵见长。前后七子的两位头号领袖李梦阳、李攀龙有着解不开的"大家情结"，而要成为"大家"，从中国古典诗歌传统来看，就不能一味清逸，应当更加注重沉着痛快，具备雄浑的格调，因而他们极为推重李杜（尤其是杜甫），试图合神韵于格调；与之形成对照，徐祯卿、王世懋等却偏爱王孟的隽永、高韵，标举优游不迫的风致，试图合神韵于格调。主流派内部的格调与神韵之争由此形成，并展现出从格调到神韵的演变格局。

明代的非主流诗学，以公安派和竟陵派为代表。与尊崇汉魏古诗、盛唐律诗的主流诗学不同，公安派极力否定"第一义"的体裁规范的永恒性。三袁认为：不同时代有不同的文学样式，不同样式有不同的文体规范，文体之间没有优劣之分；就一种文体而言，不同时代有不同的风格特征，陈陈相因则弊生，只有变才能通，只有通才能发展。因此，他们提倡"独抒性灵"，以"不拘格套"的"信心"说，与谨守规范的"信古"说对垒。竟陵派继公安派而起，标举"诗为清物"，意在既纠正公安派因不循规范而造成的俚俗之弊，又排斥主流诗学一味雄浑壮阔的"瞎盛唐"风格。

以下，让我们来一睹明代诗人咏香诗的风采。

先来看高启的《焚香》诗：

艾纳山中品，都夷海外芬。龙洲传旧采，燕室试初焚。奁印灰萦字，炉呈玉镂文。乍飘犹掩苒，将断更氤氲。薄散春江雾，轻飞晓峡云。销迟凭宿火，度远托微薰。著物元无迹，游空忽有纹。天丝垂袅袅，池浪动沄沄。异馥来千和，祥霏却众荤。岚光风卷碎，花气日蒸醺。灯烛宵同歇，茶烟午共纷。褰帷嫌放早，引匕记添勤。梧影吟成见，鸠声梦觉闻。方传媚寝法，灵著辟邪勋。小阁清秋雨，低帘薄晚曛。情惭韩掾染，恩记魏王分。宴客留鹓侣，招仙降鹤群。曾携朝罢袖，尚浥舞时裙。囊称缝罗佩，篝宜覆锦熏。尽堂空捣桂，素壁漫涂

芸。本欲参童子，何须学令君。忘言深坐处，端此谢尘氛。❶

高启（1336—1374），字季迪，号槎轩，又号青丘子，长洲（今江苏苏州）人。性格疏放，不拘于礼法。元末隐居吴淞青丘，受到张士诚的礼重，但未出仕做官。明初召修《元史》，授翰林国史编修，并命他教授诸王读书。洪武三年（1870）任户部右侍郎，辞田归里，触怒了朱元璋。后因为苏州郡守魏观改修郡治衙门作《上梁文》，而被腰斩于市。死时仅39岁，著有《青丘高季迪诗文集》二十五卷。

艾纳，也称大艾。菊科。木质草本植物，叶互生，春末开花。产于广东、广西和台湾等地。将其叶片蒸馏后所得艾粉，精炼成艾片（也称冰片或艾脑香），可供药用，有解热、祛风、止痛、镇静之效。明李时珍《本草纲目·草三·艾纳香》〔集解〕引马志曰："《广志》云：艾纳出西国，似细艾。……松树皮上绿衣，亦名艾纳，可以和合诸香，烧之能聚其烟，青白不散。"都夷，据《汉武洞冥记》载，状如枣核。人食少许，累月不饥。将谷粟大小一粒投入水中，片刻便涨如盂盆大❷。宋洪刍《香谱》等"都夷香"一则，均据以转录。龙洲，指刘过，字改之，号龙洲，其《龙洲集》中，曾描述艾纳香、都夷香等香品的风采。以下，写焚香之状，之态，之景，之感，自江而峡，从天到地，由午至宵，岚光风卷，花气日浮，小阁清秋之雨，低帘薄冕之曛。其间杂用韩掾（韩寿偷香）、魏王等典故。最后以"忘言深坐处，端此谢尘氛"，总结香焚之妙用和效果。

线香，指用香料末制成的细长如线的香。可供药用的线香多用白芷、芎䓖、兜娄香末之类，以榆皮面作糊和剂，以唧筒笮成。李时珍《本草纲目》曰："今人合香之法甚多，惟线香可入疮科用。其料加减不等，大抵多用白芷、芎䓖、独活、甘松、三柰、丁香、藿香、藁本、高良姜、角茴香、连乔、大黄、黄芩、柏木、兜娄香末之类，为末，以榆皮面作糊和剂，以唧筒笮成线香，成条如线也。亦或盘成物象字形，用铁铜丝

---

❶〔明〕高启《高太史大全集》卷十三，四部丛刊景明景泰刊本。

❷〔汉〕郭宪《汉武洞冥记》卷二，明顾氏文房小说本。

悬爇者，名龙挂香。"❶ 关于线香制作和使用的较早记录，是下面的这首
《线香》：

> 捣麝筛檀入范模，润分薇露合鸡苏。一丝吐出青烟细，半炷烧成
> 玉箸粗。道士每占经次第，佳人惟验绣工夫。轩窗几席随宜用，不待
> 高擎鹊尾炉。

此诗一作宋苏洵诗，但苏洵《嘉祐集》未载，刘尚荣《苏洵佚诗辑考》
（《文学遗产》1982 年第 3 期）据清康熙间邵仁泓所刻《苏老泉先生全集》
卷十六杂诗，断为苏洵之作，另一位苏学专家曾枣庄也在其《"精深有味，
语不徒发"——试论苏洵的诗歌创作》（《贵州社会科学》1983 年第 3 期）
一文中予以引证。但恐怕未必可靠，扬之水认为，从香史发展角度来看，
线香是元代才有❷，所以窃意此诗作者应为瞿佑。此后，于谦（1398—
1457）以兵部侍郎巡抚河南、山西，迁大理少卿，前后二十几年，其入
京议事，独不持土物贿当路，汴人尝诵其诗曰："手帕蘑菇与线香，本资
民用反为殃。清风两袖朝天去，免得闾阎话短长。"❸ 明人李云卿《得悟升
真》第二折："去东华门外边，一个铜钱置一把取灯儿，点着线香。"

瞿佑（1347—1433），字宗吉，号存斋，钱塘（今浙江杭州）人。洪
武初，官国子助教。永乐间，官周王府右长史，谪戍保安（今陕西西安附
近）十年，洪熙初赦还，悒悒以终。有《乐全诗集》《咏物诗》《乐府遗音》
《剪灯新话》等二十馀种。生平见田汝成《西湖游览志馀》、钱谦益《列
朝诗集小传》乙集。

首联写香的制作过程。写到用模具制作"线香"，以麝香、檀香为制
作线香的原料，捣碎筛细后，放入制造线香用的定型的模范，再以蔷薇花
露和鸡舌香、苏合香等香药配和，做成线香。颔联写香的燃烧形象，燃焚
半炷，青烟一缕，烧下来的半炷香灰，居然有玉筷子那么粗。颈联写香的

❶[明]李时珍《本草纲目》卷十四"草三·线香"，文渊阁四库全书本。
❷ 见扬之水《芳香静燃的时间》，《读书》2003 年第 9 期。
❸[明]叶盛（1420—1474）《水东日记》卷五"于节庵遗事"，清康熙刻本；明陈师（嘉靖
　间 1522—1566 会试副榜）《禅寄笔谈》卷三，明万历二十一年自刻本。

用途，道士念经，可用燃点线香来计算时间的先后多少；闺阁中的年轻女子，也可以靠燃点线香来测算自己的刺绣速度。最后说使用方便，不必再需高擎长柄鹊尾炉，甚至不必非要香炉不可，自然更为轻便宜用，不仅佛寺道观、闺房绣户，用来营造气氛，或计算时间，更随处适用于官绅人家之轩窗几席，增添雅趣，修养心性。线香轻便宜带，窗槛几案，随处可用。有人评论说："这首诗写线香的制作和使用，诗本身并无太多出色之处，但可以借此窥知当时社会的一些风俗习尚。"❶ 其实，此诗虽无多少深意，但状物之工，不得不令人佩服。特别是其中的第二联。对比当时也是咏线香之作，比如明人王绂（1362—1416）的《谢庆寿寺长老惠线香》："插向熏炉玉箸圆，当轩悬处瘦藤牵。才焚顿觉尘氛远，初制应知品料全。馀地每延孤馆月，微风时扬一丝烟。感师分惠非无意，鼻观令人悟入玄。"❷ 可以见出，瞿佑之作，相对要更胜一筹。

瞿佑咏香之作还有《香印》：

> 量酌香尘尽左旋，曾烦巧匠为雕镌。萤穿古篆盘红焰，凤绕回文吐碧烟。画内仅容方寸地，数中元有范围天。老来无复封侯念，日日移当绣佛前。

香篆的制作方法虽因时代而异，但无论哪一种方法，作为香篆模子，总要使篆文不断，诗中首联"量酌香尘尽左旋，曾烦巧匠为雕镌"所云即是。再来看瞿佑的《烧香桌》：

---

❶ 广西师范大学中国古代文学研究室胡光舟、周满江主编，张明非、李有明、樊运宽等编注《古诗类编》，广西人民出版社，1990年版，第552页。

❷［明］王绂《王舍人诗集》卷四，文渊阁四库全书本。王绂，一作王芾，又作黻，字孟端，号友石、友石生、竹君石丈、青城山人、鳌叟、九龙山人，无锡（今属江苏）人。少为生员，洪武时因事被累，谪戍朔州（今山西朔县）达十馀年。永乐元年（1403）以善书画而被荐，供事文渊阁，咸官中书舍人。后归江南，隐居九龙山，咏左太冲诗："何必丝与竹，山水有清音。"遂自号九龙山人。博学工歌诗，能书画，工山水，师法元代王蒙、倪瓒，风格苍郁清润，随意所适，妙绝一时。尤擅墨竹，得文同、吴镇遗法，出姿遒劲，纵横洒落，在明代影响甚大。书法清绝可爱，著有《友石山房集》，并有《王舍人诗集》传世。

雕檀斫梓样新奇，雾阁云窗任转移。金兽小身平立处，玉人双手并抬时。轻烟每向穿花见，细语多因拜月知。有约不来闲凭久，麝煤煨尽独敲棋。❶

香桌，又名香几、香橙、香案。用木料制成的各种形状的几桌，高约与人膝平，用来放置香炉、香盒、香瓶等香具，同现在茶几相似。如《新唐书·仪卫志》载："朝日，殿上设黼扆、蹑席、薰炉、香案。"《红楼梦》第五十三回亦曾写道，"这里贾母花厅上摆了十来席酒，每席旁边设一几，几上设炉瓶三事，焚着御赐百合宫香"。古代女子有焚香拜月之习，女子拜月时往往许愿，故心语泄露。这里描绘的女子拜月吐心语，是古典诗词的常见母题，每借此母题书写女子的内在心迹。如唐人常浩五言古诗《赠卢夫人》中有云："拜月如有词，傍人那得知。归来投玉枕，始觉泪痕垂。"❷卢夫人有伤心之词，然只诉诸月，不让旁人知。宋人李公昂《浣溪沙》词："拜月深深频祝愿，花枝低压髻云偏。倩人解梦语喧喧。"女子于园中月下祷祝心愿，花枝触偏了她的云髻。元人王逢《宫中行乐词》云："君无神女梦，妾有楚王心。日短黄金屋，宵长绿绮琴。相将戒霜露，拜月绣帘阴。"此女因有"楚王心"而拜月。瞿佑《烧香桌》诗中"细语多因拜月知"的"细语"，也即唐人李端《拜新月》诗"开帘见新月，便即下阶拜。细语人不闻，北风吹裙带"中，人不闻之细语，都是指女子拜月的祈愿之语。末联有取于宋人赵师秀《约客》"有约不来过夜半，闲敲棋子落灯花"。

瞿佑还有一部别集，名为《香台集》，分上、中、下三卷，每卷有诗40首。今仅有中国国家图书馆藏明抄本传世。明人高儒《百川书志》史部传记类著录云："皇明钱塘存斋瞿佑宗吉著。纂言纪事，得百一十题。事关闺阁，辞切劝惩。仍以本事附于题后，傍注系于诗下。资人咏吟之趣，而广见闻之方，庶几咏史之作也。"其记载除诗作数目，与今抄本略

❶［清］汪霦《佩文斋咏物诗选》卷二二〇香类，文渊阁四库全书本；蒋延锡等编纂《古今图书集成·博物汇编·草木典》，上海文艺出版社，1999年版，上册，第1461页。
❷［唐］韦縠《才调集》卷十，《唐人选唐诗新编》增订本，中华书局，2014年版，第1210页。

有出入，但所说的内容和形式相同。诗题均为四字，诗题后有故事，一般七八十字左右，长者达 200 馀字，短者 20 字左右。诗皆为七绝，歌咏对象主要取材于宋前史书、故事和小说。诗风具有谐趣、讽刺的色彩。如《花妖惑主》："社鬼祠神总遁藏，花妖月魅敢披猖。梁公正直难欺侮，却事宫中武媚娘。"是说像狄仁杰这样连鬼神妖魅也害怕的人，却偏偏事于武则天。尽管观点并不正确，但挖苦之意昭然若揭。又如《神女行云》："神物何尝与世通，书生自欲诌王公。已将云雨诬幽梦，更把雌雄诳大风。"这是嘲弄宋玉编造楚王与神女幽会故事。可以说，这是一部带有幽默与讽刺情调的故事诗集，在明初可谓别具一格。诗后有注释，主要是训诂，间或对诗中典故加以注释。注释及故事中引用的书目，皆有明确记载。王重民《中国善本书提要》云，其注"疑并佑一人所为，其注非后人所加"[1]。其实并非如此。郎瑛《七修类稿》卷三十一"徐伯龄"一则，著录有"《香台集注》三卷"[2]。又据徐伯龄《吕城怀古》："予读先生《香台集》，惜其引据奇僻，而无释之者，后学病焉。菊庄（刘泰）乃命予宜为之注，承命三阅月，而书始成。"[3]徐伯龄又有《香台集序》，云"瞿存斋先生宗吉，尝咏女故事三百绝，名《香台集》，前百首为《香台百咏》，次百首名《续咏》，又百首为《新咏》，引用深僻，讽刺切实，读者不能遍考，每遇事而病焉。予尝为菊庄先生言之。先生乃命为之训诂。因不揣僭妄，承命考注，阅三月而稿成。凡所引书千有馀种"[4]。可见注释实乃徐伯龄所为。

再来看文徵明的《焚香》：

> 银叶荧荧宿火明，碧烟不动水沉清。纸屏竹榻澄怀地，细雨轻寒
> 燕寝情。妙境可能先鼻观，俗缘都尽洗心兵。日长自展《南华》读，

---

[1] 王重民《中国善本书提要》，上海古籍出版社，1986 年版，第 686 页。
[2] [明] 郎瑛《七修类稿》卷三十一诗文类，明刻本。
[3] 徐伯龄《蟫精隽》卷四，文渊阁四库全书本。
[4] 徐伯龄《蟫精隽》卷十五，文渊阁四库全书本。

转觉逍遥道味生。❶

文徵明（1470—1559），初名璧，字徵明，后以字行，更字徵仲，别号衡山，长洲（今江苏苏州）人。正德末，以岁贡生荐试吏部，授翰林院待诏。三年后，谢病归。他仕途不达，但优游文艺，作为"吴中四才子"，领袖吴中文坛数十年，四方乞书画者甚多。其诗宗白居易、苏轼，善于描写平静的闲适生活。文徵明在京城生活过三年，但对京师许多话题都不感兴趣，除歌咏过几处京城山水，就是不少思乡诗，由此也可见其恬淡情趣。与其诗歌内容相适应，他的诗风也是疏淡冲和，潇洒雅逸，以娟秀见称，正如王世贞《艺苑卮言》所形容的"小窗疏阁，位置都雅"，他的诗仿佛是在低吟浅唱。即使抒写自己内心的苦闷，也是含而不露、和平蕴藉。据何良俊《四友斋丛说》记载："衡山先生在翰林，大为姚明山、扬方城所窘，时昌言曰：'我衙门不是画院，乃容画匠处此。'"面对这种情况，他在《感怀》诗中，也只轻轻发出"成小草""困沙虫"这样的嗟叹。

文徵明的《甫田集》有明嘉靖间刻本，清康熙间文氏重刻本，《四库全书》本，清宣统二年（1910）杭州宏文书局排印铜活字本。其中咏香之作不少，但《焚香》一诗未见。但明人周嘉胄《香乘》曾收录此诗，嘉庆七年（1802）间李廷敬摹勒《平远山房帖》、台北故宫博物院编印《故宫历代法书全集》亦有文徵明《焚香》诗手迹，今人周道振编《文徵明集》据以收录。文徵明另有一首《雨后》："积雨初收风乍颠，城南花事已茫然。黄鹂绕树空千啭，白发伤春又一年。竹几蒲团供坐睡，茗杯香鼎有闲缘。客来莫话长安事，自理南华物外篇。"无论用语，还是恬淡的情趣，与这首《焚香》都十分近似。

首句所云"银叶"，指熏香时用来隔火的银片，即杨万里《烧香七言》所云"削银为叶轻似纸"，《双峰定水璘老送木犀香》五首之一所云"山童不解事，着火太酷烈。要输不尽香，急唤薄银叶"，陆游《初寒在告有感》诗亦曰："香暖候知银叶透，酒清看似玉船空。"见于宋词者，如侯寘

❶ 周嘉胄《香乘》卷二十七；周道振《文徵明集》补辑卷十，上海古籍出版社，1987年版，第1031页。

《菩萨蛮·木犀十咏：熏沉》"博山银叶透"，杨冠卿《浣溪沙·次韩户侍》
"银叶香销暑簟清"，吴泳《千秋岁·寿友人》"换火翻银叶"，黄时龙《浣
溪沙》"缓寻金叶熨香心"，亦可参照。碧烟，青色的烟雾。韦应物《贵
游行》："轻裾含碧烟，窈窕似云浮。"纸屏竹榻的燕寝居所，细雨轻寒的
环境气候，可谓难得的焚香入定、尽洗俗缘之妙境。鼻观，典出佛经，前
面曾介绍苏轼《和黄鲁直烧香》"不是闻思所及，且令鼻观先参"，黄庭
坚《题海首座壁》"香寒明鼻观，日永称头陀"，而文徵明《小斋盆兰一干
数花山谷所谓蕙也初秋抽数干芳馥可爱因与次明道复赏而赋之》亦有"微
风南牖来，浓馥散氤氲。有时参鼻观，即之已无存"之诗句。心兵者，心
事也。《吕氏春秋·荡兵》："在心而未发，兵也。"韩愈《秋怀》诗之十：
"诘屈避语阱，冥茫触心兵。"黄庭坚《戏咏暖足瓶》之一："小姬暖足卧，
或能起心兵。"何以消灭心兵，唯我南华真经。在一缕水沉香焚之境，展
读庄子的《南华真经》，其逍遥之义，当可别有心悟，道味自生。此情此
景，文徵明又有一诗，足可参读。其《闲兴》云："绿阴深覆草堂凉，老
倦抛书觉昼长。尘土不飞几净，宝炉亲注水沉香。"❶ 也是可圈可点的咏
香佳作。

　　再来看另一位吴中才子徐渭。徐渭（1521—1593），字文清，后改字
文长，号天池山人、青藤道士、田水月等，山阴（今浙江绍兴）人。一生
坎坷，始终不得志。自 20 岁考中秀才后，先后八次参加乡试，都落第而
归。他熟悉兵法，爱好军事。嘉靖三十七年（1558），入浙闽总督胡宗宪
幕。在此期间，他参加过抗倭战争，出谋献计，立下战功。后胡宗宪被劾
与严嵩一党有牵连而被捕下狱，徐渭遂离去。此后，他报国无门，对现实
生活失望，加上深恐祸及自身，以致精神失常。曾多次自杀，但都死里得
生。又因杀死继妻，入狱七年，由友人张元忭援救出狱。晚年在家乡鬻诗
卖画为生，备尝孤独、贫困之苦。他早年研究过"王学"，也探求过佛学，
性格狂傲，鄙视权贵，愤世嫉俗，"不为儒缚"，认为"礼法"对他是"碎
磔吾肉"。他的违逆传统的思想性格，对后来的汤显祖、袁宏道都产生过

---

❶［明］文徵明《甫田集》卷十五，文渊阁四库全书本。

影响。他不合世俗的清高品性，铸成其作品的独特风格。来看他的这组
《香烟》：

> 谁将金鸭衔侬息，我只磁龟待尔灰。软度低窗领风影，浓梳高髻
> 绾云堆。丝游不解粘花落，缕嗅如能惹蝶来。京贾渐疏包亦尽，空馀
> 红印一梢梅。
>
> 午坐焚香枉连岁，香烟妙赏始今朝。龙拿云雾终伤猛，蜃起楼台
> 不暇飘。直上亭亭才伫立，斜飞冉冉忽逍遥。细思绝景双难比，除是
> 钱塘八月潮。
>
> 霜沈把竹更无他，底事游魂演百魔。函谷迎关俊紫气，雪山灌顶
> 散青螺。孤萤一点停灰冷，古树千藤写影拖。春梦婆今何处去？冯
> 谁举此似东坡。
>
> 薝卜花香形不似，菖蒲花似不如香。揣摩范晔鼻何暇，应接王郎
> 眼倍忙。沧海雾蒸神仗暖，蛾眉雪挂佛灯凉。并侬三物如堪捉，捉付
> 孙娘刺绣床。
>
> 说与焚香知不知，最堪描画是烟时。阳成罐口飞逃汞，太古坑中
> 刷蚤丝。想见当初劳造化，亦如此物办恢奇。道人不解供呼吸，闲看
> 须臾变换嬉。

熏香时，除了那迷人的香气给人带来无尽的遐想，令人陶醉，袅袅云烟也
会让人有似仙似梦的感觉。烟的形状变化万千，每一秒都不一样。当一个
人静静地点燃一炉香，放到咫尺之外，烟从火头处出来，先是有一小段看
不清颜色，然后即为灰白色，自然分开为两条线，有时很直，有时略带弯
曲，也是那种丝带般的弧线。当不小心出了口大气，或者走动了几步，会
发现烟也随之扭动起来，翻滚起来，似灵芝云，有时还会翻卷得一塌糊
涂，不免让人觉得可能是自己心态的反映。这种感觉经常会令人觉得难以
用语言来描述，所谓"最堪描画是烟时"。

才子徐渭敢于面对这一挑战。他的这五首七言律诗《香烟》，对香烟
的描写，非常形象，将烟气飘忽不定，一会儿气势磅礴，一会儿亭亭玉立
的感觉，描绘得淋漓尽致。香之烟，是个奇妙的东西，有形无质，仿佛离

你很近，近到可以贴在你身上，又仿佛离你很远，稍纵即逝，抓不住、扑不着。烟很轻，很容易受到周围环境的影响，比如：音乐声、人的情绪波动、呼吸、说话声，抑或是哪怕一丝丝的风儿。在品香时，往往会极大地影响你的嗅觉。香品有浓烟型、轻烟型、微烟型。点燃一支香，能明显看到灰白色的烟，那就是浓烟型。浓烟型的香品比较适合观看，好的香品，从火头处起，一直到烟气分散开来，中间大约有一尺的长度，如果运用一些聚烟的成分，比如龙涎香、甲香、地衣等，则效果更佳。

编排在《徐文长文集》这五首《香烟》之后的，还有《香筒》：

> 西窗影歌观虽寂，左柳笼穿息不遮。懒学吴儿煅银杏，且随道士袖青蛇。扫空烟火香严鼻，琢尽玲珑海象牙。莫讶因风忽浓淡，高空刻刻改云霞。

以及《香球》：

> 香球不减橘团圆，橘气球香总可怜。蚑虱窠窠逃热瘴，烟云夜夜辊寒毡。兰消蕙歇东方白，炷插针牢北斗旋。一粒马牙聊我辈，万金龙脑付婵娟。❶

这两首七律，同样也是围绕香烟展开描写，只是换了角度，但各有胜境。袁中郎，即袁宏道（1568—1610）曾评价这一组七首香烟七律云："意幽沉，笔浮动，咏物上乘。"❷诚可谓：香烟妙赏始文长，绝景奇思难比双。

香筒、香球之外，明人诗中的其他香具还有许多。这里举朱之蕃的两首诗为例。一首是《印香盘》：

> 不听更漏向谯楼，自剖玄机贮案头。炉面匀铺香粉细，屏间时有篆烟浮。回环恍若周天象，节次同符五夜筹。清梦觉来知候改，褰帷星火照吟眸。

另一首是《香篆》：

---

❶［明］徐渭《徐文长文集》卷七，明刻本。
❷周郁浩校阅《徐文长全集》，广益书局，1936年版，第98页。

水沈初试博山时，吐雾蒸云复散丝。忽漫书空疑锦织，相看扫素傍灯帷。萦纤细缕虫鱼错，断续残烟柳蕴垂。几向螭头闻阁殿，罗襕携出凤凰池。

朱之蕃（1558—1624），字无介，号兰嵎，聊城茌平（今属山东）人，后附南直隶江宁（今江苏南京）锦衣卫籍。据说，朱之蕃母亲怀他的时候，梦见东方朔投以巨桃，旋即分娩。朱之蕃自幼聪明，为人端谨。他当学生时，梦见神人赠给一副对联："光腾剑锷三千丈，风送莺声十二楼。"不久，朱之蕃考中乡试，成为举人。万历二十三年（1595）乙未科状元。此科进士共304人，后来出了一大批名人，如第一甲第二名即所谓"榜眼"汤宾尹，第一甲第三名即所谓"探花"孙慎行，第二甲第十名顾秉谦，皆为一代名臣。中状元后，朱之蕃按惯例入翰林院为修撰，历官谕德、庶子、少詹事，进为礼部侍郎，改吏部。为官清廉，万历三十三年（1605）奉命出使朝鲜，拒收朝鲜赠送的礼物，不辱使命。累升吏部右侍郎。老母死后，去职服丧。服满，不复出。朝廷屡召，皆辞。工书画，其山水画似米芾等大家。真、行书师法赵孟頫，得颜真卿、文徵明笔意，日可写万字，运笔如飞，小则蝇头，大则径尺。其名远播于境外，在他出使朝鲜时，朝鲜人以貂皮、人参为礼品，请他作画写字。收藏书画、古器极为丰富。泰昌元年（1620）作《君子林图卷》，现藏北京故宫博物院。著有《奉使稿》《兰嵎诗文集》《南还杂著》等。天启四年（1624）辞世。赠尚书。

印香，是用多种香料捣末和匀做成的一种香。靠模具获得线形的形状，又名香印。考究的可以组成图案和文字，压印香篆，所以也称为篆香、香篆简。印香出现较早，可以肯定的是，唐代以前即有。在唐人诗作、宋人笔记中，已经屡见印香的记载，例如唐人王建《香印》诗云："闲坐烧印香，满户松柏气。"前蜀贯休《题简禅师院》诗云："思山海月上，出定印香终。"《梦粱录》卷十三"诸色杂货"条云："且如供香印盘者，各管定铺席人家，每日印香而去，遇月支请香钱而已。"[1] 为出脱香印方便，焚香器具以盘形的香炉为宜。《中山诗话》载："京师人货香印者，皆击铁盘以示众人。父老云，以国初香印字逼近太祖讳，故托物默喻。"[2] 则盘为其"物"也。苏子由生日，东坡赠以新合印香并银篆盘一具，并作《子由生日以檀香观音像及新合印香银篆盘为寿》诗，正所谓"印香盘篆寿子由，此事东坡有成例"[3]。宋刘子翚《次韵六四叔村居即事十二绝》所云"午梦不知缘底破，篆烟烧遍一盘花"，亦其例也。宋傅公谋《贺雨（为分宜宰许及之作）》诗"狮子关前半篆烟，二龙飞下卓篙泉"[4]，则以篆烟为喻也。

高濂《遵生八笺·燕闲清赏笺》说到有一种谬金香盘，"口面四傍坐以四兽，上用凿花透空罩盖，用烧印香，雅有幽致"。湖北武昌龙泉山明楚昭王墓出土一件铜炉，炉身是一个宽平折沿的平底浅盘，底径六厘米，上面一个镂空雕出各式花枝的半球形盖，炉与盖通高不过五厘米多一点，精巧虽不及高濂所云，形制则无大别，那么它正是适合用来烧印香的香盘。印香有计时的实际功能，所以朱之蕃的《印香盘》首先就宣称，有了印香计时后，就不再需要漏壶或听谯楼打更。香印的制作，宋洪刍《香谱·印香法》记载较详，同书《百刻香》又曰："近世尚奇者，作香篆，其文准十二辰，分一百刻，凡燃，一昼夜乃已。"《陈氏香谱》和《香乘》所录，也有"百刻香印""五更香印"二条，这些记载，与朱之蕃的《印香盘》诗中"回环恍若周天象"一句，正可相互印证。诗中所咏印香盘，其式样应该即为焚百刻香印之类的圆盘。

香篆，本是一种香名，形似篆文。从宋代起，出现将各种香材研磨混合使用的方法，称之为合香。合香加蜜后，可制成丸状、饼状、也可以粉

[1] [宋]吴自牧《梦粱录》，浙江人民出版社，1980年版，第121页。
[2] [清]何文焕辑《历代诗话》，中华书局，2004年版，上册，第294页。
[3] [清]赵翼《为钱曙川孝廉题所藏令兄茶山司寇画卷系临王麓台笔麓台则仿元季四大家者也》，《瓯北集》卷二十一，清嘉庆十七年湛贻堂刻本。
[4] [宋]罗大经《鹤林玉露》卷五丙编，王瑞来点校本，中华书局，1983年版，第318页。卓篙泉，泉名，取意于扎篙得泉。见曾良《敦煌文献字义通释》，厦门大学出版社，2001年版，第200页。

末的形式使用。为了便于点燃，合香粉可用模具压印成固定字型或花样，然后点燃，循序燃尽。这种方式称之为"香篆"。压印香印的模子称之为"香篆模"。宋洪刍《香谱·香篆》介绍，乃"镂木以为之，以范香尘为篆文，然于饮席或佛像前，往往有至二三尺径者"。宋张孝祥《蓦山溪》词："绣工慵，围棋倦，香篆频销印。"清纳兰性德《清平乐》词："寂寂绣屏香篆灭，暗里朱颜消歇。"香篆同时也指焚香时所起的烟缕。因其曲折似篆文，故称。朱之蕃的《香篆》即取此意。同样的用例，还有宋范成大《社日独坐》诗："香篆结云深院静，去年今日燕来时。"金萧贡《拟回文》诗之三："风幌半萦香篆细，碧窗斜影月笼纱。"清汪懋麟《三月晦日漫兴》诗之四："静看香篆低帘影，默听飞虫绕鬓丝。"在很短的时间内，香篆可以让室内香气浓度快速升高，达到药用、养生等功效；香粉则是来得更加纯粹和直接，可以打香篆，也可以随意放在香灰上点燃，那种纯粹，其他几种香无法与之比拟。

再来看一首《进香》：

> 汉火焰将熄，中原巾忽黄。元运亦云季，红巾纷四方。海宇正宁谧，倏焉明刀枪。厥初愚民情，诱惑群烧香。刺史不之禁，县令旌其良。三十六方起，汉鼎遂分张。群雄恣跳梁，元祚亦沦亡。今胡蹈覆辙，而不为堤防。十家九家人，百里千里疆。喊声金鼓社，龙旗日月章。百万首甲马，无乃兆不祥。宁贫事元君，不养爷与娘。宁身受鞭棰，不输租与粮。忠孝既已废，何以为国常。尤恐奸雄子，因之而飞扬。作诗草茅下，何日闻周行。❶

作者孟思，字叔正，河南浚县人，嘉靖四年（1525）举人，选南阳通判，未赴卒。有《孟龙川文集》二十卷。幼敏捷，读书一目数行，好古文辞，下笔立就，甚有名声。巡按御史倪忠岳、刘秉镒行县，临其庐。孟思性廉介，笃友道，处乡人有恩礼❷。嘉靖八年（1529）为《浚县志》作序。子华平，学识渊博，有父风，著有《春圃集》。

---

❶ [明]孟思《孟龙川文集》卷二，《四库未收书辑刊》影印明万历十七年金继震刻本。
❷ 参见浚县地方史志编纂委员会编《浚县志》，中州古籍出版社，1990年版，第1069页。

　　进香，是指善男信女到圣地或名山的庙宇去烧香朝拜。宋人赵升《朝野类要·故事》说道："北宫圣节及生辰，必前十日，车驾诣殿进香。"清人查嗣瑮《燕京杂咏》之一三七："倚槛红妆娇不避，待郎箫鼓进香回。"孟思这首《进香》是其《浚风吟八首（效白体）》的第六首。《浚风吟》前有叙曰："风，讽也。朱子曰：风之动以有声，而声又足以感人也。浚于周为卫地，于《诗》为《卫风》。朱子以其染于纣也，概说为淫奔之诗，不以《小序》之说为然。当时吕伯恭与朱讲学，意不与朱同也，故朱子复著论以济其说。后鄱阳马氏立论，以辩朱子之非，然后儒者深韪之，目为朱子之忠臣，而惜朱之未及见也。然自战国以降，卫于诸侯独鲜过，故秦并天下，而卫独后亡，其民亦未被兵也。厥后汉营黎阳，晋渡白马，隋乱唐兴，金残宋弱，浚故之。以明兴都燕，浚为畿邑，其民多质，其风尚淳，世变风移，民渐以富，富斯奢，奢斯荡，荡斯诈斯蝇营斯狗苟矣，诚而伪，淳而浇，人也耶，风也耶，目击人事，可悲而叹者，寄之声以风而感，且俟道人振铎者或采焉，题曰浚风吟。"仿效白居易的《新乐府》，歌咏浚地进香之风俗，寄寓时代兴亡之感，其细节描写之详备，堪为史家拾遗。

　　再来看王彦泓《烧香曲》：

　　　　闭户留香计绝痴，微烟未动隔帘知。剪灯几榻寒相守，听雨房栊暗最宜。卧待衣篝氲未了，坐看银叶透还迟。谢娘衲服经三浣，一味浓芬似旧时。❶

王彦泓（1593—1642），字次回，金坛（今属江苏）人。恭简公王樵孙，王历昌子。穷年力学，屡困场屋，以岁贡为华亭县学训导，卒于官。少有文名，博学好古，工艳体诗，词亦深婉凄丽。钱谦益《列朝诗集小传》丁集下称其"诗多艳体，格调似韩致光"。韩致光即晚唐诗人韩偓（842—923）；贺裳《皱水轩词筌》谓"王次回作小艳诗，最多而工，《疑雨集》二卷，见者沁入肝脾，里俗为之一变，几于小元、白云。词不多作，而

---

❶［明］王彦泓《疑雨集》卷三，清光绪郋园先生全书本。

善改昔人词，殊有加毫颊上之致"❶；朱彝尊《静志居诗话》称王彦泓之作
"结构深得唐人遗意"。有《泥莲集》《疑云集》及《疑雨集》。事迹见《明
诗纪事》辛签卷三二。

《烧香曲》作于崇祯三年（1630），王彦泓时年38岁。首二句写关门
留香而留不住；中二联四句写焚香的四种情境：剪灯床前、听雨房中、卧
待熏衣、坐看香燃；末二句写熏衣留香之久，牵起对"谢娘"的淡淡回
忆。全诗大意是在说：关门留住香味的打算太是心痴，丝丝香烟不飘隔着
门帘就得知。几榻上剪亮烛寒天焚香来相守，听雨时房间里暗处闻香最相
宜。卧床上等待熏衣笼熏香还未了，因看那熏笼上的银片还没热透。谢娘
的那内衣已经浣洗了三次，那一种的芳味浓香还好似旧时。留香，此指留
住香气。"微烟未动隔帘知"，用李商隐《烧香曲》"帘波日暮冲斜门"句
意。听雨，典出陆游《临安春雨初霁》"小楼一夜听春雨，深巷明朝卖杏
花"。衣篝，用香熏衣服的竹笼。馤，烟气浓郁。此指香熏。坐，因为，
由于。杜牧《山行》："停车坐爱枫林晚，霜叶红于二月花。"谢娘，晋王
凝之妻谢道韫有文才，后人因称才女为谢娘。韩翃《送李舍人携家归江
东觐省》诗："承颜陆郎去，携手谢娘归。"唐宰相李德裕家谢秋娘为名歌
妓，故后人也以"谢娘"泛指歌妓。李贺《恼公》诗："春迟王子态，莺
啭谢娘慵。"温庭筠《归国遥》词："谢娘无限心田，晓屏山断续。"袑服，
内衣。《左传·宣公九年》："陈灵公与孔宁、仪行父通于夏姬，皆衷其袑
服以戏于朝。"杜预注："袑服，近身衣。"三浣，洗过三次。语出《新唐
书·柳公权传》："〔文宗〕常与六学士对便殿。帝称南汉文帝恭俭，因
举袂曰：'此三瀚矣！'学士皆贺，独公权无言。帝问之，对曰：'人主当
进贤退不肖，纳谏净，明赏罚，服浣濯之衣，此小节耳。'"全诗以香事贯
穿，确实芳艳沁人。

明末云间派诗人陈子龙，撰有《学义山烧香曲》：

> 小栏春放烟未缂，静夜花飞悬露湿。陆宫猛兽光菀蔼，扭灰葬火
> 香云泣。海山雷击枯枝红，千年沈水涎龙宫。矫蛾缀手擘小庄，调弦

---

❶《词话丛编》，中华书局，1986年版，第713页。

剔蜡迎新凰。玉凤颤声霜影瘦，月凉桂堕蟾蜍斗。云母双屏漏细烟，梦染玉肌通翠袖。香匣茱萸透体莲，踢蹬幽暖清眸眠。触手曙帐凝芳泽，守宫收骨膏馀妍。浓酣散浪红兰液，髻燕粉蛾不得惜。启悼星落空光白，春野荒荒艳魂魄。❶

陈子龙（1608—1647），字人中、卧子，号轶符、大樽，华亭（今上海松江）人。在青年时代即有文名，与宋征舆、李雯并称"云间三子"，三人曾共同编纂《皇明诗选》。崇祯十年（1637）年进士，选绍兴推官，以定乱功擢兵科给事中。清兵南下，弘光小朝廷灭亡，陈子龙联络松江水师抗清，事败，又先后受唐王、鲁王封衔，结太湖兵起义，事发被捕，投水自杀殉国。著有《陈忠裕公全集》。陈子龙早年受到前后七子的影响，对于当时弥漫文坛的公安派、竟陵派表示不满。陈子龙曾在《白云草自序》《六子诗序》中说："诗者，非仅以适己，将以适诸远也"；"今之为诗者，我惑焉。当其放浪山泽之中，意不在远，适境而止"；"夫作诗而不足以导扬盛美，刺讥当时，托物联类而见其志，则是《风》不必列十五国，而《雅》不必分大小也，虽工而余不好也。"可见他主张文学创作不能只是表现自己，而应该反映社会现实，"导扬盛美，刺讥当时"，从而使读者对所处的时代有清醒的认识。崇祯初，陈子龙与夏允彝等结幾社，后并入复社，并成为其中的中坚人物。他很重视经世致用之学，曾编过《皇明经世文编》，又整理过徐光启《农政全书》。这种积极用世的人生态度，和其诗歌理论是一致的。

《学义山烧香曲》作于早年，收录于《幾社稿》，但内容并非反映社会现实，风格也尚在学习前人的阶段，非常神似其效仿对象——李商隐《烧香曲》。此诗主要临摹义山体浓稠的意象描写和雕缛的文字修辞，写香烛荧荧燃烧，颇得其托物联类之致。在一片香氛中，将水晶琉璃宫殿里居住的玉女素娥的生活情态，描写得冷艳华贵而又不食人间烟火，"梦染玉肌通翠袖"，"香匣茱萸透体莲"数句，几尽香罗绮泽的绸缪婉转，陈子龙甚至比李商隐原作更加缛靡香艳。

---

❶《陈子龙诗集》，施蛰存校，上海古籍出版社，2006年版，第208页。

与陈子龙同为"云间三子"的李雯，撰有《八月十五夜烧香曲》：

> 金闺秋净天如水，桂花坐落凉风里。东墙明月（一作云叶）吐银
> 蟾，绣户鸾屏临夜起。翡翠瓶高金博山，隔窗云母香盘盘。细劈犀纹
> 怜素手，斜分麝月弄青烟。凭将桂火沉沉力，吹散行云袅空碧。各陈
> （一作存）密意对秋风，共展芳襟礼瑶席。江南画阁复重重，欲卷珠
> 帘怨不逢。莫愁堂上无消息，几度香销明月中。❶

李雯（1608—1647），字舒章。江南青浦（今属上海）人。崇祯十五年
（1642）举人。入清，荐授内阁中书舍人。顺治三年（1646）南归葬父，
第二年在返京途中染病而死。李雯才华过人，年轻时就享有诗名，七古最
足以显示李雯的才情，《烧香曲》描摹闺阁女子之烧香，是当时脍炙人口
的佳作，将浏亮的音调融入李商隐诗歌浓艳的色彩。方濬师《蕉轩随录》
有《李雯烧香曲》一则，云："摄政睿亲王致明大学士史可法书，相传为
李雯所作。雯，江苏人，顺治初曾官内阁中书舍人。尝见其《中秋夜烧香
曲》一首，轻盈浏亮，置之温、李集中，几莫能辨。检沈归愚《别裁集》
《南山诗人征略》，皆未收载。盖李曲湮没不传久矣，兹录其《烧香曲》云
云。"❷轻盈而又浏亮，确是此诗一大特色。

与其同时代的陆云龙有《烧香曲用陈卧子韵》：

> 叶尖坠露巧于缉，心怯阶前草痕湿。翠屏钿几峭寒生，愁入眉梢
> 欲成泣。寒玉一枝莹猩红，的的犹明旧守宫。闷捡雀炉灰半死，朱唇
> 嘘出麝兰风。水沉乍炙烟影瘦，回合纷飞渐相斗。不教轻易散房栊，
> 巧勒轻轻笼翠袖。一自深秋悴脸莲，锦衾虽暖不成眠。薄情生怕寒灰
> 似，妾貌惊非始别妍。龙涎焦尽无多溢，小拨犹将馀蒻惜。烬红还为

---

❶ [清]李雯《蓼斋集》卷十八，清顺治十四年石维昆刻本。又收入《云间三子新诗合稿》
卷三，辽宁教育出版社，2000年版，第50页。

❷ [清]方濬师《蕉轩随录》卷七，清同治十一年刻本，中华书局，1995年版，第269—
270页。又见清李伯元《南亭四话》，江苏古籍出版社，2000年版，第107页；《李伯元
全集》第4册，江苏古籍出版社，1997年版，第219页。

热须曳，莫便昏然死成魄。❶

陆云龙（1587—1666），字雨侯，号蜕庵，堂号翠娱阁，馆名峥霄馆。钱塘（今浙江杭州）人。祖籍海宁，其祖父时由海宁迁钱塘。幼年丧父，家境贫寒，姊弟五人由嫡母和生母扶养成人。青少年时代，刻苦攻读，冀科举仕进，但屡试不第，后坐馆执教为活。对魏忠贤为首的宦官专权深恶痛绝，撰《魏忠贤小说斥奸书》。主要从事编选、评点和出版工作，为许多书写序，共有百馀篇。《翠娱阁近言》系其诗文别集，另评选文集三十馀种。如《翠娱阁评选行笈必携》《翠娱阁评选诸家小品》《峥霄馆评定型世言》《明文奇艳》《翠娱阁评选钟伯敬先生合集》《李映碧公馀录》《皇明八大家》《皇明十六名家小品》等，校辑《合刻繁露太玄大戴礼记》三卷。生平事迹见《翠娱阁近言》及《型世言》等书序评。

明季杭州文士多与复社、幾社诸君子往还。如崇祯十五年（1642），复社大会于苏州之虎丘，钱塘登楼社陆圻诸子，皆与其会（见杜登春《社事始末》）。从《翠娱阁近言》中，也可窥见陆云龙与幾社陈子龙等人的密切关系。这首《烧香曲用陈卧子韵》，显然亦为社集唱和之作。所谓用韵有三种，在诗韵的创作难度上，逐次加大：一为依韵，是指按照原诗原韵部的字来协韵；二为和韵，是指在依韵基础上按照原诗原字来协韵；三为次韵，是指在用韵基础上按照原诗原字原序来协韵。陆云龙此诗属于最后一种，也是创作难度最大的一种。唐人元白、皮陆最擅此道。陆诗后来居上，不仅各种香事，描摹排比得错落有致，而且香中见情，"一自深秋悴脸莲，锦衾虽暖不成眠。薄情生怕寒灰似，妾貌惊非始别妍"，有写神之致，在咏香诗中留下争巧斗奇的精彩一笔，堪称佳话。

❶[明]陆云龙《翠娱阁近言》卷一诗，明崇祯刻本。

第五章

金篆添香红火热｜清诗词之香芬

第一节

半渍香痕半泪痕：清代香文化与清诗之概况

　　历经周秦汉魏六朝至唐宋元明的积淀，中国香文化进入广行于世的清朝。此间，最引人注目的，是地位显赫的宫廷用香。清宫用香，讲究炉瓶三式，即香盒、香炉与匙箸瓶。香盒，又称为香合，是专门盛放香料的器具。从古人告别单熏草香的时候，香盒便承担了存储香料的角色。西汉的南越王墓中，就发现了盛放香料的香盒。后来，香盒逐渐广为接受，成为存放香料必备的器具。有清一代，香盒经过两千多年的发展，已经成为贵族雅士生活中必不可少的生活用品。清宫的香盒，材质各异，有木、竹、瓷、玻璃、金属、象牙等，形状上看不仅有传统的椭圆形，还有方形、圆柱形等。清宫会根据所盛放香料的特点选择或制作相应的香盒。

　　香炉方面，《清宫造办处活计档》有大量记载，如"据圆明园来帖内称，本月二十五日内务府总管海望太监张玉柱，为上用何样香炉奏请，奉旨用铜筒子炉上香"。这里的铜筒子炉就是清宫常用的香炉。再如关于铸造香炉的记载："司库刘山久来说内大臣海望奉旨：照坛庙内供奉朝冠香炉样式另作镀金炉八件。"这里的朝冠香炉即常见上香的香炉。由于实际情况的差异，清宫在使用香炉时往往会给予一些临时的配制，如加盖、罩子或在内放置通牒等，如"奉先殿祭祀时，所摆香炉内，放三个带筒铜碟，点三炷香，香烟不断，而无火焰，故太庙所摆放之十八个香炉内，亦照奉先殿，放三个带筒小碟点香"[1]。采取这些措施，不仅可以更好地利用香料，同时也有效避免了火情隐患。香灰碟也是燃香必不可少的辅助器物，在香炉内承接香炭，覆盖隔火，保证香料充分燃烧。

---

[1] 见万秀锋《清宫里的香具》，《紫禁城》2014 年第 9 期。

⊙图表 28　元代《祇园大会图卷》中的炉瓶三事

⊙图表 29　清古铜釉瓷炉瓶三事

　　除了香炉外，清宫熏燃沉香多用香薰。香薰又被称为熏炉，即熏香之器。从香文化的历史来说，熏炉的名声甚至更胜香炉，熏炉的代表有著名的博山炉、莲花炉等。清宫的香薰从材质看有玉、金、银、铜、锡、竹、木、漆、珐琅等，这些香薰既承继了前朝熏炉的优长，又有一些清代独有的特色。如北京故宫博物院藏"银莲花形香薰"，这件香薰整体银质，共分五层，每层周圈为小孔，用以释放香气。在造型上承袭唐宋时期盛行的莲花炉，将其原来的鹊尾和宝子去掉，而增加层数，之所以出现这种改变，与当时熏香方式的变化有关。

　　清宫中还有大量以动物为形象的香薰，这些动物造型有仙鹤、凫鸭、大雁、麒麟、狮子、甪端等，其中最具特点者当属甪端。甪端是一种传说中的猛兽，可日行千里，好生恶杀。熊梦祥《析津志》"物产"条"瑞兽之品"中列有甪端，记其事云："太祖皇帝行次东印度骨铁关，侍卫见一兽，鹿形马尾，绿毛而独角，能为人言：汝军亦回早。上怪，问于耶律楚叔。公曰：此兽名甪端，日行一万八千里，解四夷语，是恶杀之象。盖上天遣云，以告陛下，愿承天心，宥此数国人命，定陛下无疆之福。即日下令班师。"清人用这种瑞兽的形象制成香薰，置于皇帝的宝座两侧。如北京故宫博物院藏"青玉甪端熏炉"，不但是熏香器具，而且也是制作精美的室内陈设品：甪端独角，昂首挺胸，甪端首为熏炉盖，炉身存储香料，香气通过甪端的口、鼻散发出来，实用功能与审美价值兼具。

　　香盘和香插，都是燃香时的器具。香插，即插香的基座，多在燃烧线香时使用。香盘是承接香灰的底盘，大多香插本身会带有底盘，二位一体，搭配使用。由于清代线香的盛行，宫廷也制作了很多的香插、香盘，材质主要是金属、玉质、瓷质等，如"据圆明园来帖内称本月二十二五日，内务府总管海望太监张玉柱将做得插香盘样二件呈览，奉旨流云不好着做四片云，钦此"。这说明清代皇帝还是非常重视香插、香盘的制作的，对一些细节的纹饰也有其具体的要求。再如"乾隆十三年闰七月初三日，首领彭三元来说太监胡世杰交铜方香盘十件，传旨着交五十八将此香盘熔化做过梁耳炉一件，钦此"，反映当时清宫香盘的数量比较多。

　　与线香相伴而生的还有香筒。香筒，即筒式的香薰。香筒出现的时间

⊙图表 30　青玉甪端香炉（北京故宫博物院藏）

很早，但其流行还是在明清时期，此时线香的盛行，推动了这种筒式香薰的应用，所以香筒有时也被称为"香笼"或"香亭"。清宫中也有一些香筒，从实物上看，其材质基本以金属为主，兼有碧玉或其他材质，形制基本相同，都是圆柱形，上面为亭式。如故宫现存的一件"碧玉镂雕云龙香筒"，香筒为一对，每个香筒由三部分组成，上部为铜质镀金亭阁式顶盖，中间为碧玉圆筒，下部为铜胎须弥式底座。使用时，香筒内点燃香料，香气从中间的孔洞中冒出。从档案记载来看，香筒一般放置于宝座两侧，香筒一般会和其他形制的香薰放置在一起使用，如档案中记载："乾隆七年二月二十六日，柏唐阿常安来说太监高玉交单檐龙挂香筒一对，圆楼香筒三对，传旨着交佛保着将单檐龙挂香筒改作重檐收拾见新，其圆楼香筒亦收拾见新，在按尺寸配做甪端四对，钦此。"从记载来看，不论是单檐还是重檐，形制都相差不多，而按尺寸配做的甪端则反映了当时的使用情况。从现在三大殿中的宝座边的布置来看，也是香筒和一些其他动物香薰搭配摆放。

清宫所用的香具，代表逐渐奢华的一面，不仅有社会经济变化的影响，同时也伴随着香品的不断变化而发生改变。香具一般很少单一使用，大多数情况下都是相互搭配。在清代宫廷中，大殿上的香筒、香薰、香炉等共同放置于宝座之前或两侧，缺一不可，从不同香具中释出的缕缕轻烟，笼罩着中间的宝座，更增添了神秘而庄重的色彩。在后宫居室内，香炉、香瓶、香盒雅致排列于香几之上，不但为居室增添了香气，同时也是一种优雅的装饰品。而在民间和一般士子中，纵使家徒四壁，但只要有香薰一炉，即不枉称文人雅室；而即使四壁缥缃，若无香具相伴，亦为缺憾。

印香炉，是熏香器具中独特新颖的炉式。由于印香炉所用的香料以芸香为主，故亦称芸香炉。芸香是一种多年生草本植物，亦称"臭草""牛不吃草"，产于西部地区。有特异的香气，嚼之味辛辣并有麻凉感。在书房中焚烧芸香，和一般焚香辟秽的用意有所不同，即焚烧芸香散发出的浓烈香味可以辟除书中的蠹虫。所以芸香炉是清代文人书斋文房必备的清供雅玩，形式有方、圆、长、扁、多角等，并有物象图案。炉内外均题有吉祥语句。芸香炉的使用，首先用平板把炉上层原有的香灰压实，把篆模放在压实的香灰上，然后用锹匙将芸香屑平铺在篆模内达到适当的厚度，再用平板压实，并刮去镂空篆文或图案以外的香屑，提起模盘，即形成绵延连贯的香篆象浮雕似的堆在炉的上层。用火点燃香的一头，盖上炉盖，香气就会透过镂空的炉盖而弥漫在空中。

　　清代印香炉工艺名家丁月湖有《印香炉式图》，或称《香印篆册》，始撰于1876年，成于1878年，刻于1880年或稍后；图谱卷首有刘瑞芳等序文及题词，有各式炉盖平图97幅，各式印香篆刻模平图44幅。丁月湖（1829—1879），名沄，字月湖，南通（今属江苏）人，歌啸自怡，不求闻达。然诗词歌咏，镌刻篆章，旁及丝竹管弦之音，色色精妙。能书善画，书名满江左，片纸只字，人争宝之。徽州婺源齐学裘《印香炉图谱序》称："崇川名士，丁君月湖。文山之麓，卖鱼湾居。异香满室，修竹压庐。弹琴对月，种蕉学书。如怨如慕，洞箫乌乌。"丁月湖擅制芸香炉，百模百样，制作精致。其所制印香炉，造型丰富，而流传极少。南通博物馆藏其传世作品《瓜蝶纹扁形炉》，盖作瓜蝶纹，有隶书"瓜瓞绵绵"。而其一生中最大的建树，是改进和创制印香。其设计独出心裁，一改制作芸香炉的粗陋，规划种种镂空花纹篆字的印香篆模。所作篆模，镂空成文，绵延不断。篆模的厚度基本为4毫米，使用时能使芸香料形成绵延连贯的香篆，燃烧均匀缓慢，燃烧后残留的香灰仍是一幅美丽的图案。篆模如"虚心""芳心自同""几生修得到梅花""姻缘一线牵""直上青云""云鹤"等，奇巧构思，令人叹为观止，使操作燃烧芸香的过程，与文人抚琴、弈棋、赏花、品茗、玩古一样，成为文房雅事，增添几多情趣。

　　炉瓶辉映久，诗香留韵长。擘经老人阮元（1764—1849）撰有《焚香》：

　　　　岭气已郁蒸，海气复咸湿。城居岭海间，那不愁厌浥。况是春气早，细雨泄云汁。久坐尚无闻，所苦出复入。拂茵醲已浮，揽衣腥更袭。年来脚受病，颇困行与立。础蒸胫同润，帘霉鼻恶吸。快掇熏炉来，蒸炭呼火急。海南香尚多，价贱用易给。速结初试拈，沈水亦可拾。斑轻飞鹧鸪，涎重起龙蛰。遂使一室中，燥气满相裛。且读叶香谱，莫翻脚气集。❶

----
❶《擘经室续集》卷七，中华书局本，第1110—1111页。

前部分描述广州恶劣的环境气候，那里深受岭南潮气和海风湿气影响，早春时气温高，连日阴雨，房屋、坐具潮湿难堪，居室中腥气霉气扑鼻。阮元罹患足疾，常常"足发湿热，疾不能步"，作此诗时，已年过花甲，艰难之态，可想而知。纵观阮元的一生，人们往往只注意到他位高权重、仕途得意的一面，却未留意其超于常人的身心付出。"快掇熏炉来，爇炭呼火急"，此情此景，急于焚上一炉香，"快""急"，绘出心情。安置好熏炉，备好香炭，香料是什么呢？"海南香尚多，价贱用易给"，这里的海南香，特指海南沉香，当时海南沉香的采集量非常大，价格低而获取方便。广州是国际香料贸易港口，来自南亚、东南亚的沉香大量输入，附近东莞地区所产沉香量也很大，且因品质高被选为贡品。而阮元独喜海南香，而且一次使用三种海南沉香——"速结""沈水"和"鹧鸪斑"。其中，"速结"又分为"生速"和"熟速"，"生速"是砍伐沉香树后去掉木质部分所获得的沉香，"熟速"指沉香树自然倒地，其木质部分因腐朽而取得的沉香，诗中应该指前者。"沈水"，是因所结芳香油脂达到一定密度，沉香块入水即沉，故名。"鹧鸪斑"，是从海南沉水香、蓬莱香及极好的栈香中得到的，表面颜色褐黑而有白斑点点，好像鹧鸪胸上的毛一样，其品质更高一级。阮元此次熏香，就香韵等级来说是一个逐渐提高的取法。结尾提到的"且读叶香谱"，指的是宋代叶廷珪编写的香谱。自北宋丁谓、苏轼以来，海南香一直受到文士阶层的推崇。阮元在岭南独独选用海南沉香来焚烧，不仅是因为《神龙本草经疏》将沉香列为"香燥药"，具有醒脾化湿、祛寒湿、杀虫灭菌之功，还是由于海南香的香氛有别于其他产区的沉香，以味清气长为主要特点。这正是千百年来文士们钟爱的地方，宋朝扬州高邮人张邦基品评自制以海南香为主的合香时，称其有一种潇洒风度，而这种潇洒正是海南香所代表的优裕和超脱的心境。

清代诗人吴绮（1619—1694）专门撰有《焚香赋》："花净春棂，月吹秋帐，迟美人兮不来，拥熏笼兮谁望。采艾纳兮山中，问都夷兮海上。云衣暂擘，石叶双安。鸬鹚卸粉，鹧鸪留斑。近愁烟剧，远讶灰寒。心中字苦，眉下痕悭。白凤翔于晓幕，绿龙焚于夜山。经旬似暖，半笑疑温。长垂髻影，细乱衣魂。腻衾花而入绣，透衫缬而栖痕。见鄂君兮何夕，坐贾午兮黄昏。悬青绡兮不寐，结翠绶兮谁分。乱曰：辟寒宝障流苏长，火山十里金凤皇。期君待君君不至，直须还我绣香囊。"这位湖州知府，"萧散自得，陶然于酒，所至偕故交文士、名娼高衲，放浪于山颠水涯。每醉辄歌吟笑乐，诙调终夜，酒痕淋漓，头伏几案，与之游者，至忘寝食"[1]。而且才华富艳，绮如其名，工填词及短幅骈体，瓣香在玉溪、樊川之间。这篇《焚香赋》可谓无愧于其才名。

清人香事，在文人沈复（1763—1808）笔下，清雅有致，富有诗意。他与爱妻陈芸静室烘香，香气幽韵而无烟，别有一番雅趣。其《浮生六记·闲情记趣》记述："静室焚香，闲中雅趣。芸尝以沉速等香，于饭镬蒸透，在炉上设一铜丝架，离火半寸许，徐徐烘之，其香幽韵而无烟。"[2]堪与为匹者，可能只有明末清初四公子之一、水绘园主人冒辟疆（1611—1693），其《影梅庵忆语》描写他和爱姬董小宛的闺房之乐，屡次提到焚香之趣。中间有一节说：

> 姬每与余静坐香阁，细品名香。宫香诸品淫，沉水香俗。俗人以沉香著火上，烟扑油腻，顷刻而灭。无论香之性情未出，即著怀袖，皆带焦腥。沉香有坚致而纹横者，谓之"横隔沉"，即四种沉香内革沉横纹者是也，其香特妙。又有沉水结而未成，如小笠大菌，名"蓬莱香"。余多蓄之，每慢火隔砂，使不见烟，则阁中皆如风过伽楠、露沃蔷薇、热磨琥珀、酒倾犀斝之味。久蒸衾枕间，和以肌香，甜艳非常，梦魂俱适。外此则有真西洋香方，得之内府，迥非肆料。丙戌客海陵，曾与姬手制百丸，诚闺中异品，然爇时亦以不见烟为佳，非姬细心秀致，不能领略到此。[3]

梦魂俱适，甜艳非常，才子佳人，闺房乐享，有香意相伴，令人悠然神往。

---

[1]［清］王晫《今世说》卷六，清康熙二十二年霞举堂刻本。
[2]《浮生六记》，华夏出版社，2006年版，第35页。
[3]《浮生六记》（外三种），湖北长江出版集团，2006年版，第133页。

烧香一曲贯清诗：由《烧香曲》看清诗咏香

在分析清诗咏香之前，应先了解清诗概貌。由于人口递增，文献保存趋易，传世的清代诗歌可谓汗牛充栋。同样是 300 年上下的朝代，《全唐诗》所收唐代诗人不过 2000 多家，作品总数 5 万多首。《全宋诗》近9000 家，25.4 万首，《全元诗》收录元诗有 13.2 万多首，而有清一代诗歌，有作品传世的诗家远在 10 万人以上❶。其中仅女诗人就超过 2 万❷。乾隆一人即多达 4.3 万首，几乎与传世全部唐诗数量相当❸。整个清代诗歌的数量，比前代诗歌的总和还要多出数倍。

清初诗歌从明诗发展而来。明诗主流是复古，复古派以"诗必盛唐"为口号，主张诗歌古体学汉魏，近体法盛唐，追求模仿和形似，而缺乏个人真性情，鲜有个人之特色。这种风气相沿既久，引起有识之士的不满，于是要求改弦更张。明朝末期，内忧外患的社会动荡，也在一定程度上推动着诗风的改革。而明清易代的历史巨变，促使清初诗人不得不直面现实，利用诗歌形式抒发内心的真实感受，从而在诗歌抒写真性情方面彻底改变明诗旧习。在艺术道路上，虽然部分诗人仍墨守盛唐成规，但更多诗人，特别是动见观瞻的钱谦益，倡导扩大取径范围，从盛唐推及整个唐诗，甚至从唐诗推及宋诗乃至其他历史时期的典范诗歌，在广师前贤的基础上，融会贯通，综合变化，最终形成自己的风格。

清代咏香诗堪称集前代之大成，是中国香文化发展史上一道靓丽的风

---

❶ 参见朱则杰《论〈全清诗〉的体例与规模》，《古籍研究》1994 年第 1 期。

❷ 参见郭蓁《清代女诗人研究》，北京大学博士学位论文，2001 年，第 3 页。

❸ 参见戴逸《我国最多产的一位诗人乾隆帝》，《吉林大学学报》1985 年第 5 期。

景线，以《烧香曲》为窗口，足可一窥其貌。清初诗坛盟主钱谦益之作开风气之先，可谓清代咏香诗之滥觞，从清初到中后期，陈维崧、王昊、陈廷敬、金农、李宗渭、弘历、永忠、刘墉、王芑孙、毕沅等均有《烧香曲》之作，有些诗人还不止一首；程晋芳、沈初、赵德珍则专门撰有《拟李商隐烧香曲》。

一 开风气之先：诗坛盟主钱谦益

首先就从诗坛盟主钱谦益开始，请看他的《和烧香曲》：

> 下界伊兰臭不收，天公酒醒玉女愁。吴刚盗斫质多树，鸾胶凤髓倾十洲。玉山岢峨珠树泣，汉宫百和迎仙急。王母不乐下云车，刘郎犹倚少儿立。异香如豆著铜镮，曼倩偷桃爇博山。老龙怒斗搜象藏，香云罨霭笼九关。笼香长者迷处所，青莲花藏失香语。灵飞去挟返魂香，玉杖金箱茂陵土。烟销鹊尾佛灯红，梦断钟残鼻观通。杂林香市经游处，衫袖浓熏尽逆风。❶

钱谦益（1582—1664），字受之，号牧斋、蒙叟、绛云老人、虞乡老民、东涧遗老等，学者称虞山先生，常熟（今属江苏）人。万历三十八年（1610）进士，授编修，官至礼部侍郎，但仕途蹭蹬，几度浮沉。曾讲学东林书院，为清流人望所归。南明弘光朝时期，又依附阮大铖、马士英，任礼部尚书；清兵南下，钱谦益跪迎清军，授礼部侍郎管秘书院事，充修明史副总裁。旋归乡里，从事著述，秘密进行反清活动。钱谦益性格和经历十分复杂，在不断的政治漩涡与人生抉择之中备受煎熬。因为生当明末清初，钱谦益的诗歌理论主要是针对明诗流弊而发。明代复古派以前后七子为代表，力图恢复古典的传统而造成抒情的阻隔；反复古派的公安、竟陵两派又破坏了古典的审美趣味而流于俚俗与纤仄。钱谦益对这两派均予以批评，也各有所取。对公安派的浅薄空疏与竟陵派的纤仄诡僻，不遗余力地否定。一方面接受"独抒性灵"的主张，一方面又要求不悖于风雅。

---

❶ 钱谦益著，钱曾笺注《牧斋有学集》卷十三东涧诗集下，四部丛刊景清康熙本；钱仲联标校《牧斋有学集》，上海古籍出版社，1996年版，第628页。

对于他们师心而妄的弊端，则主张济之以学问。其诗作于明代者收入《初学集》，家国之忧、身世之感、得失之戚交织在一起。入清后所作，收入《有学集》，晚年所作为《投笔集》。由于经历与心境的复杂万端，愈发沉郁悲凉，骨力苍劲，托旨遥深；悼念故国之情，深痛悔恨之意，每每见于笔端。他极为服膺杜甫，学杜而入其堂奥；同时亦广泛借鉴前代其他诗人，不拘一格，加上思深学博，形成沉雄博丽的总体风格。

康熙二年（1663），62 岁的冯班集合里中友人赋诗，结为成社。严熊以社中所赋《初会诗》示之，钱谦益以《和长至日文谯》《和腊梅》《和烧香曲》等三诗和之 ❶。《和烧香曲》一诗本事，李岳瑞《春冰室野乘》云：

> 钱蒙叟《有学集》以有指斥国朝之语，遂被厉禁。焚书毁板，几与吕晚村、戴南山诸人等。二百年后，遗集始稍稍复出。尝取集中诸诗文，一一勘校，虽指斥之词触目皆是，然大抵愤激诅詈之语，未尝有实事之可指，尚不如翁山诗外所咏轶事，有裨翳，胜异闻。不知身后受祸，何以如此其酷！唯《有学集》第十三卷中，有《和烧香曲》一首，词气惝恍迷离，若有所指。疑当时宫闱中，必有一大事，为天下所骇诧者。虽以东涧老人之颜厚言巧，谬托殷顽，亦不敢质言其事，而托之拟古耳。《义山集》中有《烧香曲》，故此以和名。东涧生平不作昌谷、玉溪体，尤见此诗之有为而发也。……此诗与梅村《清凉山赞佛》诗似可参观。❷

《和烧香曲》诗中用典颇多。钱牧斋熟谙佛乘道书，故能触类旁通。伊兰，本指有臭气的恶草。佛经中多以伊兰喻烦，以栴檀木的香味喻菩提。《翻译名义集》引《观佛三昧海经》："而伊兰臭，臭若胖尸，熏四十由旬，其华红色，甚可爱乐。若有食者，发狂而死。"《首楞严经》："若香臭气必生汝鼻，则彼香臭二种流气不生伊兰及栴檀木。"又指赛兰香的别称。明

---

❶ 钱谦益《和成社初会诗》序云："定远帅诸英妙结社赋诗，武伯以《初会诗》见示。寒窗病气，聊蘸药汁属和。劳人之歌，不中玉律，聊以代邪许而已。"（《有学集》卷十三《东涧诗集下》）

❷ 李岳瑞《春冰室野乘》卷下，世界书局，1937 年版，第 82 页；《中华野史》卷十一，清朝卷，中册，三秦出版社，2000 年版，第 9775 页。

人杨慎《艺林伐山》卷六："伊兰花：蜀中有花，名赛兰香。花小如金粟，香特馥烈，戴之发髻，香闻一步，经日不散。曾少岷为余言：此花之香，冠于万卉，但名不佳……则伊兰即此花也，西域以之供佛。"杨慎《伊兰赋》："英英有兰，猗猗其美，谥以伊兰，实以邛始。"钱牧斋诗，多处言及佛经中之香，例如《二王子今体诗引》："今佛所取栴檀兜楼婆上妙之香，此方无有。汉世西人贡香宫门，上著豆许，闻长安四面十里，经月不歇。今皆漂沉厕溷中，唯伊兰臭秽，充满三界。诸天愍之，改令此世界中，得以文字妙香，代为佛事。……牛头栴檀，产于摩耶罗山，与伊兰丛生，过者弗视也。及其条枝布叶，芳香酷烈，伊兰四十由旬之臭，一瞚灭熄。天帝乃始择而采之。修罗兵斗，用以止血。善法堂之战胜，得草木之助焉。"[1]《吾宗篇寿族侄虎文八十》："牛头栴檀，产于末利山中，与伊兰丛生不殊。其香之逆风而闻者，岌岌乎难之矣。"[2]《香观说书徐元叹诗后》："牛头栴檀，生伊兰丛中，仲秋成树发香，则伊兰臭恶之气，斩然无有。取元叹之诗，杂置诗卷中，剔凡辟恶，晋人所谓逆风家也。……吾向者又闻呵香之说。昔比丘池边经行，闻莲花香，鼻受心著。池神呵曰：'汝何以舍林中禅净，而偷我香？'俄有人入池取花，掘根挽茎，狼藉而去，池神弗呵也。"[3]《后香观说书介立旦公诗卷》："子不闻青莲华长者之鬻香乎？池神之护香也，长者之鬻香也，其回向之大小，区以别矣。长者了知一切如是一切香王所出之处，了达诸治病香，乃至一切菩萨地位香，知此调和香法，以智慧香而自庄严，于诸世间，皆无染着，具足成就。长者所鬻之香，即人间罗刹界诸欲天之香，亦即池神所护呵之香，岂有铢两差别哉！此世界熏习秽恶，伊兰胖胀之臭，上达光音天。"[4]在此二文基础上，钱谦益建构起的"香观说"，成为独树一帜的一种诗歌理论，影响深远[5]。

---

❶《有学集》卷二十，钱仲联标校《牧斋有学集》，上海古籍出版社，1996 年版，第 858 页。

❷《有学集》卷二十三，第 935 页。

❸《有学集》卷四十八，第 1568 页。

❹《有学集》卷四十八，第 1570 页。

❺ 参见孙之梅《钱谦益的"香观""望气"说》（《中国韵文学刊》1994 年第 1 期，又收入其《钱谦益与明末清初文学》，山东大学出版社，2010 年版），李秉星《钱谦益"香观说"的感官隐喻与明诗批评》（《文学遗产》2022 年第 1 期）。

　　吴刚，字质，亦称吴质，传说中月中神仙名，本西河人，学仙时不遵道规，被谪于月中砍伐桂树。桂树随砍随合，吴刚永不得止。月中有桂树、仙人，晋以前即传其说，唐时传此仙人即吴刚❶。质多树，指帝释之住处忉利天宫之质多树，又称圆生树，典出《翻译名义集》三十三："天有波利质多罗树，其根入地，深五由旬，高百由旬，枝叶四布五十由旬。其华开敷，香气周遍五十由旬。"十洲，东方朔《十洲记》云："凤麟洲多凤麟，仙家煮凤喙及麟角，合煎作膏，名之为续弦膏，亦名连金泥。武帝天汉三年，西国王使至，献此膏四两。帝幸华林园射虎，而弩豫断，使者上胶一分，使口濡以续弩弦。帝惊曰：异物也。使武士数人共对掣引之，终日不脱，如未续时。"玉山，即《山海经》所云"玉山西王母所居也"。郭璞曰："此山多玉石，因以名云。《穆天子》传谓之群玉之山。"珠树，《淮南子》云："掘昆仑虚以下地，中有增城九重，其高万一千里，百一十四步，上有木禾，其修五寻，珠树玉树树璇，不死树在其西，沙棠琅玕在其东，绛树在其南，碧树瑶树在其北。"❷百和，《汉武内传》："七月七日设座殿上，以紫罗荐地，燔百和之香，张云锦之帐，然九光之灯，设云门之枣，泛蒲桃之酒，帝盛服立于陛下以待云驾。"倚少儿，杜甫《宿昔》："落日留王母，微风倚少儿。"异香如豆，《汉武故事》："七月七日，有青鸟从西来。东方朔曰：'西王母暮必降。'上方施帷帐，烧具末香。香兜具国所献也。香大如豆，涂宫门闻百里。"张华《博物志》卷二载西国使献香。汉制，不满斤不得受。使乃私去著香如大豆许，在宫门上。香闻长安四面十里，经月不歇。杂林，指帝释之住处忉利天中的杂林苑。"杂林苑，诸天入中所玩皆同，俱生胜喜。"❸钱谦益诗用杂林苑之典者，还有《袭孝

❶ 段成式《酉阳杂俎·天咫》："旧言月中有桂有蟾蜍，故异书言：月桂高五百丈，下有一人常斫之，树创随合。人姓吴，名刚，西河人，学仙有过，谪令伐树。"李贺《李凭箜篌引》："梦入神山教神妪，老鱼跳波瘦蛟舞。吴质不眠倚桂树，露脚斜飞湿寒兔。"姚文燮注引明何孟春《馀冬序录》："吴刚字质，谪月中斫桂。"元吴师道《中秋次同官人韵》："禁钥锁深秋院月，天香吹湿露华风。终宵倚树怜吴质，何处登楼觅庾公。"明无名氏《金雀记·玩灯》："嫦娥真可想，伐木有吴刚。"清赵翼《月中桂树·壬午顺天乡试题得香字》："蕊珠宫阙朗，攀折许吴刚。"

❷［汉］刘安《淮南鸿烈解》卷四，四部丛刊景钞北宋本。

❸［唐］释玄奘《阿毗达摩大毗婆沙论》卷一三四，大正新修大藏经本。

升四十初度附诗燕喜凡二十二韵》"鸟命频伽共，花心杂苑骈"，《采花酿酒歌示河东君》"嗔妒不忧天帝责，业力更笑鱼龙忙。它时杂林共游戏，还邀舍脂醉一轮"。香市，指帝释之住处忉利天中的香市。《法苑珠林·三界篇》："忉利天有七市，第一谷米市，第二衣服市，第三众香市。"❶ 钱谦益《驾城惜别》诗云："香分忉利市，花合夜摩天。"《灯屏词》其六亦云："香风却载红云下，忉利新看香市回。"

　　总之，质多树、鬻香长者、青莲花藏、鹊尾、鼻观、杂林、香市、逆风诸语，皆用释藏故实。至于吴刚、鸾胶凤髓、十洲、玉山、珠树、百和、王母、刘郎、异香如豆、曼倩偷桃、灵飞、返魂香、玉杖金箱诸语，则皆与六朝小说、道家传说有关。而通篇所咏，不离一"香"字。《春冰室野乘》谓"愤激诅詈之语……与吴梅村《清凉山赞佛诗》诗似可参观"，其言发人深省。吴梅村《清凉山赞佛诗》杂用王母、汉武帝、东方朔故实，与钱牧斋《烧香曲》颇有相通，而唐人多以王母喻贵妃。张尔田《张孟劬先生遁堪书题》"吴注《梅村诗集》"下《清凉山赞佛诗》条："'陛下寿万年'，世祖信佛，当时必有传为不死之说者。木陈和尚有《骨亸侍香记》一书，乾隆间，以其妖言，诏毁之。梅村所咏，或具其中，但不能一证也。"❷ 周法高《读钱牧斋〈烧香曲〉》认为，"盖于清世祖与董妃事有关，因《清凉山赞佛诗》，诸家皆认为与董妃有关也。"所谓《骨亸侍香记》之"香"，大堪玩味。夫以释子撰呈御览之书，叙述贵妃死事，乃云"侍香"，绝非泛泛之语，必有所指。或者董妃与香有关，故牧斋以《烧香曲》咏董妃事，亦犹木陈之"侍香"。"灵飞去挟返魂香，玉杖金箱茂陵土"，为咏董妃死而世祖驾崩之事，其他则杂用与香有关之故实，亦极僻艳峭涩之致 ❸。所论典实，足供参考。

❶ [唐] 释道世《法苑珠林》卷六，四部丛刊景明万历本。
❷ 张尔田《张孟劬先生遁堪书题》，《史学年报》第2卷第5期，1938年。
❸ 周法高《读钱牧斋〈烧香曲〉》，《联合书院学报》第12卷第13期，1975年版，第11—19页；又收入邝健行、吴淑细编选《香港中国古典文学研究论文选粹（1950—2000）》诗词曲篇，江苏古籍出版社，2002年版。

二　清代初期《烧香曲》之作初兴

与钱谦益同时代的熊文举亦有《烧香曲》：

> 大河黯涩泣枯鱼，古岩搂搜捋虎须。茱萸寒色□侵臆，霜华不下
> 障荷葉。银屏小六窃分炷，花枝□艳明云母。东风作意动帘旌，岂蔻
> 合情向谁吐。□云呵镜海天昏，月浪填波冷浸门。直为景阳宫□死，
> 杜鹃啼老古芳魂。飘萧袅焰凌霞气，渺邈空□湘水意。愿同朗照入君
> 怀，销尽人间邪僻事。函□［谷］紫散青牛度，茂陵渴损思仙露。❶

熊文举（1595—1668），字公远，号雪堂，南昌新建人。崇祯四年
（1631）进士，授合肥县令。擢吏部主事。黄道周、李汝灿、傅朝佑等因
谏言得罪，文举上疏力救。后迁稽勋司郎中。明亡降清，擢任通右政，曾
两任吏部左右侍郎。因病致休，起补吏部左侍郎兼兵部右侍郎。勤于学，
尤耽著述，工诗、文、词，清初驰名文坛，极享盛誉。有《荀香剩》《守
城记》《墨盾草》《使秦杂吟》《耻庐集》《雪堂全集》等。

其《烧香曲》作于清顺治二年（1645）乙酉，也就是明弘光元年，那
正是明清交替至关重要的一年。此卷《七言古歌曲杂体》序曰："乙酉七
月，以病请乞南还。舟泊津门，友□龚都垣、曹侍御以五言古体十馀篇见
□，词仿河梁，读之感慨，是时与年友朱子美方舟而下。子美工于诗，一
日谂予云：是□为五言古百章，追古作者，舟至邗水于□诗一百七十章，
子美得诗一百三十章，□□交评不穷，极建安□□之响，不包□□，再与
予约为七言古，而舟过石城，家□□近上游，未靖警报，频闻岁晚孤蓬飘
零，□上心烦意乱，遂废隃糜。今年卧病荒村，□感多端，不复留心吟
咏，长夏悯祷，北□□永，偶取旧钞，评长吉、温李诸古体短讽□吟，欣
然会心，辄有临仿，体虽拟古，意每□今，至押韵必步前人，亦以止于是
而不□，尤是规尺度寸，不敢以滔滥恣川而隐□裂也，循笔队落，都乏剪
裁，后之览者，以□秕糠甘之矣。"参读此序，可见《烧香曲》一篇，虽

---

❶［清］熊文举《雪堂先生文集》卷二一，清初刻本。

写于王朝鼎革、山河巨变之际，言外却并无钱谦益同题之作别有深意。

上云冯班组织的成社中以诗示钱谦益者严熊（1626—1691），字武伯，号枫江钓叟，六十以后自号白云先生，乃钱谦益入室弟子，亦常熟（今属江苏）人。他是严栻之子，文震孟外甥，有《严白云诗集》二十七卷，卷一有《烧香曲》：

> 君不见，贾家小女花盈盈，青琐窥郎目已成。异香珍重千万意，才著郎衣四座惊。又不见，荀令香炉旦夕熏，中然朱火扬烟青。旁人闻香不知价，但见过处三日馀芳馨。烧香自古有佳话，贾家荀家最知名。长安甲第制度精，蝼蚁蜥蜴难潜形。红帘翠幕窗户闭，蹲猊睡鸭暖气徐徐生。浓香艳腻长淫思，飞仙堕地不复行。我有一香非世情，我歌君试洗耳听。青州布衫重七斤，鸠柴架屋四两轻。空山隆冬雪三尺，狐兔猖缩，鸟雀冻无声。鹓鶵啼风虎伥舞，佛灯鬼磷相晶荧。地炉腾腾煨楄柚，此香此味，当与贾家荀家谁弟兄？❶

诗中对比着描写香史上最有名的两个典故。其中贾家，指晋朝贾充之女午都偷香赠情人韩寿之事。韩寿是西晋美男子，家世又好，"善容止，贾充辟为司空掾。充每宴宾僚，其女辄于青琐中窥之，见寿而悦焉……女大感想，发于寤寐。婢后往寿家，具说女意，并言其女光丽艳逸，端美绝伦。寿闻而心动，便令为通殷勤。婢以白女，女遂潜修音好，厚相赠结，呼寿夕入"❷。贾充女与韩寿私通，以帝赐充之西域所供奇香赠韩寿，著身累月不去，贾充计帝唯将此香赐己，故疑韩寿与女通，拷问女婢，尽知其情，充乃秘其事，以女妻韩寿。后多用以喻男女暗中通情，如唐李端《妾薄命》诗"折步教人学，偷香与客熏"。所云荀家，指荀彧，彧字文若，为汉侍中，守尚书令，传说荀彧衣带有香气，坐处留香，所到之处，香氲经日不散，人称令君香，故黄庭坚《观王主簿家酴醾》诗云"日烘荀令炷炉香"，吕渭老《品令》云"宝香玉佩，暗解付与，多情荀令"，王之道《浣

❶［清］严熊《严白云诗集》卷一雪鸿集上，清乾隆十九年严有禧刻本；又收入王应奎《海虞诗苑》卷五，清乾隆二十四年古处堂刻本。

❷《晋书》卷四十，中华书局，1974年版，第1172页。

溪沙·和张文伯木犀》云"衣与酴醾新借色，肌同薔萄更薰香。风流荀
令雅相当"。

陈维崧（1625—1682），字其年，号迦陵。宜兴（今属江苏）人。少
时作文敏捷，词采瑰伟，吴伟业誉为"江左凤凰"。20岁时明亡。入清为
诸生，康熙十八年（1679）举博学鸿词，授翰林院检讨，修纂《明史》。
一代诗宗王士禛（1634—1711）评价陈维崧说："昔人云：'一人知己，可
以不憾。'乃亦有偃塞于生前而振耀于身后者。故友阳羡陈其年（维崧），
诸生时老于场屋，厥后小试，亦多不利。己未博学宏辞之举，以诗赋入
翰林为检讨，不数年，病卒京师。及殁，而其乡人蒋京少（景祁）刻其遗
集，无只字轶失，皖人程叔才师恭又注释其四六文字以行于世。此世人不
能得之于子孙者，而一以桑梓后进，一以平生未尝觌面之人，而收拾护惜
其文章如此，亦奇矣哉。"❶ 陈维崧有《烧香曲》，诗云：

> 新寒跨火小屏前，昼袴文蓦绝可怜。赏聚不烦烧鹊脑，病怀端自
> 怕龙涎。鸭炉好与欢同誓，犀合仍留字纪年。惟有香烟与侬似，一条
> 孤细直如弦。❷

此诗又见于明王彦泓（1593—1642）《疑雨集》卷三（清光绪郎园先生全
书本），尚未能确认其归属。首联以一位女子口吻写出，天气刚冷，小屏
烤火，其衣妆楚楚可爱。颔联写欢赏相聚，自不必烦劳薰烧鹊脑香以消
忧，而相思成病之际，却偏偏怕闻龙涎。颈联写此女好与情人炉前盟誓，
并书字纪年。末二句以香烟比拟自己性情孤直如弦。全诗大意是说：天已
转冷蹲坐烤火在小屏风前，花裤子配上彩鞋实在令人爱怜。欢赏相聚不必
烧鹊脑以帮缠绵，染病情怀却真是害怕焚香龙涎。金鸭香炉正好和情人
同来盟誓，犀牛钿盒还留着往日题字纪年。惟有那焚烧的香烟和侬家相
似，一条一条孤单纤细笔直如弓弦。新寒，指气候开始转冷。元人马臻
《漫成》诗之三一："大风小雨戒新寒，隔水枫林叶已丹。"纳兰性德《蝶
恋花》词："明日客程还几许，沾衣况是新寒雨。"跨火，跨过火堆，本是

---

❶《古夫于亭杂录》卷五，中华书局，1988年版，第128—129页。
❷［清］陈维崧《箧衍集》卷十七言律诗，清乾隆二十六年华绮刻本。

一种民俗。《北史·倭传》:"女多男少,婚嫁不取同姓,男女相悦者即为婚。妇人夫家,必先跨火,乃与夫相见。"后来也泛指蹲坐在火旁取暖。如陆游《闲步至鞠场值小雪》诗:"归来跨火西窗下,独数城楼长短更。"袴,同裤。綦,本为鞋带,后借指鞋。文綦,有花纹的鞋。鹊脑,鹊的脑髓。相传烧后入酒,与人共饮,可令人相思。《太平御览》卷九二一引《淮南万毕术》:"鹊脑令人相思。"原注:"取鹊一雄一雌头中脑烧之于道中,以与人酒中饮,则相思。"龙涎,抹香鲸病胃的分泌物,极名贵的香料。宋人刘过《沁园春·美人指甲》词:"见凤鞋泥污,偎人强剔,龙涎香断,拨火轻翻。"鸭炉,熏炉形制多作鸭状,故名。范成大《西楼秋晚》诗:"晴日满窗凫鹜散,巴童来按鸭炉灰。"同誓,典出《乐府诗集·杨叛儿》:"暂出白门前,杨柳可藏乌。欢作沉水香,侬作博山炉。"犀合,犀角所做的首饰盒。元人徐再思《梧叶儿》:"盒开红水犀,钗点紫玻璃。"纪年,典出元尹世珍《琅嬛记》卷上:"蓝桥驿乞玉浆,黑犀盒子下款'妙观三十二年,周旋多庆,先音永宝'十四字。(《修真录》)"直如弦,语出《后汉书·五行志一》载童谣:"直如弦,死道边。曲如钩,反封侯。"全诗典故频出,一派富丽典雅之气。

陈维崧又有《顾尚书家御香歌》:

> 猎猎朔风翻毳帐,营门紫马屹相向。陈生醉拗珊瑚鞭,蹀躞闲行朱雀桁。顾家望近尺五天,顾家父子真好贤。开门楫客客竞入,留客不惜青铜钱。玉缸泼酒酒初压,秦筝促柱弹银甲。绿鬘小史意致闲,动爱微红添宝鸭。陈生此时闻妙香,欲言不言神茫茫。心知此香世间少,得非迷迭兼都梁?主人重取兰膏爇,此香旧事还能说。忆昔初赐长安街,金瓯天下犹无缺。至尊桂殿日斋居,千首青词锦不如。绿章夜上龙颜喜,第一勋名顾尚书。嵯峨紫塞榆关道,白雁黄沙风浩浩。万马奔腾夜有声,三关萧瑟春无盗。尚书辛苦镇居延,络绎黄封赐日边。非关小物君恩重,为许名香国史传。镂金小盒宫门出,中涓一骑红尘疾。亲题万颗小金丸,犹是昭阳内人笔。只今沧海已成田,留得天香几百年。拢来绮袖人谁问,熏罢银篝味不全。白杨已老尚书

墓，世间万事都非故。主人语罢客亦愁，留客牵衣客不住。君不见：
客衣零落讵堪论，半渍香痕半泪痕。忍看天宝年间物，我亦东吴少保
孙。❶

此诗因陈维崧访问顾尚书故居而作，用第一人称入手，藉写顾家好客，从
燃明朝所赐御香这一角度，抒发历史兴亡之感，与清初流行的梅村体同
一风致。光绪间饶智元《明宫杂咏》"万颗香丸金镂合，殿头宣赐顾尚
书"❷。注文所引典实亦为《湖海楼集·顾尚书家御香歌》。那么，顾尚书
是谁呢？有人认为是顾可学❸，依据是《锡金识小录》和《感旧集》❹。《感
旧集》卷十一确实收录有《顾尚书家御香歌》，《锡金识小录》也确载有
顾可学优童李玉等事❺，但据清人李琪《崇川竹枝词》："勋名第一顾尚书，
阳羡陈生访故居。记得御香吹不散，座中三日惹衣裾。（明郡人顾养谦征
倭有功，后人有《顾尚书家御香歌》。）"❻可见《顾尚书家御香歌》中的顾
尚书，应指顾养谦（1537—1604），字益卿，号冲庵，南直隶通州（今江
苏南通）人。嘉靖四十四年（1565）进士，历任工部主事、郎中、福建按
察佥事、广东参议、副使。坐事调为云南佥事，抚服顺宁土官，进浙江右
参议。万历十四年（1586）改任辽东巡抚，擢任蓟辽总督、兵部尚书，终
协理京营戎政、右都御史兼兵部左侍郎。顾养谦为人倜傥豪迈，以才武称

❶ [清]陈维崧《湖海楼诗集》卷一，清刻本。又收入王士禛《感旧集》卷十一（清乾隆
十七年刻本）；沈德潜《清诗别裁集》卷十一（清乾隆二十五年教忠堂刻本）。
❷ [清]饶智元《明宫杂咏四百七十三首》，收入《明宫词》，北京古籍出版社，1987年版，
第255页。
❸ 顾可学（1482—1560），字舆成，号惠岩，南直隶无锡县（今江苏无锡）人，顾懋章之
子，顾可久之兄。弘治十八年（1505）进士。正德中，官至浙江参议，后被劾落职，家
居二十馀年。嘉靖时，世宗好求长生，顾可学自言能延年术，用重贿进严嵩，官至右通
政。曾以《医方选要》、秋石、红铅等进献。嘉靖二十四年（1545）拜工部尚书，寻为
礼部尚书，再加太子太保。世宗为顾可学延年术所惑，采芝求药，中官四出，大为民害，
顾可学被人称为"炼尿尚书"，当时传言："千场万场尿，换得一尚书。"嘉靖三十九年卒，
谥荣僖。有《覆瓿集》《谕对录》《焦弱侯献徵录》等。《明史》归入佞幸列传。
❹ 见刘水云《明清家乐研究》，上海古籍出版社，2005年版，第626页。
❺ 黄印《锡金识小录》卷十"前鉴·优童"，《中国方志丛书·江苏省》，台北：成文出版社
有限公司，1985年版，第611页。
❻ 雷梦水、潘超等编《中华竹枝词》，北京古籍出版社，1997年版，第1576页。

于蓟辽。谥襄敏。有《冲庵抚辽奏议》《督抚奏议》等。王士禛《感旧集》
选有此诗。此后沈德潜《清诗别裁集》也选入此诗，并评价说："迤逦而
来，转出御香，见尚书当日得君之专。沧桑以后，万事都非，故物犹存，
感慨系之。然尚书以青词得幸，亦非正人，中藏有微词在。"以青词得幸，
乃当时不得已之时势，无人可逆，不必厚非。

太仓十子之一王昊亦有《烧香曲》：

> 桂花露湿南闺暮，朱火青烟暗相护。墙角明蟾方欲斜，罗幌氤氲
> 锁烟雾。何处风飘蕙麝香，阑干十二郁金堂。午夜轴帘闻细步，玉人
> 犹自怯新凉。石墨微红博山燕，云母薰来绕鱼缬。宵柝空传第几声，
> 虚廊啼杀闲蜻蜓。回首银湾剩两星，炉边缕篆尚青青。那堪此夜秦楼
> 月，一曲箫声梦历听。❶

王昊（1627—1679），字惟夏，江南太仓（今属江苏）人。王曜升兄。少
有才华，诗作笔力横逸，辞采飞扬，与周肇、王揆、许旭、黄与坚、王
撰、王摅、王抃、王曜升、顾湄等称"太仓十子（或娄东十子）"，吴伟
业选有《太仓十子诗选》。所作《鸿门行》一诗，吴伟业读后，叹为"绝
才"❷，并称"其雄放得之青莲，沉著得之少陵，而清润如钱、刘，绮丽如
温、李"❸。在太仓十子中足称佼佼，沈德潜《清诗别裁集》谓其诗"于娄
东十子中尤铮铮有声"。明诸生。不就省试，往来江浙间与诸名士交好。
时吴中文社盛起，争招之往。奏销案起，被逮入都。康熙元年（1662）
得释。以其家渐困，遂归筑当恕轩，研治经史，授徒自给。康熙十八年
（1679），被荐举博学鸿词科，抱病应试，落第而返。不久，诏赐内阁中
书，而他先已去世。有《硕园诗稿》三十五卷，《硕园词稿》一卷，今存
其孙良谷乾隆年间手录本。

此诗作于清顺治十六年（1659）己亥。正是在这一年，王昊与黄与

---

❶ [清] 王昊《硕园诗稿》卷十七，清五石斋钞本。
❷ 见黄与坚《内阁中书舍人王君墓志铭》，《愿学斋文集》卷三八。
❸ 见《硕园词稿》郁禾序引语，清五石斋钞本。

坚、王曜升、顾湄等为"嘉定钱粮案"❶无端牵连，被革除功名，王昊甚至银铛入狱。第二年九月，当王昊在苏州被械送北上，押解进京时，吴梅村不避风险，满含悲愤写下《送王子惟夏以牵染北行》《别惟夏》二诗送之。至京受审，王昊受尽凌辱。后虽免罪，但家产已变卖几乎一空。转年又为"奏销案"牵连，被革除诸生名籍❷。自此家计日益困窘，常纵酒消愁，借诗抒愤。《烧香曲》写夜幕之际，玉人在南闺烧香，篇首"朱火青烟暗相护"，足可兴起一场文字狱，盖"朱火"难免令人想起朱明王朝，而"玉人犹自怯新凉"，"炉边缕篆尚青青"，更是言外有馀音，语外有深意。此诗无论作于"嘉定钱粮案"之前还是之后，均可感受其中别有深意，绝非泛泛咏香之作。改朝易代之际，江南文士感受的家族与身世不幸至为强烈，鼎革之变让他们经历了大忧患，感受到大失落，体味到大悲凉。他们肝肠寸断，无力回天，痛苦莫名，唯有借诗歌曲折流露对新朝的不满。此诗虽颇有黍离之悲，但以绵丽为工，以悲壮为骨，与吴梅村"容娇气壮"❸的风格十分近似。

---

❶ 嘉定钱粮案，是清廷以拖欠钱粮为名，将嘉定在册诸生全部下狱，限期清纳，并革去功名。此案性质与下年发生的"奏销案"相同，都是清廷恼恨江南士人对新朝未尽帖服，为示威压，借故构陷罗织而成的大案。因此冤枉者颇多。详见清王家祯《研堂见闻杂录》。

❷ 奏销案，是清初以抗粮罪名严惩江南士大夫的事件。顺治十五年（1658），清廷以江南赋税累年拖欠皆因官吏作弊、乡绅包揽隐混为由，谕令户部及地方巡抚彻底清查。次年，复制定条例，规定凡绅衿欠赋达八九分者，革去名色，枷两个月，责四十板，仍追缴钱粮；三四分以下者，责二十板，革去名色，免枷号。十八年（1661）六月，江宁巡抚朱国治奏称苏、松、常、镇四府抗粮者多，造册送部，内列各府及溧阳县未完赋税之文武绅衿 13517 名。清廷敕部察议。部议不问大僚，不分多寡，在籍绅衿按名黜革，现在缙绅概行降调。册内 2171 名乡绅、11346 名生员遂俱遭降革。初议将抗欠者解京严加处。后限旨之日完欠者免其提解。欠赋绅衿遂典产售田，四处求贷。官宦世家因此家破业毁者不在少数。康熙元年（1662）五月，清廷下特旨释放解京者还乡。其被蒙混奏报、影冒立户或挟嫌未注销者亦多昭雪。但经此变故，江南士风一度不振。上海县仅剩 28 名完足钱粮的秀才，仕籍学校为之一空。参见孟森《奏销案》，收入其《心史丛刊》，大东书局 1936 年初版，岳麓书社，1986 年 5 月重版，又载《明清史论著集刊》下册，中华书局，1959 年版；郭松义《江南地主阶级与清初中央集权的矛盾及其发展和变化》，《清史论丛》第 1 辑，中华书局，1979 年版；伍丹戈《论清初奏销案的历史意义》，《中国经济问题》1981 年第 1 期。

❸ 高奕《传奇品》评吴梅村戏曲为"女将征西，容娇气壮"，移以评其诗，亦很贴切。

陈廷敬有《和人烧香曲》：

> 不论年老与身忙，万劫浮生坐里长。何限娑婆闲世界，能消几许
> 六铢香。❶

陈廷敬（1638—1712），字子端，号说岩，泽州（今山西晋城）人。顺治
十五年（1658）戊戌进士，改庶吉士，授检讨，官至文渊阁大学士兼吏部
尚书。谥文贞。有《尊闻堂集》八十卷，晚年手定为《午亭文编》，其门
人侯官林佶缮写付雕。此诗作于康熙四十四年（1705），陈廷敬 68 岁时，
时扈从皇帝南巡归京。❷写来轻松自在，风调从容。

再来看扬州八怪之一金农的《烧香曲》：

> 罗汉松，菩萨泉，常供长生绣佛前。吴侬新嫁羽林郎，夫婿贵盛
> 年正强。昨宵欢赠明月珰，翠幕梳头发好看。堆起乌云十八盘，退红
> 衫子画双鸾。一春逢庙烧香早，来岁阿侯怀中抱。❸

金农（1687—1763），字寿门、司农、吉金，号冬心先生、稽留山民、曲
江外史、昔耶居士等，钱塘（今浙江杭州）人。乾隆元年（1736）受荐举
博学鸿词科，入都应试未中，郁郁不得志，遂周游四方，走齐、鲁、燕、
赵，历秦、晋、吴、粤，终无所遇。嗜奇好学，工于诗文书法，诗文古奥
奇特，并精于鉴别。书法创扁笔书体，兼有楷、隶体势，时称"漆书"。
王昶《蒲褐山房诗话》称其"性情逋峭，世多以迂怪目之。然遇同志者，
未尝不熙怡自适也"❹。年方五十，开始学画，其画造型奇古，善用淡墨干
笔作花卉小品，尤工画梅。晚寓扬州，卖书画自给。妻亡无子，遂不复
归。由于学问渊博，浏览名迹殊多，又有深厚书法功底，终成一代名家，
有《冬心先生集》。

金农《烧香曲》，作于乾隆十九年（1754）甲戌。用乐府体，以一位

---

❶［清］陈廷敬《午亭文编》卷十九，文渊阁四库全书本。
❷据卫庆怀编著《陈廷敬史实年志》，山西人民出版社，2009 年版，第 411 页。
❸［清］金农《冬心先生续集》甲戌近诗，清平江贝氏千墨庵抄本。
❹［清］王昶《蒲褐山房诗话新编》，人民文学出版社，2011 年版，第 42 页。

新嫁的吴侬少妇口吻，写她到庙里烧香祈愿，希望能早生贵子，笔致是十足的江南民歌风格。这首诗，有金农书迹传世，款署"仙坛扫花人并题"，款下钤：金吉金印（朱文方印）。❶

李宗渭有《烧香曲》：

> 青楼闲夜月照空，湘帘不卷春重重，美人一笑花始红。炉中水沈君自爇，那得不羡双烟浓。❷

这首古体诗丽而不佻，神韵悠扬，真得于中而发者。"湘帘不卷春重重"，令人联想起陆游《书室明暖终日婆娑其间倦则扶杖至小园戏作长句》的名句"重帘不卷留香久"。作者李宗渭，字秦川，号稔乡，嘉兴（今属浙江）人，康熙五十二年（1713）举人，官永昌知府。曾遨游南北，足迹至于陇右、湘中。工诗，年少时即为朱彝尊所赏。著有《瓦缶集》十二卷。其诗多为古体，风格力摹六朝，辞气温雅，语多骈俪。如边塞诗《忆事》，凡36句，竟有34句对偶。写景之作尤所擅长。如《晚过临平山》："朝从西湖来，衣上柳花碧。举棹百里中，两头见山色。山光近复远，不觉日将夕。水际上渔人，烟中语山客。明发下滩行，遥遥径微白。"写傍晚舟经临平山所见，水色山光，历历如绘；语言流畅自然，令人感到亲切。嘉庆以后，诗坛盛行《文选》体，至清末，出现一个汉魏六朝诗派，专以模拟汉魏六朝为准则，邓之诚《清诗纪事初编》卷七认为，推原其始，"宗渭实为开端者"。这首《烧香曲》亦可见一斑。

三 清代中后期《烧香曲》之广行

上有所好，下必甚焉。清代中后期《烧香曲》之广行，既有晚明以来这一题材的紧密传承，也与最高统治者的推重密不可分。清高宗乾隆皇帝爱新觉罗·弘历（1711—1799）有《烧香曲》：

---

❶ 参见应一平《心灵对话：中国古代绘画精品探赜》，三秦出版社，2009年版，第371页。

❷ [清] 李稻塍《梅会诗选》三集卷二，《四库禁毁书丛刊》影印乾隆三十二年寸碧山堂刻本，集部第100册。

镂银匙子红芙蕖，双金细箸头珊瑚。宣铜流金乳耳炉，活灰冉冉云翠铺。兽熖光腾红映座，分来细罋安隔火。霜天如水月华寒，玉檠三两明珠堕。小炷沉香灰半残，黄云一穗袅帷幨。静参得意六根遣，呼童且莫卷重帘。❶

这首御制诗展现清宫熏燃沉香的器具及场景，生动而富有代表。全篇仅一句重在写意，即"静参得意六根遣"，道出香熏所悟，其馀皆属刻画，雕镂细致，雍容华贵，不愧帝王气象。第一联"镂银匙子红芙蕖，双金细箸头珊瑚"，描写香匙和香箸。香匙是移取香料或香灰时所用的器具。由于香料和香灰本身的特性，以手直接触摸香料容易沾染汗渍，所以基本上都使用香匙完成。火箸是燃香时处置香灰炭火和取放香块的工具。香匙和火箸一般放置于固定的香瓶内，香瓶、香匙和火箸三位一体。诗句所写，香匙为银质镂空荷花纹，香箸为银镀金质，顶部镶嵌珊瑚，可以想象其精美。双金，是"双南金"的略语，指优质黄金。❷

第二联"宣铜流金乳耳炉，活灰冉冉云翠铺"，描写香炉和香灰。从诗句看，乾隆使用的是铜鎏金的仿宣德双耳铜炉，这类铜炉在清宫中很多，主要是雍正和乾隆时期仿制的。在清宫绘画《清人画弘历是一是二图像》中，乾隆书桌上面摆放的青铜仿古香炉，在旁侧的桌上还摆放着三足香炉。

第三联"兽熖光腾红映座，分来细罋安隔火"，描述沉香燃烧，提到香盘和隔火。香盘是承接香灰的底盘，往往与香插搭配使用，隔火是燃香时香火与香块之间的隔离器具，保证香块充分燃烧和香气有序挥发。

第四、五两联"霜天如水月华寒，玉檠三两明珠堕。小炷沉香灰半残，黄云一穗袅帷幨"，描述品沉香的意境，在风清月高之夜，室外银霜如水，屋内书桌上的蜡烛散发着清幽的光芒，乾隆皇帝独坐窗前，一缕淡

---

❶《御制乐善堂全集定本》卷十五，文渊阁四库全书本；故宫博物院编《乐善堂全集》，海南出版社，2000 年版，第 302 页。

❷ 如刘禹锡《酬元九侍御赠壁州鞭长句》诗："碧玉孤根生在林，美人相赠比双金。"白居易《偶于维扬牛相公处觅得筝筝未到先寄诗来走笔戏答》诗："楚匠饶巧思，秦筝多好音，如能惠一面，何啻直双金。"

淡的沉香悠然散发，清香最适宜修身养性，这对于一向以文人雅士自居的乾隆皇帝来说，"添香夜读书"，这种意境正是他的追求❶。从诗句中可以看到，此时乾隆在居室内所用的沉香应为线形炷香，插在宣铜炉上使用。

最后，"静参得意六根遣，呼童且莫卷重帘"，描述品香的效果，看来，在缕缕淡雅的沉香中，乾隆已得到满足与释怀。六根，佛语谓眼、耳、鼻、舌、身、意。根为能生之意，眼为视根，耳为听根，鼻为嗅根，舌为味根，身为触根，意为念虑之根❷。"莫卷重帘"，用陆游"重帘不卷留香久"❸诗意。

乾隆皇帝与清代香文化的关系还可以作一篇大文章，此处只提一桩小点缀。得到乾隆万般宠幸的容妃，被称为香妃娘娘❹。她身上散发的香味来自中原所无之沙枣树所开之花的香气。这种沙枣树被称为"中亚香水之树"，别名银柳，香柳，桂香柳，七里香，落叶乔木，属胡颓子科胡颓子属；果实小而酸涩，但繁殖能力强，成活率高，是极少能在戈壁滩上生存下来的树。每年五、六月沙枣花盛开，西域大地就如同巨大的香炉，日夜焚烧着沙枣花，这种小白花散发出的清香，馥郁热烈，令人陶醉晕眩。

再来看同为一宗的爱新觉罗·永忠之《烧香曲》：

兰缸夜久钗虫缀，金篆添香红火热。暖云不散锦帏春，残灰小印梅花雪。❺

这首颇为别致的绝句，虽为写景，但不落俗套。后两句一暖一寒，对比有致，将夜添香的一桩雅事，收结得饶有韵致。作者爱新觉罗·永忠（1735—1793），字良甫，号敬轩，又号蕖仙、延芬居士等。其祖父为康

❶ 参见拙撰《"红袖添香伴读书"溯源寻流（上）（下）》，《古典文学知识》2016年第4期、第5期。
❷《百喻经·小儿得大龟喻》："凡夫之人亦复如是。欲守护六根，修诸功德，不解方便，而问人言：作何因缘而得解脱？"王安石《望江南·归依三宝赞》词："愿我六根常寂静，心如宝月映琉璃，了法更无疑。"
❸ 陆游《书室明暖终日婆娑其间倦则扶杖至小园戏作长句》，《剑南诗稿》卷三十一。
❹ 参见沈苇《边缘中国：喀什噶尔》，青岛出版社，2008年版，第54页。
❺ [清]爱新觉罗·永忠《延芬室集·乾隆二十三年戊寅稿》，上海古籍出版社，1990年版，第684—685页。

熙第十四子允禵,在与皇四子胤禛争位中落败,被雍正软禁,直到乾隆继位才得释,并复封恂郡王。经过这样一场政治斗争,允禵觉得很失意,晚年皈依佛道。永忠的父亲弘明,雍正十三年(1735)封为贝勒,因父亲连累,终身不得一实职,乾隆三十二年(1767)卒。弘明深受父亲影响,无意红尘,独衷佛道。弘明给几个儿子每人一套棕衣、帽、拂,要他们远避官场,保全身首。永忠体会父意,遂自号"栟榈道人"。后来受职,甚至封授"辅国将军",但情近佛道,留意诗、书、画,俱有名气。永忠与曹雪芹并不相识,当偶尔从敦诚叔叔墨香处看到《红楼梦》时,感到一种终生的遗憾。因为当时是乾隆三十三年(1768),曹雪芹已经去世五载。他满怀悲愤写下《因墨香得观〈红楼梦〉小说,吊雪芹三绝句》。其中第一首绝句被视为《红楼梦》定评:"传神文笔足千秋,不是情人不泪流。可恨同时不相识,几回掩卷哭曹侯!"永忠从《红楼梦》中看到自己家族的兴衰过程,也从贾宝玉身上看到自己的影子。

历仕乾嘉两朝的内阁重臣刘墉有《烧香曲》:

> 鹤骨龙筋几岁僵,凝来脑髓浣心肠。已成枯槁无生体,正有氤氲不尽香。沈水一痕苍玉重,博山双缕紫云翔。何人解试无烟火,午夜清斋证坐忘。❶

刘墉(1720—1805),字崇如,号石庵、天香主人,诸城(今属山东)人。乾隆辛未(1751)进士,改庶吉士,授编修,官至体仁阁大学士,加太子太保。谥文清。有《刘文清公集》。刘墉与纪昀、和珅并称乾隆朝三大中堂,聪明绝顶,为官刚正,还是著名书法家,帖学之集大成者,被誉为清代四大书法家之一(其馀三人为成亲王、翁方纲、铁保)。传言刘墉个子很高,常年躬身读书写字,背看上去有点驼,因此民间产生"刘罗锅"的说法。一说嘉庆曾称刘墉为"刘驼子",也是"刘罗锅"说法的出处之一。

此诗持诚老道,工稳得体,一如其书法风格。王芑孙(1755—1818)

---

❶[清]刘墉《刘文清公遗集》卷十二七律四十七首,清道光六年刘氏味经书屋刻本。

有次韵之作《烧香颂用天香主人韵》："海南枯木堕崖僵，趣领非烟有别肠。试与温存心似结，断难磨灭骨犹香。银屏六曲猊壶静，纸帐双钩鹤篆翔。班范有书都读尽，毗尼小坐觉形忘。"❶ 班范，汉代班固、南朝宋范晔的并称。班著《汉书》，范著《后汉书》，故常并举。毗尼，梵语 vinaya 的译音，又译作"毗奈耶"，本义为调伏，引申为律。《楞严经》卷一："严净毗尼，弘范三界。"颜真卿《抚州戒坛记》："学徒虽增，毗尼未立。"屠隆《昙花记·夫人内修》："莲台宝刹新构起，云冠严净毗尼。"

另一位清代学者型高官毕沅有两首《烧香曲》，其一云：

> 凉云不流花满地，玉钗影湿霜光腻。闲庭拜月月西沈，灯掩残红眉锁翠。博山金炉香袅丝，丝丝缭绕如妄思。烟消灰死顷刻尽，所思那有断绝时。❷

另一首《烧香曲》云：

> 鹊尾炉深埋兽炭，闲焚石叶供清玩。微烟未动气先熏，渐沍濛濛一阁云。慧心悟得留香法，尽掩铜铺下帘押。小雨愔愔薄暮时，恰当紫燕一双归。开帘纳燕香飞去，宛似郎行留不住。无憀独坐画屏前，犀合金匙绝可怜。冀郎鉴妾真诚意，默祷添香作心字。碧篆消残郎不回，妾心龙脑两成灰。起收宜爱芙蓉匣，小玉移灯铺绣榻。早知鸳被覆离鸾，悔不鸡窗陪睡鸭。❸

毕沅（1730—1797），字纕蘅，一字秋帆，因从沈德潜学于灵岩山，自号灵岩山人，镇洋（今江苏太仓）人。乾隆二十五年（1760）一甲一名进士，授修撰，五十年（1785）累官至河南巡抚，次年擢湖广总督。嘉庆元年（1796）赏轻车都尉世袭。经史小学金石地理之学，无所不通，续司马光书，成《续资治通鉴》，又有《传经表》《经典辨正》《灵岩山人诗文集》等。病逝后，赠太子太保。死后二年，因案牵连，被抄家，革世职。

---

❶［清］王芑孙《渊雅堂全集》编年诗稿卷六，清嘉庆刻本。
❷［清］毕沅《灵岩山人诗集》卷二砚山怡云集，清嘉庆四年经训堂刻本。
❸ 毕沅《灵岩山人诗集》卷十五阆风集。

两首《烧香曲》，一为七律，一为七古。虽体式不同，但角度一致，均以香为喻，描写女子对情郎的情思，前首是写拜月焚香，后首是写焚心字香。前者更多士大夫情调，后者则颇近齐梁宫体诗、元白长庆体艳情诗的风范。

同治间，娄县沈祥龙《烧香曲》写道：

> 东风吹遍申江道，垂柳天桃媚春晓。香车油碧穿花丛，中有吴娃坐窈窕。时逢朔旦晴阳鸿，管弦嘈杂神祠中。粉肌玉貌矜妖态，痴蝶狂蜂逐艳踪……重匀粉面换绡衣，更望芳踪踏青去。❶

风调旖旎，与毕沅《烧香曲》七古一首颇为相近，不过，二诗毕竟还算发乎情而止乎蕴藉。而其中香这一意象的比拟，起到很好的缓冲作用。相比于词体而言，诗体与香在言情的尺度和力度上，自然会略逊一筹，这也是表达形式制约表达内容的一个案例。沈祥龙（1835—1905），字讷生，号约斋，娄县（今属上海松江）人。优贡生。工诗、词、曲，善隶书。著有《乐志簃集》《乐志簃笔记》《乐志簃诗词录》《吟海集》《龙门书院日记》。光绪初，与杨葆光组建龙门词社，与蒋迁石、章次柯、贾芝房等组建钧诗馆吟社。

四　清人拟李商隐《烧香曲》之作

清代山西诗人张晋撰有《烧香曲用温飞卿体》："深闺日长睡初起，粉渍脂痕匀未已。帘波不动午风轻，丫髻双鬟拭棐几。龙文宝鸭腾紫光，迷迭艾纳兼都梁。炉中一缕篆烟细，知是初烧百和香。味甜香腻袭衣袖，默默无言坐清昼。隔帘花影透玲珑，艳色幽香两相逗。帘中人亦貌如花，娇惰无心唱浣纱。理鬓怕开奁里镜，解烦还试雨前茶。此时馀香尚缭绕，炉灰欲烬残烟小。低语频教细细添，回眸又见丝丝袅。小胆空房意寂寥，浓熏轻爇揿魂销。远山眉黛忽微蹙，别有心香一瓣烧。"❷艳丽旖旎，深得飞

---

❶《乐志簃诗词录》卷二，《清代诗文集汇编》影印清光绪刻本，第731册，第51页。

❷董再琴、于红整理《艳雪堂诗集》卷三，三晋出版社，2010年版，第582页；董再琴、魏晓虹整理《张晋诗集》，三晋出版社，2012年版，第182页。

卿体之神韵。张晋（1764—1819），字隽三，阳城（今属山西）人。诸生。浪迹山水，周游天下，凡二十年。以诗名，雄视三晋。

由温飞卿再上溯李义山，清代还有三首模拟李商隐《烧香曲》的诗作，值得单独一提。追溯起来，清人拟李商隐《烧香曲》之作，应肇始于明末陈子龙（1608—1647）的《学义山烧香曲》、陆云龙（1587—1666）的《烧香曲用陈卧子韵》。先来看名儒程晋芳的《烧香曲用玉溪韵》：

> 仓琅掩夜双悬鱼，花帼穗凉飘粉须。鬃文横几鹊尾炉，画屏倒影垂青蕖。锦囊坼封碎檀炷，睡蝶惊飞燕呼母。折绣匀纱护绛窗，只许浓烟向中吐。珠斗迷离桂影昏，宝书细字销愁闷。丁东坠漏戛瑶瑟，袅袅翠线通吟魂。苍龙涎白化云气，缪绕皆传不平意。绡帷梦去暖氤氲，鹦鹉调簧说香事。论石量烧勿限度，架上红薇少新露。❶

程晋芳（1718—1784），初名廷镂，字鱼门，号蕺园。原籍歙县（今属安徽），以家世为盐商迁至江都（今江苏扬州）。家素富饶，好儒，罄其赀购书五万卷，招致名儒学士，虚怀求益。少问经义于程廷祚，学古文于刘大櫆，又与袁枚、商盘等人切磋诗艺。乾隆二十七年（1762），召试，赐内阁中书。乾隆三十六年（1771），登进士第，授吏部主事，以校勘《四库全书》改翰林编修。游宦三十多年，家益落，无以自给，至关中依陕甘总督毕沅，到西安病暑而殁于毕沅抚军署中。晋芳以诗学自信，袁枚称誉他"平生绝学都参遍，第一诗功海样深"❷。其诗多题咏器物文玩、山水胜迹之作，如《王莽货布歌》《题梅妃吹笛图》《景阳钟歌》《日月合璧砚歌》《韩干神骏图》《仇实父汉宫春晓图》《太白樽》等，皆其代表作品，善于用流畅平易的歌行描写器物文玩的形制、特色、沿革，间发议论，不流于艰涩，但诗味不足。晚年多描写生活琐事，诉说落拓生涯，诗情浓郁，如

---

❶［清］程晋芳《勉行堂诗集》卷二十一，清嘉庆二十三年邓廷桢刻本；《勉行堂诗文集》卷二十一，魏世民校点，黄山书社，2012年版，第524—525页。

❷［清］袁枚《随园诗话》卷十云："鱼门太史于学无所不窥，而一生以诗为最。余《寄怀》云：'平生绝学都参遍，第一诗功海样深。'寄未一月，而鱼门自京师信来，亦云所学，惟诗自信，不谋而合，可谓知己知音，心心相印矣。"（唐婷《随园诗话译注》，上海三联书店，2014年版，第173页）

《寄答杨二鉴云》言不善生计，晚境凄凉情景，娓娓道来，颇有感人力量。一生著作颇多，因晚年贫困多未刊刻，遂散逸。流传至今者有《毛郑异同考》十卷、《群书题跋》六卷、《勉行斋文集》十卷、《蕺园诗集》三十卷。《清史稿》卷四八五、《清史列传》卷七二有传。翁方纲、袁枚各为其撰有墓志铭。

此诗作于乾隆三十四年（1769）。这一年，程晋芳独自请假南归，由于旧家早已卖于别人，他在淮安并未久留，便南游扬州、吴中等地，和当地友朋品诗论画。仓琅，即仓琅根，指装置在大门上的青铜铺首及铜环。仓，通"苍"。《汉书·五行志中之上》："木门仓琅根。"颜师古注："门之铺首及铜锾也。铜色青，故曰仓琅。铺首衔环，故谓之根。"司马光《二月中旬忽问过景灵宫门始见花卉呈君倚》诗："窈窕清宫深，仓琅朱门闭。"钱谦益《宝应舟次寄李素臣年侄》诗："容貌恐君难识我，且凭音响撼仓琅。"悬鱼构件，是实用与装饰的结合，有装饰、防水和寄寓三种功能。在悬鱼的装饰构件中，大部分雕有两条鱼尾部相离相接或相交对称的鱼，寓意"双鱼喜庆"。"髹文横几"，指涂上黑漆纹理的香几，即放置香具的几案。髹，赤黑漆也，借指以漆涂物。与炉瓶三式（香盒、香炉与匙箸瓶）联系最密切的，当属香几。用香讲究环境，好的香料须搭配好的香具，而好的香具则要求好的几案摆放。清人对放置香具的几案，及其与香具的搭配，在艺术上较前代更富审美要求。"袅袅翠线通吟魂"，描状袅袅青翠之香烟，逗惹吟诗之魂，写出香道与诗道相通之境。诗者，不平之鸣也，所以下面接云："缪绕皆传不平意。"篇末，用周密《天香》词精妙的属对——"碧脑浮冰，红薇染露"❶之意，碧脑，形容龙涎香浮于水上，其烟碧色。红薇染露，以蔷薇花露之香喻龙涎香。陈敬《陈氏香谱·蔷薇水》："大食国花露也……以之洒衣，衣敝而香不灭。"曹贞吉（1634—

---

❶《全宋词》第 3287 页；《增订注释全宋词》，文化艺术出版社，1997 年版，第 4 册，第 248 页。

1698）《天香·龙涎香》词亦有"红薇露湿，早酿就都梁佳致"之句❶。

第二首模拟并次韵李商隐《烧香曲》的清诗，是翰林编修沈初的《拟李玉溪烧香曲次其韵》：

> 珠帘漾月垂鱼鱼，玉瓶花谢霏残须。茉荚古锦开鸭炉，蜡盘双照黄金蕖。縠纹细炭蒸微炷，烟染屏山画鹦母。柔情缕缕结廻肠，暗向深宵一丝吐。都梁迷迷瘴海昏，远随绣幰扃朱门。芳心未死便摧折，不信馀香能返魂。空庭飒寒流夜气，镜槛徘徊可怜意。灰沉火冷更漏催，眠去先愁梦中事。回首熏衣曙星度，欲送行人怯苔露。❷

沈初（1729—1799），字景初，号萃岩，又号云椒，平湖（今属浙江）人。乾隆二十七年（1762），召试赐举人，授内阁中书。翌年，高中榜眼，以一甲二名进士授职编修。乾隆三十二年值懋勤殿，次年擢侍讲，迁右庶子。三十六年，入直上书房，提督河南学政。未赴任，丁祖母承重忧，守丧三年。服阕，仍直南书房。四十年正月，累迁侍读学士、礼部右侍郎，充《四库全书》副总裁，四十二年，提督福建学政。四十四年，丁本生父忧，服阕，授兵部右侍郎，仍直南书房。四十六年，充《三通》馆副总裁，会试副考官。乾隆五十年，补兵部右侍郎，仍直南书房。提督顺天学政。次年，调江苏学政。后还京，仍直南书房，充经筵讲官，署礼部左侍郎，充殿试读卷官，调吏部右侍郎。充《万寿盛典》总裁。五十六年，命续编《石渠宝笈》《秘殿珠林》，并随同校勘蒋衡所进手书《十三经》刻石列于太学。次年，提督江西学政。转吏部左侍郎。嘉庆元年（1796），迁都察院左都御史，命在军机处行走。寻迁兵部尚书，转吏部尚书。调户部尚书，仍兼吏部尚书。充顺天乡试正考官。四年，以年老退出军机处，充《实录》副总裁。学识渊博，历乾隆、嘉庆两朝，主乡试一次，任学政五次，先后任四库全书馆、实录馆、三通馆副总裁。工诗文，

---

❶［清］蒋景祁《瑶华集》卷十一，清康熙二十五年刻本。都梁，也是一种香名。三国魏曹植《妾薄命》诗之二："御巾裛粉君傍，中有霍纳、都梁、鸡舌、五味杂香。"南朝梁吴均《行路难》："博山炉中百合香，郁金苏合及都梁。"宋王观国《学林·五木香》："盖谓郁金香、苏合香、都梁香也……皆蛮所产，非中国物也。"

❷［清］沈初《兰韵堂诗文集》诗集卷四木天集，清乾隆刻本。

善书法。著有《兰韵堂诗文集》等。卒于官，谥文恪。

这首《烧香曲》编入《兰韵堂诗集》卷四"木天集"，此集所收，作于乾隆二十八年（1763）癸未至乾隆三十四年（1769）己丑之间。前有小序云："癸未入词馆，馆师月一课外，酬应之作可存者无幾。丙戌散馆，丁亥冬入直内庭，并酬应亦稀矣。今编癸未迄己丑夏所作之诗为木天集。"可见，是地道的馆阁之作。若参以上面一首程晋芳《烧香曲用玉溪韵》，除俱用义山《烧香曲》原诗韵脚和次序之外，写作时间亦在乾隆三十四年（1769）前后，可以推测，二诗极有可能为同时之作。其中"芳心未死便摧折，不信馀香能返魂"，反用故典，沉雄老辣，颇为警策，是全篇非常醒目的亮点。

第三首模拟李商隐《烧香曲》的清诗，是女诗人赵德珍的《拟李商隐烧香曲》：

> 银河耿耿如户案，深院风清夜将半。玉箫声断碧云流，博山炉爇红兽炭。吴娇越艳楚宫妃，乌髻盘鸦蝶簇衣。捧出玉龙香笃耨，喷来金虎娴霏微。水品帘幕波光冷，宵深露气团清景。风城银箭度声声，长门望断君王幸。月色空明十二阑，清衫薄袖曳冰纨。鸾声入树昭阳暖，玉佩添香长信寒。芳菲莫达君王所，敢惜寒灰弃如土。❶

赵德珍（1769—1801），字兰素，德清（今属浙江）人，她是元代书画大家赵孟頫（1254—1322）的裔孙女。作为大家闺秀，著有《得月楼存稿》十卷（《绣馀吟课》一卷，嘉兴图书馆藏。《班门初弄》《应声集》《管城龙奏》《兰闺韵语（上下）》《读史管窥》《鱼雁吟》《侯鲭新编》《红窗杂识》，均未见）。赵德珍的父亲是清代监生赵岐凤，赵德珍的丈夫是浙江平湖倜傥风流的杨于高❷。陈焯曰："杨振岩于高有声庠序，余戊申权平湖学时，颇

---

❶ 赵青撰，嘉兴市文化广电新闻出版局，嘉兴市文物局编《嘉兴历代才女诗文徵略》，浙江大学出版社，2014年版，中册，第558页。

❷ 杨于高，字振岩，号蘋香，嘉庆十四年（1809）进士。归班选授四川彭水知县。除暴安良，盗贼屏息。尝患士风不振，重建摩云书院，延师训晦之。道光元年（1821）分校乡闱。寻告归。于高身长玉立，倜傥风流，下笔千言立就。有《蘋香诗钞》《退笔山馆文钞》。事迹见光绪《平湖县志》卷十六《人物列传二》，《嘉兴历代才女诗文徵略》，浙江大学出版社，2014年版，中册，第559页。

器重之。是时于高与德珍结褵未久，曾言及为德清赵氏婿，而不言闺中人能诗。迨戊午应试至杭，始出其诗相质。"❶

　　江南才女赵德珍的《烧香曲》，未用义山原韵，但最得义山之神韵，义山《烧香曲》原诗，咏香而寓失宠之思，通篇虽围绕烧香之事，却写尽宫嫔的悲哀。赵诗之拟作，则以宫女望幸口吻，比拟香事，虽词华满眼，而哀怨之情，备加令人动容。"鸾声入树昭阳暖，玉佩添香长信寒"，尤得风人之致。以《烧香曲》为代表的清代咏香之作，前承明末陈子龙等同题之作，由清初的借物寓意，到抒怀寄慨，以至入情，可谓三个发展阶段。而入情到赵德珍诗作这步田地，值得以之作为收束。

　　香与诗，一个属于物质，一个属于精神，因诗人笔下的咏香而相遇结缘，香者，芳也、美也。寻芳嗜美的诗人，与香由此结下不解之缘。书香可成门第，诗香则更富有韵致。燃烧于有清一代的物质之香早已消散，如过眼云烟，而精神之香馥却藉咏香诗长传于世，留存至今。以上无论是钱谦益《和烧香曲》之"灵飞去挟返魂香"，陈维崧《烧香曲》之"惟有香烟与侬似"，王昊《烧香曲》之"炉边缕篆尚青青"，还是乾隆《烧香曲》之"小炷沉香灰半残"，爱新觉罗·永忠《烧香曲》之"金篆添香红火热"，刘墉《烧香曲》之"博山双缕紫云翔"，毕沅《烧香曲》之"丝丝缭绕如妾思"……体裁有同有异，而角度则各有偏重，风格亦各有特色，但却同样折射出清代香文化的繁荣兴盛之貌，成为贯联有清一代咏香诗的重要线索，不愧是中国香文化发展史上一道亮丽的风景线。

❶[清]阮元《两浙輶轩录》卷四十，清嘉庆刻本。

第三节

红袖添香伴读书：从红袖添香看清诗词咏香

红袖添香伴读书，道出文人心目中美妙的理想世界。这个理想世界，可谓文人公开的秘密。它以文人的视角，将美女、书香与香熏等三种元素，恰如其分地结合在一起，铸成一种高雅脱俗的意境，反映出一种文人独钟的情怀，成为中国古典诗词中一道别致隽永的风景。

红袖，本来指女子的红色衣袖[1]，后来也用来指年轻貌美的女子。如元稹《遭风》诗："唤上驿亭还酩酊，两行红袖拂尊罍。"关汉卿《金线池》楔子："华省芳筵不待终，忙携红袖去匆匆。"清人孙枝蔚《记梦》诗："头上黄金双得胜，眼前红袖百殷勤。"

与红袖相对，黄庭坚创出"青奴"之名。青奴，即竹夫人，又名竹姬、竹妃、竹奴，是夏日取凉寝具，用竹青篾编成，或用整段竹子做成。黄庭坚在《赵子充示竹夫人诗盖凉寝竹器憩臂休膝似非夫人之职予为名曰青奴并以小诗取之》之二写道："我无红袖堪娱夜，政要青奴一味凉"，一反常人理想的红袖相伴、以娱长夜的美好情境，代之以"青奴"和"一味凉"，既恰切回应赵摅（字子充）赠以《竹夫人》诗之意，又标示出自甘淡泊之情怀，意象鲜明，对仗巧妙，极富张力，可谓善用翻案语。

文人以仕女相伴读书为乐，早在东汉，已有大儒马融（79—166）的

---

[1] 如南朝齐王俭《白纻辞》之二云："情发金石媚笙簧，罗袿徐转红袖扬。"杜牧《书情》诗曰："摘莲红袖湿，窥渌翠蛾频。"后蜀欧阳炯《南乡子》词道："红袖女郎相引去，游南浦，笑倚春风相对语。"

先例，但只有读书，并无"添香"的情节❶。清人蒋士铨（1725—1784）
词《贺新郎·题汪用民红袖添香图》称红袖添香，提到东坡："未免有情
堪慰藉，况髯翁，所好多如此。古人有，东坡子"❷，从其词中口吻可看
出，多半是推测与想象。

古人诗词中，较早咏及美人添香者，有唐人李颀《寄司勋卢员外》诗
"归鸿欲度千门雪，侍女新添五夜香"，唐人薛逢《宫词》"云髻罢梳还对
镜，罗衣欲换更添香"，唐人李中《宫词》"金波寒诱水精帘，烧尽沉檀手
自添"，南唐冯延巳《采桑子》词"玉娥重起添香印，回倚孤屏。不语含
情，水调何人吹笛声"，后晋和凝《宫词》"金盆初晓洗纤纤，银鸭香焦
特地添"，西蜀毛文锡《虞美人》"玉炉香暖频添炷"，宋人王之道《渔家
傲》词"风揭珠帘寒乍透，青娥不住添香兽"。汤显祖《牡丹亭》第十二
出"寻梦"则有"佳人拾翠春亭远，侍女添香午院清"之句。而宋人赵彦
端《鹊桥仙·送路勉道赴长乐》词"留花翠幕，添香红袖，常恨情长春
浅"❸，字面与"红袖添香"最为相近。清人张应昌（1790—1874）《题画
十六首》其九"催租皂衣无，添香红袖伴"❹，亦沿用"添香红袖"一语。
相似的表述，还有潘奕隽（1740—1830）《题吴槎客桐阴小憩后》"笺寄宫
亭亦偶然，香添红袖或前缘"❺，邹弢（1850？—1931）称赞的蔡梅庵之佳
联"诗写彩笺夸白战，香添红袖侍黄昏"❻，陈夔龙（1857—1948）《久雨喜
晴》"排云辇待黄人捧，顶礼香教红袖添"❼。

---

❶《后汉书·卷六十上·马融列传第五十上》："融才高博洽，为世通儒，教养诸生，常有
　千数。涿郡卢植，北海郑玄，皆其徒也。善鼓琴，好吹笛，达生任性，不拘儒者之节。
　居字器服，多存侈饰。尝坐高堂，施绛纱帐，前授生徒，后列女乐，弟子以次相传，鲜
　有入其室者。"
❷ 见《忠雅堂词集》卷下《铜弦词》（《忠雅堂集校笺》，上海古籍出版社，1993年版，第3
　册，第1902页）。
❸ 赵彦端《介庵词》，明刻宋名家词本；沈辰垣《历代诗馀》卷二十九，文渊阁四库全书本。
❹［清］张应昌《彝寿轩诗钞》卷五，清同治二年西昌旅舍刻增修本。
❺［清］潘奕隽《三松堂集》诗集卷十，清嘉庆刻本。
❻［清］邹弢《三借庐赘谈》卷十"蔡梅庵"一则云："苏州蔡梅庵诗虽不甚佳，而子爱其对
　仗工整，如'兰言契合常怀李，萍水归来乍识荆'，'诗写彩笺夸白战，香添红袖侍黄昏'，
　'遭际若同苏玉局，功名敢学蔺相如'，皆佳。"（清光绪申报馆丛书馀集本）
❼［清］陈夔龙《松寿堂诗钞》卷五苏台集，清宣统三年京师刻本。

今人习用的"红袖添香"这一成语，最早定格于明末清初之际的学者陈瑚（1613—1675），其《题梦园》诗云："元家终日在楼台，主领林泉宰相才。鱼狎画船眠水荇，鹤依邛杖立庭苔。苍头抱瓮花间出，红袖添香月下来。夜半闻钟沈梦醒，蝇头蜗角付深杯。"❶ 此后，四川遂安人毛升芳，有《眉妩·题陈君其年填词图玉梅花下交三九君词中句也又有清明悼徐郎词郎名杨枝》词，亦曰："问青裳捧砚，红袖添香。此福可修到？半幅鹅溪绢，凭描出、蛾眉蝉鬓娇小。"❷ 红袖添香确实是一种福分，所以周寿昌（1814—1884）曾有悼亡诗云："十年红袖添香福。"❸

性灵派的代表诗人袁枚（1716—1798）《永公子竹岩吴门花烛诗》（六首其五）也写到"红袖添香"，诗云："丹青曾写两云鬟，红袖添香共倚阑。今日月宫真个到，嫦娥不是画中看。"❹ 通俗浅易，真白香山之体也。其《随园诗话》中，还提到一则有趣的佳话：

> 己卯秋，在扬州遇万近蓬秀才，属题"红袖添香图"，近蓬少时托李砚北写此图，虚拟娉婷，实无所指。裘姓友见画中人，惊笑，以为绝似其家婢。遂延近蓬至其家，出婢赠之。婢姓花，一时题者纷然。余独爱吴玉墀诗曰："红楼翠被知多少，如此消魂定姓花。"又曰："聘钱若许名流敛，第一须酬作画人。"廿年后，余至杭州，花姬已下世矣。近蓬访余湖上不值，投诗云："惜花人早出，载酒客迟来。"❺

无独有偶，谢坤（1784—1844）《春草堂诗话》也提到："余在清淮，有贾人持一女容索题，并云初得是图，亦未觉异，及娶妻，容貌相似。《随园诗话》亦载万近蓬秀才红袖添香图，仿佛其事。近日魏小眠写美人条幅见

---

❶［清］陈瑚《确庵文稿》卷三下诗歌，清康熙毛氏汲古阁刻本。
❷［清］丁绍仪《国朝词综补》卷四，清光绪刻前五十八卷本；《全清词·顺康卷》第16册，中华书局，2002年版，第9376页。毛升芳，康熙十八年（1679）博学宏词科登进士第。其父即毛一鹭，曾阿附魏阉，杀颜佩韦等五人。
❸［清］周寿昌《思益堂集·日札》卷七，清光绪十四年王先谦等刻本。
❹［清］袁枚《小仓山房集》小仓山房诗集卷二十，清乾隆刻增修本。
❺［清］袁枚《随园诗话》卷七，清乾隆十四年刻本。

赠，本出无心，适女优素真在坐，望之逼肖，遂以其图归之。"❶而袁枚自己亦有《题何兰庭红袖添香图》二首：

> 不是骚人太不廉，青编红袖一身兼。读书要学烧香法，耐得工夫细细添。
>
> 匡床八尺夜横陈，久坐浑忘枕上春。莫惹一双红袖怨，隔生休嫁读书人。❷

《随园诗话补遗》卷八另有一则佳话，讲寄居京都的一位维扬女子马翠燕，性耽文史，自号"添香女史"，写信给袁枚，希望列入其弟子班：

> 王孔翔秀才自都中归，有添香女史马翠燕者，托其带寄手札一函，诗词三种。不料三千里外，闺阁中犹蓺随园一瓣香，尤足感也。来札云："添香家本维扬，寄居京国。性耽文史，获事才人。虽三五年华，未工染翰，而四千乡路，时切依云。盖以女子尽识韩康，黄金宜铸贾岛，每恨不获撰杖捧履，列弟子班也。郎主小山，宁海查声山之裔。扫眉窗下，许捧盘匜；问字灯前，得窥点画。犹恨小仓山远，大雅堂高，执业有心，望尘无分。谨藉双鱼之便，用申积岁之忱。附以涂鸦，敢求点铁？先生乐育为怀，当不挥诸门墙之外。谨呈旧作《鹊桥仙·七夕》词云：'银湾斜挂，金波徐展，天上人间今夕。黄姑渚畔路迢迢，何处问支机消息？　锦屏红烛，玉窗罗袜，剩喜鹊桥不隔。青鸾休促紫云车，且良夜倍相怜惜。'"

赵希璜（1746—？）亦有《红袖添香图》，诗云："风淡花浓日亭午，袅袅香烟飘一缕。美人私祝结同心，佳日浑忘挝羯鼓。柔荑葱指出红袖，杳蔼春云生远岫。篆香偏恋负情侬，凤炭已灰开口兽。"❸王庆勋（1814—1867）有《瑞鹤仙·题红袖添香图用史梅溪体》："百城书拥座。更多谢佳人，相陪清课。珠帘未春锁。任缭绕云痕，暗通青琐。芳风扇簸，问心

---

❶［清］谢坤《春草堂诗话》卷七，清刻本。
❷［清］袁枚《小仓山房集》小仓山房诗集补遗卷二。
❸［清］赵希璜《四百三十二峰草堂诗钞》卷十八，清乾隆五十八年安阳县署刻增修本。

字、烧成几个。漫回头、玉手纤纤，正拨一星微火。 知么？金猊烟冷，银鸭灰干，易闲情挫。双鬟柳弹，箫谱订要安妥。想凝眸，悄注灵心频触，故纸攒来竟破。倚阑干、脉脉相怜，小楼云裹。"●

红袖添香，又见于黄易（1744—1802）《得月楼作》（五首其五）"诸君才妙吾深羡，红袖添香正及时"❷，陈文述（1771—1843）《汉皋遇吴梅梁观察杰索题都门春雨草堂录别图》"红袖添香百和熏，相如词赋最凌云"❸，冯询（1796—1871）《二乔以色传实以孙郎周郎传也其观兵书想当然耳前章意有未尽再题一首》"何不并绘策与瑜，红袖添香读阴符"❹，爱新觉罗·宝廷（1840—1891）《书》"红袖添香人静后，青灯弄影夜凉初"❺等。魏秀仁（1819—1874）《花月痕》第三十一回"离恨羁愁诗成本事 亲情逸趣帖作宜春"也曾写道："从此绿鬓视草，红袖添香，眷属疑仙，文章华国。"

但略有遗憾的是，这些用例未将"红袖添香"与"伴读书"联系并融入一句诗里。俭腹所知，将二者联系起来，始于清代康乾之际。但最初是说"红袖添香夜著书"，后来才衍化变格为"红袖添香夜读书"，"红袖添香伴读书"，"红袖添香对译书"等。

葛祖亮（1683？—?）《赠沈崧来二首》其二云："闻欲著书酬素志，添香红袖莫成猜。"其自注曰："古句云：'红袖添香夜著书。'时崧来谋金屋中人，故云。"❻即云古句有之，看来葛祖亮之前，"红袖添香夜著书"这个说法就已存在。葛氏曾在华阳旅舍，看见一扇门的左楣书有"红袖添香夜著书"，于是写入《题谷堂红袖添香夜著书小照》一诗：

> 著书宜静夜，静夜好著书。书味在道博，书气以神腴。绕席并绕茵，一穗凌空虚。出炉中，香意何徐徐。缅彼静夜人，花貌真如荼。

---

❶［清］王庆勋《诒安堂诗馀》，清咸丰三年刻五年增修本。
❷［清］黄易《秋盦遗稿》，清宣统二年李汝谦石印本。
❸［清］陈文述《颐道堂集》诗选卷二五，清嘉庆十二年刻道光增修本。
❹［清］冯询《子良诗存》卷十五，清刻本。
❺［清］宝廷《偶斋诗草》外次集卷一壬庚集寺居集元元集，清光绪二十一年方家澍刻本。
❻［清］葛祖亮《花妥楼诗》卷二，清乾隆刻本。

徘徊相顾盼，侦有而添无。或且去磨墨，烹茗暂提壶。红袖时飘飘，为妍亦纡馀。妙意余凤欣，妙句炯绮疏。无独必有对，常憾失厥初。（往余在华阳旅舍，见门左枘标"红袖添香夜著书"之句，出句磨灭，后屡与友人各以意属对，难成联璧，遂空悬此句，谷堂为图本此）悬空希此遇，淡与泊相于。潜夫著其论，彼美扬其裾。寥寥千古意，握瑾兼怀瑜。瓣香固宛尔，活火在红炉。君今契于心，香风俨与俱。著书吾已读，衣香散吾庐。绰约添香人，啸敛披此图。❶

葛祖亮，字超人，号闻桥，江宁（今江苏南京）人。乾隆元年（1736）进士，官户部主事。袁枚曾据葛祖亮所述河南强项吏鲁亮侪事，作《书鲁亮侪》一文，收入《小仓山房文集》卷九。晚岁家居，富商以金币求书，怒而麾之。缓吟此诗首句"著书宜静夜，静夜好著书"，真千古著书者之知音语。著书在悟道，神腴气乃通。霏霏炉烟，徐徐香意，还只是点缀和铺垫，思念着那静夜中花貌如荼的伊人，"红袖时飘飘，为妍亦纡馀"，著书人有此良伴，亦不枉此生。门楣之"红袖添香夜著书"，后人曾有补其上联者，如"翠楼妆罢春停绣"❷，"碧纱侍月春调瑟"❸，"青衫沽酒闲走马"❹等。葛超人有知，或当一噱。

此后，江苏武进人钱维乔（1739—1806）亦有《题郑太守枫人红袖添香夜著书图》：

> 人生悔不读万卷书，缥囊翠轴消蠹鱼。又不能施十步障，樊口蛮腰醉相傍。一官尘土污且埤，梦中彩笔醒失之。遂令千秋万岁身后事，微名不如豹留皮。使君古良二千石，才华本是薇省客。五马湖滨足吟啸，一编镫下犹罗摭。灵光殿赋出口脂，岂独婢解毛公诗。陟扈五云台阁体，祁然二烛神仙姿。风流得此可千古，何必更用：丹铅甲

---

❶ 葛祖亮《花妥楼诗》卷十六。
❷ 见谷向阳主编《中国对联大典》，北京：学苑出版社，1998年版，中卷，第1947页。
❸ 见施远、钟瑞滨编《王宠行草集字对联》，上海书画出版社，2006年版，第40页；张浩主编《最新办公室文秘写作必备全书》，蓝天出版社，2005年版，第749页。
❹ 见曾安源《青衫沽酒闲走马，红袖添香夜读书——论苏轼的业余爱好》，《湖南科技学院学报》2009年第6期。

乙劳其思。博山炉中烟缕缕，帘幕风柔月亭午。破除结习一事无，供
覆瓿耶徒自苦。题公之图冀公许，醇酒妇人吾所取。❶

"红袖添香夜著书"，又衍变为"红袖添香伴著书"。赵翼（1727—
1814）《汪用明以"红袖添香伴著书"小照索题即送之任》绝句四首云：

居然砥室拥红妆，此老将无太作狂。堪笑长安弹铁日，十年闲却
老糟糠。

劈窠大字仿平原，曾著书名到禁垣。从此更应工楷法，绮窗验取
折钗痕。（君以书名长安）

一官到手未妨奢，莫笑徒从画里夸。留后西川亦常事，安知措大
不豪华。

辛苦京尘客味尝，喜看昼绣乍还乡。忍寒半臂他年事，先赋瘦妻
面复光。❷

毕沅（1730—1797）亦有《汪用明红袖添香伴著书图》两绝句：

小阁桐阴覆画阑，鸭炉温烬未挑残。妙香闻道心清候，古帖名花
一样看。

枨触心情忆往缘，挑镫重与拂芸笺。乌丝红袖扬州梦，是梦分明
已十年。❸

前云蒋士铨《题汪用民红袖添香图》之《贺新郎》词一阕❹，据赵翼、
毕沅诗作，及金兆燕（1719—1789后）《探春慢·题汪用明风树吟秋
图》❺，蒋词题目之"汪用民"，当作"汪用明"。另据赵翼《新安汪氏双忠

---

❶［清］钱维乔《竹初诗文钞》诗钞卷十三，清嘉庆刻本。

❷［清］赵翼《瓯北集》卷九，清嘉庆十七年湛贻堂刻本；《瓯北集》，上海古籍出版社，
1997年版，上册，第157—158页；华夫主编《赵翼诗编年全集》第一册，天津古籍出版
社，1996年版，第212页。

❸［清］毕沅《灵岩山人诗集》卷十四阆风集，清嘉庆四年经训堂刻本。

❹［清］蒋士铨《忠雅堂词集》卷下《铜弦词》，《忠雅堂集校笺》，上海古籍出版社，1993
年版，第3册，第1902页。

❺《全清词·雍乾卷》第2册，南京大学出版社，2012年版，第951页。

节歌为汪用明上舍作》《题汪用民风树吟秋图》，知汪用明为新安人，"生未一月丧母"[1]，"一门忠节"[2]，寄寓京城，以书法知名于长安。其所绘《红袖添香伴著书》图，得以上诸多名家题识，其影响可见一斑，对这一成语的流播推广之功，亦可想见。

而流传最广的"红袖添香夜读书"，因为鲁迅《忆刘半农君》[3]一文的影响力，而为世人所熟知。但《鲁迅全集》人民文学出版社1981年版、1998年以迄2005年版均未注出处。刘衍文《名句出处·红袖添香伴读书》[4]，李士彪《"红袖添香夜读书"的出处》[5]，郭长海《追踪"红袖添香夜读书"——为〈鲁迅全集〉提供一条注释》[6]，曾先后探讨这一问题。刘文考证，此句出自清代女诗人席佩兰的《寿简斋先生》"绿衣捧砚催题卷，红袖添香伴读书"，认为"鲁迅先生记错了一个字：'夜'字当作'伴'字才对"。李文则认为，道光、咸丰、同治年间，金兰贞有《红袖添香夜读书图为殷茂才乐尧题》，收入《绣佛楼诗钞》，卷首有马承昭序，写于"同治十有二年秋九月"，写作时间在席佩兰之前。郭文材料最丰富，但并未提及前述二文（或许并未寓目），自称1978年即留意这一典故，曾三度在

[1] [清]赵翼《题汪用民风树吟秋图》，《瓯北集》卷三，清嘉庆十七年湛贻堂刻本；《瓯北集》，上海古籍出版社，1997年版，上册，第51页；华夫主编《赵翼诗编年全集》第一册，天津古籍出版社，1996年版，第70页。

[2] [清]赵翼《新安汪氏双忠节歌为汪用明上舍作》，《瓯北集》卷二，清嘉庆十七年湛贻堂刻本；《瓯北集》，上海古籍出版社，1997年版，上册，第44页；华夫主编《赵翼诗编年全集》第一册，天津古籍出版社，1996年版，第60—61页。

[3] 鲁迅《忆刘半农君》，发表于1934年10月上海《青年界》月刊第6卷第3期，后收入《且介亭杂文》。《忆刘半农君》中说："几乎有一年多，他没有消失掉从上海带来的才子必有'红袖添香夜读书'的艳福的思想，好容易才给我们骂掉了。"（《鲁迅全集》第六卷，人民文学出版社，1981年版，第72页）刘半农（1891—1934），原名寿彭，后改名复，再改半侬、半农，江苏江阴人。幼年在家乡念私塾，中学毕业后到上海"以卖文为活"，给鸳鸯蝴蝶派主持的报刊写过稿。

[4] 刘衍文《名句出处·红袖添香伴读书》，收入其《寄庐杂笔》，上海书店出版社，2000年版，第128—129页。

[5] 李士彪《"红袖添香夜读书"的出处》，收入杜泽逊主编《国学茶座》第1期，山东人民出版社，2013年版，第120页。

[6] 郭长海《追踪"红袖添香夜读书"——为〈鲁迅全集〉提供一条注释》，《书屋》2014年第3期。

近代文学史料中查找答案，从梁启超、姚石子上溯至孙次青、管斯骏，直到道咸间的江南名士郭频伽、邹弢和赵怀玉。

但据笔者考察，从时间上看，关于"红袖添香夜读书"的出处，较之以上诸家更早者，是胡季堂《题王方伯梅屋读书图》八首其五：

> 一簇花容拥笑容，风流儒雅竟谁宗？芸窗赢得红云伴，可胜添香几个侬。

作者自注云："公侍姬多吴人，有小印，镌'红袖添香夜读书'句。"[1] 胡季堂（1729—1800），字升夫，号云坡，光山（今属河南）人。父煦，官至侍郎。时季堂 7 岁，由荫生补顺天府通判，调刑部员外郎，迁郎中。三十一年出庆阳府知府，四十四年擢刑部尚书。五十五年暂署山东巡抚，加太子少保。先后多次奉使出京察案，所至历积悬案，应手立定。六十年署兵部，管理户部三库事。嘉庆三年（1798）授直隶总督，赏顶戴花翎。四年正月乾隆死，和珅被革职拿问，季堂奉谕据实复奏定其大罪二十款，直声大震。嘉庆赐和珅自缢，季堂晋太子太保。不久因长辛店被盗，以失察游击范某过失，被革职留任。五年奏陈川楚军务，力主对白莲教采取剿抚兼施之策，并请发兵赴豫防堵，旋复原职原衔，同年病卒。晋封太子太傅，谥庄敏。诗中所云王方伯是哪位清代布政使，待考。

稍晚，江苏武进人赵怀玉（1747—1823）《题双鬟伴读图》云："万卷驱贫，尽读君能否？更红袖添香销永昼"，又将读万卷书与红袖添香销永昼分作两句。邹弢《题潇湘侍兰图》"红袖添香休鄙薄，妆楼伴读也风流"亦然。邹弢（1850？—1931），字翰飞，又字瘦鹤，自号司香旧尉、潇湘馆侍者。江苏无锡人。早岁即有诗名，尤以《黄花诗》传诵一时，因有"邹黄花"之称。又善长短句、骈体文、散文、小说，文名颇著。在沪时，与妓女汪畹根有过恋情，后汪嫁万姓，邹弢惆怅不已，撰成小说《断肠碑》（又名《海上尘天影》）六十回，被公认为晚清狭邪小说代表作之一。

相似描写还有大学士尹继善之子庆兰的《蝶恋花·为竹岩公子题双

---

[1] ［清］胡季堂《培荫轩诗文集》诗集卷二，清道光二年胡镛刻本。

鬟伴读图（碧梧翠竹图中景也）》："十二曲阑花影绕，露展蕉心，月照梧桐悄。怪底书声听更好，相依一对云鬟小。　香篆频烦添瑞脑，试数莲筹，已近三更了。莫再裁诗重起稿，应怜翠袖新寒峭。"[1]及郑宗彝的同题词作《金缕曲·竹岩同年嘱题双鬟伴读图》："韵事真如许，碧阴阴梧桐庭院，玉蟾初吐。半帙黄庭临过了，好把青箱检取。有解意樊蛮仙侣，瀹茗添香书案侧，更天然秀色呈眉宇，娇相对，两无语。　春风鬓影应输与。又何需高烧银烛，悄歌金缕。一卷芸编双翠袖，不信天公也妒。怅此日玉人何处？十载盛衰同转瞬，剩宵来月色还如故。年时事，忍重数。"此外，朱寯瀛（1845—1913）《屡乞劭农作画未应诗以嬲之》云："小亭着个读书人，红袖添香侍茶鼎。"[2]

在此前后，女画家兼诗人金兰贞有《红袖添香夜读书图为殷茂才乐尧题》，诗云："金猊香烬玉钩斜，料理龙涎次第加。侬自殷勤君自读，漫教纤手摘灯花。"[3]金兰贞（1814—1883），字纫芳。浙江嘉善人。自幼随父宦游青田，23岁时嫁举人王丙丰，10年而寡。同治元年（1862），曾避战乱于奉贤。早年诗作明丽天真，中年以后渐趋沉郁，而无衰飒之气。又善画，尤工花鸟墨兰。作品大多毁于兵火，有《绣佛楼诗钞》一卷传世。

张澍（1781—1847）亦有《题彭仁山红袖添香夜读书图》：

虬漏冰荷夜正良，丁东银蒜响前廊。迟回想是怕鹦鹉，小玉翻羞李十郎。

一握蘅芜月下贻，思香媚寝许来窥。阿侬可有琅玕赠，金缕清歌惜少时。

偎肩一笑气如兰，砚北含睇醉眼看。汉事秘辛佯不解，罗衣辰耐五更寒。（智按：辰耐，疑当为巨耐）

曾向石城访莫愁，笑侘杜牧梦扬州。拈毫欲拟相如赋，钗挂臣冠

---

[1] [清]丁绍仪《国朝词综补》卷十三，清光绪刻前五十八卷本；吉林师范学院古籍研究所李澎田主编《白山词尔》，吉林文史出版社，1991年版，第70页。

[2] [清]朱寯瀛《金粟山房诗钞》卷九，清光绪二十七年刻本。

[3]《绣佛楼诗钞》，胡晓明、彭国忠主编《江南女性别集 初集》，黄山书社，2008年版，下册，第1184页。

月一钩。❶

周之琦（1782—1862）有《喜迁莺》，词前小序云："红袖添香夜读图，为王蓉洲孝廉题。蓉洲余僚婿，今皆作玉溪生久矣。"词云：

> 兰釭红绽，更偎倚画中，春风人面。钗影横窗，书声出屋，恰和小莺低转。篆纹蕙炉轻，袅冶思梨云相乱。可人语，问芸编何似，柔乡堪恋。　　眉案，还记取，箫凤谢庭，一例神仙眷。好梦难留，潜痕宛在，憔悴玉京重见。绛河旧情空，溯珠树才名争美。称心事，待浓熏秘省，宫袍催换。❷

王宪成，字蓉洲，常熟（今属江苏）人。道光二十五年（1845）进士。官汀漳龙道。官至兵科给事中。有《桐华仙馆词》一卷。❸ 同题之作还有翁心存（1791—1862）《王蓉洲孝廉宪成红袖添香夜读书图》：

> 翠幕香浓梦尚温，骊歌一阕黯销魂。宵分检取征衫看，犹有梁园旧泪痕。
>
> 他年簪笔侍璇除，宫锦裁红宿直庐。莲炬两行香满案，有人争美宋尚书。❹

董毅（1803—1851）《烛影摇红·题王蓉洲红袖添香夜读书图》：

> 何处轻风，暗吹芳意来疏幌。绿云低护黛螺浓，和梦飞鸳帐。镜里团栾月朗。便人间、还如天上。银炉篆缕，绕遍屏山，玲珑巧样。
>
> 爇透檀心，帘波不隔烟痕漾。神仙消息认青云，也共情丝扬。修到十分圆相。未消他、冶游尘赏。好将绮语，谱入鸾箫，一般清响。❺

---

❶ [清] 张澍《养素堂诗集》卷八南征前集下，清道光二十二年刻本。
❷ [清] 周之琦《心日斋词集》鸿雪词下，清刻本。
❸ 钱仲联主编《中国近代文学大系 1840—1919 诗词集》第 2 册，上海书店，1991 年版，第 481 页。
❹ [清] 翁心存《知止斋诗集》卷十二古今体诗 78 首，清光绪三年常熟毛文彬刻本。
❺ 见孙广华《常州词派词选》，南京大学出版社，2011 年版，第 291 页。

顾广圻（1766—1835）有《题戈小莲红袖添香夜读书卷子廿六韵》：

我友儒之珍，湛然室欲久。好色向短宋，避嫌今学柳。唯彼靡曼
捐，爰此记藉狙。箧中一卷秘，循环绝纤手。时时读半树（斋名），
金石声贯牖。夜分未肯休，独与长檠守。英名扬子宅，万古元虚友。
忽为添香图，红袖盈前后。既非马融侈，亦异张禹鱍。本事洵厚诬，
寓言岂十九。画师苦结撰，观者穷谁某。或乃目之笑，我已色为愀。
想当诵风人，劳心生扰受。彼美不可思，怅望怜琼玖。又逢讽牢愁，
盛年概无偶。多女兼良媒，欢爱诚结纽。不然块幽居，画此其何有？
因思人间世，遽甚朝生绣。敏给矜少壮，昏眊痛衰丑。拘挛割快意，
茫昧争不朽。寂寂竟寡娱，悠悠遂多负。便从理义缰，复脱世故枏。
趺宕拥异书，戏弄置小妇。如佩萱忘忧，胜服散益寿。尚博达士赏，
宁惜腐儒哂。更乞得少闲，相从饮醇酒。❶

郭麐（1767—1831）有《清平乐·红袖添香夜读书图》：

丁丁莲漏，篆缕销香兽。心字渐微长烛瘦，催得冬郎诗就。
人间良宵迢迢，劝君书卷须抛。只有一支红烛，休教负了春宵！❷

管斯骏（1840？—1914）后有《题查履光〈红袖添香夜读书图〉》：

毕竟咿唔意味长，侍儿灵慧解添香。诗书有福方能读，名利见心
不碍狂。怜我青灯常寂寞，泥他红袖细商量。此生安乐同俦美，敢让
清才细商量。❸

晚清《娱言报》主任、兰痴词人胡芝教（胡兰痴）绘有《红袖添香夜
读书图》，许多文人词客就此题诗作词，如陈栩《洞仙歌·题胡兰痴红袖
添香夜读书图》云：

---

❶［清］顾广圻《思适斋集》卷二赋诗，清道光二十九年徐渭仁刻本；《顾千里集》，中华书
　局，2007 年版，第 34 页。
❷［清］郭麐《灵芬馆词四种》蘅梦词卷二，清光绪五年许增刻本。
❸《申报》1882 年 7 月 13 日。

风灯羊角，照青藜夜读。信说书中有金屋。借宝钗拨火，翠珥挑香，享尽了，才子佳人双福。　　红颜嗟命薄，愿共心违，错种蓝田一双玉。检点旧缥缃，不是丹铅，是点点泪痕斑驳。试画幅生绡，证相思、这梦断如烟，怎生能续！❶

陈栩（1879—1940），字蝶仙，别号"天虚我生"。浙江钱塘人，既是南社诸子之一，也是鸳鸯蝴蝶派代表人物。髫龄时即好为词，以文学名世，词曲兼善。有《海棠香梦词》四卷、《天虚我生曲稿》三卷及《和〈白香词谱〉》等。并与其长子陈小蝶合作，选《白香词谱》百首，加以考正，著为《白香词谱考正》，有民国七年（1918）振始堂石印本，上海古籍书店 1981 年又据振始堂石印本影印出版。前面提到鲁迅批评刘半农"没有消失掉从上海带来的才子必有'红袖添香夜读书'的艳福的思想"，或许与刘半农曾给鸳鸯蝴蝶派的报刊供稿有关。这个清末民初产生的"鸳鸯蝴蝶派"，因常用"卅六鸳鸯同命鸟，一双蝴蝶可怜虫"而得名，注重消遣性、娱乐性与趣味性，"红袖添香夜读书"堪为此派写照。

许伏民（？—1913）《题胡兰痴〈红袖添香夜读书图〉》诗云：

隐约红楼认梦中，欲圆明月忽朦胧。灵犀一点通心曲，秘草分仇炉化工。女子大都薄命鸟，男儿生是可怜虫。几回怕剔秋灯穗，香散昙花色界中。

刻苦相思只自悲，新镌小印篆兰痴。讵知同气犹难合，乃信姻缘亦数奇。未怜博山心字火，断连鲛织泪珠词。海棠红褪芭蕉绿，伴读何堪忆旧词。❷

孙次青《题兰疵〈红袖添香夜读书图〉》诗云：

一双人影玉纤纤，不住名香信手添。心似鸭炉怜妄热，光分萤火

❶《著作林》第16期，1900年，第63—64页，署名陈栩（蝶仙）；又载《游戏杂志》第1期，1913年，署名陈蝶仙。
❷《月月小说》第12号"则山籹芟存稿"，1907年，第175页。

叹郎严。早知今日姻缘假，深悔当初胶漆粘。读千卷书何所用，清才
浓福两难兼。

凄凄一片画图秋，红是相思绿是愁。早识司香难做尉，也该投笔
去封侯。恨连蕉叶心长卷，血染棠花泪不休。梦断蘅芜清夜冷，月光
犹照读书楼。❶

包瑞斧《题红袖添香夜读书图》❷，洪嘉言《风入松·题红袖添香夜读
书某公席次出其藏画示余也》❸，不知是否亦为同题之作。但下面周范亚这
首套曲《南正宫》显然为同题之作，因其前有小序："题胡兰痴哀倚兰女
士之亡，作《红袖添香夜读书图》索题，爰用《桃花扇·访翠》谱，为
制斯曲。"曲云：

［正宫引子］【缑山月】庭院乍昏黄，花影上红墙。正碧天如水月
如霜。见鹦哥倦了，狸奴睡也，胆怯空房。

［正宫过曲］【锦缠道】步回廊，伴伊家攻书那厢。风透绿蕉窗。
玉葱长，试他睡鸭温凉。拔钗尖，炉烟篆飏。卷衣梢，钏臂金镪。艳
福不寻常，艳福不寻常。忍消受，眉青唇绛。救飞蛾，别银红；口儿
里，书声郎朗，却眼波偷掷，觑红妆。

【朱奴剔银灯】胡猜做琴挑凤凰，生捆着绣学鸳鸯。听读到毛诗
第一章，撚罗裙，低鬟半晌推详；晕娇羞满庞。为甚的恁般孟浪。

【雁过声】堪伤，尘生绣幌。扶不起还魂丽娘，迷离影事追想。
藕丝囊，荔枝香，到而今一例抛荒，何当金屋藏。书中有女如非谎，
怎唤煞芳名无影响。

【小桃红】春风雨，空惆怅。夜月魂，还凝望。准备着香花供养。
心坎儿丹青，纵有新图像，笑靥难画娇模样。展生绡，泪滴双双。❹

---

❶《月月小说》第14号，月月小说社，1908年2月，第218页。诗题之"兰疵"，疑当作"兰
痴"。

❷《墨缘丛录》第16期，1912年，第40页。

❸《复旦》第7期，1918年，第116页。

❹《游戏杂志》第1期，1913年，第12页，署名红树。又载《钱业月报》第7卷第3期，
1927年，第192页，题为《南正宫·题胡兰痴红袖添香夜读书图》，署名红树词人周范
亚。

就胡兰痴《红袖添香夜读书图》所题，不仅有诗词曲，还有骈文。寿阳（今属山西）人李荔泉《红袖添香夜读书图骈序》中云：

> 玉露处零，金风四起。……一轮高挂，人游不夜城中；万籁全消，地近迷香洞里。则有琼楼仙吏，玉案娇娥。青衫摇曳，红袖飘扬。一则证到前身，拥五车而励志；一则舒来皓腕，焚百合以含情。爱晶球之朗照，期铁砚之同磨。纵未画眉，也喜春山吐秀；似曾濯骨，定凝秋水横空。有碧玉绿珠之体格，助青灯黄卷之精神。校勘初闲，殷勤问字。披吟偶倦，辗转拂笺。看窗前数尺展阴，灵思共剥；美槛外一枝娇艳，醉态同酣。蠹简流芬，合倩蔷薇盥手；鸭炉拨火，宛如荳蔻薰身。有时戏置萤囊，想前度青罗扇扑；倘使摩挲鸳枕，卜他年翠被春融。既两美之相逢，岂百年之易尽。是宜带结同心，花开并蒂。金猊暖透，含芳吟静好之诗；玉兔辉扬，按谱奏长圆之曲……莫谓左图右史，徒增哀怨于孤帏；须知才子佳人，定结良缘于再世。❶

此外，江宁（今江苏南京）人陈作霖（1837—1920）有《不寐集句》，云："独卧无人雪缟庐（苏轼），寒宵吟到晓更初（姚合）。此情可待成追忆（李商隐），红袖添香夜读书（阙名）。"❷上海金山人姚光（1891—1945）有《本事诗》（辛亥），云："徙倚闲窗月上初，仙霞朗润托明珠。银屏华鬓人如玉，红袖添香夜读书。"❸

"红袖添香夜读书"，曾衍变为"红袖添香伴读书"，其意更为贴切，更为温馨，更为隽永，出处就是上面提到的席佩兰《寿简斋先生》诗"绿衣捧砚催题卷，红袖添香伴读书"❹。席佩兰（1760—1829后），名蕊珠，字月襟，又字韵芬、浣云、道华等。昭文（今江苏常熟）人。诗人孙原湘

❶《自由杂志》1913年第1期，第3—4页，署名"荔泉"。又载《钱业月报》第7卷第10期，1927年，第147—148页，署名"李荔泉"。
❷[清]陈作霖《可园诗存》卷二十六近游草，清宣统元年刻增修本。
❸柳亚子编《南社诗集》第二册，中学生书局，1936年版，第398页；姚昆群等编《姚光全集》，社会科学文献出版社，2007年版，第214页。
❹《天真阁集》附《长真阁集》卷三，清嘉庆十七年刻本；胡晓明、彭国忠主编《江南女性别集 初集》，黄山书社，2008年版，上册，第483页。

之妻。早岁工诗，为袁枚女弟子中诗才最著者。其诗清新秀雅，不拾古人牙慧，而能天机清妙，屡为随园老人称引。善画兰，笔墨精妙，遂号佩兰。有《长真阁集》七卷，内附《诗馀》一卷，嘉庆五年（1800）秋九月，与其夫孙原湘《天真阁集》合刻，光绪十七年（1891）重刊。其后，徐乃昌《小檀栾室汇刻闺秀词》，抽《长真阁词》一卷辑入。而袁枚早在嘉庆二年（1797）十一月即已归道山。席佩兰诗中"绿衣捧砚催题卷，红袖添香伴读书"等语，未见于《随园全集·续同人集·闺秀类》，"估计寄袁枚的尚是初稿，后刻集时则加以增补完足。"❶ 尽管袁枚曾为何兰庭题过《红袖添香图》，尽管也有一位"添香女史"马翠燕对他无限崇拜，但却并未在袁枚身边真的添香伴读书，不过这并不妨碍诗人杰出的女弟子席佩兰女史，虚构这样一个想当然的艳事，坐实在乃师身上。唯一可惜的是，老师身前尚不及见到。当年袁老师到虞山去探访这位女弟子时，适其"有君姑之戚，缟衣出见"，给袁老师留下"容貌婀娜，克称其才"的印象；又说她"小照幽艳"❷。其夫孙原湘作诗，最初还是跟她学的！《天真阁集》陆续付刊，也是靠她鬵钗钏而助成。夫妇均工诗词，声闻嘉庆、道光间，成为诗坛佳话。孙原湘《天真阁诗集》卷一有《病起》，诗云："赖有闺房如学舍，一编横放两人看。"可谓其婚后生活实录。女诗人是否也曾"红袖添香伴读书"呢？孙原湘有《春夜同道华》三绝，其二云："大婢添香小婢歌，水如天上月如波；忍将一刻千金夜，付与华胥梦里过！"❸道华，即席佩兰之号。"添香"者，乃是大婢，而非才貌双全的贤妻，未免令人略有不慊于心。但女诗人却有一首《夏夜示外》，诗云："夜深衣薄露华凝，屡欲催眠恐未应；恰有天风解人意，窗前吹灭读书灯！"❹则伴读书，自是题中应有之意。巧的是，袁枚老师有《寒夜》一首："寒夜读书忘却眠，锦衾香尽炉无烟。美人含怒夺灯去，问郎知是几更天？"❺一吹一

---

❶ 刘衍文《寄庐杂笔》，上海书店出版社，2000年版，第130页。

❷ 均见《随园诗话补遗》卷八。

❸ 见《天真阁诗集》卷六。

❹ 见《长真阁诗集》卷二。

❺ 袁枚《小仓山房诗集》卷六，《小仓山房诗文集》第一册，上海古籍出版社，1988年版，第123页。

夺，后先辉映。只是女诗人笔下，毕竟大家闺秀，尔雅温文，不会采取强制行动，自有天风解意，得遂所愿，所以含而不露之情，更为难得。

张维屏《听松庐诗话》载，福建侯官人黄其菜（字则仙），嘉庆二十一年（1816）举人，其试帖诗"红袖添香伴读书"首句云："心字氤氲气，毛诗窈窕章。"❶出句写香，对句写添香之人。语工笔活，可称锦心绣口。文康（？—1865前）《儿女英雄传》第二十九回"证同心姊妹谈衷曲，酬素愿翁媪赴华筵"提到："他说他那面儿叫作天下无如读书乐，姐姐这面儿叫作红袖添香伴读书。"❷

红袖添香，再添加上书香，可谓三香合，而三美俱。这一充满诗意的意境，逐渐凝集，而散见于以上清人诗词曲赋之中，最后定格为"红袖添香夜著书"，又衍化变格"红袖添香伴著书"，再到"红袖添香夜读书"，"红袖添香伴读书"等。其间，又有若干"红袖添香图"，"红袖添香夜著书图"的推波，使得这一香韵十足的诗词意境，成为清代文学一道亮丽的风景线。从中可以看出，在不同风格、层次与好尚的诗人词客笔下，呈现出缤纷各异的风致。无论对文人心态研究，或女性主义批评而言，还是对理解香道由传统文化转入新文化的递变过程而言，这道亮丽的风景线，相信都将会有或多或少的启迪之功。

---

❶［清］张维屏《国朝诗人征略二编》卷五十七，清道光二十二年刻本。
❷［清］文康《儿女英雄传》，清光绪四年京都聚珍堂活字印本。

第六章

一种风流独自香

唐人词之香馨

第一节

香艳媚丽的文体：曲子词与香馥香馨结缘

诗词一脉，都以抒情为特质，以表现为手段。作为诗歌的一脉，词曾被称为"诗馀"，一者作词讲究格律，直承唐代格律诗，故宋翔凤《乐府馀论》说："谓之馀者，以词起于唐人绝句。"一者词的字数、情文节奏等皆有馀于诗，故况周颐《蕙风词话》卷一说："诗馀之馀，作赢馀之馀解。唐人朝成一诗，夕付管弦，往往声希节促，凡和声皆以实字填之，遂成词。词之情文节奏，并皆有馀于诗，故曰诗馀。"不过，诗与词毕竟异貌别体。概而言之，诗大词小；诗雅词俗。从风格观之，诗庄词媚❶；诗硬词婉，诗实词虚❷；诗之境阔，词之境狭❸。从体裁观之，词为有规则的长短句；诗言志，词则缘情而绮靡，以艳丽为本色，以婉约为正宗。

词，从诞生之日起，便因其独具的文化因子，被称作"香艳"的文体，呈现出特有的柔媚香艳的风格特征。这是词体所产生的社会环境与它流行的文化条件决定的。随着诗词在体裁上的分工，情爱题材更成为词的专利，所谓"词为艳科"。如五代词人孙光宪《北梦琐言》就已谈到艳词，他说："晋相和凝，少年时好为曲子词，布于汴洛，洎入相，专托人收拾

---

❶ [清] 王又华辑《古今词论》引李东琪言："诗庄词媚，其体元别。"（《词话丛编》第一册第 606 页）

❷ 王又华辑《古今词论》引毛稚黄（先舒）言："诗硬词婉"，"诗实词虚"。（《词话丛编》第一册第 609 页）

❸ 王国维《人间词话》："词之为体，要眇宜修。能言诗之所不能言，而不能尽言诗之所能言。诗之景阔，词之言长。"清田同之《西圃词说》云："诗贵庄，而词不嫌佻；诗贵厚，而词不嫌薄；诗贵含蓄，而词不嫌流露。"（《词话丛编》第二册第 1450 页，第 1452 页）

焚毁不暇。然相国厚重有德，终为艳词玷之。"❶后晋宰相和凝的词今存数十首，分别见于《尊前集》与《花间集》，其中如《临江仙》的"肌骨匀细红玉软，脸波微送春心。娇羞不肯入鸳衾，兰膏光里两情深"和《江城子》的"近得郎来入绣帷，语相思，连理枝。鬟乱钗垂，梳堕印山眉"，可为代表。

虽然在艳情诗中同样也存在浓艳香软的内容，但"诗庄词媚"的大判断依然存在，所以宋人赵师岦《圣求词序》谈到艳体说："诗词各一家，唯荆公备众体，艳体虽乐府柔丽之语，亦必工致。"❷以整齐的五七言为代表的"齐言"，以四个诗句为一个单位来结构作品，是诗最典型的形式。整齐规范的外观，与灵活多变的内在结构相结合，建构起既稳定又活泼的艺术形式。词诞生于民间，香艳俚俗是其早期特征，后经文人染指，步入艺术殿堂，经历了由俗向雅的转化。但与南朝、唐代的艳情诗相比，艳情词"俗"的特征仍很明显。艳情诗受传统诗风的影响，写男女之情重在"雅"，表现的是一种"情趣"和对女性情感的"品味"。作者与表现对象之间具有一定的距离，近似一种"欣赏"。艳情词则具有很强的世俗色彩，写男女之情重在"俗"，表现的是爱恋的过程，对女性体态的观赏。作者与表现对象之间的距离较近，近似一种"把玩"。

当然，雅的情趣是一种心理感受，所以艳情诗可以用传统的抒情手法来表现内容。但古诗的结构模式和对仗要求，往往使得风格趋于典雅、厚重，适于写刻骨的相思，却难以表现细腻的爱恋过程与女性体态的婉转流动。即使是南朝的宫体诗，也比不上温柳词的婉曲细腻。俗的把玩则重在感官感受，所以艳情词追求的是过程与细节的逼真生动，是对女性体态（包括心灵感受）的细细描摹与层层铺叙。诗歌以四句或一联为结构单

❶ 孙光宪《北梦琐言》卷六，中华书局，1960 年版，第 51 页；上海古籍出版社，1981 年版，第 47 页。
❷[宋]吕渭老《圣求词》卷首，《百家词》，天津古籍书店，1992 年影印本，第 721 页。谢桃坊《词为艳科辨》称："他推崇王安石的文学才华，尤赞赏其艳体词之工致。"（《文学遗产》1996 年第 2 期）赵师岦讲王安石的艳体词，尽管有乐府柔丽之语，但毕竟保留着其工致的一面，也就是其娘家——诗的风格原貌。这既是王安石的特色，也是北宋词的特色。

位的承转模式，对于上述要求捉襟见肘。因为情感心态的描摹、铺叙往往细密而婉曲，很难用固定的模式去限定，因此，正如张炎《词源》卷下所云："簸弄风月，陶写性情，词婉于诗；盖声出莺吭燕舌间，稍近乎情可也。"[1]加上乐曲的限制，词只能根据内容的需要来重新结构作品。其结构单位因此而变得不再确定。诗与词在结构上的不同，也在功能上保证着这种差异。因此，词在脱离音乐与市民阶层之后，仍然保持着与诗歌的距离。

所谓"词以艳丽为本色，要是体制使然"[2]，所谓"幽俊香艳为词家当行，而庄重典丽者次之"[3]，所谓"词贵香而弱，雄放者次之"[4]，所谓"词须宛转绵丽，浅至儇俏，……一语之艳，令人魂绝"[5]，所谓"绮罗香泽"[6]，所谓"香而软"[7]，均可见香在词的特质中占有重要地位。"香"与词在最初的共生互动和此后长期发展中，逐渐形成相似的文化品格，即精美婉约。

香艳的外在体貌与寄慨遥深的内在品质，铸就"香"与词体千丝万缕的联系。一方面，词对香文化有着多方面的表现，另一方面，香文化对词创作有着重要影响；不仅对词体"香艳"风格特征的形成有着重要的意义，而且"香"既是词生存的环境要素之一，也是词中常用的意象。举后蜀词人毛熙震《女冠子》为例：

> 修蛾慢脸，不语檀心一点。小山妆，蝉鬓低含绿，罗衣澹拂黄。
> 闷来深院里，闲步落花傍。纤手轻轻整，玉炉香。

词写一位淡黄罗衣、玉容寂寞的美人，百无聊赖中，先到院里走了走，然

---

❶ 夏承焘《词源注》，人民文学出版社，1981年版，第23页。
❷［清］彭孙遹《金粟词话》，清别下斋丛书本。
❸［明］茅暎《词的·凡例》，明万历四十八年刻本。
❹［明］沈际飞评胡浩然《东风齐著力》（残腊收寒）一词云："词贵香而弱，雄放者次之，况粗鄙如许乎！"（明顾从敬《草堂诗馀四集》正集卷二，明童涌泉刻本；施哲存《词籍序跋萃编》，中国社会科学出版社，1994年版，第668页）
❺［明］王世贞《艺苑卮言》附录："词须宛转绵丽，浅至儇俏，挟春月烟花于闺檐内奏之，一语之艳，令人魂绝，一字之工，令人色飞，乃为贵耳。"
❻［宋］胡寅《题酒边词》谓苏轼词作"一洗绮罗香泽之态，摆脱绸缪宛转之度"。
❼ 孙光宪《北梦琐言》评温庭筠《金荃集》云"香而软"。

后回到屋里，用纤手轻轻去整理玉炉中的香。"修蛾慢脸"出自白居易《忆旧游》诗"修蛾慢脸灯下醉，急管繁弦头上催"。"檀心"，本为浅红色的花蕊，这里指女子在双眉间所饰的红点，也可能是指她的红唇。小山妆，谓发鬟高如小山的发式妆扮。全部的描写，都是为了最后打理玉炉之香。在词人笔下，在读者眼中，似乎这是这位美人除了闲步之外，所能作的唯一的一桩事。

再举南唐宰相冯延巳的三首《采桑子》为例：

> 中庭雨过春将尽，片片花飞。独折残枝。无语凭阑只自知。
> 玉堂香暖珠帘卷，双燕来归。后约难期。肯信韶华得几时。

上阕以景语勾画暮春景象。花枝已残而独折取，其云自知者，当别有思存；下阕由室外转入室内。"香暖"写室内薰香给人以和暖之感。这温馨的氛围，更撩起韶华易逝之感，伤春迟暮之叹，则君宜早归，警告之切，正相忆之深。珠帘卷起，偏偏看见翩翩双燕来归，不由更触动心扉。

> 酒阑睡觉天香暖，绣户慵开。香印成灰。独背寒屏理旧眉。
> 朦胧却向灯前卧，窗月徘徊。晓梦初回。一夜东风绽早梅。

上阕"旧眉"，指隔夜之残眉，此句写寒屏独掩，尚理残妆，与柳永"衣带渐宽终不悔"，皆蔼然忠厚之言。下阕在孤灯映月，低回不尽之时，而以东风梅绽，空灵之笔作结，非特含蓄，且风度嫣然，可见女主人公在香印成灰后，仍不停止努力和不放弃希望。"一夜东风绽早梅"一语，以空灵之笔作结，自信之心见于言外。

> 画堂灯暖帘栊卷，禁漏丁丁。雨罢寒生。一夜西窗梦不成。
> 玉娥重起添香印，回倚孤屏。不语含情。水调何人吹笛声。

上阕写秋夜室内近景，入夜，华美的画堂之上灯火通明，窗帘高卷。"暖"字，遣情入景。"禁漏丁丁"，反衬出环境幽静，人心孤寂。"雨罢寒生"，与上面的"暖"，形成对比，情感亦由"暖"转"寒"。闺妇整夜未眠，本来希望在梦中得到慰藉，但一夜西窗梦不成，寻找自我安慰也便无所寄托，令人迷惘。下阕写玉娥起身添上香烛，"重"字，回应"一夜"，可以想见，不知"重"了多少回，添了多少次香。回倚孤屏，百无聊赖，不语含情，倍觉难堪。结尾两句，玉娥含情听水调，不知谁家玉笛暗飞声，更添思妇几许惆怅情。

以上三首《采桑子》词作，均有香意象的描写，或清丽多彩，或委婉情深。冯延巳词中之香韵颇浓，《鹊踏枝》中的"窗外寒鸡天欲曙，香印成灰，起坐深无绪"，"百草千花寒食路，香车系在谁家树"，及《谒金门》中有名的词句"风乍起，吹皱一池春水。闲引鸳鸯香径里。手挼红杏蕊"，亦可见一斑。

这些咏香之笔墨，给词作带来一种朦胧之美、缺失之美、流动之美。可以毫不夸张地说，在某种程度上，香已内化入词人的性灵之中，成为其生活中不可或缺的必需品。后梁末帝时，袁象先（863—928）为衢州通判，有一个幕僚叫谢平子，爱香成癖，常因为痴迷于焚香，以至于忘形废事，耽误工作。同僚苏收跟他开玩笑：给他量身度作了一张名片，称其为"鼎炷郎守馥州百和参军谢平子"，趁谢平子不在的时候，放在他桌子上。从此，谢平子就成为香史上独一无二的百和参军❶。玉炉香篆、沉水博山，点缀着词人风流倜傥的日常生活，体现出雅致富贵的生活方式。有了香的介入，词体较诗体更适于象征相思情事，同时也兼具坚贞幽洁的比兴之义。

香意象有时还与其他意象在词中叠加，对词境产生影响。例如香与帘意象的组合。"帘押护香闲不卷，卷帘芳事遍"❷，重重帘幕，为香气的发散流动，创造出一个典型空间，让词人的情感在帘卷帘垂之际，随着香气流入读者心中。从"花间词"时代开始，词人就善于并乐于创造"重帘悄悄无人语"❸式的幽静词境，因为这样的环境有助于词人摆脱杂念，专心探索自己的内心世界。举毛滂（1055？—1120？）《更漏子》（薰香曲）为例：

❶ 陶毂《清异录》卷一。
❷ 赵崇嶓《谒金门》，《全宋词》第 2831 页。
❸ 温庭筠《菩萨蛮》。

　　玉狻猊，金叶暖。馥馥香云不断。长下著，绣帘重。怕随花信风。　　傍蔷薇，摇露点。衣润得香长远。双枕凤，一衾鸾。柳烟花雾间。❶

　　玉狻猊，指状如狮子的香炉。金叶，谓香炉上的饰物。花信风，应花期而吹来的风。历来相传花信风共有二十四番。自小寒至谷雨，凡四个月，共八个节气，一百二十日，每五日一候，计二十四候，每候应以一种花的信风。每气三番。小寒：梅花、山茶、水仙；大寒：瑞香、兰花、山矾；立春：迎春、樱桃、望春；雨水：菜花、杏花、李花；惊蛰：桃花、棣棠、蔷薇；春分：海棠、梨花、木兰；清明：桐花、麦花、柳花；谷雨：牡丹、酴醾、楝花❷。"傍蔷薇"三句，蔷薇水，是一种香水，旧说采蔷薇花上露水而作，著衣多日香不歇。"双枕凤"二句，贺铸《璧月堂》词"雕枕并，得意两鸳鸯"，可堪比类。"凤"指凤形双枕，"鸾"指绣有鸾鸟的衾被。词中的女主人公，把馨香看成希望，希望那股馨香之气，能让心目中的良人为她神魂颠倒，希望两人的感情，能像衣上蔷薇水的香气一样长远。然而这样的期待与梦想，无法对他人言说。于是，她小心翼翼地放下重重帘幕，护住香气，护住希望，也将自己的心思护藏在其中。词人用重重帘幕创造出一个典型的空间，在这个空间里，感情的表达得到允许。帘幕的隐秘性，为表达这种缠绵情思提供了一个特殊的舞台。暧昧缠绵的薰香，更为这个舞台营造出朦胧的情境，牵惹出女主人公的私密情感。帘与香相互配合，为恋情的表现营造了情境上的前提。

　　重帘密幕之外，香又与亭台栏杆一起，营造出词中主人公富贵幽洁的居处环境；香缭绕的烟气与杨柳、芳草的风烟相接，牵惹着词人满怀的惆怅。香还经常与夜的意象彼此映衬。夜幕降临，为香气的流动提供了时间上的契机。从黄昏到深夜，随着黑暗的逐渐蔓延，词人的感情也与空气中的一缕暗香一样活跃起来。香气的流动，则为清冷的黑夜增添了一丝暖

---

❶ 朱德才主编《增订注释全宋词》第一册，文化艺术出版社，1997年版，第624页。
❷ 参阅南朝梁宗懔《荆楚岁时记》、宋程大昌《演繁露·花信风》、宋王逵《蠡海集·气候类》。一说，每月有两番花的信风，一年有二十四番花信风。见明杨慎《二十四番花信风》引南朝梁元帝《纂要》。

意。香也常常与衾枕衣袖的意象组合在一起。衾枕衣袖在词中是香气最容易附着的物品，只要闻到衣袖、衾枕上所留下的一缕残香，就能联想到曾经发生的爱情故事，感受到词人内心的波澜。

第二节

暖香惹梦鸳鸯锦：温庭筠笔下绮怨的暖香

温庭筠（813？—870？），字飞卿，原名岐，太原祁（今山西祁县）人。唐初宰相温彦博裔孙。少时敏悟，才思迅捷，善音乐，能逐弦吹之音，为侧艳之词。性情倨傲，藐视权贵，故为执政者所恶。行为不检，和一班贵族无赖子弟出入歌楼妓馆，赌博，纵酒，沉迷女色。终身未考取进士。曾东游吴越，南抵黔巫，西北至萧关、回中，行踪极广，见闻极多。虽和大官僚令狐绹、徐商等有交往，却长期不能进入仕途，晚年才做了方城尉和国子助教，后竟流落而终。但在当时诗名很盛，与李商隐并肩，人称"温李"。

温庭筠是唐代第一个努力作词的人，由于长期出入秦楼楚馆，他"能逐弦吹之音，为侧艳之词"，把词同南朝宫体与北里倡风结合起来，成为花间派的鼻祖❶。在《花间集》中，温庭筠被列于首位，入选作品多达 66首。其中含"香"之作有 19首。因此，温庭筠堪称是咏香词的开创者；可以毫不夸张地说，香的意象是构成温飞卿词风格特色的重要元素。先来看这首《菩萨蛮》：

> 玉楼明月长相忆。柳丝袅娜春无力。门外草萋萋。送君闻马嘶。
>
> 画罗金翡翠。香烛销成泪。花落子规啼。绿窗残梦迷。

温庭筠擅长在词中截取华丽精致的物象，杂置一处，听其自然融合，更善于以名物、色泽、声音相互调和，唤起读者纯美之感，"精妙绝人，然类

---

❶ [清] 王士禛《花草蒙拾》（昭代丛书本）称"温为花间鼻祖"。

不出乎绮怨"❶。此词写闺妇于清晨送别恋人之后的惆怅心态。画面精美文
雅，又哀怨迷惘，即颇能体现温派擅长描摹"绮怨"的特色。首句"玉楼
明月长相忆"点题，接着将心绪外物化为景语：相忆之情如柳丝，缠绵与
悠长。再以草色萋萋，衬写别情绵绵。下片续写回到楼中所见所思。"画
罗金翡翠"，指罗帷上绣着翡翠鸟，成双作对，越发反衬出她的孤单。"香
烛销成泪"，化用杜牧《赠别》"蜡烛有心还惜别，替人垂泪到天明"诗句，
让香烛流泪，来代言自己的内心痛苦，也是将"长相忆"的情绪，辐射并
转移于物。结尾两句，把抒情的笔触，引向更为优美细腻的境界，呈现出
一幅凄丽迷离的画面——窗外，花落鸟啼；窗内，女子如花如玉，正"困
酣娇眼，欲开还闭"，做着"离魂暗逐郎行远"的残梦……

再来看《更漏子》：

> 柳丝长，春雨细。花外漏声迢递。惊塞雁，起城乌。画屏金鹧
> 鸪。　　香雾薄。透帘幕。惆怅谢家池阁。红烛背，绣帷垂。梦长君
> 不知。

《更漏子》这一词牌，一般每三句一层意思，因此全词可分为四个段落。
开头三句，从客观景物写起，主要是户外景色。第三句虽仍写户外，却
已转入从室中通过听觉来写，角度微有变化。"惊塞雁"三句，从耳之所
闻写到目之所见，讲闺人被鸣雁啼乌所惊起，使她从梦中憬然而悟。及至
醒来定睛一看，天色已明，画屏上的金鹧鸪已看得见了。下片前三句，写
在淡淡曙光中所见。梦境已逝，天又未晴，无端惆怅兜上心来。于是引入
最后三句，天已明亮，红烛早被抛在一旁，绣帘因闺人未起依旧低垂，回
想到昨晚的梦。有头有尾？曲折复杂？是悲是喜？没有明说；但梦长了，
总不外乎悲欢离合，总离不开新愁旧恨。在这似说似未说之际戛然而止，
留给你有些空白的惆怅。

再来看另一首《更漏子》：

> 玉炉香，红蜡泪。偏照画堂秋思。眉翠薄。鬓云残。夜长衾枕

---

❶ [清] 刘熙载《艺概》卷四，见《词话丛编》第四册，中华书局，1986 年版，第 3689 页。

寒。　　梧桐树。三更雨。不道离情正苦，一叶叶，一声声。空阶滴到明。

入夜临睡之前，炉中有香，红烛正亮。既睡之后，人因秋思而无眠，渐渐地香冷烛烬，衾枕之寒便格外使人难堪。看似闲笔，却是透过一层写法，为"衾枕寒"作铺垫。"眉翠薄"三句，写临睡前化了妆，由于辗转反侧，久不成眠，结果把头发弄乱，眉黛也抹掉了，搞得不成模样。下片可作一气读，正如谭献《词辨》所评："似直下语，正从'夜长'逗出，亦书家'无垂不缩'之法。"俞平伯《唐宋词选释》解之云："后半首写得很直，而一夜无眠却终未说破，依然含蓄；谭意或者如此罢。"其中道理，颇为辩证。看似用直笔，实则涵泳之而含蓄有回味；看似流利迅快，其实曲折顿挫；看似浅率，其实深厚。

温词咏香，大多与充满香艳气息的女性和闺房等事物密切相关，下面这首《菩萨蛮》正是最好的例证：

> 水晶帘里玻璃枕，暖香惹梦鸳鸯锦。江上柳如烟，雁飞残月天。藕丝秋色浅，人胜参差剪。双鬓隔香红，玉钗头上风。❶

上下两阕分别运用两种不同的香气，刺激着人们的感官，表现出香与妇女生活的关系。上阕，点燃一炷薰香，让这一股"暖香"将闺房主人和读词的人，都带进一段暧昧迷离的梦境，词中的女主人公将自己恍惚入梦的原因，归结于这股暖香，而不是自己日有所思，夜有所梦。可见这股暖香在词中起到穿针引线的作用，穿梭在女主人公充满香艳气息的闺房与其朦胧的梦境之间。这首词对于香的运用，还不止于此，下阕中，一直没有露面的女主人公终于出场：她一身华服，头戴玉钗，鬓插香红。作者虽然没有直接描绘美人容貌，但通过这些精致的妆扮，足以让人感受到词中女子的艳丽无双，尤其是她鬓间的那朵红花，不仅给人以视觉上的冲击——红，还在嗅觉上刺激着人的感官——香。这花香，与妆饰的浓艳融为一体，又与上阕中女人居室的香薰交织在一起，形成一股雅致的惑人的暖香。这股

---

❶《花间集》卷一。

暖香的韵味，不仅让我们感受到词中女子的风华绝代，也暗示着她微妙的
情感波动，更营造出一种暧昧迷离的词境。

温词风格并不单一，有一些境界阔大的描写，如"江上柳如烟，雁飞
残月天"（《菩萨蛮》）；也有一些较为清新疏朗甚至通俗明快之作，如《梦
江南》："梳洗罢，独倚望江楼。过尽千帆皆不是，斜辉脉脉水悠悠，肠断
白苹州。"但就总体而言，温词主人公的活动范围一般不出香闺，作品风
貌多数表现为香艳细腻，绵密隐约。如他最有名的代表作《菩萨蛮》：

> 小山重叠金明灭，鬓云欲度香腮雪。懒起画娥眉，弄妆梳洗迟。
> 照花前后镜，花面交相映。新贴绣罗襦，双双金鹧鸪。

写独处香闺中的少妇。在小山重叠、明暗辉映的画屏围绕着的绣榻上，少
妇刚刚起床，散乱的鬓发，似流云漫过雪白香艳的脸腮。她懒懒下床梳洗
打扮，娇慵之态宛然可见。小词容量颇大，精取出日常生活片段，一一表
现出睡眠、懒起、画眉、照镜、穿衣等一系列娇慵的情态、动作，以及闺
房的陈设、气氛、绣有双鹧鸪的罗襦，构成一幅幅晨闺图画，香艳浓丽，
接连给人以感官与印象的刺激，也留有较多的想象余地。因为它没有明白
表现美人的情思，只是隐隐透露出一种空虚孤独之感。张惠言认为"'照
花'四句，《离骚》初服之意"，虽然后世学者对此有不同的看法，但词
中对闺房中装饰与摆设的描写，却隐然含有对居室主人情感与品质的象征
意义。从应歌出发，温庭筠的这类作品，可算最为当行。其艺术特征，首
先不表现于抒情性，而是表现于给人的感官刺激。它用诉诸感官的密集而
艳丽的词藻，描写女性及其居处环境，像一幅幅精致的仕女图，具有类似
工艺品的装饰性特征。由于诉诸感官直觉，温词内在的意蕴情思，主要靠
暗示，显得深隐含蓄。

温庭筠对香的钟爱，既有时代和地域的影响，也与其个人经历有关。
史载，这位花间词的领军人物，"士行尘杂，不修边幅"[1]，"薄于行，无检
幅"[2]。这样一个放荡不羁的风流公子，在身边歌舞升平的环境里，依红偎

[1]《旧唐书》卷一九〇，中华书局，1975年版，第5079页。
[2]《新唐书》卷九一，中华书局，1975年版，第3787页。

翠，沉迷香闺，耳濡目染，醉心香事，可谓顺理成章。而从词本身的文体功能看，也与香事有着不解之缘。晚唐五代，正是词这种文体刚刚被文人从民间接手的时候。当时，词的功用，还停留在侑觞劝酒、娱宾遣兴上。这一点，从欧阳炯《花间集序》即可见一斑："绮筵公子，绣幌佳人，递叶叶之花笺，文抽丽锦；举纤纤之玉指，拍按香檀。不无清绝之词，用助娇娆之态。"❶由于词这种文体在兴起之初所担负的职能，使得当时的词风普遍溺于"香艳"之中。被奉为花间词人之鼻祖的温庭筠，当然也不可避免地在其作品中大量描写与闺房、爱情甚至艳情有关的题材。这些闺房之中的薰香，女子身上的脂粉香味，以及各类花香，在温庭筠词中，可谓俯仰即是。而有些作品，虽字眼无"香"，但也包含着"麝烟"这类与"香"相关的词汇，如《菩萨蛮》"深处麝烟长，卧时留薄妆"。直接写"香"者，还可举出下面这些句子：

> 香玉，翠凤宝钗垂簏簌。(《归国遥》)
> 翠钿金压脸，寂寞香闺掩。(《菩萨蛮》)
> 杏花含露团香雪，绿杨陌上多离别。(《菩萨蛮》)
> 雨后却斜阳，春花零落香。(《菩萨蛮》)
> 早梅香满山郭，回首两情萧索。(《河渎神》)
> 宝函钿雀金𫛶𫛷，沈香阁上吴山碧。(《菩萨蛮》)
> 雨晴夜合玲珑日，万枝香袅红丝拂。(《菩萨蛮》)

这些句子大都出自闺怨词。香气，让那些离别变得缠绵，使相思更加悱恻。值得注意的是，这样的句子，在表达同样题材的唐诗中，似乎很少见到。温庭筠就是利用这股香气，改变了闺怨词的感情基调，使得词中原本应该充满哀怨与凄冷气氛的场面，变得有些模糊，有些朦胧，甚至还有些温暖。这些香气的飘散，模糊了词中女子面对寂寞现实所产生的悲凉之感，突出了她们的无奈与楚楚可怜的姿态。同时，这股香气还引发人们对于那些曾经发生过的情感的绮色遐思，这就让整个词所要表达的感情蒙上

---

❶《花间集》卷首，人民文学出版社，1958 年版。

一层绮艳的色彩。

前人称温词"绮怨"，是指一种绮丽之哀怨，尤其是闺中女子的哀怨。飞卿词中，闺怨词占有很大的比例。通常而言，闺怨给读者的感觉，都是凄凉无奈。无论是"当君怀归日，是妾断肠时"（李白《春思》），还是"但见新人笑，那闻旧人哭"（杜甫《佳人》），都充满无可奈何或凄冷难堪。而温庭筠的闺怨词，却带着浓浓的暖昧，显得有些绮丽。更重要的是，温词中表达的虽然是一种凄清哀怨的情感，可是词中所营造的场景却是温暖的，这正是因为温庭筠在其闺怨词中增添了一股暖香。这股暖香的弥漫，既反衬出词中这些女子的哀怨之心，也使温庭筠的闺怨词，融入了浪漫、缠绵的因素，增添了温暖的感情氛围，这正是人们将这些词的风格定位为"绮怨"的一个重要原因。

在花间词的时代，用来娱宾遣兴的"小词"，充满着绮艳的香味，这似乎是顺理成章的事情。但是，这股香气却在温庭筠的词中产生很大的作用，不仅仅直接从感官上刺激着读者，唤起读者心中纯粹之美，更渗透到词境当中，起到渲染气氛、引人遐思的功效。同时，温庭筠所创造的这个暖香的世界，也为宋词中对香的运用提供了一个范本，而大量香气的渗入，又潜移默化地影响着词这种文体的整体风格，使得词在"言情"这条路上越走越深，越走越细，越走越曲，越走越远。

第三节

烛明香暗画楼深：李后主笔下高华的清香

取沉香一两，锉细，细至炷一般大小，另加鹅梨十枚，研取梨汁，将沉香末与鹅梨汁混合，盛于银器之内，在火上反复蒸三次，直至梨汁收干；或者将苏合香盛入不湿不津的瓷器，将香投入油中，封浸百日后，爇此香，若倒入蔷薇水则更好。此即"江南李主帐中香"，记载于载宋人《香谱》❶。"江南李主"即南唐后主李煜，此香相传为李煜所亲制。且藉"江南李主帐中香"之芳馨，随其清甜沁脾的袅袅气息，细数李煜及其词作与香文化之间千丝万缕的联系。

李煜（937—978），初名从嘉，字重光，号钟隐、莲峰居士等，徐州（今属江苏）人。中主李璟第六子，上有五兄，下有五弟，生于南唐升元元年（937）七月初七。史书记载，他生来相貌非凡，丰额骈齿，一目重瞳，所谓圣人之相。因此，幼年即遭到其长兄太子李弘冀的猜忌。更兼目睹太子毒杀晋王景遂，年少时，李煜便已生发出远离朝政、寄情山水的心志。然而，太子的病逝却最终将这位沉醉于文艺的皇子推向权力中心，最后于961年即位登基。为帝十多年，在北方强大的赵宋政权的威慑下，李煜过着朝不虑夕的日子。宋太祖开宝八年（975），金陵城陷，南唐灭亡，李煜肉袒出降，被封为"违命侯"。忍辱含垢，幽居汴京三年，终为宋太宗所不容，公元978年的七夕，42岁生日当天，被赐牵机药，毒死在被囚禁之所。不知是命运的安排，还是历史的巧合。

作为一名君主，在南唐式微、宋朝统一大势已定的情形下，李煜的军

---

❶ 陈敬著，严小青整理《新纂香谱》，中华书局，2012年版，第176页。

政作为在后人口中褒贬不一。然而作为一位才人，其文学与艺术方面的辉煌成就，却足以令任何人叹服。在艺术方面，他工书善画，洞晓音律，精于鉴赏，具有多方面才能。尤其是书法一道，博采众长并推陈出新，"金错刀"体铁骨铮铮，自成一格。在文学方面，李煜诗歌颇见才情，具有感人的艺术力量，但真正让他在中国文学史大放异彩的，当数其独具魅力的词作。

虽然词作现存仅 36 首，只占《全唐五代词》2848 首的 1.2%，但凭借着这 1.2% 数量的词作，李煜却无愧于全唐五代词之冠，甚至被称为千古词帝。以亡国为界，可分为前后两期。前期多为宫廷生活与个人情感的写照，后期为亡国之后的忧思表达与对故国的追忆怀念。这些词作大多风格清新秀逸，感情真挚深切，是他对于生活最为真实的感受。

在李煜的现存词作中，与香文化联系密切者多达 13 首，占到总数的三分之一以上。比重较大，种类多样，其中既有显示宫廷用香之华贵精美之作，也有借香以传达个人情思意趣之篇，涉及"香灰"（焚烧完的香）为三处，数量最多；其次为"衣被香"两处，"薰香"两处，"美人香"两处；有关"酒香""器物香""建筑香""自然景物香""饰物香"各一处。可以看出香文化对李煜的生活与文学创作的影响。

这一影响，可以追溯至他的父亲李璟（916—961）。李璟爱香，曾在宫中大设香宴。保大七年（949），李璟召大臣宗室赴内香宴，凡中国、外夷所出，以至和合、煎饮、佩带、粉囊，共 92 种，均为江南素所无者[1]。在此氛围熏陶下，李煜爱香，比他父亲有过之而无不及。除上引宋人洪刍《香谱》所载"江南李主帐中香"之外，宋人陈敬《陈氏香谱》卷二又在此基础上，增添了几种新方，汇总如下：

> 沉香一两（剉细如炷大），苏合香（以不津瓷器盛）。
> 右以香投油封，浸百日蒸之，入蔷薇水更佳。
> 又方：沉香一两（剉如炷），鹅梨十枚（切研取汁）。
> 右用银器盛蒸三次，梨汁干即可蒸。

---

[1] 见陶穀《清异录·薰燎门》"香燕（宴）"。

又方（补遗）：沉香末一两，檀香末一钱，鹅梨十枚。

右以鹅梨刻去瓤核，如瓷子状，入香末，仍将梨顶签盖，蒸三溜，去梨皮研和，令匀久窨可蒸。

又方：沉香四两，檀香一两，苍龙脑半两，麝香一两，马牙硝一钱（研）。

右细剉，不用罗炼蜜拌和烧之。

炷，即灯芯。三溜，一作"三沸"，溜，略微热一下。这些用以焚爇的"帐中香"离不开沉香、檀香、龙脑香、丁香、零陵香、甲香、麝香、苏合油、蔷薇水的调配。如果想令香气发甜，可将鹅梨切碎，取汁与香调配，即成气味香甜的"鹅梨香"。

至明代，周嘉胄《香乘》卷十六又增添两种新方：

⊙江南李主煎沉香

沉香（㕮咀），苏合香油（各不拘多少）。

右每以沉香一两用鹅梨十枚细研取汁银石器盛之，入甑蒸数次，以晞为度，或削沉香作屑长半寸许，锐其一端，丛刺梨中炊一饭时，梨熟乃出之。

⊙李主花浸沉香

沉香不拘多少，剉碎，取有香花，若酴醾、木犀、橘花或橘叶，亦可福建茉莉花之类，带露水摘花一盘，以磁盒盛之，纸盖，入甑蒸食，顷取出，去花留汁，沉香日中曝干，如是者数次，以沉香透烂为度。或云，皆不若蔷薇水浸之最妙。❶

后一种"花浸沉香"，即采一碗带露水的酴醾、木犀、橘花（或橘叶亦可）、福建茉莉花之类的香花，装入磁盒，用纸盖住盒口，放入甑，蒸一顿饭的工夫，去花留汁，花汁中浸入剉碎的沉香（蔷薇水浸最好），放太阳下晒干，以此反复几次，待沉香透烂为止。

南唐时期，李煜作为一位偏安帝王，过着相对安宁快乐的生活，其

❶ 周嘉胄著，日月洲注《香乘》，九州出版社，2014年版，第320页。

宫中用度豪奢、笙歌不断，展示出香文化对宫廷生活的渗透。对李煜所在的南唐宫廷用香之讲究，香器之精美，此前，陶穀（903—970）《清异录》曾有过描写：

> 李煜伪长秋周氏，居柔仪殿，有主香宫女。其焚香之器曰：把子莲、三云凤、折腰狮子、小三神、卐字金、凤口罂、王太古、容华鼎，凡数十种，金玉为之。

指出李煜皇后宫中有专门从事宫廷香事的主香宫女，更兼有数十种"金玉为之"、各有其名的焚香之器。这在李煜本人词作中也有所体现。除此之外，其词作更从香事、香器乃至香灰等多处入手，展现出香生活的方方面面。以下拈出若干加以赏析，以管窥香文化在李煜词中留下的痕迹。如前期这首《浣溪沙》：

> 红日已高三丈透，金炉次第添香兽，红锦地衣随步皱。　佳人舞点金钗溜，酒恶时拈花蕊嗅，别殿遥闻箫鼓奏。

宋代陈善《扪虱新话》评价此词："帝王文章，自有一般富贵气象。"单看写香事的一幕：红日虽已高升，但通宵达旦的欢愉并未停歇，大殿之上陈放着若干金炉，主香宫女依次在其中加入动物形状的熏香，继续为舞会增添情致，显现出一派豪盛之气。

再如《玉楼春》：

> 晚妆初了明肌雪，春殿嫔娥鱼贯列。笙箫吹断水云间，重按《霓裳》歌便彻。　临春谁更飘香屑，醉拍阑干情味切。归时休照烛花红，待放马蹄清夜月。

与上述《浣溪沙》相同，这也是一首描绘宫廷歌舞宴乐盛景的词作，同样展现宫廷中的香事与香文化。不同之处在于，此处的香与上述形式颇有不同，是由主香宫女临风飘洒香屑。不知此处主香宫女所飘洒的香屑，是否即为李煜所制"江南李主帐中香"。总之，这些词作表明，在李煜的宫廷欢宴中，总是不乏香的一席之地，并且，其形式变幻多样，足以见出宫廷用香的华贵豪奢，并非寻常所比。

上述两词虽为宫廷宴乐场面的描写，但绝无繁缛浓艳之感。这也是李煜词作的一贯特征，不过分修饰，总带着一股自然而来的清气，所谓"粗服乱头，不掩国色"。具体到香事描写，如"金炉次第添香兽"，虽反映宫廷用香的繁华豪盛，却也并不着力修饰，而仅用一"次第"，勾画出香事场面之盛。又如"临春谁更飘香屑"，不仅无丝毫浓艳，反而带有高华秀逸的格调，为这场宴乐盛会增添几缕清香。

除宫廷香事外，香在李煜的个人生活与情思意趣中，也起着多方面的作用，具有重要地位。如《谢新恩》：

> 冉冉秋光留不住，满阶红叶暮。又是过重阳，台榭登临处，茱萸香坠。　紫菊气飘庭户。晚烟笼细雨。噰噰新雁咽寒声，愁恨年年长相似。

重阳佳节，登高远望，遍插茱萸，是由来已久的传统。李煜由重阳习俗入手，刻画出一幅悲凉的晚秋景致，更引发无限哀婉之情。本词中的香文化，具体到"茱萸香坠"这一重阳节不可或缺的小物件上，绘出一幅重阳秋景图。

再看《一斛珠》：

> 晓妆初过，沉檀轻注些儿个。向人微露丁香颗，一曲清歌，暂引樱桃破。　罗袖裛残殷色可，杯深旋被香醪涴。绣床斜凭娇无那，烂嚼红茸，笑向檀郎唾。

作为李煜描写美人情态意趣的名篇，本词从细节入手，着力描写美人的妆容、举止，并由此表现其心理。而从香文化角度看，本篇所涉包括：用以比美人之口的丁香，美人罗袖上消失殆尽的熏香，美酒所散发出的酒香。将诸多相关元素集于一处，亦可见香文化在李煜生活与创作中深刻的影响。

又如《虞美人》：

　　　风回小院庭芜绿，柳眼春相续。凭阑半日独无言，依旧竹声新月似当年。　　笙歌未散尊前在，池面冰初解。烛明香暗画楼深，满鬓清霜残雪思难任。

晚清词学家谭献（1832—1901）对此词评价极高，指出它与《虞美人》（春花秋月何时了）"二词终当以神品目之。后主之词，足当太白诗篇，高奇无匹"[1]。此首作于在汴京为阶下囚时，纵然春回大地、池冰初解、笙歌未散，词人心中的痛苦和忧思依然深重难解。情因景生，景凄情悲，情景混融，感人至深，誉之"神品"当之无愧[2]。本词对于香文化的描写，集中在"烛明香暗画楼深"一句。夜幕沉沉，画楼幽深，烛明香暗，更衬托出词人"思难任"的忧伤悲苦。

　　李煜的词作还涉及香炉、香灰等香文化的重要元素。香炉一类，如《临江仙》：

　　　樱桃落尽春归去，蝶翻金粉双飞。子规啼月小楼西。画帘珠箔，惆怅捲金泥。　　门巷寂寥人去后，望残烟草低迷。炉香闲袅凤凰儿，空持罗带，回首恨依依。

"凤凰儿"为香炉名称，即前述《清异录》所载"三云凤"。焚香的烟气自凤凰造型的香炉中悠然而出，缭绕而上，袅袅娜娜，与此刻孤寂愁苦的主人公相互映衬。

　　又如香灰一类，有《采桑子》：

　　　亭前春逐红英尽，舞态徘徊，细雨霏微，不放双眉时暂开。　　绿窗冷静芳音断，香印成灰，可奈情怀，欲睡朦胧入梦来。

带有清冷寂寞感的香灰，寄寓着主人公对远人的思念，对往事的追怀。独守窗棂，追怀难遣，思念难耐。正当此时，香已成灰，为那份追怀增一分沉重，为那份思念添一分哀伤。那追怀，那思念，就如同裴波那契数列一

---

❶［清］谭献《复堂词话》，《词话丛编》第 3993 页。
❷ 参见孙克强《清代词学批评史论》，上海古籍出版社，2008 年版，第 217 页。

般，蔓延开来，伴随着纵然成灰，但犹自未散的香气。

李煜其他词作也有咏香语句，如与周后妹的《菩萨蛮》之"蓬莱院闭天台女，画堂昼寝无人语，抛枕翠云光，绣衣闻异香"，《谢新恩》之"东风恼我，才发一襟香"，等等。可以说，香文化浸润着李煜的生活和词作，其词作是了解当时香文化重要的参考材料。"红日已高三丈透，金炉次第添香兽"；"临春谁更飘香屑，醉拍阑干情味切"；"绿窗冷静芳音断，香印成灰，可奈情怀，欲睡朦胧入梦来"等香词，就在李煜熏着香烟、搂着佳人、饮着美酒的半梦半醒状态下写出。尽管《玉树后庭花》这样的亡国之音，绝非李煜所愿闻，但李煜政治上的昏庸、生活上的糜烂，却与陈叔宝有许多惊人的雷同之处，难怪二人最后都做了阶下囚。

李煜绝非有才干、有作为的君主，只是一位富有非凡艺术气质的诗人，历史错误地把他推上帝位，使他成为风雨飘摇中的亡国之君。他的命运之悲惨，正如前人所云——"作个才人真绝代，可怜薄命作君王"❶。这样的喟叹，道出后人的同感：失败的政治家，成功的艺术家。这样的评价，是大家的共识。王国维《人间词话》评："词至李后主而眼界始大，感慨遂深，遂变伶工之词而为士大夫之词"❷，充分肯定李煜的词坛地位及其对词体意境的开拓性贡献。这几首与香密切相关的词作，不仅表现出李煜个人的生活与情思，展现出其风调之高华，更可借以了解香文化在李煜词中留下的痕迹。李煜词本就清便婉转、不事雕琢，结合香文化一道，愈发体现出清香的特征，读来满室清香。千年之下，恍惚之中，读着这些清香满室的咏香词，仿佛可以感受李煜当年"临风飘香屑"的风采。

---

❶ 袁枚《随园诗话》补遗卷三："宋太祖曰：'李煜好个翰林学士，可惜无才作人主耳！'秀才郭麟《南唐杂咏》云：'我思昧昧最神伤，予季归来更断肠。作个才人真绝代，可怜薄命作君王！'"
❷ 陈才智《人间词话译注》，湖南师范大学出版社，2021年版，第54页。

第七章

香残沉水缕烟轻

两宋词之香韵

第一节

香尘满院花如雪：概论两宋词中的香风香韵

香，既是宋词重要的生存环境要素，也是宋词中常用的意象。词体从诞生之日起，即有咏香之作面世，但咏香词的真正繁荣，还是在入宋以后。其繁荣不仅表现在数量的激增上，还反映在咏香词的题材范围更加宽广。《全宋词》中共有咏物词2999首，占《全宋词》21055首的14.24%，所咏事物多达250馀种，其中带有"香"字的宋词，共有6491句。"香"字出现的频率，排在字频表的第13位。两宋词之香韵，宋代香文化的生动写照，也是中国香文化鼎盛于宋的重要标志。

《全宋词》描写的香事多种多样，包括制香、用香、收香、分香等。制香一般分为两个步骤：第一步是炼制香料，将香料炒、焙、蒸、煮，使香料去除烟气，且松脆，便于研末。研末后再根据香的气味和需求配制香料。配制好香料后便可进入第二阶段。第二步是制作成形，将熬过的蜂蜜等作为附着剂，加入香粉中，混合成可塑的混合香料，再根据需要，制作成不同形状的香。制好后，待密封加热使其干燥便可使用。宋词相关的具体描写如下：

【焙香】用微火烘烤香料。焙香的目的，是使香料干燥，一般将其香材放于瓦器类的容器内进行加热，使之干燥。《洪氏香谱·牙香法》："沉香、白檀香、乳香、青桂香、降真香、甲香灰汁煮少时，取出放冷，用甘水浸一宿取出，令焙干。"如黄庭坚《阮郎归》："月团犀腌斗圆方，研膏入焙香。"类似的词汇还有"芳焙"，如周密《朝中措·茉莉拟梦窗》："枕函钗缕，熏篝芳焙，儿女心情。"

【捣香】即春香。香材大小不一，在应用时须根据需要，制成适宜大小。很多香料都要使用揭棒将其捣碎，使形态均匀，如果香品制作得太细则气息不绵长，如果香品制作得太粗则气息不柔和。某些香品诸如水麝、婆律等，需要用单独器具研磨。明周嘉胄《香乘·捣香》云："香不用罗量其精粗，捣之使匀。太细则烟不永，太粗则气不和。若水麝、婆律、硝，别器研之。"李彭老《天香·宛委山房拟赋龙涎香》亦云："捣麝成尘，薰薇注露。"

制作类的香事，还有碎麝、藏白、藏白收香、收香藏白、传香、供香、磨香、埋香、试香、挎香等。

用香包括焚香、熏香。焚香，指在幽室或香闺，于点燃的香炉的银叶或云母片上，放置香品、香料，使之燃烧，散发自然舒缓的香气；熏香，一般是指用香熏染衣物，先将热水放置在熏笼下面，再把衣物覆盖在上面，使衣服沾上湿润之气。熏染结束后，叠好衣物，放入竹制小箱之中，隔一天再穿它，余香不散。例如：

【炷】烧，燃香。如晁元礼《浣溪沙》："懒炷薰炉沈水冷，罢摇纨扇晚凉生。莫将闲事恼卿卿。"曹勋《法曲·歌头》："密奉二经，注香静默。"还有"频炷""旋炷""自炷"等。张纲《浣溪沙·荣国生日四首·四之一》："罗绮争春拥画堂。翠帏深处按笙簧。宝奁频炷郁沈香。"黄升《清平乐·宫词》："一帘暖絮悠网。金炉旋炷沈香。"杨无咎《解连环》："旋暖薰炉，更自炷、龙津双蓐。"

【爇】烧，焚烧。如柳永《送征衣·中吕宫》："望上国，山呼鳌拆，遥爇炉香。"秦观《浣溪沙·五之三》："恼人香爇是龙涎。"蔡伸《瑞鹤仙》："玉貌香谩爇。"

【薰】同"熏"，熏香。如欧阳修《蝶恋花》："旋暖金炉薰蕙藻。"李之仪《水龙吟·中秋》："蕙炉薰、珠帘高挂。"李洪《满庭芳·木犀》："宝鸭休薰百濯。"

用香类的香事，还包括焚香、烧香、涂香、抹香、拈香、捻香、告香、插香、销香、染香、熏染、熏沐、燎香等。

【收香】指香品制作好以后选择适当的容器把香品收藏起来。明周嘉胄《香乘·收香》云："水麝忌暑，波律忌湿，尤宜护持。香虽多，须置之一器，贵时得开阖，可以诊视。"如朱敦儒《念奴娇》："见梅惊笑，问经年何处，收香藏白。"韩淲《好事近》："信道收香藏白，报春风消息。"

【分香】典出曹操临死所留《遗令》："馀香可分与诸夫人，诸舍中无所为，学作履组卖也。"也指宋代曹颖与李英华夫妻事。曹颖从军，英华分香赠别曰："敬授灵香一瓣，有急请爇以告。"❶韩元吉《水龙吟·雨馀叠巘》（书英华事）："问分香旧事，刘郎去后，知谁伴，风前醉。"即专指曹、李故事。又指散发芳香。秦观《望海潮·奴如飞絮》："别来怎表相思，有分香帕子，合数松儿。"贺铸《减字浣溪沙·鼓动城头》："弄影西厢侵户月，分香东畔拂墙花。"何㮚《虞美人·分香帕子》："分香帕子揉兰腻，欲去献殷惠。"侯寘《风入松·少年心醉》："愁夜黛眉颦损，惜归罗帕分香。还指分去芳香，或撷取芳香。"侯寘《朝中措·露英云萼》："分香减翠，殷勤远寄，珍重多情。"万俟咏《恋芳春慢·蜂蕊分香》："蜂蕊分香，燕泥破润，暂寒天气清新。"吴文英《忆旧游》："叹病渴凄凉，分香瘦减，两地看花。"病渴，借指司马相如；分香，借指韩寿。词中都是暗喻本人。分香，还有一层意思，指用手把粘连在一起的香掰开。古代手工制香，香条多粘连一起，干燥之后，需要一支一支地分开。赵彦端《鹊桥仙·江梅仙去》（正月二十二日秀野堂作）："小园幽事，中都风味，斗草分香依旧。"

《全宋词》描写的香木种类也很多，如：

【龙脑】即龙脑香树。属龙脑香科，为名贵香料。如杨无咎《步蟾宫》："忆吾家、妃子旧游，瑞龙脑、暗藏叶底。"莫将《木兰花》："玉龙留住麝脐烟，银漏滴残龙脑水。"

【沉香】产于亚热带的一种香木，木质坚硬而重，黄色，置于水中可沉，故名。如卢祖皋《锦园春三犯·赋牡丹》："碧玉阑干，青油幢幕，沉香庭院。"楼采《玉楼春》："东风破晓寒成阵。曲锁沉香簧语嫩。"

【沉檀】亦作"沈檀"。指沉香木和檀木。二者均为香木。如沈与求

❶［宋］陈鹄《耆旧续闻》卷七，清知不足斋丛书本。

《浣溪沙·和郑庆袭雪中作》："欲把小梅还斗雪，冷香嫌怕乱沈檀。"

【笃耨】亦作"笃禄"。香木名。树如杉桧，羽状复叶，夏日开小花，圆锥花序，切破其莲，则树脂流出，香气浓郁，名笃耨香，可作香料及供药用。如陈亮《桂枝香》："任点取、龙涎笃耨。儿女子看承，万屈千屈。"

【龙香】常绿乔木。高可达 30 米。木材淡黄褐色，细致，有芳香，可提炼芳香剂。也称垂柏。如晏殊《喜迁莺》："金炉暖。龙香远。"吕胜己《谒金门·早梅》："芳信拆，漏泄东君消息。帝殿宝炉烟未熄，龙香飘片白。"

《全宋词》描写的香料，如：

【龙涎香】抹香鲸病胃的分泌物。类似结石，从鲸体内排出，漂浮海面或冲上海岸。为黄、灰乃至黑色的蜡状物质，香气持久，是极名贵的香料。如葛胜仲《蝶恋花》："续寿竞来歌舞院，龙涎香衬鲛绡段。"亦省称"龙涎"，如秦观《浣溪沙》："红绡四角缀金钱，恼人香爇是龙涎。"

【麝香】雄麝脐部香腺中的分泌物。干燥后呈颗粒状或块状，作香料或药用。如刘辰翁《望江南》："麝香荷叶剥鸡头。人在御街游。"也称为"山麝"，如无名氏《小重山》："霜月底，山麝斗微薰。"

【沈麝】亦作"沉麝"。沉香和麝香两种香料。如欧阳修《越溪春》："沈麝不烧金鸭冷，笼月照梨花。"

【冰麝】冰片与广香。如邵叔齐《减兰十梅》："暗香疏影，冰麝萧萧山释静。"

【兰麝】兰与麝香。如陈亚《生查子》："可惜石植裙，兰麝香销半。"

【兰桂】兰和桂。二者皆有异香。如刘将孙《满江红》："泡露兰，啼痕绕，画兰桂，雕香早。"

【脑麝】龙脑与麝香的并称。亦泛指此类香料。赵师侠《南乡子》："应是著工夫。脑麝浓薰费小厨。"

【麝兰】麝香与兰香。如张矩《摸鱼儿》："正莓墙、柳绵低度，枝头红紫飞尽。秾阴涨绿冰钿碎，浥浥麝兰成阵。"

　　《全宋词》描写的香品，即经过蒸煮、炮制等一定工序的处理，混合各种香料，以制作成形态和气息多样的香，如：

　　【百和香】室中燃香，取其芳香除移。为使香味浓郁经久，常常选择多种香料加以配制，称为"百和香"。如张元幹《浣溪沙》："花气薰人百和香。"亦称作"百和"。如毛滂《浣溪沙》："蕙炷犹熏百和穠，兰膏正烂五枝红。"

　　【鹧鸪斑香】从沉水香、蓬莱香及笺香中所得，因其色斑如鹧鸪，故名。如王千秋《临江仙》："柳巷莺啼春未晓，画堂环佩珊珊。熏炉烘暖鹧鸪斑。寿杯须斗酌，舞袖正弓弯。　未说珥貂横玉事，勋名且勒燕然。归来方卜五湖闲。年年花月夜，沉醉绮罗间。"[1]

　　【兰汤】熏香的浴水。兰汤，五月五日以兰汤沐浴[2]。《大戴礼》："浴兰汤兮沐芳梵解。"如贺铸《小重山》(梦草池南壁月堂)："薄晚具兰汤。雪肌英粉腻，更生香。"赵文《玉烛新》："侵晨浅捧兰汤，问堂上萱花，夜来安否。"辛弃疾《虞美人》："露华微渗玉肌香。恰似杨妃初试、出兰汤。"

　　【香兽】指用炭屑匀和香料制成的兽形的炭。如方千里《法曲献仙音》："细副灯花，再添香兽，凄凉洞房朱户。"

　　【香饼】焚香用的炭饼。如赵长卿《菩萨蛮》："宝奁金鸭冷。重唤烧香饼。著意炼龙涎。纤纤手逴烟。"也指用香料制成的小饼，可以佩带，也可以焚烧。如苏轼《蝶恋花·密州上元》："看分香饼，黄金缕，密云龙。"

　　【水沉】用沉香制成的香。如张侃《秦楼月》："冰肌削。水沉香透胭脂萼。"李从周《谒金门》："消尽水沉金鸭，写尽杏笺红蜡。"

　　其他香品还有艾炷、暗麝、宝熏、宝薰、宝香、宝篆、宝层、宝炷、宝妆筑、柏麝、倍香、鼻端香、冰脑、碧脑、晨香、寸许香、残麝、愁香、沈篆、沈炷、檀炷、丹筑碧、窦家香、鼎篆、繁香、瑞脑香、芳炷、返魂香、梵香、簧香、国里香、国香、古篆、龟篆、寒灰、和香、蕙炷、

---

[1]《全宋词》第 1475 页。
[2] 陈敬《陈氏香谱》卷四，周嘉胄《香乘》卷九。

⊙图表 31　水沉（日本法隆寺藏）

韩香、红兽、蕙香、锦香篝、锦香、笼香、龙饼、龙麝饼、龙沫、龙脑水、令君香、龙香饼、兰煤、兰炷、冷麝、冷篆、螺香、眠香、名熏、木樨沈、蜜沈、迷香、暖麝、浓香、檀灰、暖香、囊香、浓麝、破鼻香、片脑、琼香、奇香、曲篆、七香珠、七香车、兽炭、十香、麝水、麝尘、麝煤、水香、兽香、舒香、寿香、兽煤、水沈香、俗香、檀筑、汤香、檀煤、天香、晚香、微香、舞香、香线、香沈、香饼、香水、香兽、香炷、香汤、香煤、香蓄、香瘢、香篆、香麝、香球、心香、心字香、薰香、篆香、小篆香、小篆、细香、绣香、袅檀、小炷、熏麝、鸦条、衣麝、玉香球、云篆、异香、玉团香、夜香、异域香、玉麟香、麝香、紫香、脂香等。

《全宋词》描写的香具，即焚香、烧香时所使用的器具等，如：

【博山】博山炉。又名熏炉，因炉盖上的造型似传闻中的海中名山博山而得名。也作为名贵香炉的代称。如毛滂《感皇恩·镇江待闸》："宝熏浓炷，人共博山烟瘦。"吕胜己《木兰花慢》："无言凭燕几，爱香袅、博山炉。"

【金猊】香炉的一种。炉盖作狻猊形，空腹。焚香时，烟从口出。如李流谦《感皇恩·无害弟生朝作》："三尺金猊麝微喷。百花香暖，酿作九霞仙酝。"张矩《烛影摇红》："更何须、金猊烟暖。"

【熏篝】即熏笼。一种覆盖于火炉上供熏香、供暖用的器物。如仇远《忆旧游》："被池半卷红浪，衣冷覆熏篝。"毛滂《浣溪沙》："瑶瓮字堆春这里，锦屏屈曲梦谁边。熏笼香暖索衣添。"

【香囊】又称作香袋、花囊，也名荷包。大部分是用丝绸等纺织品缝制而成的形状各异、大小不一的小绣囊。有少数香囊是选用金属、竹木、石质等材料制作而成，里面可以放置香气浓烈的干香花草或香粉等各种香料或香品。有多数香囊是两片相合中间镂空，也有的是中间镂空并缩口，但都必须有个小孔，以利于香味散发。香囊的顶部一般有便于悬挂的丝线，下部也一般系有细绳丝线彩缕或珠宝流苏，用于装饰，有助于审美愉悦。如王观《临江仙·离怀》："绣屏珠箔绮香囊。酒深歌拍缓，愁入翠眉长。"

【袖炉】用于熏衣和烤手的一种小烘炉。如吴文英《夜游宫》:"袖炉香,倩东风,与吹透。"

其他香具还有宝猊、宝炉、宝奁、宝鸭、宝查、宝鼎、宝狻、百和炉、残炉、沈水瓶、翠囊、翠筒、翠鼎、蕙炉、惠炉、黄金兽、金兽、金炉、金鸭、金鸭炉、金鸭香炉、金虬、金球、金博山、金鼎、金篝、九鼎、炉猊、炉兽、蟠叆、兰斛、眠鸭、囊熏、猊金、鹤炉、鹤尾、鹤尾炉、虬尾、瑞炉、瑞笼、瑞兽、瑞鸭、睡鸭、麝炉、麝囊、睡鸭炉、兽炉、兽金、狻猊、熏炉、熏篝、熏奁、熏笼、熏虬、香猊、香囊、香案、香鸭、香篆盘、香叆、香篝、香鼎、香斗、香盘、香笼、香包、香筒、香兽、香几、袖笼、绣囊、袖炉、玉鸭、玉猊、玉鼎、玉篝、鸭炉、雁炉、银鸭、银叶、篆鼎等。

《全宋词》描写的焚香或熏香时所呈现的情状、作用,以及带给人的感受,如:

【芬馥】香气浓郁。典出晋·左思《吴都赋》:"光色炫晃,芬馥肸蠁。"《方言》曰:"芬馥,色盛香散状。"郑元秀《满江红》:"见说道、宓堂深处,宝香芬馥。"蔡伸《六幺令》:"此际魂清梦冷,绣被香芬馥。"张抡《醉落魄》:"按金弄玉香芬馥。"

【郁郁】香气浓盛貌。典出《楚辞·九章·思美人》:"纷郁郁其远蒸兮,满内而外扬。"《后汉书·冯衍传下》:"光扈扈而炀耀兮,纷郁郁而畅美。"李贤注:"郁郁,香气也。"向子諲《鹧鸪天》:"香郁郁,思悠悠。几年魂梦绕江头。今朝得到芳林醉,白发相看万事休。"姚述尧《丑奴儿》:"晓来佳气穿帘幕,郁郁葱葱。宝鸭烟浓。戏彩庭前玉树丛。"

【旖旎】多盛美好貌。典出《楚辞·九辩》:"窃悲夫惠华之曾敷兮,纷旖旎乎都房。"王逸注:"旖旎:盛貌。"王安中《蝶恋花·高奇是腊梅》:"百和薰肌香旖旎。仙裳应渍蔷薇水。"蒲宗孟《望梅花》:"自有清香旖旎。"徐俯《鹧鸪天》:"香旖旎,酒氤氲。多情生怕落纷纷。"

其他还有袅袅、楚楚、沈沈、葱茜、馥馥、馥郁、缭绕、旎旎、袭袭、苒苒、冉冉、氤氲等。

　　香与宋代文人的习性可谓天生气味相投。尚雅的风尚，美好的品性，高洁的情志，都可以用这种付之鼻观的物质来加以表现。香意象的表现，还常常与其他意象相互叠加，对宋人的词境产生影响。例如，缭绕的香气，与杨柳、芳草的风烟组合相接，牵惹出词人惆怅的心绪。与亭台栏杆组合，营造出富贵幽洁的居处环境；与帘幕意象组合，重重帘幕为香气的发散流动创造出典型的空间，让词人的情感在帘卷帘垂之际，随着香气流入读者心中。又如，香与夜意象的组合。夜幕降临，为香气的流动提供别样的氛围，从黄昏到深夜，随着黑暗的逐渐蔓延，词人的感情也与空气中的暗香一样活跃起来。香气的流动，为清冷的黑夜增添了一丝暖意。另外，香意象有时又与衾枕衣袖等组合在一起。衾枕衣袖是香气最容易附着的物品，只要闻到衣袖、衾枕上所留下的一缕残香，就能联想到曾经发生的爱情故事，感受到词人内心对于感情的眷念。这些组合的香意象，从不同的视角给宋词带来朦胧之美，增添流动之美。

　　宋词中的香意象，在两种场合出现较多。一种是日常生活的洞房与香闺，另一种是华丽堂皇的庆典与宴会。居室燕寝，香氛最不可少。"燕寝凝清香"，韦应物《郡斋雨中与诸文士燕集》中的这句诗，凝而成为宋词中"燕寝凝香"的典故。如贺铸《寒松叹》（鹊惊桥断）所云"园林幂翠，燕寝凝香。华池缭绕飞廊"，用此典描绘佳人所居，环境幽雅。张元幹《瑞鹤仙·寿》"喜西园放钥。对燕寝香润，棠阴寒薄"，用此典描绘寿主的家园。陈士豪《沁园春·寿胡守》"雌堂玉暖吴娃。向燕寝香中早放衙"，用苏州刺史韦应物诗语，切合胡守身份。无名氏《酹江月·寿史贰卿》"见说燕寝香凝，旌旗微动，猎猎薰风入"，用此典叙写寿主史氏出任州郡长官。

　　贵重的香炉，珍奇的香料，沁人心脾的香气，缭绕的香烟，总是能营造出一种富贵、高雅、温暖、欢庆的气氛，如米芾《诉衷情》"绣阁华堂嘉会，齐拜玉炉烟"，晁补之《凤箫吟》"香浓。博山沈水，小楼清旦，佳气葱葱"，晏殊《望仙门》"博山炉暖泛浓香。泛浓香。为寿百千长"。在文人士大夫的游宴活动中，香也扮演着一个不可缺少的角色："明烛薰炉香暖，深劝金杯"（王益柔《喜长新》）；"兰堂风软，金炉香暖，新曲动帘帷"（晏殊《少年游》）。在文人雅士参与下，香是必备之物："麝发雕炉小袖笼，天教我辈此时同"（赵令畤《鹧鸪天·蓝良辅知倅·舟中晚坐会上作》）。

宋词惯写相思柔情。相思情事发生的场所，不管是热闹宴会上的偶然相遇，还是在春色洋溢的洞房的相聚，都离不开"香"这一引逗情丝、营造气氛的工具。情人别后，相似的情景，氤氲如昨的香气，最能勾起对往事的回忆，请看曹勋《念奴娇》：

> 半阴未雨，洞房深、门掩清润芳晨。古鼎金炉，烟细细，飞起一缕轻云。罗绮娇春。争拢翠袖，笑语惹兰芬。歌筵初罢，最宜斗帐黄昏。　　楼上念远佳人。心随沈水，学兰炷俱焚。事与人非，争似此、些子香气常存。记得临分。罗巾馀赠，尽日把浓熏。一回开看，一回肠断重闻。❶

每当闻到依约似往昔的香气，便想起那时心动情景，对比今天的寂寞，更觉相思之苦。可以说，在宋词中，对情事的回忆总是伴随着燃烧的香影，或温柔如"调宝瑟，拨金猊。那时同唱鹧鸪词"（周紫芝《鹧鸪天》），或欢快如"夜静拥炉熏督褥，月明飞棹采芙蓉"（蔡伸《浣溪沙》）。

在这样的心理背景下，香的存在，往往暗示着情爱故事的发生，如晁端礼《浣溪沙》："碧桃花落乱浮杯。满身罗绮裹香煤。"虽然词人在下阕没有明确写到情事，但一句"满身罗绮裹香煤"，已含蓄地影射了可能发生的事情。

香的燃烧，伴随着爱情的发生，香的消散，又伴随着爱情的破灭。当远别的情人再度重逢之际，炉中香再次温暖燃起：

> 香炉重燃鸂鶒，罗衾再拂鸳鸯。今宵应解话愁肠。指点尘生绣帐。（晁端礼《西江月》）

---

❶《全宋词》第1237页。

在宋词中，情事的发生、中断与重接，常常伴随着香的燃起、烧尽和重温，于是香成为爱情的象征物。词中所写情事虽然琐屑细微，但往往托喻深沉，以小见大。由于古代交通通信的不发达，情人别后总是要经历长久的等待，音信暌隔，归期遥遥，倚楼而望的思妇尝尽了"过尽千帆皆不是"的失望与哀愁。

> 东风歇。香尘满院花如雪。花如雪。看看又是，黄昏时节。
> 无言独自添香鸭。相思情绪无人说。无人说。照人只有，西楼斜月。
> （周紫芝《秦楼月》）

由于"相思情绪无人说"，只好"无言独自添香鸭"，相似的香气，是联系昨梦前尘的纽带，相思无人可说，只能频频添香，希冀在香烟中重现昔日情事。环境是寂寞的，感情是坚贞的。其不被人理解，仍独自焚香，维护着居室与服饰的香洁，不正是不被世俗所容的高洁之士修身立世风标的写照吗？

"春浅锦屏寒，麝煤金博山。"（张元幹《菩萨蛮》）珍贵的麝香、描金的博山香炉，映衬出主人追求美好的高洁心性，也诉说着她的寂寞与孤独。寂寞的美人添沉焚麝，无需更多的言语表达，读者已经能够体会到她的欲说而难吐的心事，体会到她对爱情的执著。

香烟袅袅，如梦如幻，这一意象所营造的空灵飘渺，包含着巨大的心理诱导。举凡欢乐祥和、相思离别、甜蜜怅惘、坚贞长久，俱可由此生发。况周颐论词讲重拙大，即认为词以表达深厚沉郁的感情为上。"重者，在气格，不在字句"，即以香艳的题材表达深沉的情感、重大的事件。

香的深远比兴意义，在南宋遗民的八首同赋《天香·龙涎香》中发挥到了极致。这八首词收入《乐府补题》，题为"宛委山房拟赋龙涎香"，作者有周密、王沂孙、王易简、李彭老等。其中的代表，当推王沂孙的《天香·龙涎香》：

> 孤峤蟠烟，层涛蜕月，骊宫夜采铅水。讯远槎风，梦深薇露，化
> 作断魂心字。红瓷候火，还乍识、冰环玉指。一缕萦帘翠影，依稀海

天云气。　　几回婀娇半醉。剪春灯、夜寒花碎。更好故溪飞雪，小窗深闭。荀令如今顿老，总忘却、樽前旧风味。谩惜馀熏，空篝素被。❶

旧说此词是元僧杨琏真伽盗发南宋帝后六陵之事而作。撇开此词所表达的隐含意旨，表面上看，所描写的就是龙涎香的采集、制作、焚烧过程，以及香氛。在此基础之上，才是以龙涎香为喻，暗指宋帝陵墓被发掘、帝后尸骨被曝事件，寄托亡国臣子的难言之痛。词中兴发的深重情感意蕴，足可以当得一个"重"字。这类咏物词，最大的困境，就是张炎《词源》所云"体认稍真，则拘而不畅；模写差远，则晦而不明"，而咏物词最高的追求，则是沈祥龙《论词随笔》说的"咏物之作，在借物以寓性情，凡身世之感，君国之忧，隐然蕴于其内，斯寄托遥深，非沾沾焉咏一物矣"。而典故，既有可能加剧这困境，破坏这追求，如谢章铤《赌棋山庄词话》卷二所说"彼演肤辞，此征僻典，夸富矜多，味同嚼蜡"；也可缓解困境，注入寄托，如周济《宋四家词选序论》说的"咏物最争托意隶事处，以意贯串，浑化无痕"。《天香·龙涎香》这首词应该属于后者。

其中"化作断魂心字"中的"心字"，指龙涎心字香。绍兴间王灼《糖霜谱》提到"吴氏心字香"，《岭外代答》卷八亦言"番禺人吴宅作心字香"，《坦斋笔衡》则云，"有吴氏者，以香业于五羊城中，以龙涎著名。香有定价，家富，日飨如封君"。可见吴家龙涎心字，是宋人熟知的珍贵香品。为什么叫心字香，杨慎《词品》卷二说"以香末萦篆成心字也"。"化作断魂心字"粗看只像写实，其实里面有典故。《能改斋漫录》卷十六载：一位士人在钱塘江涨桥为狭斜之游，后至河南不返，他的朋友（大概是受人之托）作了一首诗，并附龙涎香，一起寄给他。士人收到后，答诗云："认得吴家心字香，玉窗春梦紫罗囊。馀熏未歇何人许，洗破征衣更断肠。"此事即"断魂心字"所本。大概因为心字香是常见物品，所以很少人注意到这里是在用事，其实在《天香》中，正是有了这个典故的伏线，才有下面"红瓷候火，还乍识、冰环玉指"以及整个下片的接榫。

❶《全宋词》第3352页。

　　总之，宋词中大量出现的香意象，与宋代发达的香文化有着密切的关系。焚香以求雅韵，即把它作为一种生活方式，始自唐代。但这种雅韵风流、充满诗意的香事，被日常化，为普通文士所享用，无疑是在宋朝。与之相应，与其他琳琅满目、缤纷耀眼的香具一样，香炉的集大成也成于两宋，传统式样也多在此际完成它以后的演变，并且新创的形制几乎都成为后世发展变化的样范。在与此相关的香料史中，宋人也刚好是处于承上启下的位置。这个承上启下的位置，我们在与香文化相依偎的宋词里，也可见一斑。宋词里，有时，香象征着富贵祥和的生活；有时，香在爱情相思词中占据重要的角色，具有情事的象征意义。在此基础上，香意象还延伸出坚贞幽洁的比兴意义，对于拓展词境、表现词心发挥着重要作用。

第二节

炉香静逐游丝转：晏殊笔下珠圆玉润的雅香

晏殊（991—1055），字同叔，抚州临川（今属江西）人。14岁以神童召试，15岁特赐同进士出身，初授秘书省正字，久之，擢翰林学士。一生仕途畅达，历真宗、仁宗朝，不断升迁，历居显宦。52岁拜相。青云平步，成为一代名相。54岁以后虽曾几次出镇外州郡，但多是近畿名藩，属于照顾性质。晚年为西京留守，封临淄公。以病归京，卒年65岁。谥元献，后人又称晏元献。

虽然大半生居于中枢宰辅之位，但晏殊的政治才能并不突出，没有像寇准、范仲淹那样的显著政绩，倒是在文化教育和荐拔人才等方面颇有作为。他平生好兴办学校，汲引贤能之士，范仲淹、韩琦、富弼、欧阳修等，都出自他的门下，王安石也受过其奖掖。从游者多文学之士，"宾主相得，日以赋诗饮酒为乐，佳时胜日，未尝辄废也"❶。而且"凡门下客及官属解声韵者悉与之酬和"❷。这些活动对于造成北宋一代词风起了发起与组织的作用。

晏殊工诗善文，生平著述甚富，文集达二百四十卷之多，但绝大多数已失传。存世之作以词为多，也以词的成就最大。其《珠玉词》收词约138首，题材主要是男女情思、离愁别恨、感时伤事，反映出富贵闲适的生活及在这样的环境中所产生的感慨和闲愁。凭着深厚的文化素养和生活情趣，《珠玉词》呈现出一种温婉典雅、和婉明丽的婉约风格，具有鲜明的艺术个性和时代特征：如其题名，呈现出珠圆玉润的特点，是宋初一部

---

❶［宋］叶梦得《石林诗话》，文渊阁四库全书本。

❷［宋］江少虞《新雕皇朝类苑》卷三十五，日本元和七年活字印本。

典范性的词集。因为有这么一部开北宋词风气之先的词集，晏殊被后人誉为北宋倚声家初祖。

《珠玉词》中，"香"气扑面，香袂、香径、玉炉香、花香、浓香、残香等，触目可见，其对于香的喜爱从中可见一斑。这个极富婉约气息的意象，在《珠玉词》中，共出现 62 次。从"香"这一审美意象，足以透视晏殊词的整体风貌和审美品位。其中描写、表现与香熏有关者，最为普遍，多达 20 处，约占总数的三分之一。香炉之中氤氲缭绕的香，是《珠玉词》中的典型意象。

其一是写香料。如《喜迁莺·歌敛黛》"龙香远，共祝尧龄万万"，写龙涎香；《浣溪沙·宿酒才醒厌玉卮》"宿酒才醒厌玉卮，水沈香冷懒熏衣"，写沉香。

其二是写香烛，如《喜迁莺·烛飘花》"烛飘花，香掩烬，中夜酒初醒。画楼残点两三声"，《红窗听·记得香闺临别语》"依前是、银屏画烛"。

其三是写香炷，如《殢人娇·玉树微凉》"香炷远、同祝寿期无限"，《蝶恋花·紫菊初生朱槿坠》"绣幕卷波香引穗"，《踏莎行·细草愁烟》"带缓罗衣，香残蕙炷"，《拂霓裳·庆生辰》"一声檀板动，一炷蕙香焚"。

其四是写香熏或焚香烧香时，散发的香烟、香气或香雾。如《踏莎行·小径红稀》"炉香静逐游丝转"，《喜迁莺·曙河低》"人人如意祝炉香，为寿百千长"，炉香，指炉中焚香的烟缕。《蝶恋花·南雁依稀回侧阵》"炉香卷穗灯生晕"，《连理枝·绿树莺声老》"况兰堂逢著寿筵开，见炉香缥缈"，《破阵子·海上蟠桃易熟》"熏炉尽日生烟"，《点绛唇·露下风高》"炉烟起。断肠声里。敛尽双蛾翠"，指的都是香料焚燃时袅袅飘散的烟雾。

其五是写不同种类的香炉。如《望仙门·玉壶清漏起微凉》"博山炉暖泛浓香。泛浓香。为寿百千长"，写博山炉。《燕归梁·金鸭香炉起瑞烟》"金鸭香炉起瑞烟。呈妙舞开筵"，《连理枝·玉宇秋风至》"金鸭飘香细"，《诉衷情·世间荣贵月中人》"金鸭炉香，岁岁长新"，写金鸭炉。《殢人娇·一叶秋高》"帘影动、鹊炉香细"，写鹊炉。《燕归梁·双燕归飞绕画堂》"人人心在玉炉香。庆佳会、祝延长"，《喜迁莺·风转蕙》"千官心在玉炉香。圣寿祝天长",《更漏子·雪藏梅》"金盏酒,玉炉香,任他红日长",《浣溪沙·湖上西风急暮蝉》"入朝须近玉炉烟",《诉衷情·秋风吹绽北池莲》"画堂今日嘉会,齐拜玉炉烟",写玉炉。《少年游·芙蓉花发去年枝》"兰堂风软,金炉香暖",《喜迁莺·歌敛黛》"金炉暖,龙香远",《长生乐·玉露金风月正圆》"欢声喜色,同入金炉泛浓烟",写金炉。

其六是以"香"写人。如《点绛唇·露下风高》"天外行云,欲去凝香袂",《更漏子·菊花残》"蜀弦高,羌管脆。慢飚舞娥香袂",《秋蕊香·向晓雪花呈瑞》"萧娘敛尽双蛾翠,回香袂",都写到染上香气的衣袖"香袂"。其他与人有关者,还有《浣溪沙·玉碗冰寒滴露华》"粉融香雪透轻纱",以"香雪"写女子肌肤的洁白芳香,同时吐露出高雅的气质;《踏莎行·祖席离歌》"祖席离歌,长亭别宴。香尘已隔犹回面",香尘者,芳香之尘也。多指女子之步履而起者。语出晋王嘉《拾遗记·晋时事》:"(石崇)又屑沉水之香如尘末,布象床上,使所爱者践之。"沈佺期《洛阳道》诗曾云:"行乐归恒晚,香尘扑地遥。"

其七是以"香"写景。最有名者,是以香写小径的"小园香径独徘徊",见于《浣溪沙》,其全篇云:

> 一曲新词酒一杯,去年天气旧亭台。夕阳西下几时回? 无可奈何花落去,似曾相识燕归来。小园香径独徘徊。❶

春回大地,候鸟北归,那些去年似曾相识的燕子又翩翩飞来。春红飘落,故燕重归,春光将逝,而人力无法挽回。那满地落英,浸润得园径馨香,更使人留恋春光,不忍离去。独自一人徘徊在香气弥漫的小园石径上,心底不由泛起一丝凄婉的愁绪。

香径,有时特指江苏吴县西南香山附近的采香径。据范成大《吴郡志》,吴王夫差种香于香山,使美人泛舟于溪以采香。从灵岩寺望去,采香径笔直如箭,故又俗名箭径。柳永《木兰花慢·古繁华》:"近香径处,

---

❶《全宋词》第89页。

聚莲娃钓叟簇汀州。"这里应该是泛指路旁长满鲜花香草，或散发着落花馨香的小路。"小园香径独徘徊"一句，借庭院落花之景，表达怅然若失之感。"香径"或实或虚，均意在写落英缤纷艳春将尽之景，表达对故人的流连之情，"独"字点明词人的满怀孤寂，在前句燕子归来的反衬下，写燕归人不归的凄凉，表现出缠绵的情致，不知是否借鉴自温庭筠《咏春幡》中的诗句"玉钗风不定，香步独徘徊"❶。

不同于一般的伤春惜时之作，此词不但借回归的燕子写春天，用香径写出春风吹落花，婉曲巧妙，含蓄真切，而且善于以理节情，在对物兴感中，融入对人生的感悟，曲折表达惜春之情和怀旧之思，创造出情中有思的意境，渗透着一种澄澈圆融的理性观照。其中的"无可奈何"一联，好处不单单是属对工巧流利，更在于感叹时光易逝，表现悼春惜春的绵邈心绪，以有限的生命来体察无穷的宇宙，把人生放到广袤的时空中来思考，透射出对人生价值的反省，但其中只有淡淡的忧愁，深挚却又自然，无愧为历代传诵的警句。

其八是以"香"写物。原本无情感色彩的物体，因为"香"的介入，不再是纯粹的客体，而是具有了温润可人的生命质感，投射出情感的色彩。如《诉衷情·东风杨柳欲青青》中"恼他香阁浓睡"，写香阁；《红窗听·记得香闺临别语》，《踏莎行·碧海无波》"绮席凝尘，香闺掩雾"，写香闺；《玉堂春·帝城春暖》中"宝马香车，欲傍西池看"，以香车指华美的车马；《诉衷情·青梅煮酒斗时新》中"回绣袂，展香茵，叙情亲"，写香茵，即美艳的坐垫或坐褥，典出唐段成式《酉阳杂俎》："良久，妓女十馀，排大门而入，轻绡翠翘，艳冶绝世。有从者具香茵，列坐月中。"❷

也有以"香"直接描写各种花或者花的香气，共出现过 19 处，仅次于熏香类。荷花之香，共 8 处，集中在《渔家傲》这一词牌。《珠玉词》里的十四首《渔家傲》，是一组鼓子词，皆咏荷花，作于仁宗庆历四年（1044）至七年。当时晏殊蛰居颍州，在西湖游赏时，有感而发。在这组

❶《全唐诗》卷五七七。

❷ 段成式《酉阳杂俎》"续集·支诺皋上"，方南生点校，中华书局，1981 年版，第 205 页。

词里，共有 7 处描写荷花之香——"杨柳风前香百步"，"风翻露飐香成阵"，"叶软香清无限好"，"绿柄嫩香频采摘"，"天丝不断清香透"，"一霎雨声香四散"，"谁傍暗香轻采摘"，皆重在表现荷花的清香扑鼻。除此之外，《浣溪沙·杨柳阴中驻彩旌》"芰荷香里劝金觥"，也是描写荷花之香。梅花之香，共 3 处。《胡捣练·小桃花与早梅花》中"朵朵秾香堪惜"，描写梅花与桃花；《秋蕊香·梅蕊雪残香瘦》中，香瘦指梅花香气之清淡；《玉堂春·后园春早》中"数树寒梅，欲绽香英"，描写寒梅绽香。

此外，还有描写其他花所散发的香味。如《浣溪沙·红蓼花香夹岸稠》"红蓼花香夹岸稠"，描写红蓼花。《诉衷情·芙蓉金菊斗馨香》，描写芙蓉、菊花之香，词中写到"远村秋色如画，红树间疏黄"，"流水淡，碧天长。路茫茫。凭高目断，鸿雁来时，无限思量"，笔笔含情，境界不同往常地阔大起来，字里行间，流溢出难以言传的遐思。又如《破阵子·忆得去年今日》"共折香英泛酒卮"，《睿恩新·红丝一曲傍阶砌》"剪鲛绡、碎作香英"，香英指香花。《酒泉子·春色初来》"恋香枝"，"香枝"指花枝。《雨中花·剪翠妆红欲就》"折得清香满袖"，《玉堂春·斗城池馆》"小槛朱栏回倚，千花浓露香"，《浣溪沙·绿叶红花媚晓烟》"可惜异香珠箔外"，则泛写花香。

写酒香者，如《酒泉子·三月暖风》"若有一杯香桂酒"，写到金桂酒香；《少年游·谢家庭槛晓无尘》"榴花一盏浓香满"，写到榴花酒香；《浣溪沙·青杏园林煮酒香》，写到青梅酒香。

晏殊的咏香之作，如此丰富，反映出其独特的审美意蕴。作为太平宰相，晏殊生活于北宋前期政通人和之际，富贵而闲适。在日常政务之馀，经常宴乐。《避暑录话》载："晏元宪公虽早富贵，而奉养极约。惟喜宾客，未尝一日不燕饮。而盘馔皆不预办，客至旋营之。顷有苏丞相子容，尝在公幕府见，每有嘉客必留，但人设一空案，一杯，既命酒，果实蔬茹渐至，亦必以歌乐相佐，谈笑杂出，数行之后，案上已灿然矣。稍阑即罢，遣歌乐曰：'汝曹呈艺已遍，吾当呈艺。'乃具笔札，相与赋诗，率以为常。前辈风流，未之有比。"❶ 在这种背景之下，晏殊的作品很少关乎家国

---

❶［宋］叶梦得《避暑录话》卷上，明津逮秘书本。

兴亡的重大题材，也鲜见心系黎民疾苦的厚重情怀，而较多闲适生活的趣味与闲适消遣的场景。

上文所录晏殊咏香之词，多与祝寿有关，如《望仙门·玉壶清漏起微凉》《喜迁莺·曙河低》都是结以"为寿百千长"，《诉衷情·世间荣贵月中人》中云"祝千春。……岁岁长新"，《喜迁莺·风转蕙》结以"圣寿祝天长"，《蝶恋花·紫菊初生朱槿坠》结以"南春祝寿千千岁"，所描写的场景，都极尽华美，词句间洋溢着对富足生活的赞美之情。由此可见，太平盛世中，身居宰相要职的晏殊，安享着富足闲适的生活。

但值得留意的是，晏殊的词作，并未因生活的闲适富足而趋向浮薄平庸。相反，他在作品中表达出一种精神上的追求。如"当歌对酒莫沉吟，人生有限情无限"（《踏莎行·绿树归莺》），而"劝君莫作独醒人，烂醉花间应有数"（《木兰花·燕鸿过后莺归去》），也并未完全失去清醒。词人在怅惘中，并未熄却对理想的追求。其《木兰花·池塘水绿风微暖》云："当时共我赏花人，点检如今无一半"，这是生命的自警，也是清醒中的悲哀。苏轼《常润道中有怀钱塘寄述古五首》其二云："草长江南莺乱飞，年来事事与心违。花开后院还空落。燕入华堂怪未归。世上功名何日是，樽前点检几人非。"与晏殊词结句同意。对此，清人张宗橚《词林纪事》感叹说："往事关心，人生如梦，每读一过，不禁惘然！"❶

总之，"香"作为《珠玉词》中高频出现的审美意象，既是其富贵闲愁风貌的最佳写照，同时也熔铸着词人对物景、对人生的诗意体悟。在文化意蕴上，体现并代表着北宋文人温润典雅的审美追求。

---

❶ 唐圭璋《宋词三百首笺注》，人民文学出版社，2013 年版，第 20 页。

第三节

香尘染惹垂芳草：柳永笔下绮怨铺染的俗香

柳永（987？—1053？），初名三变，字耆卿，又字景庄，因排行第七，又称柳七，崇安（今属福建）人。幼年和少年在崇安度过，每晚燃烛勤读。青年时从碧水丹山的武夷山走到人声鼎沸的帝都（今河南开封）。在光怪陆离的汴梁城，骨子里多情浪漫的柳永被青楼歌馆里的歌妓吸引，在风月场上流连，与乐工妓女为伍，过起风流才子的生活。他也曾赴科举，但被黜落。于是在词中狂傲地吐槽："黄金榜上。偶失龙头望。明代暂遗贤，如何向。未遂风云便，争不恣狂荡。何须论得丧。才子词人，自是白衣卿相。　　烟花巷陌，依约丹青屏障。幸有意中人，堪寻访。且恁偎红倚翠，风流事、平生畅。青春都一饷。忍把浮名，换了浅斟低唱。"这首《鹤冲天》改变了柳永一生的命运。当他再赴科举，顺利过关，只等皇帝朱笔圈点放榜时，谁知仁宗在名册簿上看到"柳三变"，问道："得非填词柳三变乎？"于是批了四个字："且去填词。"既然想浅斟低唱，还要什么浮名？柳三变也是敢接茬，径自改称"奉旨填词柳三变"。从此毫无拘束，青楼梦好，依红偎翠，为秦楼楚馆度腔填词，成为大宋青楼的无冕代言人。他曾广泛漫游，到过大江南北许多地方。在晏殊任宰相时，他曾去干谒。晏殊说："贤俊作曲子么？"柳三变说："只如相公亦作曲子。"晏殊说："殊虽作曲子，不曾道'彩线慵拈伴伊坐'。"[1]仁宗景祐元年（1034），改名永，方考中进士。以后做过睦州团练推官、余杭令、定海晓峰盐场监官、泗州判官。皇祐中，迁屯田员外郎，世称柳屯田。不久，

---

[1] [宋] 张舜民《画墁录》。晏殊提到的句子，出自柳永《定风波》词，写一位民间女子对外出不归的丈夫的怨恨之情，表情方式俚浅直露，是柳永俗词的代表作。

因作《醉蓬莱》词忤旨，仁宗将其稿投掷于地，自此不复用，流落不偶。死之日，家无馀财，贫不能葬，群妓合金葬之。每到清明，远近之人，多携带酒肴，来柳永墓凭吊，谓之"吊柳会""吊柳七"，成为风俗，所谓"上风流冢"，高宗南渡之后，此风方止。

在北宋著名词人中，柳永官位最低，但他却以毕生精力从事词的创作，是北宋第一个专业词人，其风流的词句和优美的音律，征服了宋代大众文化领域，从文人雅士到市民村夫，覆盖官家和民间各种歌舞晚会。繁盛的都市是他的天堂，平凡的市井是他的土壤。那些靡靡艳歌，在秦楼楚馆，酒宴舞席的演唱环境中诞生，在朱唇皓齿和轻音慢声中传播，伴随着词、乐、声、舞等多种艺术形式的整合，依靠着歌妓色艺俱佳的表演，柳词不翼而飞，传遍大江南北。在官场惨败的柳三变，在市井红尘中得到补偿。许多歌妓以认识他为荣，他是"花间皇帝"，堪称宋朝的大众情人。叶梦得《避暑录话》卷下说："柳耆卿为举子时，多游狭邪，善为歌辞，教坊乐工，每得新腔必求永为辞，始行于世。于是声传一时。余仕丹徒，尝见一西夏归朝官云：'凡有井水饮处，即能歌柳词。'"其传播之广、影响之大，在北宋词人中首屈一指。《后山诗话》说柳词"天下咏之"，《能改斋漫录》说柳词曾"传播四方"。直到金元院本、话本、戏文、杂剧中，还有不少以柳永事迹作为题材的作品，可见他是有较大社会影响和广泛接受者的作家。

现存《乐章集》一卷，存词212首，多半为长调慢词。作为词史上第一个大量创作慢词的词人，柳永笔下出现"香"的次数高达70多次，占总集的三分之一以上，这绝非偶然。他的词作中既有自然植物芳香，包括花香、草香等；物品之香，包括熏香、焚香、酒香等；还有闺阁中女人之香，包括香云、香靥、香粉等。柳永中"香"意象蕴含有不同的审美意蕴，是形成其婉约词风的一个重要原因，折射出柳永独特的审美趣味和审美人生。

一　自然美景及帝都盛况之香

柳词以俗为主，《四库全书总目》评价："词自晚唐五代以来，以清切婉丽为宗。至柳永而一变，如诗家之有白居易。"但柳词也不乏清新高雅之作。像《八声甘州》"霜风凄紧，关河冷落，残照当楼"，即不减唐人高处。近人夏敬观《手评乐章集》评论说："耆卿词，当分雅、俚二类。雅词用六朝小品文赋作法，层层铺叙，情景兼容，一笔到底，始终不懈。俚词袭五代淫诐之风气，开金、元曲子之先声，比于里巷歌谣，亦复自成一格。"柳词咏物题材颇多，赞美自然风光，盛世之景是其中重要一脉，可以看出柳永的世俗之乐的审美情怀。在这方面，可以分为自然之香、淑气之香、食物之香。

自然之香：花香、芰荷香、香尘

柳永词，写花香之作只有两首，都是写菊花。一首是《受恩深》，词中开篇写道："雅致装庭宇。黄花开淡泞。细香明艳尽天与。助秀色堪餐，向晓自有真珠露。"以疏笔淡墨状物，极赞菊花的淡雅和独步深秋的标格。在词人笔下，菊花以其淡雅明净的色调，装点着屋宇庭院。那淡淡的清香，洁净美丽的颜色，都是上天赋予。清晨，菊花的花瓣上，凝结着珍珠般晶莹圆润的露珠，美丽动人，秀色可餐。"向晓自有真珠露"一句，乃特写镜头，如一幅小小的油画，画面上凝露的菊花，袅袅婷婷，妙不可言。

另一首是《应天长》（残蝉渐绝），描写重阳风露凄清的菊色，其中写道："东篱霜乍结。绽金蕊、嫩香堪折。"活用陶渊明爱菊之典故，《饮酒》（其一）："采菊东篱下，悠然见南山。"菊花之于文人，象征淡泊清高。词借菊花抒写久历尘世劳累、仕途坎坷之后的超越之情，有超脱世俗的享受，要尽情饮酒听歌赏舞，要及时行乐，但已超脱仕宦的羁绊。这种超脱不同于一般传统的文人超脱——或隐逸山林看破红尘、或辞官归乡不问政事，而是归于世俗生活之乐。

花香之外的芰荷香和香尘。《如鱼水》："轻霭浮空，乱峰倒影，潋滟十里银塘。绕岸垂杨。红楼朱阁相望。芰荷香。"芰荷之芰，指菱。四角曰芰，两角曰菱。屈原《离骚》云："制芰荷以为衣兮，集芙蓉以为裳。"此词主要描绘优美清雅的自然风光和社会风情，而联系全篇，则是意在赞美地方长官的功劳和政绩。《满朝欢》："烟轻昼永，引莺啭上林，鱼游灵沼。巷陌乍晴，香尘染惹，垂杨芳草。"写词人在重游京都时被春光吸引。城中的大街小巷刚刚迎来雨后的阳光，两边垂柳飘拂，芳草萋萋，花香四溢，整个巷陌充满香气，京城的春天充满生机。《柳初新》："遍九陌、相将游冶。骤香尘、宝鞍骄马。"景祐元年中进士时所作。词中有对春光的描绘，这种赞美因为有了新科进士的得意而使春光魅力倍增。"骤香尘、宝鞍骄马"，生动刻画出新进士在骑马逛街时的得意神态与喜悦之情。他们一起骑上高头大马，驰遍京城的大道，使京城大道上尘土飞扬。其他描写香尘之作，还有《临江仙》："鸣珂碎撼都门晓，旌幢拥下天人。马摇金辔破香尘。"《长寿乐》："恣游人、无限驰骤，娇马车如水。竞寻芳选胜，归来向晚，起通衢近远，香尘细细。"

淑气之香：椒香、香雾、香炉、香砌、香陌、香径

所谓淑气，指温和之气，或天地间神灵之气。如陆机《悲哉行》诗云："蕙草饶淑气，时鸟多好音。"李世民《春日玄武门宴群臣》诗云："韶光开令序，淑气动芳年。"柳永词中，写到淑气者，如《洞仙歌》："乘兴，闲泛兰舟，渺渺烟波东去。淑气散幽香，满蕙兰汀渚。"其中幽香是指阳春佳节，万物复苏散发的香气。春和日丽，一路前行，那长满水边的兰花蕙草散发着幽香，温柔舒适，氛围令人惬意。为下片写羁旅的愁绪，铺垫以乐景写哀情的伏笔。

真宗大中祥符五年（1012），柳永有《玉楼春》："昭华夜醮连清曙。金殿霓旌笼瑞雾。九枝擎烛灿繁星，百和焚香抽翠缕。　香罗荐地延真驭。万乘凝旒听秘语。卜年无用考灵龟，从此乾坤齐历数。"[1]咏宋真宗亲临金殿设坛，通宵夜醮，迎候仙驾之事。此事发生于大中祥符五年十月十四日，地点为宫中之延恩殿。"真驭"并非泛言仙驾，而指被尊为赵宋圣祖的赵玄朗。"秘语"指真宗亲撰之《圣祖降临记》。首云"昭华夜醮连清曙"，亦此词作于真宗时之一明证。英宗即位之后，当不如此也。因为宋英宗名曙。宋时避君主之讳甚严。全词场面宏大，气氛热烈。焚燃百和香，轻烟缭绕，气氛庄重，但此词尚有言外之意。真宗赵恒一生，除了

---

[1] 顾之京等编著《柳永词新释辑评》，中国书店，2005年版，第20—21页。

在宰相寇准连劝带说挟持下作了一次御驾亲征，即在景德元年（1004）征契丹，打了一次小胜仗，订下"澶渊之盟"外，将精力全用在佞道上。所以柳永这首词对真宗佞道一事颇有微辞❶。

柳永另一首《玉楼春》词，亦同时之作，其中咏椒香，词云："凤楼郁郁呈嘉瑞。降圣覃恩延四裔。醮台清夜洞天严，公宴凌晨箫鼓沸。　保生酒劝椒香腻。延寿带垂金缕细。几行鹓鹭望尧云，齐共南山呼万岁。"❷写夜醮翌日，盛宴宫中，接受朝臣称贺。"降圣覃恩延四裔"，即指赵玄朗降延恩殿一事。词中"延寿带"与"保生酒"，亦为降圣节所奉礼仪中特有之物。保生酒，宋代有保生寿酒。椒香，原指椒的香味。这里指椒酒的香味。古人有将椒实置于酒或酒浆中，献于神或长者，以示敬意的风俗。腻，绵厚。

《御街行》："燔柴烟断星河曙。宝辇回天步。端门羽卫簇雕阑，六乐舜韶先举。鹤书飞下，鸡竿高耸，恩霈均寰寓。　赤霜袍烂飘香雾。喜色成春煦。九仪三事仰天颜，八彩旋生眉宇。椿龄无尽，萝图有庆，常作乾坤主。"❸也是写真宗的祭祀活动。设坛祭天，是古代一种重要的祭祀活动。设燎坛，将玉帛、牲牲同置于积柴之上，焚之，以烟气上达于天。《礼记·祭法》："燔柴于泰坛，祭天也。"北宋初，在汴京城南薰门设泰坛祭祀昊天上帝。此后每三年一享，在冬至日举行，称为南郊。这是宋代最重要的祭祀活动。由于"天书"降世，宋真宗在通常三年一享的郊礼之外，还举行过两次盛大的祭天活动。其中一次是在天禧元年（1017）正月"天书"降世十周年之际，这首《御街行》就是为此次南郊盛典写的颂圣之辞。词中依次叙述了郊礼的三个阶段。上阕"燔柴"两句，言祭天和还宫。"燔柴"是祭天的重要仪式，将牲牲、玉帛一同放在积柴之上，以火焚之使烟气上达于天。依宋制，举行祭礼日，从丑时开始，所以皇帝礼毕乘辇回宫，当在拂晓，这就是词中所述"烟断星河曙"，"宝

❶ 详见吴熊和《柳永与宋真宗"天书"事件》，《吴熊和词学论集》，杭州大学出版社，1999年版。

❷ 顾之京等编著《柳永词新释辑评》，第92—93页。

❸ 顾之京等编著《柳永词新释辑评》，第135—136页。

辇回天步"。"端门"以下，言皇帝还御宫殿正门，仪仗队奏乐，据《周礼·春官·大司乐》，周朝所存六代之乐，相传有黄帝乐《云门》、尧乐《大成》、舜乐《大韶》、汤乐《大横》、武王乐《大武》。皇帝登明德门楼，大赦天下。其中"鹤书""鸡竿"均指肆赦（犹缓刑，赦免）。鹤书飞下，指大赦天下的诏书。据《宋史·礼志》，宋初至真宗时，祭礼毕皇帝还宫，登明德门楼。楼上以朱丝绳贯鹤，仙人乘鹤奉大赦天下的诏书循绳而下，故曰鹤书飞下。又因鹤书为书体名，又名鹤头书或鸽头书，为诏书的字体。鸡竿，制金鸡附于竿端，下赦令时用之❶。"恩沛均寰寓"是颂扬天子的恩泽遍及宇内。下阕写皇帝在宫中接受群臣称贺。"赤霜袍"两句，写皇帝的衣着，脸上的喜色。赤霜袍，传为仙女上元夫人所穿长袍，见《太平御览》卷六七四所引梁陶弘景《真诰》，典出班固《汉武帝内传》（但今本作"青霜袍"），此指皇帝祭天时所穿的绛纱袍。"九仪三事"句写文武百官称贺的场面，指朝中百官。九仪，天子对来朝者按名位不同用九种不同的接待礼节。三事，古称三公。"八彩"句谀颂皇帝有圣王气象。"椿龄"三句则是群臣向皇帝称颂祝寿的套话。萝图，指疆宇。天禧元年，宋真宗正好60岁。既逢"天书"降世十周年，又逢真宗六十大寿，柳永作词以献，并题之为"圣寿"。大凡谀圣之辞，多堆砌辞藻，而少真情实感，这首《御街行》也不例外。不过，柳永毕竟是大家，此词内容上虽无可观，但在表现手法上善于铺陈，长于喜庆气氛的渲染，所叙场面历历如在目前。

《送征衣》："望上国，山呼鳌抃，遥爇炉香。"写宋仁宗祝贺生日寿辰，朝野同庆的庆典场面，赞颂仁宗的诞生使得皇图有继，普天同庆，政通人和。大宋疆域广大，附属国对大宋虔诚礼敬。"山呼"一句，将祝寿场面写得雍容华贵，典雅堂皇。遥爇炉香，是说大宋朝的藩王对宋仁宗的拥戴之诚，他们在遥远的各自领地燃香祝福宋仁宗。

《醉蓬莱》（渐亭皋叶下）是一首为帝王歌功颂德的词，写帝王夜巡，赞美皇家繁华，歌颂天下太平。其中写道"嫩菊黄深，拒霜红浅，近宝阶

❶ 朱德才主编《增订注释全宋词》第1册，文化艺术出版社，1997年版，第22页。

香砌"，"太液波翻，披香帘卷，月明风细"。披香，即披香殿。庾信《春赋》："宜春苑中春已归，披香殿里作春衣。"可见柳永积极的心态，希望进用而奔走，但他终还不失为正派官吏。他在词中多次提到"名宦拘紧"，可见其为官一斑。

《透碧宵》（月华边）赞美京都繁华，歌颂太平盛世，词中写道："太平时、朝野多欢。遍锦街香陌，钧天歌吹，阆苑神仙。"朝廷内外，举国上下，官民同欢，一片歌舞太平景象。锦街香陌，穿戴似锦，香味飘飘，满街巷到处是衣着漂亮的人。神话传说中的钧天广乐，不停地欢吹，响彻京城。京城里的人们像神仙一样，生活得无比美好。

《迎新春》："渐天如水，素月当午。香径里、绝缨掷果无数。"描写北宋京城欢庆元宵佳节的盛况，真实地再现宋仁宗时期承平景象。《木兰花慢》："近香径处，聚莲娃钓叟簇汀洲。"《双声子》："夫差旧国，香径没、徒有荒丘。繁华处，悄无睹，惟闻麋鹿呦呦。"柳词中既有对自然美景的喜爱，流露出其浪漫率真的一面，也有干谒权贵歌功颂世之作，可以看出他对功名的渴求和对政治的热情。

食物之香：酒香

柳词中写酒的不少，但是题材各异，酒在词中的情感色彩亦不相同。有百无聊赖的闲愁之酒，难以诉说的离愁之酒，佳节欢聚的畅怀之酒，还有干谒权贵的祝寿之酒。例如《西江月》："好梦狂随飞絮，闲愁浓，胜香醪。不成雨暮与云朝。又是韶光过了。"闲愁胜香酒，古人喜用酒来消愁，更添一分愁。《望远行》："凝睇。消遣离愁无计。但暗掷、金钗买醉。对好景、空饮香醪，争奈转添珠泪。"《女冠子》："想佳期、容易成辜负。共人人、同上画楼斟香醑。恨花无主。卧象床犀枕，成何情绪。有时魂梦断，半窗残月，透帘穿户。去年今夜，扇儿扇我，情人何处。"《归去来》："初过元宵三五。慵困春情绪。灯月阑珊嬉游处。游尽、厌欢聚。凭仗如花女。持杯谢、酒朋诗侣。徐醒更不禁香醑。歌筵罢、且归去。"

二 绮罗纤艳及闺阁园亭之香

柳永212首词中，情词最多，有130首。情词之中，咏妓词最多，内容包括歌妓形象和心态，及词人同歌妓的关系，其中既有对歌妓容貌体态和舞姿技艺的赞美，也有露骨的情色描写。这样的词作近三分之二，有80多首。这成为柳词一大特色。这一特色来自柳永的真实生活，所以黄昇《花庵词选》评价柳永长于纤艳之词，然多近俚俗，故市井之人悦之。柳永词中，大部分"香"意象来自咏妓词，他不惜笔墨，用大量"香"意象来形容女子，暗指美人，赞美歌女，或芳香美艳，或蕙质兰心，有时用来烘托男女风花雪月之事，构成其词浓烈的香艳之气。

容貌之香：香云、香靥

柳词中多处用香来修饰女子的头发和容貌，表达对歌妓的欣赏。《诗经·鄘风·君子偕老》："鬒发如云，不屑髢也。"古代情人相别，女方常常剪发相赠。柳词《尾犯》（夜雨滴空阶）下片开篇云："佳人应怪我，别后寡信轻诺。记得当初，翦香云为约。甚时向、幽闺深处，按新词、流霞共酌。再同欢笑，肯把金玉珍博。"回忆与佳人分别时，佳人曾剪香发相赠，以为盟约。香云指佳人的秀发。当年佳人曾剪发盟誓，表达一往情深。这一回忆，使作者对两情相悦的爱情充满信心，更使他对两相厮守的生活无限向往。他想象着与恋人一起填词谱曲、浅斟低唱、情投意合的美好未来。类似描写还有《尉迟杯》："风流事、难逢双美。况已断、香云为盟誓。"《洞仙歌》："从来娇纵多猜讶。更对翦香云，须要深心同写。"

靥原指面颊上的微窝，俗称酒窝；后亦泛指面颊，有时也指妇女面部的妆饰。柳词《击梧桐》写道："香靥深深，姿姿媚媚，雅格奇容天与。""姿姿媚媚"，写姿态妖媚。"雅格奇容天与"，写天生气质高雅，容貌出群。《促拍满路花》："香靥融春雪，翠鬓挛秋烟。"刻画美丽容颜。春雪，喻面容白皙滑腻。挛细，垂下。秋烟，与前春雪相对举，喻鬓发之美，乌黑浓密。

美人之香：香雪、香体、倚玉偎香

香雪本指脂粉，此指美人。韦庄《闺怨》云："啼妆晓不乾，素面凝香雪。"柳词《玉楼春》："匆匆纵得邻香雪。窗隔残烟帘映月。别来也拟不思量，争奈馀香犹未歇。"《慢卷袖》："怎生得依前，似恁偎香倚暖，抱着日高犹睡。"《法曲献仙音》："每恨临歧处，正携手、翻成云雨离拆。念倚玉偎香，前事顿轻掷。"《浪淘沙》："再三追思，洞庭深处，几度饮散歌阑，香暖鸳鸯被，岂暂时疏散，费伊心力。"《阳台路》："追念少年时，正恁风帏，倚香偎暖。嬉游惯。"《迎春乐》："良夜永、牵情无计奈。锦被里、馀香犹在。怎得依前灯下，恣意怜娇态。"《离别难》："便因甚、翠弱红衰，缠绵香体，都不胜任。人悄悄，夜沉沉。闭香闺、永弃鸳衾。想娇魂媚魄非远，纵洪都方士也难寻"。《小镇西》："是笑时、媚靥深深，百态千娇，再三偎着，再三香滑。"《塞孤》："相见了、执柔荑，幽会处、偎香雪。"

《西施》："自从回步百花桥。便独处清宵。凤衾鸳枕，何事等闲抛。纵有馀香，也似郎恩爱，向日夜潜消。但看丁香树，渐结尽春梢。"丁香结，即丁香花蕾，喻固结不解之意。如李商隐《带赠二首》其一："芭蕉不展丁香结，同向春风各自愁。"李煜《一斛珠》："沉檀轻注些儿个，向人微露丁香颗。"柳词写歌妓对男子的思念，及思之不得的痛苦。歌妓往往把自己真挚的感情、向往光明的一线希望，寄托在心目中的风流少年身上，但结果常常是一场空。该词以歌女的口气，诉说在情人离去后的心态：思念着他，怨恨着他，猜测着他，期待着他，充满希望，担心，怀疑。通过对歌妓的容貌和生活的描写，既展示歌妓的美丽，也反衬其命运的悲苦，同时渗透着作者深切的同情。

闺阁之香：香衾、香帏、香被、香屏、香阁、香闺

柳词常用"香"来描写闺阁衣物。如《定风波》："自春来、惨绿愁红，芳心是事可可。日上花梢，莺穿柳带，犹压香衾卧。"词以女性口吻来写，表现一个市井妇女对爱情的追求。语言俚俗，近乎口语化，人物形象鲜明，呼之欲出，表现她的敢爱敢恨，大胆活泼，十分生动，接近《敦煌曲子词》中的某些爱情词。

又如《少年游》："世间尤物意中人。轻细好腰身。香帏睡起，发妆酒酽，红脸杏花春。"《菊花新》："欲掩香帏论缱绻。先敛双蛾愁夜短。"此词情色描写比较露骨。《少年游》："薄情漫有归消息，鸳鸯被、半香消。……一生赢得是凄凉。追前事、暗心伤。好天良夜，深屏香被，争忍便相忘。"《十二时》（秋夜）："睡觉来、披衣独坐，万种无憀情意。怎得伊来，重谐云雨，再整馀香被。祝告天发愿，从今永无抛弃。"《长相思》：

"过平康款辔，缓听歌声。风烛荧荧。那人家、未掩香屏。"《集贤宾》："几回饮散良宵永，鸳衾暖、凤枕香浓。算得人间天上，惟有两心同。"《送征衣》："客房饮散帘帷静。拥香衾、欢心称。金炉麝袅青烟，凤帐烛摇红影。无限狂心乘酒兴。"《长寿乐》："解严妆巧笑，取次言谈成娇媚。知几度、密约秦楼尽醉。仍携手，眷恋香衾绣被。"《迷神引》："指归云，仙乡杳、在何处。遥夜香衾暖，算谁与。知他深深约，记得否。"《玉楼春》："别来也拟不思量，争奈馀香犹未歇。"《彩云归》："别来最苦，襟袖依约，尚有馀香。算得伊、鸳衾凤枕，夜永争不思量。牵情处，惟有临歧，一句难忘。"《满江红》："惟有枕前相思泪，背灯弹了依前满。怎忘得、香阁共伊时，嫌更短。"《临江仙引》："香闺别无信息，云愁雨恨难忘。指帝城归路，但烟水茫茫。凝情望断泪眼，尽日独之斜阳。"

柳永的这些俗词艳曲，不免媚俗，流于市井习气，不符合儒家道统，登不上大雅之堂，所以往往为文人士大夫所不齿。可是，文人雅士一方面讥讽、排挤、鄙夷、攻击、指责，以受到其影响为耻，另一方面又忍不住偷偷吟诵，默默传阅，由衷点赞，暗自仿效。柳永大量创作俗词，与其生平经历有莫大关系。他出生官宦之家，却生性浪漫、率真，没有城府，不擅权变，表里如一。同那些世故虚伪的贵族士大夫相比，柳永更具有一颗艺术家的童心，更显得诚实、坦率和本色。柳永一生坎坷不遇，浪子文人，功名无成，在政治上被边缘化，背离儒教，背离政统，背离道统，与这种不合时宜的个性有关。柳永受到上层社会的排斥和轻辱，迫于生活压力，加之对填词的爱好和率真的艺术个性，长期出入于勾栏坊曲，走上一条和歌妓乐工合作的创作道路，因而对下层市民的生活和心态有着亲切的体验。来自民间，挣扎底层，用泪水擦拭灵魂，以思想荡涤世俗，成了柳永唯一的选择。在仕途失意的时候，他混迹到市民堆里，沉迷于烟花丛中，在那里成就了他的文名，成就了他在中国文学史上的地位，他是中国文人中前无古人的类型，一个特殊的代表。

柳永不加掩饰的率真性格，也是宋代市井民众审美心态的真实反映。柳永的作品注重情感的宣泄、个人的喜怒哀乐，这与传统的儒家"乐而不淫，哀而不伤"的思想相违，所以遭受上层统治者的排挤。而人的喜怒哀乐就是合乎人的自然而言，不属道德范畴。狄德罗说过，情感就其本身性质说，是一种既不能说太好，也不能说太坏的因素。情感只有真伪之别，没有好坏之分。俗的文学，是求真的人生，真的情感，真的内心感觉。所以，柳永是位贫民艺术家，柳词在美学上属于俗的范畴，而非雅的范畴。无论是对情感的注重，对真的执着，还是对淋漓发露的表现手法的偏爱，对心灵震颤的艺术效果的追求，柳词都充分体现了俗文学的品格。

三 羁旅行役及离愁思念之香

柳永一生，以中进士为界，分为前后两期。其词的内容，也可以相应分为前后两期。前期多闺门淫亵之语，后期词则多羁旅穷愁之词。他有限的晚岁光阴，大都虚掷在愁苦凄凉的旅途之中。陈振孙评柳词："其词格固不高，而音律谐婉，语意妥帖，承平气象，形容曲尽，尤工于羁旅行役。"[1]柳永后期作品虽多羁旅穷愁之词，但很多词描写与歌妓的情谊，融入自己的羁旅悲苦的感慨。这样就扩大了柳词的审美内容与意境。

"香信"这一意象，透过男女恋情表现作者深沉的生命之忧，从而把生命之悲、秋士易感的悲凉和女性抚慰的温馨结合，重新纳归士大夫生命情感的抒发，表现出一种深远的意境。如《临江仙引》其三："罗袜凌波成旧恨，有谁更赋惊鸿。想媚魂香信，算密锁瑶宫。"

柳词后期作品多羁旅题材，他一生追求功名，却仕途坎坷，知命之年，才得以脱身布衣。但是他的仕途生涯并不顺利，一直困于调遣，薄宦飘零，屡屡登高望远，思念帝京和京中情人，还有家乡的妻子。如《定风波》："何意。绣阁轻抛，锦字难逢，等闲度岁。奈泛泛旅迹，厌厌病绪，迩来谙尽，宦游滋味。此情怀、纵写香笺，凭谁与寄。算孟光、争得知我，继日添憔悴。"《玉蝴蝶》其四："迁延。珊瑚筵上，亲持犀管，旋叠香笺。要索新词，殢人含笑立尊前。接新声、珠喉渐稳，想旧意、波脸增妍。苦留连。凤衾鸳枕，忍负良天。"这些词的结构，正如江苏南通人周曾锦（1882—1921）《卧庐词话》所说："柳耆卿词，大率前遍铺叙景

❶ [宋]陈振孙《直斋书录解题》卷二一，上海古籍出版社，1987年版，第616页。

物，或写羁旅行役，后遍则追忆旧欢，伤离惜别。几于千篇一律，绝少变换，不能自脱窠臼。词格之卑，正不徒杂以鄙俚已也。"❶但是，在主题和内容上，这个本来处于社会边缘的浪子，却是最能感受大宋时代氛围，并为之热情歌唱的人。在柳词中，对北宋初年太平气象的描绘可以说达到极致，没有谁曾像他那样，由衷赞美和歌颂自己所处的盛世。虽然人生异常灰暗，家园阻隔，仕途坎坷，羁旅飘泊，但他的品格，他的情性，却足以使他在那个承平社会中如鱼得水，尽情欢纵。他显然以生活在这样一个太平繁华的时代而满足，而自豪。

综上所述，柳词中，无论自然美景帝都盛况之香，还是绮罗纤艳闺阁园亭之香，抑或羁旅行役离愁思念之香，都是其独特审美情趣的写照。不管是雅词，还是俗词，柳永在宋词发展史上，咏香词的序列中，都占有重要地位。

---

❶ 周曾锦《卧庐词话》，《词话丛编》第5册，第4648页；顾之京等编著《柳永词新释辑评》，第615页。

沉香断续玉炉寒：易安笔下淑静典雅的幽香

中国的女性作家相对要少些，而著名的就更少了，比如李清照（1084—1151？），自号易安居士，济南章丘（今属山东）人，生于历城西南之柳絮泉上。父亲李格非，是北宋著名学者兼文人，母亲王氏为状元王拱辰孙女，知书善文。李易安的一生，既享受过幸福，也饱经苦难。18岁时，易安和情投意合的太学生赵明诚结为伉俪。其后，赵明诚出任莱州、淄州等地太守。闺房绣户成为李易安主要的生活天地，这一时期，美满的爱情是她主要的人生憧憬。夫妇除爱好诗词、时相唱和外，都酷好金石图书，收藏可谓极富，生活也舒心适意。金兵南犯，黄河南北相继沦陷，夫妇二人渡淮南奔。在混乱的局势中，赵明诚接受湖州太守的任命，在赴任途中，不幸中暑染病，逝于建康（今江苏南京）。此后，李易安只身飘泊在杭州、越州（今绍兴）、台州和金华一带，过着难民的生活，晚年景况极为凄凉、困苦。

李易安的著作，在南宋时已刊行包括诗、文在内的《李易安集》和词集《漱玉词》，可惜久已失传；现行《漱玉词》为后人辑录。作为中国文学史上创造力最强、艺术成就最高的女性作家，易安在她的作品中，真挚大胆地表现对爱情的追求，丰富生动地抒写自我的情感世界，其过人之处，在于以细腻的独特感受，把各种细微的情状，借有形有色之物曲折以表，偶拾之物无不成为她深切情感的寄托，无论是小女儿态，还是成熟妇人的情思，都可感可触。这比"男子作闺音"，更为真切自然，深刻改变了男性长期以来独统文坛的格局。

《全宋词》共收易安词52首，绝大部分为抒情词，或展现闺阁闲愁，或表现家国之变，或展现一己之思，或表现种种离愁，诸多意象中，"香"这一凡常的闺阁之物，在易安词中反复出现，成为词人内在情感、灵魂、风骨和精神的体现，有 26 句词中含有"香"字❶。其中有 22 首与用香有关，另有不下 20 首提到与香相关的各种花卉。在中华文学史上，李易安实在可算咏香第一之词家。频率之高，情状之富，都具有典型性。周荣桥《易安香学：李清照的人生和她的中国香》（文汇出版社，2013 年版）从李清照用香的一生，与香有关的词作去解读香文化，同时从用香的角度感知这位无与伦比的女词人。作者认为，李清照是一位像冰片一样清香的女子，全书分为八章，分别是"瑞脑香里，有易安的魂魄"，"熏尽沉香人犹在"，"篆香空，魂亦逝"，"被冷香消魂梦同"，"当年香车宝马，今时帘下徘徊"，"清照香，如寒梅"，"易安节气，常若桂香"，"海棠开败，易安香消"，为了解李清照与香文化打下很好的基础。在此基础上，我们变换一个角度，重点梳理李清照笔下淑静典雅的幽香。

在李易安笔下，香已氤氲为一种明晰可感的意象，她是那么爱香，其香之品类多样，物态多端。其中，词中出现最多的，即《元旦》词所云："瑞脑烟残，沉香火冷。"❷——瑞脑香、沉香这两种香品，乃李易安词中之偏爱。先来看瑞脑香。瑞脑香，一名龙脑香，又名瑞龙脑，名贵异常。传说产于交趾，如蝉蚕形，以龙脑木蒸馏而成，谓之"龙脑"，以示珍贵。李易安《浣溪沙·髻子伤春慵更梳》词中有云："玉鸭熏炉闲瑞脑，朱樱斗帐掩流苏。"❸对室内静物进行悉心描摹：镶嵌着美玉的鸭形熏炉中，闲置着珍贵的龙脑香，懒得去点燃熏香；织有朱红色的、覆盖如斗形的小帐低垂，上面装饰着五色纷披的丝穗。"玉鸭熏炉闲瑞脑"着一"闲"字，大家闺秀的文雅，借助含蓄优雅的笔触表现出来，词人心绪状态亦明晰可见。

《浣溪沙·莫许杯深琥珀浓》词中有"瑞脑香消魂梦断，辟寒金小髻鬟松。醒时空对烛花红"。辟寒金，相传昆明国有一种异鸟，常吐金屑

---

❶ 据南京师范大学《全宋词计算机检索系统》统计。
❷ ［宋］陈元靓《岁时广记》卷四十，清十万卷楼丛书本。
❸ 徐培均《李清照集笺注》，上海古籍出版社，2002 年版，第 70 页。

如粟，铸之可以为器。王嘉《拾遗记》卷七："宫人争以鸟吐之金，用饰钗佩，谓之辟寒金。"这里借指首饰。深闺寂寂，词人欲借酒浇愁，而杯深酒腻，未成沉醉意先融，未醉而意蚀魂消。醉中醒后，晚来风起，香消之时，梦亦恍然惊断。沉睡时金簪已经磨损，未解开的髻鬟也松掉了，显得那么憔悴。炉寒香尽，枕冷衾寒，这时闺人醒了，醒时空对烛花红，犹忆当初一起剪灯花之情景，而现在只有一人独对着烛花，此情此景，人何以堪？

《鹧鸪天·寒日萧萧上琐窗》词云："酒阑更喜团茶苦，梦断偏宜瑞脑香。"写于南渡后，酒意阑珊，悲秋伤时。团茶，一种特制的贵重茶饼。欧阳修《归田录》卷二："茶之品，莫贵于龙凤，谓之团茶，凡八饼重一斤。"酒后喜啜团茶之苦，梦醒爱闻瑞脑之香，借浓酽苦楚的团茶来解酒，熏名贵的瑞脑之香以醒神，氤氲之中，可以感受到故国沦丧、流离失所的悲苦之情，曲折而出，立意奇巧，跌宕有致。

再来看沉香。沉香，又名"沉水香""水沉香"。《太平御览》卷九八二引《南州异物志》："沉水香出日南。欲取，当先斫坏树著也。积久，外皮朽烂。其心至坚者，置水则沉，名沉香。"常说的"沉檀龙麝"之"沉"，就是指沉香。沉香乃正阳之物，厚郁温暖，香品高雅，十分难得，故备受王公贵族和文人墨客的崇尚和喜爱。自汉朝起，沉香就是皇室祭天、祈福、礼佛的重要香材，此后更被升格为众香之首，人称植物中的"钻石"。沉香生长一般需要几十年的时间，极品更需要上百年光景。与檀香不同，沉香并非一种木材，而是一类特殊的香树"结"出，混合了油脂（树脂）成分和木质成分的固态凝聚物。这类香树的木材，本身并无特殊的香味，而且木质较为松软。在常态下，大多数沉香木几乎闻不到香味，而在熏烧时，则香气浓郁，能覆盖其他气味，而且留香时间甚长。定义沉香的标准极其严格。油脂含量高完全沉水者，称为"沉水香"，半沉水称之"栈香"，浮于水面称之"黄熟香"，无油脂含量者，称为"白木香"。其中以"沉水香"为品质最高。

《浣溪沙·淡荡春光寒食天》是建炎三年（1129）寒食节，李易安在江南所作。词中写道："淡荡春光寒食天，玉炉沈水袅残烟。"时令已值暮春，正是"闺中风暖，陌上草熏"的暖风醉人时节，"沈水"，即沉水香。

⊙图表 32　越南顺化栈香

⊙图表 33　越南岘港黄熟香

闺中一股氤氲笼罩，袅袅沉香弥漫其中，词人正欹枕凝神，一幅优雅而静谧的画面，呼之若出。

《孤雁儿·藤床纸帐朝眠起》词中写道：

> 沉香断续玉炉寒，伴我情怀如水。

这首后期词，明为咏梅，暗为悼亡。悼亡的对象是朝廷南迁后不幸病故的爱侣赵明诚，词中寄托着李易安的深挚感情和凄楚哀思。炉寒香断，渲染出一种凄冷的心境，此种心境与"薄雾浓云愁永昼，瑞脑消金兽"所展示的朦胧而甜蜜的早年惆怅迥然相异。屋内寂寂，时间也好似静止一样。女词人备感孤寂，四顾室内，只见玉炉之中，沉香早熄，她无心再续。不光是残灰、寒炉，就连空气，似乎都冰冷凝固，陪伴着她如水一样冰冷的情怀。玉炉后，着一"寒"字，为的是突出环境的凄冷与心境的痛苦。"伴我情怀如水"一句，把悲苦之情，变成具体可感的形象，令人动怀。

《菩萨蛮·风柔日薄春犹早》词中写道："故乡何处是？忘了除非醉。沈水卧时烧，香消酒未消。"[1] 这是李易安晚年的作品，以美好的春色，反衬有家难归的悲凄。词人不知多少次引颈北向，遥望故乡，然故乡邈远，离人难归。只好借酒浇愁，似乎只有醉乡中，才能把故乡忘掉；清醒时，则无时无刻不思乡。在就寝时，点一炉沉香，睡梦中，所烧的沉香，已经燃尽。过了很久，香气已经消散，但酒还未醒，可见这场醉，醉得深沉；"香消酒未消"，句调圆转轻灵，而词意却极其含蓄隽永。

《木兰花令》词云：

> 沉水香消人悄悄，楼上朝来寒料峭。春生南浦水微波，雪满东山
> 风未扫。　　金尊莫诉连壶倒，卷起重帘留晚照。为君欲去更凭栏，
> 人意不如山色好。[2]

---

[1] 徐培均《李清照集笺注》，上海古籍出版社，2002年版，第131页。

[2] 徐培均《李清照集笺注》，第444页。此词未见于《漱玉集》，最早由台湾彰化师范大学黄文吉教授发现，收录于明程敏政《天机馀锦》卷二（台北"国立"中央图书馆藏明抄本），题李易安作，详见其《〈天机馀锦〉见存宋金元词辑佚》，收入《黄文吉词学论集》，学生书局，2003年版，第194页。

此词盖易安屏居青州时，赵明诚外出小别之作。这一时期，明诚屡至齐州附近以及泰山等地访碑考文，虽非远游，亦增怅触。写词以寄此情怀，以此种平常自然之文句道之，不温不火，恰如其分，其风度吐属可赏。上片渲染寒意，既是天气料峭之寒，亦是心中孤清之寒。一夜独眠醒来，"沉水香消"衬出"人悄悄"，悄无声息，分外清寂。下两句用"南浦"之典，暗示"送君南浦，伤如之何"（江淹《别赋》）之意。"东山"句，回想此前夫君出行的途经之地，至今白雪未消，寒气砭人，可见路途之艰辛。因为寒意袭人，于是饮酒，获得些许暖意，乃又平添为君凭栏的兴趣，挽留晚照，遥望夫君。看到晚霞满天，山色耀眼，真是"水光山色与人亲，说不尽，无穷好"（李清照《怨王孙》）。但由于望不见夫君，所以"人意不如山色好"，词人心情兴趣再次低落，在惆怅中收束。

易安咏香词，依香的燃烧状态，可分为冷香与燃香两种，尤以冷香为主。冷香又可细分为两种状态：第一种，香断——香尽，懒得续香；第二种，香闲——香未尽，懒得燃香。这两种状态，从不同侧面表现出词人百无聊赖的神情，复杂矛盾的心理，茫然若失的愁苦情绪。这愁苦的情绪，既有源自内在的忧愁、悲伤心情，也有触景而见的外在凄冷，还有词人出于渲染之需，所刻意营造的悲凉气氛。李易安是宋代词人中集"愁"意象之大成者。她的词作中言"愁"最多，其"愁"也最含分量，最具力度，最有魅力。易安擅用意象来展现愁之种种，闲愁、离愁、家国之愁，这诸多的愁绪，通过燃香之中诸种物态一一予以展现。各种香类，不同物态，构成一个个丰富的意象系列，令人感受到女性词人细腻而复杂的情感体验，体会到她欢乐与凄婉的人生历程。

例如《凤凰台上忆吹箫》，首句"香冷金猊，被翻红浪，起来慵自梳头"，写金色狻猊形状的香炉中，香已燃尽的情景。金猊，狮形金属香炉。明人陆容《菽园杂记》卷二谓："金猊，其形似狮，性好火烟，故立于香炉盖上。"爱香者，爱屋及乌，往往并重香器之观赏价值，每将香炉用金属或陶瓷等做成各种动物造型，使香燃于鸟兽腹内，香烟从鸟兽口中缕缕而出，情趣盎然。宋人陈敬《陈氏香谱》卷四谓："香兽，以涂金为狻猊、麒麟、凫鸭之状，空中以燃香，使烟自口出，以为玩好。"香冷而不续新香，因不忍丈夫离去。慵懒之态，惟妙惟肖，惜别的深情，刻骨铭心的怀念，从中可见。

又如《浣溪沙·髻子伤春慵更梳》"玉鸭熏炉闲瑞脑，朱樱斗帐掩流苏"，其中"玉鸭熏炉"亦为兽熏，指玉制或白瓷制的鸭形香炉。镶嵌着美玉的鸭形熏炉中，放置珍贵的龙脑香。词人懒得去点燃熏香，情态的描摹，含蓄地反衬出内心的凄楚。

再如《念奴娇·春情》"被冷香销新梦觉，不许愁人不起"，这首词作于南渡之前。丈夫赵明诚出仕在外，词人独处深闺，被子是冷的，熏的香气也消散了，好梦更无从继续。可是，不起来又能怎么样呢？这里的"香销"，与梦觉相互映衬，凄清的环境，使人由被冷而感到心冷。被冷香销，与梦断香消一样，都是易安词中触人心魄的著名意象。

除了冷香，还有燃香。燃香的状态，渲染出凄清淡雅的生活环境和词人优雅的生活态度。李易安南渡后的最初几年，心绪顿变，乡愁的抒写，常常曲折多致地吐露于咏香词中。例如《菩萨蛮·归鸿声断残云碧》一词，词中有云："归鸿声断残云碧，背窗雪落炉烟直"，外景辽阔高远，内景狭小静谧，窗外飘下纷纷扬扬的雪花，室内升起一缕炉烟。雪花与炉烟内外映衬，给人以静美之感。"炉烟"着一"直"字形容，鲜明而别致，似乎室内空气完全静止，香烟垂直上升。看似暖意融融，心底却寒意点点。雪花之大，炉烟之轻，暗含心境的愈冷愈空，渲染出一种凄清的气氛。

温庭筠将一股浓浓的暖香融入词中，创造出盈满芬芳的"绮怨"词风，为后世词人的创作提供了一种范式。在他之后的许多词人，从柳永到周邦彦，都继承了这种绮艳之风。这些词中虽然也有真挚的感情表达，但是总觉得不够深沉。这可能与作者的男性身份有关，因为站在旁观者的角度，一般很难表述清楚当局者的感受，尤其是在男尊女卑的时代里，他们所表达出来的哀怨，往往是一种类型化的感情，而非个人亲身体会的情感。在这一点上，身为女子的李易安，比男性词人具备天然的优势。

易安词的最大特色，是开辟了词的微观世界，从极细微处入手，展现

物态，描摹感情。易安词文心之细，充分体现出女性词人和婉约词人独特
的视角与手法。易安拥有过一段刻骨铭心的爱情，在这个过程中经历了爱
情的喜悦、等待的无奈，以及深深的绝望，因此，对于一个女性的无奈与
悲哀，体会至深。李易安词中的香气，是一种发自词人心底的幽香，引领
着读者体会到女词人心底的各种感情。这些感情，比起温庭筠所描述的那
些女子的痴怨，更加深沉真挚。综观《漱玉词》，香在这位女词人笔下，
早已氤氲成明晰可感之意象，这一意象始终陪伴词人左右。姑举名篇《醉
花阴·重阳》为例：

> 薄雾浓云愁永昼，瑞脑消金兽。佳节又重阳，玉枕纱厨，半夜凉
> 初透。　　东篱把酒黄昏后，有暗香盈袖。莫道不消魂，帘卷西风，
> 人比黄花瘦。

这是李易安早期词作的代表。以"重阳"为题，抒写佳节怀人的情思。上
片主要是写情绪的烦闷和心境的凄凉，时间是重阳的前一天，从早起一直
到夜半不眠，这是无聊而慵懒的一天。下片写第二天，也就是重阳过节的
情景。全词通过各种寂寞物象及气氛的渲染，传达出幽细的凄清，离别的
苦楚，相思的深情。笔调淡远有神，含蓄蕴藉，声情双绝，虽愁情满篇，
但自有人性升华之美感。

开篇从早晨写起。雾气蒙蒙，浓云蔽日，一个阴霾的坏天气！这片
薄雾浓云笼罩，使人发愁，而且永昼。永昼，一般形容夏天的白昼。这
首词写的是重阳，即农历九月九日，已到季秋时令，白昼越来越短，还
说"永昼"，显然是词人的心理感觉。时间对于欢乐与愁苦的心境分别具
有相对的意义，在欢乐中时间流逝得快，在愁苦中则感到缓慢。李易安结
婚不久就与丈夫分离两地，难怪感到日长难挨。第二句由室外写至室内。
"瑞脑"，即龙脑，又名瑞龙脑，是一种名贵的香料。"金兽"为兽形铜制
熏香炉。此两句虽为景语，却句句含情，共同幻化为作者耳目身感凄清惨
淡之意境。一缕轻烟，从炉中袅袅升起，百无聊赖的词人枯坐一旁，对着
香炉出神。炉中那绵绵不绝的轻烟，恰似她心中悠悠无尽的情思；眼看着
瑞脑一点一点地消失，时间也一寸一寸烧掉，而这孤寂苦闷的情思却有增

无减。接下去写到晚上。辗转反侧，不能成眠之际，秋意透过帷幕侵入肌肤，顿感一阵寒意。"凉初透"的"凉"字：既是秋意带来的寒冷，也是词人内心之凄凉。这凉，使她想到"佳节又重阳"。"又"字，有惶恐，有埋怨，有无奈，盼望与失望交织，备感其凉如水，道尽离愁别恨。

词的下片，先后借用陶潜《饮酒》诗"采菊东篱下，悠然见南山"，和林逋《山园小梅》咏梅花的名句"疏影横斜水清浅，暗香浮动月黄昏"。黄昏的苍凉，加上脱俗的幽香，这次第，怎一个"愁"字了得！而结末，以破空而来的"莫道不消魂"，把前面多少还含而不露的感情，作了一次总爆发。江淹《别赋》："黯然消魂者，唯别而已矣！""消魂"二字，点破这极度愁苦的情感，正由离别而引起。这句提挈性的话，振起末篇，具有很强的感染力。双重否定的语气，不是出自词中女主人公之口，而是如倩女离魂一般，跳出来，站在第三者的视角，写所见所感，对词中的女主人公，满怀同情，叹出最末三句——秋风掀动门帘，帘中的她，比瘦弱的黄花还要憔悴。宋人程垓《摊破江城子》"人瘦也，比梅花，瘦几分"，是把人与梅花作比；唐人司空图《诗品·典雅》"落花无言，人淡于菊"，则把人与菊花作比。而这里的"人比黄花瘦"，兼取其长，堪与媲美。据说，李易安把这首词寄给丈夫赵明诚，赵叹赏不已，自愧不如，但又想反超。于是，三天三夜，写了五十首同题之词，把李易安这首也杂在其中，请友人陆德夫评赏。陆德夫再三玩味后说，只三句绝佳。这三句正是"莫道不消魂，帘卷西风，人比黄花瘦"[❶]。其所以广泛传诵，备受称赞，一则，以帘外之黄花，与帘内之玉人相比拟映衬，境况相类，形神相似，创意极美；再则，因花瘦而触及己瘦，以宾陪主，同情相恤，物我交融，手法甚新，在形象上也富有创造性；三则，用人瘦胜似花瘦，来说明长时的痛苦和离思之重，不说破情，而情愈深，既与词旨妙合无间，又深至含蓄，给人以馀韵绵绵之感。

纵观诗史，香与香炉，作为闺阁之中的寻常之物，常见于咏物之作，焚香也不过是平常之景，但李易安目之所及，书于笔下，却格外牵动人

---

❶ 参见元伊世珍《琅嬛记》卷中引《外传》。

心。这不仅是因为她独具女性之敏感，还源自其身份和环境的与众不同。李易安出身官宦之家，是一位真正的大家闺秀，本身又具有极高的文学素养，所以，虽然她词中的香气，很大一部分源自闺房，但这些香气，却不同于那些充满香艳气息的浓烈暖香，而是一种士大夫淑女型的幽香。当踏入这个充满着幽香的世界，体味到的突出印象，就是无边无际的寂寞。如果把李易安的一生分为三个阶段：未嫁之时、嫁人之后以及丧夫之后，会发现，在这三个阶段中，易安词始终贯穿着浓浓的寂寞之感。而在无数寂寞的时刻，陪伴她的，多半是那股幽香，试看《浣溪沙》：

> 莫许杯深琥珀浓。未成沉醉意先融。疏钟已应晚来风。　瑞脑香消魂梦断，辟寒金小髻环松。醒时空对烛花红。

在这里，易安描述的是一股渐淡的残香。它已失去"惹梦"的功能，却真实地衬托出一种寂寞的闺情。李易安作此词时，尚未出嫁。词中，酒与香，像两条线，贯穿着全篇。孤寂的夜里，词人在深闺独酌，只求一醉，因为醉了，便可不必面对难耐的寂寞；醉了，还可以酣然入梦。在梦中，词人即可摆脱现实加之于身的束缚。但可惜的是，这不浓不淡的酒，却让她醉也不成，醒也不成。只好干脆睡去，唯求能做个自由的美梦，但连这种想望也成了奢望，随着空气中瑞脑之香的逐渐淡去而成空。这与易安后来的"记得玉钗斜拨火，宝篆成空"❶遥相呼应，暗为伏笔。

　　上面这首词，展示的是未嫁之时的李易安，在深闺之中的无奈与孤寂。下面的《一剪梅》词，是易安人生的第二个阶段——与赵明诚暂时分离之后，独守空房的相思与寂寞：

> 红藕香残玉簟秋。轻解罗裳，独上兰舟。云中谁寄锦书来，雁字回时，月满西楼。　花自飘零水自流。一种相思，两处闲愁。此情无计可消除，才下眉头，却上心头。

❶《浪淘沙·帘外五更风》，徐培均《李清照集笺注》，上海古籍出版社，2002年版，第121页。赵万里辑《漱玉词》云："《花草粹编》卷五引此阕，不注撰人。《词林万选》注'一作六一居士。'检《醉翁琴趣》无之，未知升庵何据？"杨金本《草堂诗馀》前集卷下，此首作无名氏词。

这首词作于崇宁二年（1103），易安20岁那年归宁时，为思念赵明诚所作。其时易安结缡未久，明诚负笈远游，出外寻访碑刻❶。赵明诚对于金石碑刻的热爱，已近痴狂。两人屏居青州时，他便常常外出寻访名山胜迹，留连忘返。此时的易安，正值青春年华，可是女子的身份，使她不便跟随丈夫遍历名山大川，只能独自在深夜里写下相思。"红藕香残玉簟秋"，全词在凄美的秋夜背景之下拉开序幕。空气中若有若无的残香，是萌芽相思的最好诱因。一个"残"字，定下哀怨的基调。香篆虽残，情却正浓，浓情与淡香，形成张力：词人的浓情无处可寄，偏偏这股淡香，却若有若无地撩拨心绪，让她陷入相思。在这首词中，香气出现在开头，淡淡的，将寂寞无可奈何的情绪，扩散至整个词境，为感情表达定下基调。

这种感情虽然无奈，却还充满向往。因为，此时词人至少还可盼望着"云中谁寄锦书来"。随着赵明诚的病故，李易安的人生，进入最为凄苦的第三阶段。她所有的向往与期盼，都变成"人间天上，没个人堪寄"。请看晚年的《孤雁儿》：

> 藤床纸帐朝眠起，说不尽、无佳思。沉香断续玉炉寒，伴我情怀如水。笛里三弄，梅心惊破，多少春情意。　　小风疏雨潇潇地。又催下、千行泪。吹箫人去玉楼空，断肠与谁同倚？一枝折得，人间天上，没个人堪寄。

情怀似水，温柔悠远，可是这片深情，随着赵明诚的逝去，随水而流。这时，词人点起一股沉香，希望这股幽幽的香气，能够陪伴她度过此后的漫漫人生。香，就像是止痛剂，疗伤药，随着香气香味渐渐蔓延，蚀心的疼痛似乎也渐渐缓解。可是，香气总有散去的时候。当香气香味断离之际，便是止痛剂失效之时。等待着词人的，是比以前更加剧烈的痛苦。因为那残留在空气中的馀香，正反过来撩动人心，让她回忆起昔日的似水柔情，提醒她现实的残酷与无奈。香在这首词中，见证了词人的孤寂情感。它的缥缈，使弥漫在词人心中那份刻骨铭心的痛苦，显得愈发深沉。

---

❶ 徐培均《李清照集笺注》，第22页。

　　上面这三首词，构建起一个孤寂堆积的幽香世界。这股幽香虽然缥缈，却饱含着词人的深沉感情，撩拨着词人敏感的内心，在孤寂的岁月中，勾起她的美好回忆。这样的香气，比起温庭筠词中的暖香，更能渗入读者的内心，使其为作者的深情所吸引。而除了深情之外，李易安词中的幽香，还透着一股淑女式的优雅。不同于男性词人笔下的歌妓，李清照是真正的大家闺秀，从小就受到广博深厚的文学熏陶，才华出众，通晓音律，长于诗词，工散文，能书画。嫁与赵明诚后，夫妇二人以搜集金石字画为乐，屏居生活中，处处透着雅趣。这样的成长环境和生活经历，让易安词很自然地流露出一种淑女式的优雅。这份淑女气质，也体现在她词中的香气里，如"东篱把酒黄昏后，有暗香盈袖"（《醉花阴》），这样的盈袖暗香，少了一份绮艳暧昧，却多了一种矜持委婉和优雅闲适。

　　这股淑静的幽香，也为李易安的词带来一种深永幽渺的婉约风格。在李易安的时代，以苏轼为代表的词人已经开始尝试以诗入词，豪放词风逐渐形成。这种情况下，李易安却依然坚持词"别是一家"[1]。她的词，不论语言还是情感，都保持着传统的婉约风格。作为营建词境的一个重要元素，李易安笔下的香，大多缥缈断续、若有若无，词境愈发委婉朦胧。相比于温庭筠词中带有绮丽色彩的香气来说，李易安词中的香，开始脱离"艳"的概念，成为一种富有人性的物恋[2]。在香气缭绕之中，渐渐显现出的，是词人的真实感情，而不再是类型化的哀怨感情。这说明，随着词体本身的发展，词人对于香气的运用，已经不仅仅是为了创造香艳的词风，香已经成为词人表达个人真挚情感不可或缺的重要元素。

---

[1] 原文始见于胡仔《苕溪渔隐丛话》后集卷三三。原无题，仅称"李易安云"，后魏庆之《诗人玉屑》卷二一又据之转录，并加上"李易安评"的标题，篇首亦作"李易安云"。今人通称"李清照《词论》"。

[2] 参见杨挺《场所、身份与文学：宋代文人活动空间的诗意书写》，四川大学出版社，2016年版，第164页。

第五节

一夜吹香过石桥：姜夔笔下清逸悠远的冷香

　　姜夔（1155—1209），字尧章，号白石道人，鄱阳（今江西波阳）人。早年丧父，生活孤贫。青年时代，曾北游淮楚，南历潇湘，在长沙结识萧德藻，萧氏很赏识他的文才，将侄女许嫁于他，并且携其同往浙江湖州，卜居苕溪弁山的白石洞下，故友人称其为白石道人。在此期间，萧德藻介绍他到杭州向杨万里请教诗学，后又经由杨的举荐，前往苏州石湖拜谒范成大，两人互相唱和，结成忘年之交。姜夔屡考进士不中，终生布衣，清贫自守，虽不免有窭困无聊之嗟，但其生活即使不算阔气，大抵也比较安适。有时往来官宦之家，过着典型的江湖清客的生活。他精于书画，擅长音乐，能诗善文，具有多方面艺术才能，是苏轼之后难得的全才，所以很受当世名流的赏识，曾自言"凡世之所谓名公巨儒，皆尝受其知矣"❶。辛弃疾、杨万里、范成大、朱熹和萧德藻等，都极为推重，名声震耀一世。

　　因为诗风相似，他的诗集被刻入《江湖诗集》。姜夔诗初学黄庭坚体，后来才改学晚唐诗，他的长处是善于锤炼字面，使字句精巧工致而不落痕迹，尤其一些小诗，清妙秀远，富于悠远的意蕴。如《除夜自石湖归苕溪》之一：

　　　　细草穿沙雪半销，吴宫烟冷水迢迢。梅花竹里无人见，一夜吹香过石桥。

---

❶ 参周密《齐东野语》卷一二《姜尧章自叙》，中华书局，1983 年版，第 211—212 页。

写旅途即景，观察细致入微。除夕之夜，积雪已经融化了一半，细草也从沙地里探出了头；小船缓缓驶过春秋时吴王宫殿的旧址，那里一片寒烟荒草，只见悠悠河水向远方流去。幽冷的寒烟，迢迢的河水，萧条清冷的一层凄凉油然而生。夜深了，这一带河岸竹丛里绽放的梅花，虽然没有人看见，清幽淡雅的梅香却飘进诗人的心扉。在幽眇静谧的漫漫长夜，淡逸的梅香轻轻吹过石桥。写得很细腻。情调恬淡而带些惆怅，讲究韵味，语言在自然中显出新巧，确有江湖诗派那种学习晚唐绝句的味道。

姜夔在词坛影响更大。自从柳永变雅为俗以来，词坛一直是雅俗并存。姜夔则彻底反俗为雅，下字运意，都力求醇雅，因而被奉为雅词的典范。在辛弃疾之外，可谓别立一宗，自成一派。至清代，更被浙西词派奉为圭臬，白石与玉田（张炎）并称，曾形成"家白石而户玉田"的盛况，使苏、辛一时黯然失色❶。姜夔长于自度曲。他的《长亭怨慢》小序说："予颇喜自制曲，初率意为长短句，然后协以律，故前后阕多不同。"先作词，即不受固定格律的限制，可以舒卷自如地抒发情感，这比谨守格律、依调填词的方式要自由得多。

在词境上，姜夔偏爱冷香、冷红、冷云、冷月、冷枫、暗柳、暗雨等衰落、枯败、阴冷的意象。如"冷香飞上诗句"（《念奴娇》），"冷红叶叶下塘秋"（《忆王孙》），"冷云迷遁"（《清波引》），"波心荡、冷月无声"（《扬州慢》），"暗柳萧萧，飞星冉冉，夜久知秋信"（《湘月》），"西窗又吹暗雨"（《齐天乐》）。这些"冷"和"暗"的色调，并非都是物象的原色，多半只是词人心理的投射。冷景冷物营构出幽凄悲凉的意境，象征着词人美好理想被摧残后的失望。

在题材上，姜夔是沿着周邦彦的路子写恋情和咏物的。他的贡献主要在于对婉约词的表现艺术进行改造，建立起新的审美规范。北宋以来的恋情词格调软媚或失于轻浮，虽经周邦彦雅化却仍然不够。姜夔的恋情词则往往过滤省略掉缠绵温馨的爱恋细节，只表现离别后的苦恋相思，并用

---

❶ 清初朱彝尊《静惕堂词序》说："数十年来，浙西填词者，家白石而户玉田。"（曹溶《静惕堂词》卷首）；清同治三年（1864）张文虎自序《索笑词》也说："二十年前，家白石而户玉田，使苏、辛不得为词，今则俎豆二窗而桃姜、张矣。"（《索笑词卷首》）

一种独特的冷色调来处理炽热的柔情，从而将恋情雅化，赋予柔思艳情以高雅的情趣和超尘脱俗的韵味。清人刘熙载（1813—1881）曾经用"幽韵冷香"❶四字形容姜词，可谓恰到好处，独具慧眼。"冷香"是姜夔词的重要元素，让姜词风格体现出一种冷静型的缠绵情思，也象征着其雅洁的气质。"幽韵"更是姜词冷静幽独风格的最佳写照。

在姜夔词中几乎找不到温庭筠、李清照词中那股发自深闺的薰香。在温庭筠精美华丽的词中，弥漫的香味浓郁而温暖，让人迷失沉醉；而李清照描绘的则是一个饱含深情的世界当中，散发着淡淡的幽香，充满着女性的似水柔情，虽然夹杂着几丝凄苦孤寂，但是词人无怨无悔的执着情感，仍然使这种香味保留着几许暖意。因此这两位词人的香世界，总体上给人一种偏暖的感觉。但是，姜白石的词却正好相反。从姜夔的名句——"高树晚蝉，说西风消息"（《惜红衣》）、"西窗又吹暗雨，为谁频断续，相和砧杵"（《齐天乐》），可以体会到一种清冷的感觉，而《踏莎行·自沔东来丁未元日至金陵江上感梦而作》那句"淮南皓月冷千山，冥冥归去无人管"，更创造出词史上少见的冷千山之境。

姜白石时代，既是令人灰心失望的时代，也是南宋文人追求风雅之风最为鼎盛的时代。那个时代的词人，普遍具有摆脱绮艳词风的主观意识，而冷香所独具的清雅，正是他们表达内心情感的最佳投射物。作为江湖游士，姜夔经常面临前途渺茫的黯淡之境。加上经常贫病交加，对凄凉寒苦有着深刻的感受，所以，姜夔经常以一种忧郁凄凉的眼光来看待世界，即《卜算子》所说"举目悲风景"❷。在姜夔的词中，极少充满绮艳色彩的薰香，他用一股清雅的冷香，代替了从前词中的暖香，以一种冷静优雅的方式表达缠绵，这使得他的词，充满一种"雅韵"。姜夔的词还借鉴了江西诗派清劲瘦硬的语言特色，来改造传统艳情词、婉约词华丽柔软的语言基调，创造出一种清刚醇雅的审美风格。正如夏承焘所云，白石词"大部分

---

❶ 刘熙载《艺概·词曲概》："姜白石词幽韵冷香，令人挹之无尽，拟诸形容，在乐则琴，在花则梅也。"（《词话丛编》第一册，中华书局，1986年版，第3694页）

❷ 姜夔友人苏泂《金陵杂兴》曾说："白石鄱姜病更贫，几年石下往来频。歌词剪就能哀怨，未必刘郎是后身。"姜夔淳熙十三年（1186）所作《霓裳中序第一》词也说："多病却无气力。"是年姜夔才30多岁。

只是用洗炼的语言，低沉的声调来写他冷僻幽独的个人心情"[1]，这种清冷的感觉，正是姜夔内心情感的写照。在姜夔词中，即使是香气，也透着一丝丝的寒意，比如：

> 东风冷，香远茜裙归。(《小重山令》)
>
> 十亩梅花作雪飞。冷香下、携手多时。(《莺声绕红楼》)
>
> 回首江南天欲暮。折寒香、倩谁传语。(《夜行船》)

温庭筠、李清照笔下的香气，侧重于表达闺中恋情，白石词中的香气，没有局限于闺房之内，而是大多来源于室外的花香。飞卿用"绮怨"风格的暖香，描写闺中女子的痴怨之情；而李清照用淑女型的幽香，表达个人的深挚情感；白石则较李清照更进一步，他笔下的清雅冷香，不仅表达出对恋情的执着，更表明清静洁白的灵魂，因此他的词风，多了一份"骚雅"的品质，这与他比较开阔的人生视野密不可分。张炎《词源》说"姜白石词如野云孤飞，去留无迹"[2]，漂流江湖的生活历程，往往如野云孤飞，去留无迹，表现在姜夔的词中，却增添了一股放旷、空灵的味道，让他的词发散出一股冷香幽韵。

姜夔最喜欢歌咏的两种花，是梅与荷。姜白石极擅咏梅，他最著名的两首词《暗香》与《疏影》，就是咏梅的经典：

> 旧时月色。算几番照我，梅边吹笛。唤起玉人，不管清寒与攀摘。何逊而今渐老，都忘却、春风词笔。但怪得、竹外疏花，香冷入瑶席。　江国。正寂寂。叹寄与路遥，夜雪初积。翠尊易泣。红萼无言耿相忆。长记曾携手处，千树压、西湖寒碧。又片片、吹尽也，几时见得。(《暗香》)
>
> 苔枝缀玉，有翠禽小小，枝上同宿。客里相逢，篱角黄昏，无言自倚修竹。昭君不惯胡沙远，但暗忆、江南江北。想佩环月夜归来，化作此花幽独。　犹记深宫旧事。那人正睡里，飞近蛾绿。莫似春

---

[1] 夏承焘《论姜白石的词风》，《姜白石编年笺校》，上海古籍出版社，1998年版，第9页。

[2] [宋] 张炎《词源》，《词话丛编》第一册，第259页。

风，不管盈盈，早与安排金屋。还教一片随波去，又却怨玉龙哀曲。

等恁时、重觅幽香，已入小窗横幅。（《疏影》）

这是姜白石的咏梅绝唱。宋光宗绍熙二年（1191）冬作于苏州。词前小序云："辛亥之冬，予载雪诣石湖。止既月，授简索句，且征新声，作此两曲。石湖把玩不已，使工妓隶习之，音节谐婉，乃名之曰暗香、疏影。"石湖，范成大晚居石湖（在姑苏盘门西南），因以自号。既月，满月。简，古时用以书写的狭长竹片，此指纸。声，指词调。工，一作"二"。隶，通"肄"，研习。暗香、疏影，典出林逋《山园小梅》"疏影横斜水清浅，暗香浮动月黄昏"。以今昔开阖，以盛衰为脉，自西湖咏到石湖，自旧时咏到今时，兼寓怀人之意和身世之悲。姜夔性格中有清旷超逸的一面，也有多愁善感的一面，在上面这两首词中，就能听到发自词人心底忧伤的叹息，感受到一份缠绵的情思。张炎《词源》卷下《杂论》评曰："词之赋梅，惟姜白石《暗香》《疏影》二曲，前无古人，后无来者，自立新意，真绝唱。"可谓知音。

这是咏梅词，同时也是恋情词。姜夔常把梅花作为其恋人的象征，如《江梅引》"人间离别易多时。见梅枝。忽相思。几度小窗，幽梦手同携"，即是见梅怀人之作。《暗香》咏梅，也当有怀人之意，不过怀人的伤感中，包含着自我零落的悲哀，还寄托着对国事的感愤，但难以确指，读者可自作心解[1]。以往的词人习惯用暖香的朦胧暧昧，来为恋情词渲染气氛，可是姜夔却选择疏淡幽独的冷香。它的出现，使得这份缠绵，充满幽雅的感觉，使得整个词的风格摆脱了恋情词惯有的绮艳。词中的这股冷香，来自风雪中盛放的一剪寒梅，香气中，包含的是对恋情的眷念。这一股冷冽清雅的梅香，不同于闺房内让人迷失的薰香，它不但能勾起词人脑海里的温馨往事，还让词人能够以一种冷静清醒的态度，来面对悲欢离合。这时，冷香已经不仅是词人现实中闻到的一种气味，而是成为词人心中的一种符

---

[1] 此词寓意，历来解说纷纭。参夏承焘《姜白石词编年笺校》，上海古籍出版社，1981年版，第49—50页笺释；第273页《合肥词事》。刘永济认为词中有对国事的寄托（见《唐五代两宋词简释》，上海古籍出版社，1982年版，第73—74页），但句句坐实，不无穿凿附会之嫌。

号，象征着词人的真挚情感，象征着词人对感情的执着追求。它产生于词人心底，就像一声充满忧伤的叹息，使词人的心湖中产生一圈圈涟漪，最终引发词人的浮想联翩。在白石词中，冷香不仅仅被用来渲染词境，表达感情，更是词人灵魂的自白。

莲花的香气，也是姜夔词喜欢歌咏的对象。如《念奴娇》：

> 闹红一舸，记来时、尝与鸳鸯为侣。三十六陂人未到，水佩风裳无数。翠叶吹凉，玉容消酒，更洒菰蒲雨。嫣然摇动，冷香飞上诗句。　　日暮。青盖亭亭，情人不见，争忍凌波去。只恐舞衣寒易落，愁入西风南浦。高柳垂阴，老鱼吹浪，留我花间住。田田多少，几回沙际归路。

姜词在形式上有一个显著的特色，就是往往配有精心结撰的小序。这首词也不例外，词前之序云："予客武陵，湖北宪治在焉。古城野水，乔林参天。予与二三友日荡舟其间，薄荷花而饮。意象幽闲，不类人境。秋水且涸，荷叶出地寻丈，因列坐其下。上不见日，清风徐来，绿云自动。间于疏处窥见游人画船，亦一乐也。谒来吴兴，数得相羊荷花中。又夜泛西湖，光景奇绝。故以此句写之。"不仅交代创作的缘起，小序自身也是韵味隽永的小品文，具有独立的艺术价值，与歌词珠联璧合，相映成趣。

"嫣然摇动，冷香飞上诗句"，是极富创造性的句子。词因闻到荷花香而作，词人却把它说成是荷香飞到诗句子中来，反映出丰富而又独特的想象力。按常情，"嫣然摇动"，怎么就会有"冷香飞上诗句"呢？然而在词人看来，这"香"与"诗"却在这四个字上具有某种一致性，这是联觉思维带来的美感，利用艺术上的通感，将不同的感觉连缀在一起，表现当时特定的心理感受；通过侧向思维，写情状物，不是正面直接刻画，而是侧面着笔，虚处传神。画船野水，物态人情，充满诗情画意和浓郁的生活情趣。词人俊丽清逸的词笔，把荷塘景色描绘得真切生动。不仅具有荷花之物态，还使人同时隐隐看到一位荷花化身的美人。她"玉容消酒"，像荷花般的红晕；她"嫣然"而笑，像花朵盛开。荷花生长水中，她便是凌波仙子；荷香清幽，她又是"冷香"美人。花如美人，美人如花，摹形传神，使读者从荷花的外形到精神气质，都有清晰而深刻的赏识。这首《念奴娇》实是一支荷花的恋歌。荷花象征着出淤泥而不染的品格，作者对荷花的爱恋，寄托着对理想的追求。写花实是写人，这种空际传神的词笔，意在言外，充满美妙的想象，富有启发性。

曾有人将这首词看作一出名为《荷韵》的舞剧❶。这一池水佩风裳，随着"闹红一舸"的到来，拉开舞剧的序幕，率性的舞动，只为吸引词人眷念的目光。舞到高潮，凉风徐来，细雨飘洒，雨随着荷叶的飞旋，溅起一片晶莹，随之飞扬的，还有一缕冷香逸韵。这细细的、洁净的香味，就这样飞至词人猝不及防的心底，激发起词人心头的诗兴。荷韵之舞，虽然终已落幕，可是那飞旋的冷香，却留在词人的心上，挥之不去。因为这香味早已凝结成这一阕充满冷香逸韵的词章，让写词的人和读词的人，都能随时感受到这出舞剧的精彩。在这首词中，姜夔以他特有的"清空""古雅"❷，带来一股与众不同的荷香。以往我们在词中闻到的香气，大多是静静流淌、渐渐消散、安静的香气，而这一出《荷韵》之舞，却可以感受到香气的灵动与飘逸。所谓"闻香识人"，这一段舞动的香气，也标示着词人清旷超逸的灵魂。晚清湖南女诗人周翼枟有《冷香斋诗草》和《冷香斋诗馀》，虽风格晓畅，而意境偏爱冷寂，可谓姜白石之异代知音。

从温庭筠到李清照，再到姜夔，唐宋词人不约而同，运用芬芳的香气来表达感情。随着唐宋词本身的发展，香气中所蕴含的感情，也越来越丰富。其中，既有承自传统题材的痴怨，也有出自词人个人内心深处的真挚情感，还有对于高雅品质的追求与执着。从这一点上看，香已经成为词人抒发情感的活跃元素。

不仅如此，这些蕴含着丰富感情的香，还体现着唐宋词风的发展，如温庭筠的绮怨暖香，正是当时普遍的香艳词风的体现，而李清照深情委婉的幽香，正好与其词"别是一家"的论点一致，姜夔的冷香幽韵，则体现了词风的进一步雅化。可以看出，香在唐宋词中，已成为不可缺少的元素，而它的活跃也让唐宋词的风格变得更加多元。

❶ 朱良志《曲院风荷》，安徽教育出版社，2003 年版，第 30 页。
❷ 张炎《词源》，《词话丛编》第一册，第 259 页。

结　语

馨芳辉赫远，诗香留韵长

香韵与诗情的不解之缘

　　香与诗，一个属于物质，一个属于精神，因诗人笔下的咏香而相遇，而结缘，而香被诗国，馨泽万代。中国诗歌其实兼涵物质与精神两个层面，正可如鲁迅《魏晋风度及文章与药及酒之关系》一样，探讨中国诗歌及精神与香道文化之关系。从艺的境界看，可以从以下几个方面来理解香道文化与中国古典诗词之间的不解之缘。

　　首先，诗人与香道即有不解之缘。香者，芳也、美也。自古以来，寻芳嗜美的中国诗人有几个不爱香？高标自许的骚人墨客大多与香结下不解之缘，在日常生活中馨香常伴，以示风雅。"种花春扫雪，看篆夜焚香"❶，当安坐书斋，品一杯好茶，持一卷诗书，阅一幅古画，伴一位好友，这样的场景，熏一炉好香，或燃一支篆香，可以说是要必备的。或挥毫，或吟诗，或听琴，或冥想，或清谈，或雅集，或宴饮，或讲学，无论处于何种高雅活动之中，只要有好香为伴，其境界绝不同于无香。明人高濂《遵生八笺·燕闲清赏笺·香都总匣》云："嗜香者不可一日无香"，篆香四溢，静止被轻轻划破，青烟袅袅升起，氤氲弥散，植物天然的香味溢出，香气缭绕，细如丝线，若有若无，清远且摇曳，如疏影横斜，寂寞却优雅。

　　焚香、敬香之馀，诗人自然不免咏香、赞香，更有造香、嗜香者。嗜香者，自然喜欢以香命名。有以香名斋者，如"香韵斋""香雪斋""香雪馆""香石斋""香雨斋""香研居""香俪园""香草堂""香草亭""香宛楼""香祖楼""香饮楼""吟香室""香苏山馆""香苏草堂""香海棠馆""香禅精舍""香雪山房"等；有以香作字号或诗词集名者，如《香韵》《香奁集》《香台集》《香海集》《香胆词》《香奁诗草》《香草诗选》《香天谈薮》《香山诗稿》《香莲品藻》《香咳集选》《香南雪北词》《吟香室诗草》《香溪瑶翠词》《香销酒醒曲》《香国集文录》《香草堂诗集》等。其中仅冠以香草者即十多种，而清人宋翔凤（1779—1860）等四位文人词集均以《香草词》题名，另一位清诗人黄之隽（1668—1748）更别出心裁，特集唐人成

---

❶ 许浑《茅山赠梁尊师》，见《丁卯集》卷下，宋刻本。

句编为香奁诗 930 多首，取名为《香屑集》，组织工巧，为人称道。

香被雅化，在诗人的眼中，就绝非单单是芳香之物，而已成为怡情的、审美的、启迪性灵的妙品，具有了高洁的品质，成为美好情性的象征、儒雅情趣的代名词。诗人视香为雅具，视用香为雅事，将香与香气视为濡性灵之物，虽不可食，却可颐养身心。这不仅反映出诗人的审美情趣，也关乎对于美好事物的审美追求以及品格。明代项元汴（1525—1590）《论香》云：

> 香之为用，其利最溥。物外高隐，坐语道德，焚之可以清心悦神。四更残月，兴味萧骚，焚之可以畅怀舒啸。晴窗搨帖，挥麈闲吟，篝灯夜读，焚以远辟睡魔，谓古伴月可也。红袖在侧，密语谈私，执手拥炉，焚以熏心热意，谓古助情可也。坐雨闭窗，午睡初足，就案学书，啜茗味淡，一炉初爇，香蔼馥馥撩人，更宜醉筵醒客。皓月清宵，冰弦戛指，长啸空楼，苍山极目，未残炉爇，香雾隐隐绕帘，又可祛邪辟秽。随其所适，无施不可。❶

这一总结是比较全面的。屠隆（1542—1605）《考槃馀事·香》所录与之相同❷。文震亨（1585—1645）《长物志》卷十二"香茗"据之又略作修改，称："香茗之用，其利最溥。物外高隐，坐语道德，可以清心悦神。初阳薄暝，兴味萧骚，可以畅怀舒啸。晴窗搨帖，挥麈闲吟，篝灯夜读，可以远辟睡魔。青衣红袖，密语谈私，可以助情热意。坐雨闭窗，饭馀散步，可以遣寂除烦。醉筵醒客，夜语蓬窗，长啸空楼，冰弦戛指，可以佐欢解渴。品之最优者，以沈香岕茶为首。第焚煮有法，必贞夫韵士乃能究心耳。"❸确实，香文化的发展离不开文人雅士的推动。吟诗颂香，著书立说，品香参禅，雅集斗香，怡情悦性，都是文人雅士参与用香的方式。历代文人诗词、画作和香学著作，记载了大量诗与香的密切关联。诗人雅士不仅品香，很多还亲自编撰香谱，制作合香，设计香具，制定香席仪规，

---

❶［明］项元汴《蕉窗九录·香录》，学海类编本。

❷［明］屠隆《考槃馀事》卷三，明陈眉公订正秘笈本。

❸陈植《长物志校注》，江苏科学技术出版社，1984 年版，第 394 页。

并将其内化为一种生活美学和哲思。可以说，用香是诗人生活中不可替代的风雅之事。

　　对于爱香的诗人来说，品香重在过程，是一种不可或缺的修养，恰如花道、茶道一般。品香的过程包括香具准备、埋炭、炉灰造型、置入香品，然后才是品香。品香的时候，要左手托起香炉，将香炉放在颔下离胸口约一拳的位置；然后右手由下顺势而上，拇指搭在炉口前沿，四指斜搭在炉口外沿，其间虎口张开，同时让自己沉下来、静下来；深深地呼吸一口香气，缓缓地控制呼吸，头慢慢偏向右边的方向将气吐出。连续缓慢感受三次，便是一道完整的品香程序。第一次是驱除杂味，第二次鼻观，观想趣味，第三次回味，肯定意念。这种品香过程，有如禅家的鼻端参禅，有如诗家的凝神入境。

　　古典诗词世界浮动的暗香中，香的感官享受早已被赋予超凡脱俗的美感。袁枚《寒夜》所云"寒夜读书忘却眠，锦衾香烬炉无烟"[1]，烟香还只是配角，而杨万里《烧香七言》："琢瓷作鼎碧于水，削银为叶轻似纸；不文不武火力匀，闭阁下帘风不起。诗人自炷古龙涎，但令有香不见烟；素馨忽开抹利拆，低处龙麝和沉檀。平生饱识山林味，不奈此香殊妩媚。呼儿急取蒸木犀，却作书生真富贵。"[2]表达香馨意蕴的体会，已深谙个中三昧。宋代诗人黄庭坚称友人与他"天资喜文事，如我有香癖"[3]。贪而成癖，自是高级版。但更有甚者，宋代诗僧惠洪《送元老住清修》诗谓："书痴喜借人，香癖出天性。"[4]天性如此，堪称顶级版。

　　其次，香道与诗情亦有不解之缘。一般认为只有视觉、听觉才能产生美感，嗅觉、味觉都只是快感，但是随着人类认知的进步，科学技术的发展，这一传统看法有待重新考定。从美学角度来说，嗅觉带给古典诗词一种崭新的审美范式，面对这种貌似朦胧缥缈的香气香味，每个诗人的感

---

[1]《小仓山房诗集》卷七，清乾隆刻增修本。

[2]《诚斋集》卷八，四部丛刊景宋写本。

[3] 黄庭坚《贾天锡惠宝薰乞诗予以兵卫森画戟燕寝凝清香十字作诗报之久失此稿偶于门下后省故纸中得之》，四部丛刊景宋乾道刊本《豫章黄先生文集》卷五；《黄庭坚全集辑校编年》，第439页。

[4] 惠洪《送元老住清修》，四部丛刊景明径山寺本《石门文字禅》卷七。

受与理解都各有不同，融入创作，也就构成不同的香境香韵。人的五大感觉——视觉、听觉、嗅觉、味觉、肤觉（触觉），只有嗅觉得到的信息不必传入大脑而直接进入下丘脑❶，从而快速地影响到人的行为，闻到好闻的花香会情不自禁地多吸一口气，闻到好吃的食物香味会垂涎欲滴，而嗅商，也就是鼻子嗅闻、辨别香气能力强的人，尤其是嗅觉灵敏高的诗人（比如李贺），吮笔敲诗之际，静观那空灵变幻的香薰云烟，最有助于灵感火花的闪现。而香境香韵之朦胧缥缈，正是诗情诗境的最佳写照。

中国是诗歌的国度，诗歌的真谛往往在可谈与不可谈之间。就像白居易《花非花》中所咏，香之状，如花似雾。焚一炉香，香烟凭空幻形，那形态像什么呢？袅袅上升如一缕纱，回环停遏处又似云，转瞬变化又类开花，弥而散之雾罩烟笼。诗人唯盼花化朝云，朝云彩云，既可比花，亦可比一切美好易逝之物，当然也可比同样美而易散、虚幻缥缈的夜香之烟。"蕑蔔花香形不似，菖蒲花似不如香"❷，正写尽香与花之似与不似。花美易落，香萦终散。香风难久居，空令蕙草残。美好的诗境，亦何尝不是来无所从，去无所着。"明窗延静昼，默坐消诸缘；即将无限意，寓此一炷烟。当时戒定慧，妙供均人天。我岂不清友，于今心醒然。炉香袅孤碧，云缕霏数千。悠然凌空去，缥缈随风还。世事有过现，熏性无变迁。应是水中月，波定还自圆。"❸无限情怀心意，寓寄一炷香中，一炷烟升，天人妙合。世事沧桑，而熏香不改，如水中之月，波定仍圆，说的是香，但悟的无疑也是诗道。在这一意义上，香道与诗情，可谓你中有我，我中有你。南宋江湖诗人许棐《谢施云溪寄诗》：

> 折得桂花三数枝，云溪又寄几篇诗。诗看入在花香里，韵似龙涎火暖时。❹

❶ 下丘脑既是一高级植物神经中枢，也是一功能复杂的高级内分泌中枢，下丘脑与垂体功能、性腺活动、情绪反应、体温调节、食欲控制及水的代谢均有极密切的关系。
❷ 徐渭《香烟六首》其四，明刻本《徐文长文集》卷七。
❸ [宋]陈与义《烧香》，不见于其《简斋集》，收录于陈敬《陈氏香谱》卷四，文渊阁四库全书本；周嘉胄《香乘》卷二七，文渊阁四库全书本。
❹ [宋]许棐《梅屋集》卷三梅屋第三稿，《全宋诗》，第59册，第36864页。

正道出香道与诗情的不二关系。许棐的《赵山台寄诗集》"海雁叫将秋色去,山台钞寄好诗来。菊花过了梅花未,自有花从笔底开",《读南岳新稿》"细把刘郎诗读后,莺花虽好不须看",则是用花香来写读友人诗稿之后的读后感。类似的例子,还有北宋晏殊《浣溪沙》词"唱得红梅字字香",南宋史达祖《一翦梅》词"谁写梅溪字字香",宋人诗中的"山僧袖出新诗卷,字字馨香扑人面"[1],"魂梦江湖阔,语言兰蕙香"[2],"凝香句满空同石,静向东山卧白云"[3],"野鹤已随溪客远,一方玄玉带诗香"[4],"举杯吞寒光,流入诗脾肝。令我书传香,一洗儒生酸"[5],"寒香嚼得成诗句,落纸云烟行草真"[6],"琐窗砚作离骚香,吐句不教花莫落"[7],"语言玉润篇篇锦,心胆冰清字字香"[8],以及元人诗中的"瀑煮春风山意长,梅花吹雪入诗香"[9],"相逢未久还相送,和我新诗字字香"[10],"蔷薇水浸骊珠颗,不直诗中字字香"[11],"酒沾松露涓涓冷,诗入荷风字字香"[12]等。宋元之际的遗民郭豫亨(1272?—1342?)更编有集句诗《梅花字字香》前后集二卷[13],其间句锻意炼,璧合珠联,亦有天然之巧者,堪称奇观。

品诗的第一境界是化境,人与诗,情与景,融而为一;品香的第一境

[1] [宋]周弼《端平诗隽》卷四《赠从古上人》。
[2] [宋]吴惟信《寄范文子》,《全宋诗》卷三一〇八,第37083页。
[3] [宋]姚镛《送赣士谒前赣侯杨东山》,《雪蓬稿》,汲古阁影宋钞《南宋六十家小集》本。
[4] [宋]方岳《秋崖集》卷四《别汤卿不值》,文渊阁四库全书本。
[5] 方岳《秋崖集》卷十三《中秋雨》。
[6] 方岳《秋崖集》卷六《次韵梅花》。
[7] 方岳《秋崖集》卷十五《次韵汪卿》。
[8] [宋]白玉蟾《奉酬臞菴李侍郎五首》其四,盖建民辑校《白玉蟾诗集新编》,社会科学文献出版社,2013年版,第216页。
[9] [元]别不花《七言绝句》,《诗渊》第3955页。
[10] [元]王沂《王善甫郎中见和鄙韵赋此答之兼简梦得君冕二同年》,《伊滨集》卷七,文渊阁四库全书本。
[11] [元]卢端智《题百香诗稿》,日本京都龙谷大学图书馆藏《新编郭居敬百香诗选》钞本卷末。
[12] [元]许有壬《用桢韵》二首其一,《至正集》卷二二,清文渊阁四库全书补配清文津阁四库全书本。
[13] 郭豫亨《梅花字字香·梅花百咏》,中华书局,1984年版,古逸丛书三编之六之七。

界亦为化境，被香所美化之境界。寻常之物，一旦被美化久之，极易渐趋审美疲劳，令人索然，唯品香不然。叶燮《原诗》卷三曾云："陈熟，生新，二者于义为对待。……大约对待之两端，各有美有恶，非美恶有所偏于一者也。其间惟生死，贵贱，贫富，香臭，人皆美生而恶死，美香而恶臭，美富贵而恶贫贱。然逢比之尽忠，死何尝不美？江总之白首，生何尝不恶？幽兰得粪而肥，臭以成美；海木生香则萎，香反为恶。富贵有时而可恶，贫贱有时而见美，尤易以明。……对待之美恶，果有常主乎？生熟，新旧二义，以凡事物参之：器用以帝周为宝，是旧胜新；美人以新知佳，是新胜旧；肉食以熟为美者也；果食以生为美者也。反是则两恶。推之诗，独不然乎？舒写胸襟，发挥景物，境皆独得，意自天成，能令人永言三叹，寻味不穷，忘其为熟，转益见新，无适而不可也。若五内空如，毫无寄托，以剿浮辞为熟，搜寻险怪为生，均为风雅所摈。论文亦有顺逆二义，并可与此参观发明矣。"

以品诗喻品香，亦正如此，在品香家，常用香于家庭，气息久而熟，熟而恋。在文人雅士，每雅集则用香，久而缺之不可，虽一味沉香"转益见新"，亦时常有之，此般用香，同于诗思，做诗久而同用一事之时多有，但其在诗思之际而常有新见，所成之诗亦常新也。盖大雅之气入于鼻，通于心脑，清新可人，一时之间不知以何语言形容之，即近于化境，心旷神怡，超然自得之际，此非"五内空如，毫无寄托"之情乎？人有逸情湍飞时，有消沉寂落时，更有平常安然时。文人雅士之心怀，常不同世俗之噩噩，每欲有所寄托有所吟咏，而品香之道，有"诗化"时，亦有"化诗"时，"诗化"境界，是让品香者渐入如诗之境界，或超然，或浪漫，或感慨，或安谧，种种氛围，均与诗化境界一脉相通。香能诗化，诗亦可香化，香之境，可催化诗之灵感；诗之境，可催化香之鼻观。品香与品诗，在化之境界上，可谓有共通之意韵。

最后，诗艺与香韵更有不解之缘。从诗骚到汉乐府，乃至唐诗宋词以降，"香"的风雅，在诗坛始终连绵未绝，诗艺有多长，香韵、香姿、香容与香情即有多久。香文化在中国两千多年诗歌发展史中，占有重要地位。由"有馥其香，邦家之光"——《诗》之香发端，至"香草美人，以媲忠洁"——《骚》之香，屈原用自己的一生建立一个美好的香草世界，并不停地为之努力追逐。《离骚》天地里的十八种香草，最早将香所具有的美好高洁气质引入诗歌殿堂，奠定了以香草来代表修能与品质的诗歌传统，从此，诗人咏香吟香，或抒情，或寓意，或咏物，从大自然界带香的花草树木开始摩挲，将香的品位升华在一种自然美的境界，再扩展至各色香品，展现出巧夺天工的人工美的境界。

由两汉诗歌中"感格鬼神，绝除尘俗"的香氛，至六朝诗行中"讵如萑香，微馥微馚"的香事，南朝清商曲辞《杨叛儿》"欢作沉水香，侬作博山炉"的热辣比喻，再由唐诗香艺之"情满诗坛香满路"，经宋诗香道之"鼻观已有香严通"，至元诗之"消尽年光一炷香"，明诗之"晓炉香剂已烧残"，清诗之"金篆添香红火热"，更有"一种风流独自香"的唐五代词之香馨，以及"香残沉水缕烟轻"的两宋词之香韵。

点缀其间的，有唐人李白《清平调》中的"一枝红艳露凝香"，杜甫《古柏行》之"香叶终经宿鸾凤"，韦应物《长安道》之"博山吐香五云散"，元稹《人道短》之"人能拣得丁沉兰蕙，料理百和香"，白居易《道场独坐》之"一瓶秋水一炉香"，李贺鼻息下《金铜仙人辞汉歌》的"画栏桂树悬秋香"，李商隐《牡丹》的"石家蜡烛何曾剪，荀令香炉可待薰。我是梦中传彩笔，欲书花片寄朝云"，皮日休《石榴歌》中的石榴之香是"蝉噪秋枝槐叶黄，石榴香老愁寒霜"，徐寅笔下的《荔枝》之香是"朱弹星丸粲日光，绿琼枝散小香囊"，温庭筠《菩萨蛮》绮怨的"暖香惹梦鸳鸯锦"，李煜《虞美人》高华的"烛明香暗画楼深"……

宋人林逋《山园小梅》的梅花之香是"暗香浮动月黄昏"，晏殊《踏莎行》那珠圆玉润的雅香是"炉香静逐游丝转"，柳永《满朝欢》绮怨铺染的俗香是"香尘染惹垂芳草"，苏东坡《海棠》的"香雾空蒙月转廊"，黄庭坚笔下的"尘里偷闲药方帖"，及《有惠江南帐中香者戏赠》赞美沉香的"百炼香螺沉水，宝熏近出江南"，李清照《孤雁儿》写淑静的幽香是"沉香断续玉炉寒，伴我情怀如水"，姜夔《念奴娇》写清逸的"冷香飞上诗句"，陆游《如梦令》的"独倚博山炉小，翠雾满身飞绕"，杨万里《腊前月季》的"别有香超桃李外，更同梅斗雪霜中"……

有金人吴激《偶成二首》其二之"学道穷年何所得，只工扫地与烧香"，元人刘秉忠《焚胜梅香》之"梦断炉香结翠幢"，王重阳《四景》其二之"博山添火试沉香"，虞集《云州道中数闻异香》之"载道飞香远见招"，谢宗可《龙涎香》之"雨窗篝火浓熏破"……

有明人高启《焚香》之"著物元无迹，游空忽有纹"，瞿佑《线香》之"一丝吐出青烟细"，文徵明《焚香》之"碧烟不动水沉清"，徐渭《香烟》之"香烟妙赏始今朝"，朱之蕃《香篆》之"吐雾蒸云复散丝"，王彦泓《烧香曲》之"微烟未动隔帘知"，陈子龙《学义山烧香曲》之"香匪茱萸透体莲"，李雯《八月十五夜烧香曲》之"几度香销明月中"，陆云龙《烧香曲用陈卧子韵》之"薄情生怕寒灰似"……

有清人钱谦益《和烧香曲》之"灵飞去挟返魂香"，陈维崧《烧香曲》之"惟有香烟与侬似"，王昊《烧香曲》之"炉边缕篆尚青青"，乾隆《烧香曲》之"小炷沉香灰半残"，爱新觉罗·永忠《烧香曲》之"金篆添香红火热"，刘墉《烧香曲》之"博山双缕紫云翔"，毕沅《烧香曲》之"丝丝缭绕如妾思"……

洋洋洒洒，林林总总，千姿万态，风味各异，真是一笔丰厚的文化之财。这些香诗，历经千年风雨沧桑，依然散发着无尽的诗香，构筑起一道曲曲悠长的文化长廊。历览前代诗人群英中的香诗香词，回顾史上众多知香、好香、乐香的诗人的各种香事，可以看出，香与诗的确有着不解之缘。且虔燃三炷心香，奠此千古诗魂。愿那或灵动，或高贵，或朴实，或深邃的香韵，常伴诗魂，濡养你我疲倦的身心，启迪你我诗性的智慧。

这正是——馨芳辉赫远，诗香留韵长。

《汉宫香方郑注》（一卷），［汉］郑玄撰，收入清王仁俊辑《玉函山房辑佚书补编》。

《天香传》，［宋］丁谓撰，收入［宋］陈敬《陈氏香谱》。

《名香谱》（一卷），［宋］叶廷珪撰，《说郛》（宛委山堂本）卷九八。

《香谱》（一卷），［宋］沈立撰，《说郛》（宛委山堂本）卷九八。

《洪氏香谱》（二卷），［宋］洪刍撰，文渊阁四库全书。

《香谱》（外一种），［宋］洪刍撰，［宋］陈敬撰，浙江人民美术出版社，2016年。

《陈氏香谱》（四卷），［宋］陈敬撰，文渊阁四库全书。

《新纂香谱》，［宋］陈敬撰，严小青编，中华书局，2012年。

《桂海香志》（一卷），［宋］范成大撰，《唐宋丛书·载籍》。

《焚香七要》（一卷），［明］朱权撰，《说郛》续卷三七。

《香录》（一卷），［明］项元汴撰，《丛书集成初编》艺术类。

《香笺》，［明］屠隆撰，《美术丛书》二集第九辑。

《蕉窗九录·香录》，［明］项元汴撰，《丛书集成初编》艺术类;《四库全书存目丛书》子部第118册影印涵芬楼影印清道光十一年六安晁氏木活字，《学海类编》本。

《香本纪》（一卷），［明］吴从先撰，《香艳丛书》第五集。

《香乘》（二十八卷），［明］周嘉胄撰，文渊阁四库全书。

《香乘》，〔明〕周嘉胄撰，日月洲注，九州出版社，2014 年。

《香典：天然香料的提取、配制与使用古法》，〔宋〕陈敬，〔宋〕洪刍，〔明〕周嘉胄撰，重庆出版社，2010 年。

《香国》（二卷），〔明〕毛晋撰，《国学珍本文库》第一集群芳清玩；《美术丛书》四集第十辑。

《非烟香法》（一卷），〔明〕董说撰，《昭代丛书别集》（道光本）；《美术丛书》二集第四辑。

《黄熟香考》，〔清〕万泰撰，檀几丛书馀集；上海书店《丛书集成续编》第 79 册。

《雅尚斋遵生八笺》（十九卷），〔明〕高濂著，明万历刻本。

《燕闲清赏笺》（《遵生八笺》之五），〔明〕高濂著，巴蜀书社，1985 年。

《遵生八笺》，〔明〕高濂著，甘肃文化出版社，2004 年。

《印香炉式谱》，〔清〕丁月湖辑，清光绪四年爱吾庐刊本。

《海录碎事》，〔宋〕叶廷珪撰，文渊阁四库全书本；上海辞书出版社，1989 年；中华书局，2002 年。

《考古图》，〔宋〕吕大临撰，文渊阁四库全书本。

《本草纲目》，〔明〕李时珍撰，文渊阁四库全书本；人民卫生出版社，1982 年。

《香料博物事典》，〔日〕山田宪太郎著，同朋舍，1979 年。

《故宫历代香具图录》，陈擎光著，中国台北故宫博物院，1994 年。

《唐代的外来文明》，〔美〕谢弗著，吴玉贵译，中国社会科学出版社，1995 年。

《大明宣德炉总论》，陈庆鸿编著，台湾巨光出版社，1996 年。

《高尚的天禄：香茶药酒》，徐希平著，四川人民出版社，1996 年。

《灵台沉香》，刘良佑著，中国台北：自行印制出版，2000 年。

《古诗文名物新证》，扬之水著，紫禁城出版社，2004 年。

《画堂香事》，孟晖著，江苏人民出版社，2006 年。

《花间十六声》，孟晖著，生活·读书·新知三联书店，2006 年。

《香海六帖：炉、烟、香、花、茶、礼（古今香艺文化大观）》，黄永川著，台湾历史博物馆，2006 年。

《唐代外来香药研究》，温翠芳著，重庆出版社，2007 年。

《宋代〈香谱〉之研究》，刘静敏著，文史哲出版社，2007 年。

《香草文化史·世人最喜爱的香味和香料》，［美］帕特里夏·雷恩著，侯开宗、李传家译，商务印书馆，2007 年。

《中国香道》，余振东等著，甘肃文化出版社，2008 年。

《中国香文化》，傅京亮著，齐鲁书社，2008 年。

《香道美学》，林瑞萱著，坐忘谷茶道中心，2007 年。

《香道入门》，林瑞萱著，坐忘谷茶道中心，2008 年。

《细说中国香文化》，周文志、连汝安著，九州出版社，2009 年。

《香草美人志——楚辞里的植物》，深圳一石著，天津教育出版社，2009 年。

《燕居香语·中国香文化宝典》，陈云君著，百花文艺出版社，2010 年。

《佛教香品与香器全书》，张梅雅著，台北商周出版，2011 年。

《香学会典》，刘良佑著，中华东方香学研究会，2011 年。

《香品与香器图鉴·香品与香器使用大全》，林跃然著，陕西师范大学出版社，2011 年。

《香识》，扬之水著，广西师范大学出版社，2011 年。

《闻香》，叶岚著，山东画报出版社，2011 年。

《素馨萦怀：香学七讲》，贾天明著，三晋出版社，2012 年。

《琼脂天香：海南沉香》，张丹阳著，商务印书馆，2012 年。

《中国药业史》，唐廷猷著，中国医药科技出版社，2013 年。

《易安香学：李清照的人生和她的中国香》，周荣桥著，文汇出版社，2013 年。

《图说香道文化》，余悦著，世界图书西安出版公司，2014 年。

《古香遗珍·中国古代香文化图说》，范纬主编，文物出版社，2014 年。

《香学三百问》，傅京亮著，三晋出版社，2014 年。

《香学汇典》，刘幼生著，三晋出版社，2014 年。

《香·香药·药香》，刘山雁著，学苑出版社，2014 年。

《古香遗珍：图说中国古代香文化》，范纬主编，文物出版社，2014 年。

《澄怀观道：传统之文人香事文物》，吴清、韩回之主编，上海科学技术出版社，2014 年。

《香道》，苏弘毅著，中国商业出版社，2015 年。

《香席》，林灿著，西南师范大学出版社，2015 年。

《香艺入门百科》，张艺凡著，化学工业出版社，2015 年。

《品香鉴香用香图鉴》，师宝萍著，化学工业出版社，2015 年。

《扬州香事：一座城市的嗅觉审美史》，王其标著，广陵书社，2018 年。

《香中魁首——海南沉香陈列》，陈江主编，南方出版社，2018 年。

《观香——海南沉香文化展》，陈江主编，江苏人民出版社，2020 年。

《中国香》，肖木著，中华书局，2020 年。

《香事渊略：传承香火的美好之书》，潘奕辰著，机械工业出版社，2020 年。

《楚辞补注》，〔宋〕洪兴祖撰，白化文等点校，中华书局，1983 年。

《文选》，〔南朝梁〕萧统编〔唐〕李善注，中华书局影印南宋淳熙八年尤袤刻本，1974 年。

《玉台新咏笺注》，〔南朝陈〕徐陵编，〔清〕吴兆宜注，程琰删补，穆克宏点校，中华书局，1985 年。

《乐府诗集》，〔宋〕郭茂倩编撰，余冠英等整理校点，中华书局，1979 年。

《文苑英华》，〔宋〕李昉等编，中华书局，1990 年。

《先秦汉魏晋南北朝诗》，逯钦立辑校，中华书局，1983 年。

《全上古三代秦汉三国六朝文》，〔清〕严可均编，中华书局，1965 年。

《全唐诗》，〔清〕圣祖玄烨御定，彭定求等编，王全点校，中华书局，1960 年。

《全唐诗补编》，陈尚君辑校，中华书局，1992 年。

《增订注释全唐诗》，陈贻焮主编，文化艺术出版社，2001年。

《增订注释全宋词》，朱德才主编，文化艺术出版社，1997年。

《全唐五代词》，张璋、黄畲编，上海古籍出版社，1986年。

《全唐五代词》，曾昭岷、曹济平、王兆鹏、刘尊明编，中华书局，1999年。

《全宋诗》，傅璇琮等主编，北京大学出版社，1997年。

《全宋词》，唐圭璋编纂，中华书局，1965年。

《宋词三百首笺注》，朱孝臧编选，唐圭璋笺注，人民文学出版社，2013年。

《全元诗》，杨镰主编，中华书局，2013年。

《全元词》，杨镰主编，中华书局，2019年。

《明宫词》，商传编纂，北京古籍出版社，1987年。

《晚晴簃诗汇》，徐世昌主编，中国书店影印民国十八年退耕堂刻本，1989年。

《全清词·顺康卷》，南京大学中国语言文学系《全清词》编纂研究室编，中华书局，2002年。

《全清词·雍乾卷》，南京大学文学院《全清词》编纂研究室编，南京大学出版社，2012年。

《常州词派词选》，孙广华编著，南京大学出版社，2011年。

《诗渊》，书目文献出版社，1993年。

《中国近代文学大系（1840—1919诗词集)》，钱仲联主编，上海书店，1991年。

《佩文斋咏物诗选》，清汪霦等编，文渊阁四库全书本。

《中华竹枝词》，雷梦水、潘超等编，北京古籍出版社，1997年。

《嘉兴历代才女诗文徵略》，赵青编，浙江大学出版社，2014年。

《悲欣文魂》，陈才智著，山西人民出版社，2001年。

《江南女性别集》，胡晓明、彭国忠主编，黄山书社，2008年。

《中国对联大典》，谷向阳主编，学苑出版社，1998年。

《古诗类编》，广西师范大学中国古代文学研究室胡光舟、周满江主编，张明非、李有明、樊运宽等编注，广西人民出版社，1990 年。

《唐宋诗词鉴赏》，陈才智著，语文出版社，2007 年。

《唐宋散文选》，陈才智注评，中州古籍出版社，2023 年。

《杜诗详注》，［唐］杜甫撰，［清］仇兆鳌注，中华书局，1979 年。

《杜甫诗赏读》，陈才智著，五洲传播出版社，2005 年。

《郑谷诗集笺注》，［唐］郑谷撰，严寿澄笺注，上海古籍出版社，
1991 年。

《白居易集笺校》，［唐］白居易撰，朱金城笺校，上海古籍出版社，
1988 年。

《白居易诗集校注》，［唐］白居易撰，谢思炜校注，中华书局，
2006 年。

《白居易诗赏读》，陈才智编著，五洲传播出版社，2005 年。

《白居易小品》，陈才智编注，中州古籍出版社，2020 年。

《李贺诗歌集注》，［唐］李贺撰，［清］王琦等注，上海人民出版社，
1977 年。

《韩偓诗全集》，［唐］韩偓撰，陈才智校注，崇文书局，2017 年。

《苏轼诗集》，［宋］苏轼撰，孔凡礼点校，中华书局，1982 年。

《苏轼词新释辑评》，［宋］苏轼撰，叶嘉莹主编，中国书店，2007 年。

《栾城集》，［宋］苏辙撰，曾枣庄、马德富校点，上海古籍出版社，
1987 年。

《苏辙集》，［宋］苏辙撰，陈宏天、高秀芳点校，中华书局，1990 年。

《黄庭坚全集辑校编年》，［宋］黄庭坚撰，郑永晓整理，江西人民出
版社，2011 年。

《柳永词新释辑评》，顾之京等编著，中国书店，2005 年。

《李清照集笺注》，［宋］李清照撰，徐培均笺注，上海古籍出版社，
2002 年。

《姜白石词编年笺校》，［宋］姜夔撰，夏承焘笺校，上海古籍出版社，
1981 年。

《陆游集》，［宋］陆游撰，中华书局，1976 年。

《剑南诗稿校注》，〔宋〕陆游撰，钱仲联校注，上海古籍出版社，1985 年。

《白玉蟾诗集新编》，〔宋〕白玉蟾撰，盖建民辑校，社会科学文献出版社，2013 年。

《藏春集点注》，〔元〕刘秉忠撰，李昕太等点注，花山文艺出版社，1993 年。

《郝文忠公陵川文集》，〔元〕郝经撰，秦雪清点校，山西人民出版社，2006 年。

《陈子龙诗集》，〔明〕陈子龙撰，施蛰存校，上海古籍出版社，2006 年。

《胡奎诗集》，〔明〕胡奎撰，徐永明点校，浙江古籍出版社，2012 年。

《牧斋初学集》，〔清〕钱谦益撰，钱曾笺注，钱仲联标校，上海古籍出版社，1985 年。

《牧斋有学集》，〔清〕钱谦益撰，钱曾笺注，钱仲联标校，上海古籍出版社，1996 年。

《勉行堂诗文集》，〔清〕程晋芳撰，魏世民校点，黄山书社，2012 年。

《小仓山房诗文集》，〔清〕袁枚撰，周本淳标校，上海古籍出版社，1988 年。

《赵翼诗编年全集》，〔清〕赵翼撰，华夫主编，天津古籍出版社，1996 年。

《鲁迅全集》，《鲁迅全集》编委会编，人民文学出版社，1981 年。

《陈友琴集》，陈才智编，中国社会科学出版社，2014 年。

《全唐五代诗格汇考》，张伯伟编，江苏古籍出版社，2002 年。

《历代诗话》，〔清〕何文焕辑，中华书局，1981 年。

《历代诗话续编》，丁福保辑，中华书局，1983 年。

《宋诗话全编》，吴文治主编，江苏古籍出版社，1998 年。

《明诗话全编》，吴文治主编，江苏古籍出版社，1997 年。

《清诗话》，丁福保辑，上海古籍出版社，1978 年。

《清诗话续编》，郭绍虞编选，富寿荪校点，上海古籍出版社，

1983 年。

《词话丛编》，唐圭璋编纂，中华书局，1986 年。

《词源注》，〔宋〕张炎撰，夏承焘注，人民文学出版社，1981 年。

《蒲褐山房诗话新编》，〔清〕王昶撰，人民文学出版社，2011 年。

《诗史》，李维撰，北平石棱精舍，1928 年；东方出版社，1996 年。

《中国诗史》，陆侃如、冯沅君撰，百花文艺出版社，1999 年。

《中国诗史》，吉川幸次郎著，章培恒等译，复旦大学出版社，2012 年。

《中国诗歌美学》，萧驰撰，北京大学出版社，1986 年。

《中国诗歌艺术研究》，袁行霈撰，北京大学出版社，1987 年。

《中国诗学通论》，袁行霈等撰，安徽教育出版社，1994 年。

《中国诗学与传统文化精神》，韩经太撰，四川人民出版社，1990 年。

《中国诗学体系论》，陈良运撰，中国社会科学出版社，1992 年。

《中国诗学批评史》，陈良运撰，江西人民出版社，1995 年。

《中国诗学之精神》，胡晓明撰，江西人民出版社，1995 年。

《中国诗学思想史》，萧华荣撰，华东师范大学出版社，1996 年。

《中国诗学研究》，余恕诚主编，福建人民出版社，2006 年。

《20 世纪中国古代文学研究史·诗歌卷》，羊列荣撰，东方出版中心，2006 年。

《中国古代诗歌研究论辩》，檀作文、唐建、孙华娟撰，百花洲文艺出版社，2006 年。

《中国诗歌美学史》，庄严、章铸撰，吉林大学出版社，1994 年。

《中国诗歌史论》，张松如撰，吉林大学出版社，1985 年。

《中国诗歌史论》，龚鹏程撰，北京大学出版社，2008 年。

《中国诗歌通史》，赵敏俐、吴思敬主编，人民文学出版社，2012 年。

《先秦文学史》，褚斌杰、谭家健主编，人民文学出版社，1996 年。

《先秦两汉文学史料学》，曹道衡、刘跃进撰，中华书局，2005 年。

《秦汉文学编年史》，刘跃进撰，商务印书馆，2006 年。

《魏晋文学史》，徐公持撰，人民文学出版社，1999 年。

《南北朝文学史》，曹道衡、沈玉成撰，人民文学出版社，1991 年。

《隋唐五代文学史》，罗宗强、郝世峰主编，高等教育出版社，1994 年。

《唐代文学史（上册）》，乔象钟、陈铁民主编，人民文学出版社，1995 年。

《唐代文学史（下册）》，吴庚舜、董乃斌主编，人民文学出版社，1995 年。

《唐五代文学编年史》，傅璇琮主编，辽海出版社，1998 年。

《元白诗派研究》，陈才智著，社会科学文献出版社，2007 年。

《元白研究学术档案》，陈才智著，武汉大学出版社，2018 年。

《白居易资料新编》，陈才智编著，中国社会科学出版社，2021 年。

《宋代文学史》，孙望、常国武主编，人民文学出版社，1998 年。

《宋代文学编年史》，曾枣庄、吴洪泽撰，凤凰出版传媒集团，2010 年。

《宋诗史》，许总撰，重庆出版社，1992 年。

《辽金诗史》，张晶撰，东北师范大学出版社，1994 年。

《辽金元诗歌史论》，张晶撰，吉林教育出版社，1995 年。

《辽金元诗文史料述要》，刘达科撰，中华书局，2007 年。

《中国古代文学通论·辽金元卷》，张晶主编，辽宁人民出版社，2004 年。

《元代文学史》，邓绍基主编，人民文学出版社，1991 年。

《元西域诗人群体研究》，杨镰撰，新疆人民出版社，1998 年。

《元诗史》，杨镰撰，人民文学出版社，2003 年。

《元代文学编年史》，杨镰撰，山西教育出版社，2005 年。

《明清文学史（明代卷）》，吴志达撰，武汉大学出版社，1991 年。

《明清文学史（清代卷）》，唐富龄撰，武汉大学出版社，1991 年。

《中国古代文学通论·明代卷》，郭英德主编，辽宁人民出版社，2004 年。

《中国古代文学通论·清代卷》，蒋寅主编，辽宁人民出版社，

2004 年。

《清代诗歌发展史》，霍有明撰，台北文津出版社，1994 年。

《清诗流派史》，刘世南撰，人民文学出版社，2004 年。

《清诗史》，朱则杰撰，江苏古籍出版社，2000 年。

《清诗史（修订本）》，严迪昌撰，浙江古籍出版社，2002 年。

《清诗话考》，蒋寅撰，中华书局，2004 年。

《清代文学论稿》，蒋寅撰，凤凰出版社，2009 年。

《清代诗学史（第一卷）》，蒋寅撰，中国社会科学出版社，2012 年。

《清代诗学研究》，张健撰，北京大学出版社，1999 年。

《王渔洋事迹征略》，蒋寅撰，人民文学出版社，2001 年。

《王渔洋与康熙诗坛》，蒋寅撰，中国社会科学出版社，2001 年。

《淮南鸿烈解》，〔汉〕刘安撰，四部丛刊景钞北宋本。

《北堂书钞》，〔唐〕虞世南等撰，文渊阁四库全书。

《艺文类聚》，〔唐〕欧阳询等撰，汪绍楹校，上海古籍出版社，1982 年。

《初学记》，〔唐〕徐坚等撰，中华书局，2004 年。

《太平御览》，〔宋〕李昉等撰，中华书局影印本，1960 年。

《册府元龟》，〔宋〕王钦若、杨亿等撰，中华书局影印本，1960 年。

《宋本册府元龟》，〔宋〕王钦若、杨亿等撰，中华书局影印本，1989 年。

《山堂考索》，〔宋〕章如愚撰，中华书局，1992 年。

《玉海》，〔宋〕王应麟撰，文渊阁四库全书本。

《汉魏六朝笔记小说大观》，上海古籍出版社编，上海古籍出版社，1999 年。

《唐五代笔记小说大观》，上海古籍出版社编，上海古籍出版社，2000 年。

《唐人轶事汇编》，周勋初主编，上海古籍出版社，1995 年。

《唐六典》，〔唐〕李林甫撰，陈仲夫点校，中华书局，1992 年。

《隋唐嘉话·朝野佥载》，〔唐〕刘𫗧撰，程毅中点校，〔唐〕张鷟撰，赵守俨点校，中华书局，1979 年。

《入唐求法巡礼行记》，〔日〕释圆仁撰，顾承甫、何泉达点校，上海古籍出版社，1986 年。

《入唐求法巡礼行记校注》，〔日〕小野胜年校注，白化文等修订，花山文艺出版社，1992 年。

《云溪友议》，〔唐〕范摅撰，古典文学出版社，1957 年。

《唐国史补·因话录》，〔唐〕李肇撰，〔唐〕赵璘撰，上海古籍出版社，1979 年。

《西阳杂俎》，〔唐〕段成式撰，方南生点校，上海古籍出版社，1981 年。

《北梦琐言》，〔唐〕孙光宪纂集，林艾园校点，上海古籍出版社，1981 年。

《唐摭言》，〔五代〕王定保撰，上海古籍出版社，1978 年。

《清异录》，〔宋〕陶穀撰，民国景明宝颜堂秘笈本。

《岭外代答校注》，〔宋〕周去非撰，杨武泉校注，中华书局，1999 年。

《墨庄漫录》，〔宋〕张邦基撰，中华书局，2002 年。

《鹤林玉露》，〔宋〕罗大经撰，王瑞来点校，中华书局，1983 年。

《太平广记》，〔宋〕李昉等编，汪绍楹点校，中华书局，1961 年。

《析津志辑佚》，〔元〕熊进祥撰，北京古籍出版社，1983 年。

《蕉轩随录》，〔清〕方濬师撰，中华书局，1995 年。

《春冰室野乘》，〔清〕李岳瑞撰，世界书局，1937 年。

《浮生六记》，〔清〕沈复撰，华夏出版社，2006 年。

《十三经注疏》，〔清〕阮元校刻，中华书局影印本，1980 年。

《十三经注疏》（标点本），李学勤主编，北京大学出版社，1999 年。

《尚书今古文注疏》，〔清〕孙星衍撰，陈抗、盛冬铃点校，中华书局，1986 年。

《说文解字注》，〔汉〕许慎撰，〔清〕段玉裁注，上海古籍出版社，1981 年。

《经籍纂诂》，〔清〕阮元撰，清嘉庆阮氏琅嬛仙馆刻本。

《史记》，［汉］司马迁撰，中华书局，2014 年。

《汉书》，［汉］班固撰，［唐］颜师古注，中华书局，1962 年。

《后汉书》，［汉］范晔撰，中华书局，1965 年。

《宋书》，［南朝梁］沈约撰，中华书局，1974 年。

《南史》，［唐］李延寿撰，中华书局，1975 年。

《晋书》，［唐］房玄龄等撰，中华书局，1974 年。

《隋书》，［唐］魏征等撰，中华书局，1973 年。

《旧唐书》，［后晋］刘昫等撰，中华书局，1975 年。

《新唐书》，［宋］欧阳修、宋祁撰，中华书局，1975 年。

《宋史》，［元］脱脱等撰，中华书局，1977 年。

《明史》，［清］张廷玉等撰，中华书局，1974 年。

《资治通鉴》，［宋］司马光等撰，胡三省音注，中华书局，1956 年。

《续资治通鉴长编》，［宋］李焘撰，中华书局，1990 年。

《直斋书录解题》，［宋］陈振孙撰，上海古籍出版社，1987 年。

《四库全书总目》，［清］永瑢等撰，中华书局，1965 年。

《中国善本书提要》，王重民撰，上海古籍出版社，1986 年。

《中国丛书综录》，上海图书馆撰，上海古籍出版社，2007 年。

《中国文学大辞典》，马良春、李福田总主编，天津人民出版社，1991 年。

《中国文学大辞典》，钱仲联等总主编，上海辞书出版社，1997 年。

《中国文学家大辞典·先秦汉魏晋南北朝卷》，曹道衡、沈玉成编撰，中华书局，1996 年。

《中国文学家大辞典·唐五代卷》，周祖譔主编，中华书局，1992 年。

《中国文学家大辞典·宋代卷》，曾枣庄主编，中华书局，2004 年。

《中国文学家大辞典·辽金元卷》，邓绍基、杨镰主编，中华书局，2006 年。

《中国文学家大辞典·明代卷》，李时人编著，中华书局，2018 年。

《中国文学家大辞典·清代卷》，钱仲联主编，中华书局，1996 年。

《中国文学家大辞典·近代卷》，梁淑安主编，中华书局，1997 年。